U0388700

本书为教育部人文社会科学
重点研究基地重大项目（13JJD840006）最终成果

"十二五"国家重点图书出版规划项目

社会学文库 SOCIOLOGICAL LIBRARY

主编 郑杭生

迈向
绿色社会

当代中国环境治理
实践与影响

洪大用　范叶超 等　著

TOWARD
A GREEN SOCIETY

THE PRACTICE AND CONSEQUENCES
OF ENVIRONMENTAL GOVERNANCE
IN CONTEMPORARY CHINA

中国人民大学出版社
·北京·

总　序

　　现在，文库不少，社会学文库也有几个。在这样的情况下，接受中国人民大学出版社的委托，主持一套社会学文库，就不得不追问自己：这套文库只是单纯在数量上增加一个文库而已，还是应该在质量上力求有自己的某些特点？这就是本套文库不可避免要面对的定位问题。经过考虑，本套文库的定位至少涉及如下四个方面。

　　第一，它是一套研究性的文库。就是说，进入本套文库的著作，必须是研究性、探索性的。研究性、探索性的必备要素是与某种新的东西联系在一起的，即有某种创新性，因此，它们不同于一般资料性的、介绍性的、编译性的作品。这并不是说后者不重要，而是说，因为类别不同，后者应该有自己的出版渠道。

　　社会学研究无疑涉及诸多方面，有理论研究和经验研究、定性研究和定量研究，有对现实社会现象的研究又有对社会学本身的研究，等等。本文库欢迎一切真正有研究价值的著作；同时，根据社会学国际化与本土化相结合的要求，根据本国的国情，把重点放在如下几个方面：

　　——对转型中的中国社会的认识有所深化的研究著作。

　　——对有中国特色的社会学理论有所贡献的研究著作。

　　——对世界社会学的新发展和走向有所把握的研究著作。

　　第二，它是一套精品性的文库。就是说，在研究性的著作中，我们更看重精品之作。所谓精品，在内容上至少要符合下述几条中的一条或同时具有：一是能够从社会学的视角对人们普遍关心的社会热点和焦点问题做出有说服力的分析，公认有真知灼见，经得起时间和历史的考验；二是能够对实现"增促社会进步，减缩社会代价"的社会学深层理念有所贡献；三是对社会学的学科建设和理论创新有所推动；四是对中国社会学的国际化和本土化有所促进。而在形式上，要有与内容相匹配的叙述形式，要有较好的可读性，力求深入浅出，尽可能雅俗共赏，为大家所喜闻乐见。

第三，它是一套使社会学界新生力量脱颖而出的文库。就是说，通过研究性的精品之作，使那些在社会学界没有什么知名度，或知名度不高的"无名小卒"、新生力量、后起之秀程度不同地提高知名度，把他们实实在在地介绍给学界和社会，使他们尽快成为学界名人。在这个意义上，本文库也许能够成为培养社会学人才的有效渠道之一。众所周知，没有或缺少新生力量的学科和学界，是没有什么希望的。这当然在任何意义上都不是说可以忽视现在的学界名人，他们是我们最重要的依靠力量，他们负有提携后进的重任。我们真诚希望现有的学界名人和即将脱颖而出的学界名人，共同使本文库成为名副其实的名人文库，在学界和社会上发挥更大的作用。

第四，它是一套供不同学派观点争鸣的文库。一个没有不同学派争鸣的学界，不能说是成熟的。我在社会学界多次强调"要多一点学派，少一点宗派"。因为学派之争是学术问题、学术观点的争论，用的是学术标准，可以争得面红耳赤，但过后仍然是朋友；宗派之争则用非学术标准，党同伐异，大有"谁不和我们歌唱，谁就是我们的敌人"的"气概"。因此，学派之争，与人为善，相互切磋，推进学术；宗派之争，与人为恶，相互攻击，阻碍学术。如果本文库在促成不同观点的社会学学派形成方面、在促成不同学派展开富有成果的争鸣方面，起到了应有的积极作用，我们将会感到非常高兴和欣慰。本文库将对各种不同观点的学派一视同仁。

总之，我们真诚希望本文库能够出研究成果、出精品、出名人、出学派。简言之，我们把"四出"作为中国人民大学出版社会学文库的定位。

古人曾说过这样的意思：定位于"上"，可能得乎"中"；定位于"中"，可能得乎"下"。本文库这种"四出"的定位，从目标上说应该属于"上"，但结果仍有两种可能：或"上"或"中"。我们希望能够争取前一种可能，避免后一种。最后究竟如何，当由读者和时间来鉴定。

应当指出，本文库是在一个不平常的时候出版的。

首先，无论是就政策环境和体制条件来说，还是就国内氛围和国际环境而论，中国社会学正处在新中国成立以来最好的大有可为的发展时期。现在，社会学的学科地位，即作为要加强的哲学社会科学基本学科之一，得到了确认。人们越来越体会到社会因素即非经济因素对改革、发展、稳定的重要性，从而也认识到以非经济因素为切入点的社会学，也和以经济因素为研究对象的经济学一样，是一门与每个人的实际生活息息相关的学问，是一门推进改革、发展、稳定的科学，感受到有许多问题需要从社会学的视角来看待和解读，并领悟到社会学的理论研究和经验研究是制定符合实际情况的社会政策的基础环节。人们对社会学从不了解、不甚了解甚至误解到逐步了解；一些社会学的用语（如社区、社会化、弱势群体、社会转型、良性运行等）日益普及化、大众化，其中一些还为政府部门所采纳和使用。这使中国社会学的发展不仅有了自上而下的体制条件，而且有了自下而上的社会氛围。经过激烈竞争，中国社会学界获得了第三十六届世界社会学大会的主办权，该届会议的主题是"全球化背景下的社会变迁"，将于2004年7月在北京召开，由中国社会科学院社会学研究所承办。现在欧美社会学界都十分关注中国社会的变化、中国社会学的研究。无疑，在世界社会学的格局中，与欧美强势社会学相比，无论从规模、投入，还是从成果、影响等方面说，中国社会学仍然是弱势社会学。强势社会学界如此关注中国社会的研究，对植根于本土社会的中国社会学界来说，既是一种沉重的压力，同时又是进一步发展的强大动力。在这样的情况下出版本文库，应当说是正当其时。我们希望不要辜负这样好的条件。

其次，这种不平常性还表现在世界社会学正处在自我反思和重建的过程之中。这种自我反思和重建的趋势并不是凭空而生，而是有现实根据的。这就是旧式现代性的衰落、新型现代性的兴起。我认为，这种旧式现代性的衰落、新型现代性的兴起，既影响着中国社会学的国际化，又影响着中国社会学的本土化。关于这一点我想多说几句。

所谓旧式现代性，就是那种以征服自然、控制资源为中心，社会与自然不协调、社会与个人不和谐，社会和自然付出双重代价的现代性。20世纪向21世纪的过渡时期，全球社会生活景观呈现出重大转折的种种迹象，人们看到：人类对自然的倒行逆施造成了越来越严重的"绿色惩罚"，导致了天人关系的紧张，甚至"人类对自然的战争，变成了人类自我毁灭的战争"；人欲的激发和资源的匮乏所引发的对资源控制权力的争夺，又不能不导致价值尺度的扭曲、伦理准则的变形、个人与社会的关系的恶化。旧式现代性已经进入明显的危机时期。这样，在世界、在中国，探索新型现代性便成为一种势在必行的潮流和趋向。

所谓新型现代性，是指那种以人为本，人和自然双赢、人和社会双赢，两者关系协调和谐，并把自然代价和社会代价减小到最低限度的现代性。从中国社会转型加速期取得的巨大社会进步和付出的种种社会代价中，我们都能从正反两方面，亲身体会到新型现代性的深刻意涵。

就两种类型的现代性与社会学的关系而言，过往的旧式现代性锻造了以往的社会学——它的感受力和想象力、设问和眼界，甚至它的理论抱负和期望所能达到的限度。当现代性面临重大转折之时，必定也是社会重构、个人重塑、个人与社会的关系发生重建之日。社会学不可避免地卷入其中，经历预设的根本变化、视野的重大调整、理论的重铸和再生过程。

对旧式现代性做出反应的，不仅有新型现代性，而且还有后现代性。如果说，新型现代性是对旧式现代性的一种积极、正面意义的反思，那么主张后现代性的后现代主义则一般是对旧式现代性的一种消极、否定意义的反应。后现代主义批评旧式现代性的弊病是对的，但它的解决方法不是革除弊病，而是连现代性也加以抛弃，从而走向了极端。它对社会和知识基础的所谓"解构"，无助于增进社会的和谐。

因此，处在这样一个旧式现代性步入没落、新型现代性勃然兴起的历史时期，中国社会学必须顺应时代的要求，跟上世界社会学重建的步伐，结合中国的实际，在理论研究上开拓出新的学理空间。而经过我国快速转型期独特经验的熏陶，中国社会学界的主体性、自觉性和敏锐性已经大为提高，将有助于达到这一目标。

我们也真诚希望，本套文库能在实现上述目标的过程中发挥应有的促进作用。

以上权且作为本文库的序言，与大家共勉。

郑杭生

2003 年 8 月于气和文轩

前　言

　　学术研究一直在路上。2012 年，在 2010 年度的中国综合社会调查数据清理结束以及拙作《环境友好的社会基础——中国市民环境关心与行为的实证研究》出版之后，我就萌生了申报相关课题继续和深化中国公众环境关心与行为研究的想法。适逢 2013 年教育部人文社会科学重点研究基地中国人民大学社会学理论与方法研究中心招标重大课题，于是我组织申报了"国际比较视野下的中国城乡居民环境意识研究"，并有幸被批准立项（立项号 13JJD840006）。本书即是该课题的最终成果，于 2019 年 8 月通过专家鉴定得以结项。

　　本书的核心主题是在环境问题发展、环境治理实践、环境关心与行为强化的基础上，中国社会呈现出何种新的转型趋势。事实上，自从人类诞生之日起，人与环境的关系就具有对立与统一的两面性。一方面，从环境中获取资源是人类得以生存和发展的基本条件，人类的生产与生活活动总是产生一定的环境影响，体现为环境的消耗、衰退乃至破坏；另一方面，过度的资源攫取和环境破坏最终将影响人类自身的生存与发展。因此，在生产力发展的不同阶段，在不同的社会制度背景下，基于生产生活实践中对于人类与环境关系的认识，人类都会以特定的方式将环境因素纳入社会建设的诸种行动之中，努力谋求人类社会与环境相协调，环境与社会之间的关系一直在动态发展中。

自工业革命以来不断发展的环境问题，正在成为推动现代社会新转型的重要因素。对这样一种转型过程、表现以及机制等的分析，理应是环境社会学的重要议题。

20 多年前，我在研究当代中国社会转型与环境问题发展的关系时，就意识到了人类社会与环境之间的关系具有动态、辩证的性质。我曾分析指出，中国快速的工业化、城市化是环境衰退的直接原因，中国快速增长的消费主义增加了环境压力，中国不断扩大的区域分化不利于环境衰退的控制，中国从计划经济到市场经济的体制转轨导致一定程度的控制失灵，增加了环境治理的难度，由此导致了不断增长的环境压力。与此同时，中国社会从封闭走向开放有利于环境议题的社会建构，中国应对环境衰退的政策调整促进了环境保护的制度化，中国社会走向民主化为改善环境治理提供了新的可能，这些都成为缓解环境压力的有利因素。我还指出，中国环境治理需要走调节发展目标、管理消费需求的道路，其症结在于促进社会系统自身的变革，也就是在现代化过程中的新转型。我把这一系列观点概括为环境问题研究的"社会转型范式"，集中体现在 2001 年公开出版的《社会变迁与环境问题》一书中，那本书着重分析的是环境问题的社会原因。

从那以后的一段时间里，我转向关注环境问题的社会影响，重点关注的是环境压力在公众层面的影响，也就是对公众环境关心与行为的影响。2003 年，我在中国人民大学联合香港科技大学发起的中国综合社会调查中，设计了环境关心与行为模块，在时任中国人民大学社会学系系主任李路路教授的帮助下，获得了虽然有些缺陷但是仍然非常宝贵的、具有权威性的全国调查数据。基于这些数据，我和我的团队成员开展了一系列实证研究，最终成果编撰成《环境友好的社会基础》一书，在 2012 年由中国人民大学出版社出版。该书围绕环境关心的测量、环境关心的结构、环境关心的影响因素以及市民的环境行为等作出了初步分析。若干初步的贡献包括：指出了在中国不能照搬西方环境社会学界使用比较广泛的环境关心量表；明确环境关心是一个复杂的构成性概念；对性别、年龄、居住地、社会经济发展以及环境状况等与环境关心和行为的关系进行了初步分析，检验了既有的理论假设，既有与西方学者一致的发现，也有一些有差别的发现。该书有幸在 2018 年被翻译为英文版。

由于 2003 年中国综合社会调查数据的环境模块只局限于城市部分，而且存在少数地区样本的缺失，所以已有的研究只能是初步的。在开展研究的同时，我和团队成员一直在努力促成新的调查，机会在 2010 年降临。还是在李路路教授的支持下，2010 年的中国综合社会调查包括了我所设计的环境关心与行为模块以及国际社会调查项目（ISSP）的环境模块，在中国城乡随机抽样开展问卷调查，其中的 ISSP 环境模块在全球一些主要国家同时开展调查。这是当时国内最具权威性的环境关心与行为调查数据，既便于城乡比较，又可以开展国际比较。本书的初衷就是基于这样一个权威数据集，对中国公众环境关心与行为进行再测量、再研究，并开展必要的国际比较。

但是，随着研究工作的深化，我越来越清晰地认识到，关于中国城乡居民环境关心的分析和讨论不能够脱离环境问题的社会应对，也就是当代中国环境治理实践。一方面，作为一种主观建构的"社会事实"，居民环境关心在很大程度上是对中国日益严重的客观环境状况以及不断加强的环境保护工作的一种特殊呈现；另一方面，居民环境关心的增长不仅驱动了当代中国环境治理模式的变化，同时也是引领更广泛层面的社会转型的一股重要力量。鉴于此，我拓展了课题研究范围，除了利用调查数据对中国居民的环境关心进行深入的比较性的实证分析外，还将居民环境关心的形成与后果置于当代中国环境变化和社会新转型的叙事主线下来理解，关注作为环境问题之社会应对的环境治理进程的全方位影响。最终呈现出来的就是这本《迈向绿色社会——当代中国环境治理实践与影响》。

本书基于客观问题、主观认知与社会建构的分析框架，重点研究当代中国环境治理实践与社会转型的互构共变，着力分析了客观环境质量的改善进程、公众环境关心与行为发展以及由此促进的环境治理模式转型和社会建设变化。全书共分为四个部分：上篇为"环境问题与治理实践"（包括第 1、2、3、4、5、6 章），围绕中国城乡突出的环境问题，如空气污染、水污染、垃圾污染等，分析其发展历程和现状，特别是揭示与其相关的环保政策实践，试图分析中国社会迈向绿色社会的客观基础；中篇为"环境关心与行为倾向"（包括第 7、8、9、10、11、12、13 章），主要分析在中国环境问题和经济社会发展基础上公众环境关心与行为倾向的转变，既讨论了公众环境关心与行为的城乡差异、年龄差异，也分析了经济增长对公众环境关心与行为的影响，特别是结合一个城市的调查资料，专题探讨了空气污染与居民迁出意向的相关性；下篇为"治理转型与绿色社会"（包括第 14、15、16、17、18、19 章），以应对气候变化和治理空气污染为例，侧重分析中国环境政策发展过程中所体现的治理转型倾向，以及中国社会绿色化的宏观趋势与挑战；附录部分的两章包括了我们在研究中检验和发展的两个量表，即中国版环境关心量表（CNEP）和中国版环境知识量表（CEKS），这是具有创造性的，将成为进一步开展相关研究的重要测量工具。

本书的一些核心发现包括：环境与社会之间存在着复杂的互构共变关系，这一过程既影响了环境自身的质量，也改变着社会发展的进程；整体而言，居民环境关心在环境与社会的复杂互动中逐渐增强并发挥重要作用，但其存在社会人口特征的差别，国际比较显示中国居民的环境关心发展具有特殊性；变化着的社会使得环境治理的开放性、复合性正在增强，具有中国特色的新型环境治理模式正在形成；环境治理实践促发了中国社会的整体性变化，绿色社会正在显露，但是仍然面临挑战；坚定不移推进生态文明建设，特别是培育、引导和壮大社会自身保护环境的内在动力，进一步完善复合型治理的体制机制安排，对于环境治理现代化和社会新转型具有相当的重要性。相比以往的相关研究，本书所做出的创新性贡献包括：明确提出了适用于测量中国公众环境关心和环境知识的两个量表——CNEP 和 CEKS；基于可利用的权威数据检验和讨论了"后物质主义理论""差别暴露假设""差别职业理论""差别体验理论""巴特尔模型""社会建构论""全球环境主义""生态现代化理论""环境库兹涅茨曲线""推拉理论""压力门槛理论""环境公正论"等有关环境关心和行为研究的理论假设和学说，并提出了若干新的认识；创造性地提出了"环境信念体系""绩效期待理论""复合型环境治理""绿色社会建设"等具有中国本土特色的分析概念和理论命题；对具有中国特色的环境治理模式和社会新转型方向进行了理论总结和分析。

我们深知本书仍然存在一些不够完善之处。首先是全书虽然突出了一个主题，但是体系还不够严密，特别是在围绕研究的核心问题建构更加严谨的理论、概念和分析框架方面，尚需付出更多努力。目前所谓的最终成果仍然具有阶段的性质。其次是在环境问题与环境治理分析方面，虽然抓住了一些主要的方面，但还有欠全面、不够深入、不够精细，而且主要是聚焦于全国层次，对地方性和全球性环境问题分析不够充分；再次是研究过程拖得比较长，又缺乏最新的同规格权威数据进行比较，一些研究结论虽然具有长期的学术意义，但也可能与现实的新变化不一致，需要继续检验和修正；最后是多位团队成员参与研究工作，成果切入的角度、使用的变量、呈现的风格与质量等确实有差异、不均衡，虽然我们努力进行了必要的完善。学无止境，研究工作只能在实践中不断完成，在完成中持续追求完美。我们诚挚地欢迎读者和学界同行予以鞭策和激励，以利研究不断深入、学术更加精进。

　　需要说明的是，在课题申请和进行阶段先后参与的团队成员包括西安交通大学社会学系卢春天博士、中南大学社会学系彭远春博士、中央民族大学社会学系范叶超博士、黑龙江省社会科学院社会学所张斐男博士、中国人民大学社会学系博士生曲天词和硕士生邓霞秋、华东理工大学社会学系石超艺博士、厦门大学人口与生态研究所龚文娟博士、宁夏医科大学社会研究所马国栋博士、浙江财经大学社会学系童志锋博士、安徽师范大学社会学系张金俊博士、美国美利坚大学肖晨阳博士、中国人民大学社会学系王玉君博士、广西财经大学吴柳芬博士以及中国人民大学环境学院宋国君教授等。其中，卢春天博士在课题设计阶段做出了重要贡献。

　　最终参与本书写作的情况如下：范叶超，第1章；石超艺，第2章；龚文娟、赵曌，第3章；马国栋，第4章；童志锋，第5章；张金俊，第6章；范叶超、洪大用，第7章；洪大用、范叶超、邓霞秋、曲天词，第8章；肖晨阳（范叶超译），第9章；彭远春，第10章；王玉君、韩冬临，第11章；洪大用、范叶超、李佩繁，第12章；洪大用、范叶超，第13章、第18章、附录2；洪大用，第14章、第16章、第19章；吴柳芬、洪大用，第15章；卢春天、洪大用，第17章；洪大用、范叶超、肖晨阳，附录1。在此，我对所有团队成员的密切协作表示衷心感谢！

　　我想特别指出的是，我原来的硕士和博士研究生，现任中央民族大学社会学系讲师范叶超，在本书成书过程中发挥了重要作用。他是一位勤奋好学又有悟性的青年学者，是这个课题组的核心成员，不仅参与了大量研究和写作工作，而且在后期协助我联络课题组成员、编辑修订本书的过程中投入了不少精力。我相信他将来在学术上会有更大更好的发展。另外，我的在读博士生何钧力、郭晗潇、李阳和中央民族大学硕士研究生刘梦薇在后期课题成果整理中也做了很多工作，发挥了重要作用，在此谨致谢意！

　　本书的部分内容曾以论文的形式在《社会学评论》、《社会学研究》、

《社会》、《中国人民大学学报》、《青年研究》、《中共中央党校学报》、《社会科学研究》、《南京工业大学学报（社会科学版）》、*Society & Nature Resources* 等杂志发表，我谨代表课题组对各家杂志的大力支持和专业性建议表示感谢！最终，本书得以顺利付印，还要感谢中国人民大学社会学理论与方法研究中心和中国人民大学出版社的大力支持，尤其是潘宇和盛杰两位编辑付出的努力！

值此课题完成之际，又不禁想起先师郑杭生先生。我在攻读博士学位期间，他就支持我开展环境社会学研究。2013 年申请该项课题时，先生担任中国人民大学社会学理论与方法研究中心主任，他对课题设计给予了很好的建议。非常痛心的是，课题尚在研究之中，先生就抱病辞世。谨以此书，聊表怀念追思之情。

洪大用　教授

2020 年春节期间

目 录

上篇　环境问题与治理实践

　　本篇包括第 1～6 章，围绕中国城乡若干突出的环境问题，如空气污染、水污染、垃圾污染等，着重分析其发展历程和现状，特别是揭示与其相关的环保政策实践，试图分析中国社会迈向绿色社会的客观基础。

第1章　城市空气污染与治理

随着我国社会经济快速发展，人民生活不断改善，广大群众对环境质量的要求不断提高。就在前几年，以雾霾为表征的城市空气污染问题引起了广泛关注。频发的、持续的和严重的城市空气污染问题，促使政府采取更加积极的空气污染治理政策，以更好地回应人民群众的新要求。本章在对空气污染的主要概念、空间分布特征、危害性后果和评价标准等内容进行介绍的基础上，回顾了我国城市空气污染问题的历史演变过程，讨论了不同阶段我国空气污染防治政策的基本特征，并重点考察了近年来我国政府为了治理空气污染采取的一系列超常规行动及其对城市空气质量改善的积极影响。

一、空气污染概述

（一）空气污染的基本概念

空气污染，也称大气污染，通常指的是"大气中污染物质的浓度达到了有害程度，以致破坏生态系统和人类正常生存和发展条件，对人和物造成危害的现象"（钱金平，2011：92）。造成空气污染的物质即空气污染物。科学研究目前揭示的空气污染物超过了 100 种，常见的由人类活动排放进大气的空气污染物包括二氧化硫（SO_2）、氮氧化物（NO_X）、一氧化碳（CO）、挥发性有机物（VOCs）、臭氧（O_3）、可吸入颗粒物（PM_{10}）和细颗粒物（$PM_{2.5}$）[①] 等。空气污染物的发生源即空气污染源，按照其运动特性一般可以分为固定源和移动源：固定源是指污染物由固定地点排出，如各类工厂企业的污染源及家庭炉灶等；流动源一般指各种交通工具，如燃油的机动车、轮船在行驶过程中向大气排放污染物，其特点是小型分散、数量大、流动频繁（李爱贞等，1997：41）。[②]

空气污染的形成与大气中空气污染物的累积直接相关。在人类活动较弱时，由于大气环境本身具有一定的自净能力，这些主要源于自然过程的空气污染物一般不会累积形成空气污染。而伴随工业化、城市化中人类活动的增加，许多社会过程（如工业排放、汽车尾气等）成为主要空气污染源，污染物累积达到一定水平后严重超出了大气自净能力，就容易诱发空气污染。在此意义上，正是人类活动对于大气环境的长期负面影响才滋生了空气污染，而看似突发的空气污染现象多半是人为排放严重超出大气环境自净能力的一种"生态预警"。

常见的空气污染类型主要包括煤烟型污染、石油型污染、复合型污染、特殊型污染四种（刘克峰、张颖，2012：110）。煤烟型污染主要是指煤炭

[①] 可吸入颗粒物和细颗粒物都属于颗粒物，即指大气中除气体之外的各种各样的固体、液体和气溶胶，包括粉尘、烟尘、雾、总悬浮颗粒（TSP）等。可吸入颗粒物和细颗粒物的区别在于颗粒物的粒径，其空气动力学当量直径分别小于 10 微米和 2.5 微米。

[②] 大气中的污染物并非都是直接从污染源排放的物质即一次污染物，也有许多污染物是一次污染物在大气间相互作用或与大气正常成分发生作用形成的即二次污染物，如 SO_2 在大气中氧化为 SO_3 再遇水形成的"硫酸雾"。

燃烧时排放二氧化硫、颗粒物等污染物造成的污染，以及这些污染物发生化学反应而生成的二次污染物造成的污染。石油型污染是指在石油的开采和冶炼、石化企业生产以及石油制品使用过程中（特别是燃油汽车行驶过程中）向大气排放氮氧化物、碳氧化物、碳氢化合物等污染物造成的污染。复合型污染是指兼具煤烟型和石油型污染特征的一种空气污染类型，其污染物的形成与煤炭、石油两类能源利用都相关。除了与能源利用有关的空气污染，在现实生活中还存在向大气中排放某些特殊气态污染物所造成的局部或有限区域的特殊型空气污染现象，如核工业排放的放射性尘埃和废气、氯碱厂排放的含氯气体、磷肥厂排放的含氟气体等特殊空气污染物所造成的污染。

（二）空气污染的城市性与危害性

尽管大气环境是连通的、流动的，但从居住地分布来看，空气污染却通常具有明显的城市性。在大多数情况下，与乡村地区相比，空气污染问题在人口规模更大、工厂企业分布更密集、车流往来更为频繁的城市地区要更为严重，也更容易被城市居民感知。例如，2013 年的中国综合社会调查（CGSS）结果显示，超过一半（53%）的城镇受访者报告称其居住地空气污染"严重"，乡村受访者中这一比例却仅为 25.7%。此外，历史上的许多著名空气污染事件也都发生在许多工业大都市地区，如英国伦敦的"烟雾事件"、美国洛杉矶的"光化学烟雾事件"等。正是由于上述原因，空气污染长期以来一直被认为是一种"城市病"，一个地区在特定时期内空气污染的严重程度也通常被假定与其城市化水平存在密切关联。

空气污染具有多重危害性。首先，许多空气污染过程直接体现为空气能见度下降，严重时会引发交通事故、造成人员伤亡，更为常见的是海、陆、空交通全面受阻，严重干扰了日常的生产与生活秩序。其次，已有研究证实，大量的空气污染物具有毒性或易附带毒害物质（如重金属、微生物等），可以通过多种途径侵入人体并引起不同程度的中毒情况，长期的空气污染暴露还会增加一个地区的癌症发病率、婴儿死亡率等（Pope III *et al.*，2002；Kelly & Fussel，2015）。再次，重度空气污染天气容易刺激大脑视觉中枢，会使人产生压抑、悲观等不良情绪，进而会危害心理健康（Bullinger，1989）。最后，从长远来看，空气污染还可能会间接造成材料破坏（如腐蚀金属和破坏建筑材料）、粮食减产、水污染和全球气候变化等一系列危害性后果。

（三）空气质量评价

空气质量标准是在限定的时间内对大气中各种污染物的最高允许质量浓度给予的规定，是为实现国家环境政策要求而确定的环境质量目标，也是评价空气质量的依据（李锦菊、沈亦钦，2003）。目前，全球绝大多数国家和地区制定了空气质量的相关标准，联合国世界卫生组织（WHO）也制定了全球范围的空气质量指导标准。随着关于空气污染对人体健康影响的科学研究越来越深入，不同国家和地区的空气质量标准也在不断调整，美国、欧盟、世界卫生组织制定的空气质量标准历史上都曾进行过数次修订。

我国最早的空气质量标准是 1982 年制定的《大气环境质量标准》（GB3095—82），该标准曾于 1996 年和 2000 年经过了两次修订。现阶段我国执行的空气质量标准是 2012 年制定的《环境空气质量标准》（GB3095—2012），它明确规定了环境空气功能区分类、标准分级、污染物项目、平均时间及浓度限值、监测方法、数据统计的有效性规定及实施与监督等内容。在此基础上，原环境保护部还同步出台了《环境空气质量指数（AQI）技术规定（试行）》，对空气质量评价的分级方案进行了规定。与旧版标准相比，我国现行的空气质量评价标准增加了细颗粒物的指标监测，同时也降低了可吸入颗粒物、二氧化氮等污染物的浓度限值，反映了我国空气质量评价标准的升级。但与国际标准相比，由于我国的特殊国情，目前我国的空气质量标准整体上相对宽松，采纳的仍然是世界卫生组织第一阶段的目标值（董洁等，2015）。

二、我国城市空气污染的演化历程

利用文献资料和权威的大气环境监测数据，本部分将简要回顾 1949 年以来我国城市空气污染的演化过程。如前所述，空气污染并不是突发的，它的形成具有累积性和渐变性等特征，故我们一般无从识别空气质量变化的具体时间点。尽管如此，我们大体上还可以将 1972 年确定为关键节点，从而把我国城市空气污染的演变历程划分为两个阶段：前一阶段是我国空气污染的发酵时期，正式的污染防治工作尚未开展，空气质量的恶化基本上长期处于放任自流的状态；在后一阶段，空气污染防治被正式提上国家议程，大气环境状况开始同时受到"污染"和"治理"两股张力的作用，呈现出更加复杂的变化趋势。

（一）20 世纪 70 年代以前的城市空气污染

中国的环保事业正式起步于 20 世纪 70 年代初，在此之前，中国社会从政府到民间关于环境保护的认识都相当有限。在相当长时间里，客观环境状况的各种变化在我国一直未能被充分"问题化"。尽管如此，大量的证据表明，自新中国成立至 20 世纪 60 年代末这段时期内中国许多城市地区（特别是工业城市）的空气质量已经开始恶化，空气污染已经客观发生。至 70 年代前期，许多地区的大气环境遭遇到严重污染并干扰到居民的日常生产和生活。1973 年的一份政府文件资料显示：自 1967 年至 1972 年，旅大市（今大连市）的染料厂因为排放有毒气体，累积造成 20 多起、200 多人的中毒事件；吉林市的哈达湾工业区每年排放二氧化硫等有毒气体 230 亿立方米，有害粉尘 12 万吨，当地严重的烟尘污染对居民的身体健康造成了危害；株洲、吉林、广州等城市的一些群众还曾因为当地工厂排放的废气和烟尘问题信访，甚至最后演变为群体性事件（曲格平、彭近新，2010：316 - 317）。整体来看，这一时期的城市空气污染主要是工业烟尘和废气排放增加引起的，以煤烟型污染为主，兼有一些特殊型污染；影响范围通常较小，属于局部性污染。

20 世纪 70 年代以前城市空气质量的恶化主要与我国当时大规模的工业化建设有关。新中国成立初期，中国社会全面启动了工业化建设，有计划地发展工业生产（特别是重工业），工业产值的快速增长成为国民经济复苏的重要动力。1949 年至 1952 年期间，中国的工业总产值由 140 亿元增长到 349 亿元，现代工业占工业总产值的比重由 56.4％上升到 64.2％，轻重工业的比重由 73.6∶26.4 调整为 64.5∶35.5；第一个五年计划期间（1953 年至 1957 年），工业总产值的年平均增长率达到 18％，现代工业占工业总产值的比重由 64.2％上升到 70.9％，重工业产值占工业总产值的比重由 35.5％上升到 45％。1958 年至 1976 年期间，尽管工业化建设因为受到"大跃进"和"文化大革命"的干扰而有所放缓，但工业总产值仍然有

9.3%的年均增长，石油工业产值占工业总产值的比重由 1.1% 上升到 6.2%，化学工业产值比重由 6.8% 上升到 11%（李毅中，2009：2-3）。这一时期举世瞩目的工业化建设成就在很大程度上是以牺牲环境为代价的，来自工业排放的空气污染物迅速增加，许多工业城市的空气质量开始迅速恶化。

同一时期，"大跃进"和"文化大革命"带来的社会失序状态对大气环境的破坏作用也不应被低估。"大跃进"期间，在"左"倾路线的错误指导下，全国范围内掀起了"大炼钢铁"的热潮。仅 1958 年下半年，各地就动员了数千万群众大炼钢铁和大办工业，建成了简陋的炼铁、炼钢炉 60 多万个，小煤窑 59 000 多个，小电站 1 000 多个，小水泥厂 9 000 多个，农具修造厂 80 000 多个；工业企业由 1957 年的 9 000 多个迅速增加到 1969 年的 31 万个。这种冒进的工业化战略直接导致了许多地方的生态环境在短时间内急剧恶化，放任自流的工业排放也使得许多地方出现了"烟雾弥漫"的空气污染景象（曲格平，1988）。"文革"期间的"三线建设"实行了"靠山、分散、进洞"的错误方针，将许多排放大量有害物质的工厂布局在扩散条件较差的深山峡谷之中，也曾造成局部地区严重的空气污染问题。以攀枝花市为例，当地于 20 世纪 60 年代中叶开始大力发展钢铁工业，但大量的工业废气排放和不佳的扩散条件造成了严重的空气污染问题，工人中的肺癌发病率也因此升高（Shapiro，2001：139-194）。

新中国成立后的近二十年里，由于快速的工业化建设进程和社会动荡因素的干扰，我国城市地区的空气质量整体上呈现直线恶化的趋势，空气污染在部分工业城市地区尤为突出。尽管这一时期国家在减少工业废气和烟尘排放方面做过一些努力，但由于对空气污染的认识还十分有限，加上缺乏有效的污染控制手段，并没能从根本上解决问题，许多城市地区的空气质量因此在持续下降。

（二）20 世纪 70 年代以来城市空气污染问题的演变

1972 年 6 月，中国政府派代表出席了联合国在斯德哥尔摩召开的人类环境会议，标志着我国现代环境保护事业的开端，空气污染防治的相关工作自此正式展开。自那时起，我国的城市空气污染出现了一些重要变化：一是空气污染类型开始复杂化，由之前占主导地位的煤烟型污染演变为复合型污染；二是空气污染范围不断扩大，呈现出由局部性污染向广域性污染转变的趋势；三是空气污染日渐跻身为一项重要社会议题，公众的相关认知越来越清晰。以下分别做具体分析。

1. 污染的复杂化：由煤烟型污染发展为复合型污染

如前所述，20 世纪 70 年代以前我国较为突出的城市空气污染类型是由工厂排放二氧化硫和烟尘等颗粒物造成的煤烟型污染，兼有一些特殊型污染。进入 70 年代后，尽管国家采取了很多措施来控制和减少二氧化硫和工业烟尘排放，煤烟型污染的恶化趋势有所遏制，但却一直十分严重（曲格平，1988）。1981 年，国务院批准了联合国环境规划署（UNEP）和世界卫生组织在我国北京、上海、沈阳、西安、广州五城市开展空气质量监测，这是我国有据可查的最早的空气质量监测项目之一。当年的监测结果报告显示，北京、上海、沈阳、西安四个城市的飘尘浓度几乎全部超标，北京、西安、广州、沈阳四个城市的二氧化硫浓度则存在不同程度的超标问题，这些空气污染物主要来源于工业生产和生活燃煤过程（中国医学科学院环境卫生监测站，1983）。煤烟型污染曾是我国硫酸型酸雨污染的主要成因。1982 年 3 月，国务院环境保护领导小组办公室对全国酸雨污染状况进行摸底调查，发现彼时我国西南、中南和华东地区的酸雨污染已经相当普遍，并且由北到南有逐渐加重的趋势（纪斌、陈振华，1982）。

直至 21 世纪初，煤烟型空气污染才开始有所缓解。由图 1-1 可知，我国工业二氧化硫排放量在 2006 年到达峰值后开始呈下降趋势，2015 年的排放总量已经回到 21 世纪初的水平；类似地，工业烟（粉）尘的排放量自 2005 年起整体上也呈明显的回落趋势。与此同时，全国监测降水的城市中出现酸雨的城市比例自 21 世纪初以来整体上也呈下降趋势，由 2000 年的61.8% 下降到 2017 年的 36.1%。从国家环保部门发布的空气污染指数（API）来看，我国城市空气质量整体上确实有好转趋势（李小飞等，2012）。这些结果表明，几十年来的空气污染防治工作取得初步成效，我国的煤烟型污染目前得到了有效控制，这对城市空气质量改善具有积极意义。

尽管煤烟型污染的治理取得重要进展，但我国城市的实际空气质量并没有同步出现明显改善，甚至在部分地区有不断恶化的趋势。这主要是因为，我国空气污染的类型已经逐渐发生了改变，现阶段我国的空气污染已经由原来的煤烟型污染发展为煤烟型污染和石油型污染叠加的复合型污染

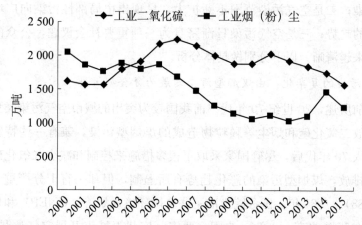

图 1 - 1　2000—2015 年我国工业二氧化硫和工业烟（粉）尘的排放情况

资料来源：2000—2015 年《中国环境状况公报》。

（中国工程院、环境保护部，2011：469）。为了应对这种新的污染类型，我国于 2012 年重新修订了空气质量的评价标准，制定了《环境空气质量标准》（GB3095—2012），并改用空气质量指数（AQI）来评价空气质量。基于这一新的评价标准，2013 年的《中国环境状况公报》显示，全国首批监测的 74 个城市中仅海口、舟山和拉萨 3 个城市空气质量达标，95.9% 的城市空气质量未达标。

复合型空气污染的显现集中体现为近些年来频繁发生的雾霾天气。严格来说，"雾霾"并不是一个科学概念。目前国内科学界更常采用的是"霾"或"灰霾"的说法，指"大量极细微的干尘粒等均匀地浮游在空中，使水平能见度小于 10.0 千米的空气普遍浑浊现象"（中国气象局，2003：23）。有科学研究基于全国地面气象站资料分析了 1951—2005 年间我国霾的长期变化趋势，发现 20 世纪 80 年代以来我国的霾日明显增加，至 21 世纪初在我国东部大部分地区和大城市区域表现得相当突出（吴兑等，2010）。城市雾霾问题的成因具有复杂性。科学研究表明，雾霾的罪魁祸首——大气中的 $PM_{2.5}$ 存在多重来源，可分为一次源和二次源。前者包括燃煤、工业生产、机动车、扬尘等，后者指气态污染物在大气中经过"气-粒转化"（凝聚、吸附、反应等）生成 $PM_{2.5}$（贺泓等，2013）。从外因来看，下垫面特征、天气过程、大气环流和气候变化等因素也会间接影响雾霾的形成（王跃思等，2013，2014）。换言之，雾霾问题在不同城市或地区的成因会有所区别，即使是同一城市，在不同季节、时令雾霾问题的主要成因也会有所不同。尽管雾霾成因复杂，但比较没有争议的是，与传统的煤烟型污染相比，造成雾霾问题的 $PM_{2.5}$ 来源除了包括传统的工业排放，机动车排放也占了相当大的比重。例如，北京市环保局 2018 年发布了新一轮北京 $PM_{2.5}$ 来源解析结果，发现北京市全年 $PM_{2.5}$ 主要来源中本地排放占三分之二，移动源在现阶段本地排放的贡献最大（占 45%），工业源和燃煤对北京市的污染贡献率分别只占 12% 和 3%。[①]

城市复合型空气污染的形成首先与我国这一阶段快速的工业化、城市化等宏观社会发展进程有关（辜胜阻等，2014），是日益尖锐的发展与环境之间矛盾的重要体现。改革开放 40 年来，中国社会发展取得了举世瞩目的成就。从 1978 年到 2018 年，中国的国内生产总值（GDP）由 3 679 亿元增长到 820 754 亿元，并于 2010 年超过日本成为世界第二大经济体；与此同时，中国的城市人口占总人口的比例也由 17.9% 逐年增长到 59.6%，达到了 83 137 万人。宏观层面的快速社会发展是以巨大的能源和资源消耗为基础的。从 1978 年到 2017 年，我国的能源消费总量由 57 144 万吨标准煤增加到 449 000 万吨标准煤，造成的一个重要后果是人类活动对大气环境的直接和间接压力不断叠加，这构成了我国现阶段复合型空气污染形成的主要背景。

其次，复合型空气污染也与我国城市居民日常生活领域的变迁息息相关，特别是出行实践的变化。如前所述，复合型污染是兼具煤烟型污染和石油型污染的空气污染类型，而石油型污染的主要污染源是移动源，即机动车排放。1978 年，我国民用汽车总计只有 135.84 万辆，其中载客汽车为 25.90 万辆。但自 20 世纪 90 年代以降，随着城市居民生活水平的提高，城市地区的汽车数量呈指数式增长的趋势（见图 1-2）。根据 2018 年《中国统计年鉴》数据，至 2017 年底，全国居民中每百户家用汽车拥有量达到了 29.7 辆。这些数据说明，我国现阶段实际上已经开始迈入"汽车社会"（王俊秀，2011）。汽车社会的来临反映了汽车在城市居民的日常出行实践中扮演了越来越重要的角色，如果考虑到燃油汽车使用中的污染物排放，

---

① 北京市生态环境局. 最新科研成果新一轮北京市 $PM_{2.5}$ 来源解析正式发布. （2018-05-14）[2019-07-22]. http://sthjj.beijing.gov.cn/bjhrb/xxgk/jgzn/jgsz/jjgjgszjzz/xcjyc/xwfb/832588/index.html.

这同时也代表了当前城市日常生活开展对大气环境持续扩大的负面影响。

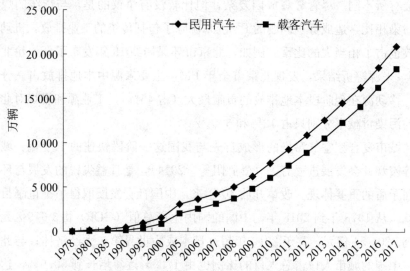

图 1-2　1978—2017 年我国民用汽车和载客汽车的增长情况

资料来源：2018 年《中国统计年鉴》。

2. **污染的解域化：由局部性污染转变为广域性污染**

20 世纪 70 年代以来，我国城市空气污染的解域性（de-territoriality）特征越来越凸显。根据环境社会学领域的环境流动理论（Environmental Flows Theory），由于生态系统自身的连通性以及不同地方社会之间社会联系的不断增强，当前越来越多的环境问题都呈现出鲜明的解域性，即跨越边界的各种各样的物质性流动（material flows）在环境问题的形成中扮演的角色日渐重要（范叶超，2018）。我国城市空气污染解域性的显现首先表现为空气污染开始由城市地区向城郊特别是乡村地区蔓延，导致一些乡村地区的空气质量也开始急剧下降。特别是自 20 世纪 80 年代以来，随着乡镇企业的异军突起，"遍地开花"的小水泥厂、砖瓦窑、陶瓷厂等对乡村大气环境的破坏十分严重，使得乡村地区的空气污染问题在 20 世纪 90 年代呈现失控之势（姜百臣、李周，1994；李周等，1999）。但进入 21 世纪以来，随着乡镇企业的式微以及国家对乡村环保投入的增加，我国乡村地区的空气污染开始得到控制，空气质量随之有所改善。

我国城市空气污染的解域化还重点体现在空气污染物流动已经突破小范围的局部城市边界，其扩散范围正在逐渐变大，广域性的空气污染越来越突出，甚至还对相邻国家和地区的空气质量产生影响而造成"跨境污染"的现象。① 近年来，空气污染越来越呈现为一些区域性的整体威胁。例如，2013 年全国遭遇 52 年来最严重雾霾天气，多次出现大范围雾霾过程，波及 25 个省份 100 多个城市（占国土面积四分之一），约 6 亿人口受到影响，京津冀、东三省、长三角都是污染重灾区。再如，2017 年的《中国气候公报》显示，2016 年 12 月 30 日至 2017 年 1 月 7 日，东北地区中南部、西北地区东部、华北大部、黄淮、江淮、江汉、江南中北部、华南中部及四川盆地出现大范围霾，华北中南部、黄淮、江淮大部及辽宁中部、陕西关中等地出现重度霾，受其影响，京津冀鲁豫多地发布霾预警，多个机场出现航班大量延误和取消，多条高速公路被迫关闭。目前，广域性的空气污染在我国京津冀、长三角、珠三角、汾河平原等区域表现得最为突出，这些区域也因此成为当前我国空气污染治理的重点区域。

　　3. 污染的议题化：公众对空气质量的关心持续增长

环境社会学中的建构主义范式认为，一个社会中客观的环境状况不会自己成为"问题"，任何一项环境问题的呈现都取决于科学家、政府、媒体等各类社会主体的共同建构过程；只有在被广泛认为是令人担心且必须采取行动予以回应时，特定的环境状况变化才构成一项问题（汉尼根，2009；龚文娟，2011；洪大用，2017）。我国城市空气污染作为一类环境问题的呈现也具有典型的社会建构特征，中国公众对空气污染的认知在过去几十年间发生了巨大变化。在 20 世纪 70 年代我国环保事业刚刚起步时，无论是政府和民间，对于环境保护的理解都还比较粗浅：尽管城市空气质量的客观状况一直在恶化，能够激起的社会关心却十分有限。但随着时间的推移，公众对城市空气污染的认知日渐清晰。卢淑华（1994）20 世纪 90 年代初在辽宁省本溪市的一项抽样社会调查发现，超过八成的市民已经明显感知到工业排放造成的城市空气质量恶化，一些受访者在访谈中还明确表达了对空气污染的忧虑。2003 年、2010 年和 2013 年三个年度的 CGSS 调查结果都发现，空气污染问题一直是我国城市居民最为关心的环境问题类型（洪大用，2014）。2014 年春季，我们委托中国人民大学中国调查与数据中心

　　① 李珍，王刚. 中日韩设立政策对话机构合作应对 PM$_{2.5}$跨国飘散. (2013-05-7) [2019-07-22]. http://world.huanqiu.com/exclusive/2013-05/3906127.html.

以电话调查的方式在北京市范围内实施了一项名为"北京居民雾霾认知与行为反应"的问卷调查,调查结果发现:76.6%的受访市民认为当时北京地区的雾霾现象严重,报告雾霾对日常工作与生活、身体健康、心理健康三个方面造成负面影响的受访者比例均超过了半数,环境保护成为了北京市民最为关注的社会议题(洪大用、范叶超,2014)。公众对城市空气质量的普遍关心表明,在当代中国,空气污染问题已经成功议题化,跻身为一项重要的社会问题。

尽管公众空气质量关心的增长在某种意义上是对客观大气环境状况恶化之事实的一种反映,但空气污染在我国的议题化具有典型的社会建构性。我们可以从三个方面来把握这一问题的建构过程。首先,1972年以后,在我国政府的大力支持下,关于空气污染的专门科学研究逐渐展开,我国空气污染现状的严重性和危害性终于开始被系统性地认识到。其次,作为一项基本国策,我国的环境教育长期以来一直都涉及关于空气污染的危害、成因和防治的专门介绍,空气污染的重要性在不同学龄人群中逐渐得到普及。最后,媒体的宣传和报道也在空气污染的"议题化"过程中起到了推波助澜的作用。

综上所述,我国的城市空气污染由来已久,在20世纪70年代以前就已经出现,局部地区甚至十分严重;近四十多年来,空气污染经历了由局部性的煤烟型污染向广域性的复合型污染的转变过程,中国社会对空气污染的认知在此过程中整体上日渐清晰。

三、城市空气污染防治政策的嬗变

空气污染防治政策是国家为保护空气质量所采取的一系列控制、管理措施,不仅包括环境法律法规,还涵盖了除环境法律法规以外的一切相关政策措施。中国的空气污染防治政策是伴随空气污染的演变而不断变化发展的。在这一过程中,随着工业化、城市化进程不断加快,社会生活对空气质量的压力越来越大,我国空气污染防治的措施和方法在不断调整。我国城市空气污染防治政策的演化大体上经历了初步建立时期、快速发展时期、酸雨和二氧化硫污染的重点防治时期以及区域联防联控的新时期四个阶段。

（一）初步建立时期（1973—1977 年）

1972 年，中国政府派代表出席联合国在斯德哥尔摩召开的人类环境会议。次年，第一次全国环境保护会议在北京召开，由此揭开了中国环境保护事业的序幕（曲格平，1999）。此次会议审议通过了《关于保护和改善环境的若干规定》，这是中华人民共和国成立以来我国政府颁布的第一个环境保护的法规性文件。该文件指出，要通过工业合理布局来减缓城市空气污染问题，要求各单位的排烟装置采取行之有效的消烟除尘措施；有计划、有步骤地发展煤炭的替代燃料和推行区域供热，对工业生产中必须排放的空气污染物要开展综合利用或尽可能实行净化处理。在《关于保护和改善环境的若干规定》的基础上，同年中国政府还出台了《工业"三废"排放试行标准》，以更有效地防止工业"三废"排放造成的环境污染。在空气污染物排放方面，该标准根据对人体的危害程度并考虑到我国现有情况，暂定了五种工业部门包括二氧化硫、二氧化碳、硫化氢、氟化物、氮氧化物、氯、氯化氢、一氧化碳、硫酸（雾）、铅、汞、铍化物、烟尘及生产性粉尘等 13 类有害物质的排放筒高度、排放量和排放浓度等排放标准。

在《关于保护和改善环境的若干规定》和《工业"三废"排放试行标准》的指导下，我国的空气污染防治工作正式起步，此后几年时间里，一些城市分别开展了以消烟除尘为主要内容的空气污染治理。但受"文化大革命"的干扰，国家空气污染防治措施虽然在局部地区得到了贯彻并取得了一定成效，但却无力阻挡我国空气质量急剧恶化的整体趋势。尽管如此，需要看到的是，这一时期的空气污染防治政策完全是从"一片空白"中摸索建立起来的，标志着我国城市空气污染长期放任自流局面的终结，其重要意义不言而喻。

（二）快速发展时期（1978—1994 年）

1978 年 3 月，第五届全国人民代表大会第一次会议通过了《中华人民共和国宪法》。此次通过的宪法对环境保护作了专门规定："国家保护环境和自然资源，防止污染和其他公害。"自新中国成立以来，国家环境政策的制定与实施第一次有了宪法保障，我国的空气污染防治政策由此迈入了快速发展时期。

首先，以宪法为基础，我国空气污染防治开始走上法制化轨道。1979年9月，全国人民代表大会常务委员会第十一次会议通过了《中华人民共和国环境保护法（试行）》。环境保护法的颁布结束了我国环境保护无法可依的局面，明确了环保对象和任务，确定了基本方针和"谁污染，谁治理"的政策，规定了环境保护管理机构的设置和职责。其中，该法第十八、十九条专门对空气污染物排放标准、发展清洁能源、推广区域供热等事宜作了具体规定。1987年9月，第六届全国人民代表大会常务委员会第二十二次会议审议通过了《中华人民共和国大气污染防治法》，对工业、民用、运输、建筑等产生烟尘和其他空气污染物的部门作了规定，并赋予环境管理部门很大的监督权，明确了违反规定的相关法律责任。1991年5月，国家环境保护局发布了《中华人民共和国大气污染防治法实施细则》，对《中华人民共和国大气污染防治法》作了具体的解释和补充。

其次，工业污染源控制成为新时期空气污染治理的重点目标，国家为此前后进行了众多政策安排。1981年，国务院颁布了《关于在国民经济调整时期加强环境保护工作的决定》，提出要重点解决一些生活居住区、水源保护区、风景游览区的工厂企业严重污染问题，要求出厂的锅炉必须配备除尘器或有效的消烟除尘措施，对超过国家标准排放污染物的企业要征收排污费。1983年2月，国务院颁布了《关于结合技术改造防治工业污染的几项规定》，规定工业企业在进行技术改造时，要把防治工业污染作为重要内容之一，通过采用先进的技术和装备，提高资源和能源利用率，把污染物消除在生产过程之中。在空气污染由城市向乡村地区快速蔓延的大背景下，国务院于1984年9月颁布了《关于加强乡镇、街道企业环境管理的规定》，规定要求乡镇、街道企业不准从事污染严重的生产项目，对排放工业"三废"的乡镇、街道企业征收排污费并督促其限期治理。1987年7月，国务院环境保护委员会审议通过了《城市烟尘控制区管理办法》，提出在以城市街道和行政区为单位划定的区域内，对各种炉窑、工业生产设施排放的烟尘浓度进行定量控制，使其达到规定的标准。1992年9月，国家环境保护局、国家物价局、财政部、国务院经贸办联合发布了《征收工业燃煤二氧化硫排污费试点方案》，确定贵州、广东二省及重庆、宜宾、南宁、桂林、柳州、宜昌、青岛、杭州、长沙等九市开展征收工业燃煤二氧化硫排污费的试点工作。

　　最后，这一时期的一些其他空气污染防治政策还特别关注到了城市地区的生活能源改造以及移动源污染治理问题。1981 年国务院制定的《关于在国民经济调整时期加强环境保护工作的决定》中提出，要将低硫份、低挥发份的煤炭优先供应民用，要在城市规划和建设中积极推广集中供热和联片供热，有计划地发展煤气，合理使用石油液化气。1984 年 10 月，国务院环境保护委员会颁发了《关于防治煤烟型污染技术政策的规定》，对城市集中供热和城市气化的技术政策作了具体规定。1987 年 7 月，国务院环境保护委员会等六部委审议通过了《关于发展民用型煤的暂行办法》，提出加快推广和发展民用型煤（即蜂窝煤）、节约煤炭，以改善我国城镇煤烟型污染的状况。1990 年 8 月，国家环境保护局联合多个部门发布了《汽车排气污染监督管理办法》，要求将汽车及其发动机产品的排气污染纳入监管，汽车排气污染必须达到国家规定的排放标准。

　　整体来看，1978 年至 1994 年期间是我国空气污染防治政策快速发展的重要时期，大量的相关政策安排相继展开，反映了国家对空气污染问题的高度重视，这些政策也为遏制彼时日趋严重的城市空气污染问题指明了具体方向。

（三）酸雨和二氧化硫污染的重点防治时期（1995—2009 年）

　　20 世纪 90 年代中期以来，我国以酸雨和二氧化硫污染为表征的空气污染问题日益突出，控制酸雨和二氧化硫污染因此成为我国空气污染防治工作的重心。1995 年 8 月，全国人大常委会通过了新《中华人民共和国大气污染防治法》，规定在全国划定酸雨控制区和二氧化硫污染控制区（"两控区"），在控制区内强化对酸雨和二氧化硫污染的控制。1998 年 1 月，国务院批准了国家环境保护局制定的《酸雨控制区和二氧化硫污染控制区划分方案》，方案划定的"两控区"包括 4 个直辖市和 21 个省会城市、175 个地级以上城市和地区，总面积约为 109 万平方千米（占国土面积 11.4%）。进一步，方案还提出了"两控区"至 2000 年和 2010 年的污染控制目标。2002 年，国务院批复了《两控区酸雨和二氧化硫污染防治的"十五"计划》，制定了 2005 年"两控区"内二氧化硫排放和酸雨污染的控制目标，并提出了专门的减排措施。2007 年，国家发展和改革委员会同国家环境保护总局印发了《现有燃煤电厂二氧化硫治理"十一五"规划》，提出"十一五"期间现有燃煤电厂二氧化硫排放总量下降61.4%的具体目标。2008年1月，国务院批准了《国家酸雨和二氧化硫污染防治"十一五"规划》，提出2010年全国二氧化硫排放总量比2005年减少10%，有效控制酸雨污染，降低城市空气二氧化硫浓度。此外，为了贯彻2000年新修订的《中华人民共和国大气污染防治法》，国家还于2001年和2002年相继出台了《关于划分高污染燃料的规定》和《燃煤二氧化硫排放污染防治技术政策》，要求各城市分别在城区开展城市高污染燃料"禁燃区"的划分工作，以控制煤烟型污染。

总量控制是这一时期我国空气污染防治工作的重要战略。1996年以前，我国的污染控制战略主要是建立在污染物排放标准的基础上，即依靠控制污染物的排放浓度来实施环境政策和环境管理（宋国君，2000）。1996年8月，国务院发布《关于环境保护若干问题的决定》，提出要实施污染物排放总量控制，建立全国主要污染物排放总量指标体系和定期公布的制度，各省、自治区、直辖市要使本辖区主要污染物排放总量控制在国家规定的排放总量指标内。该时期二氧化硫污染防治的相关政策安排就是对总量控制战略的体现。

1995年至2009年期间，在上述国家政策的推动下，我国的酸雨和二氧化硫污染控制取得了重要进展。全国环境监测数据表明，我国酸雨发生频率自2007年以来总体呈现下降趋势，全国酸雨面积占国土面积的比例总体也呈减小趋势（解淑艳等，2012）。另外，全国二氧化硫排放总量在2006年到达峰值后，开始逐年下降（见图1-1）。

（四）区域联防联控的新时期（2010年至今）

空气污染的解域性在很大程度上决定了空气污染治理的艰巨性。尽管属地管理在小范围的、局部性的空气质量改善中能够发挥作用，但却通常无法妥善解决更大空间尺度的、跨地域的空气污染。为此，空气污染治理需要突破"单打独斗"的传统观念以及地域边界的限制，需要不同地方、不同层次的政府和环保部门开展合作，在此基础上还应当引入企业和社会力量参与到治理过程中，以提高治理成效。近些年来，随着空气污染的解域化特征日渐凸显，传统属地治理模式的有效性面临巨大挑战。与此同时，频繁发生的大规模雾霾天气使得民众对空气质量的关心与日俱增。在上述背景下，我国空气污染防治政策发生了转型。2010 年以来，中国政府空气污染防治政策出台的速度明显加快（张永安、邬龙，2010），空气污染治理受到了前所未有的重视与支持。新时期强调区域联防联控的空气污染防治政策表明现阶段我国空气污染治理已经开始尝试突破传统属地治理的局限，以更好地适应空气污染日趋复杂的变化形势。

2010 年 5 月，国务院印发了《关于推进大气污染联防联控工作改善区域空气质量的指导意见》，提出至 2015 年建立空气污染联防联控机制，形成区域大气环境管理的法规、标准和政策体系。这是我国第一个综合性空气污染防治政策，它明确了现阶段我国空气污染防治的指导思想、工作目标和重点措施。同年 11 月，环境保护部下发《关于编制〈"十二五"重点区域大气污染联防联控规划〉的通知》，决定在长三角、珠三角、京津冀三大区域和成渝、辽宁中部、山东半岛、武汉、长株潭、海峡西岸六个城市群（简称"三区六群"）启动"十二五"重点区域空气污染联防联控规划编制工作。2012 年 9 月，国务院批复了《重点区域大气污染防治"十二五"规划》，提出到 2015 年要在京津冀、长三角、珠三角等 13 个重点区域建立区域大气联防联控机制。2013 年 9 月，国务院印发的《大气污染防治行动计划》提出了"建立区域协作机制，统筹区域环境治理"的政策措施。2015 年，新修订的《中华人民共和国大气污染防治法》正式将国家建立重点区域联防联控机制写入法律条文。2017 年 2 月，环境保护部会同京津冀及周边地区大气污染防治协作小组及有关单位制定了《京津冀及周边地区 2017 年大气污染防治工作方案》，加大了对京津冀大气污染传输通道"2＋26"城市[①]的空气污染治理力度。

通过回顾 20 世纪 70 年代以来我国空气污染防治的相关政策安排，我们可以得出两点结论：一方面，中国政府关于空气污染的科学认识在不断深化，一直高度重视空气污染治理问题；另一方面，我国的空气污染防治政策与空气污染的演化情况具有同步性，针对不同阶段空气污染的显性特征，国家及时做出了相应的政策安排予以应对。

---

① "2＋26"城市包括北京市，天津市，河北省石家庄、唐山、廊坊、保定、沧州、衡水、邢台、邯郸市，山西省太原、阳泉、长治、晋城市，山东省济南、淄博、济宁、德州、聊城、滨州、菏泽市，河南省郑州、开封、安阳、鹤壁、新乡、焦作、濮阳市。

四、"铁腕治污"背景下城市空气污染新趋向

中国的环境保护工作自 20 世纪 70 年代以降一直有条不紊地进行，至 21 世纪初已初见成效，生态环境不断恶化的趋势逐渐放缓。尽管如此，近十年来，我国经济社会发展造成的环境压力依旧很大，一些突出的环境问题愈演愈烈并引发社会强烈关注，常规的环境保护措施已经无法回应民众对环境质量日益高涨的需求。2012 年以来，中国进入了"向污染宣战"的"铁腕治污"时代，中国政府陆续启动了一系列超常规手段来加强对包括空气污染在内的一些突出环境问题的治理。在"铁腕治污"的大时代背景下，我国的城市空气污染治理正面临着空前的机遇，且目前已经取得一些瞩目的成就。

（一）"铁腕治污"时代的来临与空气污染的超常规治理

面对日趋严峻的生态环境状况，2012 年召开的中共十八大提出要把生态文明建设放在突出地位，融入经济建设、政治建设、文化建设、社会建设各方面和全过程，努力建设美丽中国，实现中华民族永续发展。2013 年 9 月，国务院总理李克强在大连举办的夏季达沃斯论坛上与企业家代表的谈话中表示，"中国政府要坚定走绿色发展道路。同时，要铁腕出击来整治现有的污染，不再欠'新账'，并且要多还'老账'。我们要从直接影响人的健康的大气、水、土壤入手，加大整治的力度，坚决淘汰落后产能"①。2014 年的《政府工作报告》进一步明确，中国政府要出重拳强化污染防治，坚决向污染宣战。在党和政府的大力推动下，中国的环境保护事业迎来了"铁腕治污"的新时代。②

"铁腕治污"时代，针对以"雾霾"为表征的区域性复合型空气污染问题，中国政府专门制定了超常规空气治理计划，拟分阶段、有步骤地切实改善全国空气质量。2013 年 9 月，国务院发布了《大气污染防治行动计划》

---

① 李克强：中国政府坚定走绿色发展道路．（2013 - 09 - 10）［2019 - 07 - 22］．http：//cpc．people．com．cn/n/2013/0910/c64094 - 22875570．html．

② 多部门联合行动 中国铁腕治污动真格．（2014 - 06 - 13）［2019 - 07 - 22］．http：//paper．people．com．cn/rmrbhwb/html/2014 - 06/13/content _ 1440894．htm．

（"大气十条"），以 $PM_{2.5}$ 为防治重点，提出了治理空气污染的 10 条计 35 项措施，标志着第一阶段的超常规空气污染治理工作正式启动。"大气十条"确定的奋斗目标和具体指标如下：经过 5 年努力，全国空气质量总体改善，重污染天气较大幅度减少；京津冀、长三角、珠三角等区域空气质量明显好转。力争再用 5 年或更长时间，逐步消除重污染天气，全国空气质量明显改善。到 2017 年，全国地级及以上城市 PM_{10} 浓度比 2012 年下降 10％以上，优良天数逐年提高；京津冀、长三角、珠三角等区域 $PM_{2.5}$ 浓度分别下降 25％、20％、15％左右，其中北京市 $PM_{2.5}$ 年均浓度控制在 60 微克/立方米左右。"大气十条"是新时期国家推进空气污染治理的重大战略部署，也是我国第一个以空气质量目标为约束的国家清洁空气计划，充分展现了当前中国政府治理空气污染的坚定信心和决心。

为贯彻落实"大气十条"，国务院与地方人民政府签订目标责任书，开展实施情况年度考核，各省（区、市）也各自结合实际制定了实施方案。自 2013 年起，中央财政开始设立"大气污染防治专项资金"用于支持落实"大气十条"的一些重点工作，至 2017 年底已经累计投入达到 633 亿元，各省、市、县也实施了相应的资金配套用于空气污染治理。进一步，环境保护部还对全国各省（区、市）进行了中央环保督查，对一些空气污染治理不力的地方政府负责人先后进行了约谈。2017 年 4 月起，环境保护部抽调了全国 5 600 名环境执法人员对京津冀大气污染传输通道的"2＋26"城市开展了为期一年的强化督查，同年 9 月还派出其直属单位赴各区县开展日常驻点巡查（王金南等，2018）。生态环境部①发布的 2017 年度《中国生态环境状况公报》对 2013 年至 2017 年间"大气十条"的主要落实情况作了如下总结："基本完成地级及以上城市建成区燃煤小锅炉淘汰，累计淘汰城市建成区 10 蒸吨以下燃煤小锅炉 20 余万台，累计完成燃煤电厂超低排放改造 7 亿千瓦。全国实施国 V 机动车排放标准和油品标准；黄标车淘汰基本完成，新能源汽车累计推广超过 180 万辆；推进船舶排放控制区方案实施。启动大气重污染成因与治理攻关项目。开展京津冀及周边地区秋冬季大气污染综合治理攻坚行动。清理整治涉气'散乱污'企业 6.2 万家，完成以气代煤、以电代煤年度工作任务，削减散煤消耗约 1 000 万吨；落实

---

① 2018 年 3 月，根据《国务院机构改革方案》，将环境保护部及有关机构的职责整合，组建生态环境部，不再保留环境保护部。

清洁供暖价格政策，在 12 个城市开展首批北方地区冬季清洁取暖试点；实施工业企业采暖季错峰生产；天津、河北、山东环渤海港口煤炭集疏港全部改为铁路运输。"综上所述，"大气十条"可以被看作新时期中国政府为改善空气质量专门开出的一剂"猛药"，它的实施大大加快了我国的空气污染治理进程。

目前，我国新一阶段的超常规空气污染治理工作开始启动。2017 年是"大气十条"的收官之年，为了巩固来之不易的空气污染治理成果，当年的《政府工作报告》提出要坚决"打好蓝天保卫战"。2018 年 7 月，国务院正式发布了《打赢蓝天保卫战三年行动计划》（以下简称《行动计划》），对新一阶段的空气污染治理工作进行了部署。《行动计划》确定的目标和指标如下：经过 3 年努力，大幅减少主要大气污染物排放总量，协同减少温室气体排放，进一步明显降低 $PM_{2.5}$ 浓度，明显减少重污染天数，明显改善环境空气质量，明显增强人民的蓝天幸福感。到 2020 年，二氧化硫、氮氧化物排放总量分别比 2015 年下降 15％以上；$PM_{2.5}$ 未达标地级及以上城市浓度比 2015 年下降 18％以上，地级及以上城市空气质量优良天数比率达到 80％，重度及以上污染天数比率比 2015 年下降 25％以上；提前完成"十三五"目标任务的省份，要保持和巩固改善成果；尚未完成的，要确保全面实现"十三五"约束性目标；北京市环境空气质量改善目标应在"十三五"目标基础上进一步提高。《行动计划》是继"大气十条"之后的第二个国家清洁空气计划，它的实施展现了中国政府持续铁腕治理空气污染的决心和魄力，有理由相信它将引领当前和未来一段时期我国的空气污染治理工作迈上一个新的台阶。

（二）城市空气质量的近期改善情况

实施"铁腕治污"以来，我国的空气污染形势发生了明显改变。2012 年 2 月，《环境空气质量标准》（GB3095—2012）正式发布，对空气质量的评价有了新的参考标准。2013 年 1 月 1 日起，全国各直辖市、省会城市和计划单列市共 74 个城市以及京津冀、长三角、珠三角等重点区域的 496 个国家环境空气监测网监测点位开始照新标准开展监测工作。利用 2013 年至 2017 年政府发布的监测数据，我们可以分析我国主要城市和重点地区空气质量较近时期的变化趋势。

　　我们首先可以了解一下这几年全国重点城市一些主要空气污染物监测结果的达标情况。2013年至2017年间，全国74个城市都开展了对SO_2、NO_2、PM_{10}、$PM_{2.5}$、O_3和CO六项主要污染物的浓度监测，按照空气质量标准，可以计算出各项污染物年均浓度达标的城市占全部监测城市的比例（见表1-1）。

表1-1　　　**2013—2017年全国74个城市主要空气污染物的达标城市比例**　　单位:%

	SO_2	NO_2	PM_{10}	$PM_{2.5}$	O_3	CO
2013	86.5	39.2	14.9	4.1	77.0	85.1
2014	89.2	48.6	21.6	12.2	67.6	95.9
2015	95.9	51.4	28.4	16.2	62.2	94.6
2016	98.7	54.1	37.9	18.9	62.2	95.9
2017	100.0	52.7	43.2	25.7	35.1	100.0

资料来源：2013—2016年《中国环境状况公报》；2017年《中国生态环境状况公报》。

　　由表1-1可知，2013年以来，全国重点城市的主要空气污染物达标情况整体上都在持续改善。全国74个城市的监测结果显示：NO_2的达标城市比例由2013年的39.2%上升到2017年的52.7%；PM_{10}的达标城市比例也由最初的14.9%上升到43.2%，增加了近三成；2017年$PM_{2.5}$的达标城市比例尽管只有25.7%，但这一结果已经是2013年的6倍之多；至2017年，所有监测城市的SO_2和CO浓度均已实现全部达标。稍有遗憾的是，这几年来全国74个城市中O_3监测结果的达标比例一直没有增长，甚至在2017年出现异常的大幅下降。

　　鉴于$PM_{2.5}$是新时期空气污染防治的重点，我们可以进一步了解一下全国重点城市和地区监测的$PM_{2.5}$年均浓度2013年至2017年的变化情况（见图1-3）。

　　如图1-3所示，2013年以来，全国主要城市和重点区域的$PM_{2.5}$年均浓度都出现了不同幅度的下降。监测结果表明：全国74个城市的$PM_{2.5}$年均浓度从2013年的72微克/立方米下降至2017年的47微克/立方米；在重点地区中，京津冀地区的$PM_{2.5}$年均浓度变化幅度是最大的，从最初的106微克/立方米逐年下降到64微克/立方米；此外，长三角地区从67微克/立方米下降到44微克/立方米，珠三角地区也从47微克/立方米下降到34微克/立方米。尽管目前只有珠三角地区的$PM_{2.5}$年均浓度达到国家空气质

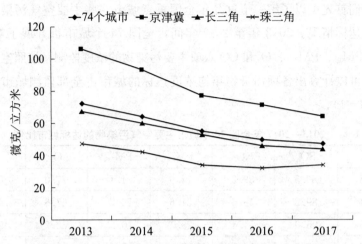

图 1 - 3   2013—2017 年全国重点城市和重点区域 PM$_{2.5}$的年均浓度变化

资料来源：2013—2016 年《中国环境状况公报》；2017 年《中国生态环境状况公报》。

量标准（小于或等于 35 微克/立方米），但整体上看，上述结果表明我国目前对 PM$_{2.5}$的控制已经初见成效。

空气污染物得到有效控制直接体现为空气质量的改善方面。根据《环境空气质量指数（AQI）技术规定（试行）》，目前我国采用环境空气质量指数（AQI）分级评价空气质量，AQI 值在 0~50、51~100、101~150、151~200、201~300、300 以上依次表示空气质量级别为"优""良""轻度污染""中度污染""重度污染"和"严重污染"。我们可以先看一下 2013 年以来重点城市和地区空气质量级别为"优"或"良"的天数占全年总天数的比例变化情况（见图 1 - 4）。

由图 1 - 4 可知，近年来我国重点城市和重点区域的优良天数比例整体上在逐年上升。监测数据结果表明：从 2013 至 2017 年，74 个城市的优良天数比例由 60.5％增加到 72.7％；在重点区域中，京津冀地区的优良天数比例 5 年时间内增加了近两成（由 37.5％增加到 56.0％），长三角和珠三角地区也分别增加了一成左右。

最后，空气质量的改善还直接体现为重污染天数的减少。为此，我们还考察了 2013 年至 2017 年重点城市和重点区域的重污染天数占全年天数比例的年际变化（见图 1 - 5）。

如图 1 - 5 所示，近年来我国重点城市和重点区域的重污染天数比例整体上在下降。全国 74 个城市的监测数据结果显示：重污染天数比例在逐年

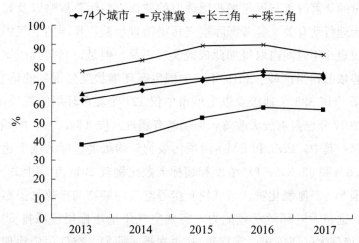

图 1 - 4 2013—2017 年全国重点城市和重点区域优良天数比例变化

资料来源：2013—2016 年《中国环境状况公报》；2017 年《中国生态环境状况公报》。

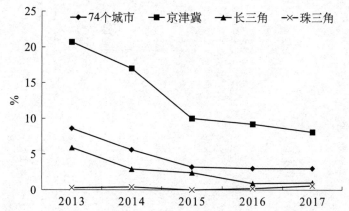

图 1 - 5 2013—2017 年全国重点城市和重点区域重污染天数比例变化

资料来源：2013—2016 年《中国环境状况公报》；2017 年《中国生态环境状况公报》。

下降，由 2013 年的 8.6% 下降到 3.0%；具体到重点区域，京津冀地区的重污染天数比例 5 年间下降了 12.6%（由最初的 20.7% 下降到 8.1%），长三角地区也由原先的 5.9% 下降到 1%，珠三角地区的重污染天数比例则一直维持在 0.6% 以下的超低水平。

综上所述，2013 年至 2017 年我国重点城市和重点区域都实现了对主要空气污染物的有效控制，优良天数比例逐年上升，重污染天数比例在持续下降，说明近年来我国城市空气质量状况开始明显好转。在很大程度上，空气质量的显著改善与近年来我国政府的"铁腕治污"战略以及超常规空气污染治理行动有关。参考国际空气污染治理经验，我国的空气污染治理能够在短短 5 年时间内取得如此成效实属不易。但是，当前我国城市空气污染形势依旧相当严峻。2018 年《中国生态环境状况公报》的信息显示：2018 年，全国 338 个地级及以上城市中仅 121 个城市环境空气质量达标，尽管较 2017 年已经有较大改善，但仍然有超过六成（64.2%）的城市空气质量超标；其中，PM_{10} 和 $PM_{2.5}$ 两项污染物年均浓度达标的城市比例分别只有 56.8% 和 43.8%；O_3 浓度和超标天数比例较 2017 年均上升。此外，目前我国 SO_2、氮氧化物、烟（粉）尘等空气污染物的排放量仍然位居世界前列，远超大气环境承载能力，实现空气质量达标仍需减排 50% 以上（生态环境部大气环境司，2018）。这再次提示我们，空气污染治理是一项难以毕其功于一役的事业，仍需持续实施大气污染防治行动，做好"打持久战"的扎实准备。

第 2 章　城市水污染与治理

　　水是哺育自然界一切生命体不可或缺的资源，是组成生态环境的关键要素，但它的资源稀缺性和生态环境意义长期未得到足够的重视。改革开放以来，随着我国工业化和城市化快速推进，第二、三产业高度集中和人口高度集聚的中心地——城市及其周边，因工业污水和生活污水的大量直接排放，水体迅速出现污染，至 20 世纪 90 年代末期，一些流域甚至出现"有河皆干、有水皆污"的惨状（汪恕诚，2001）。21 世纪以来，人们的环境意识开始逐步提升（闫国东等，2010；洪大用，2014），政府加大了水污染和水环境的治理力度，取得了一系列的成效，但污水排放仍然逐年增加，加之几十年累积的污染，形势极为严峻。党的十八大以来，我国将生态文明建设纳入中国特色社会主义事业"五位一体"总体布局，党的十九大提出"加快生态文明体制改革，建设美丽中国"的目标。在此背景下，近年来的城市水污染明显得到了遏制和改观，但形势依然严峻。本章围绕城市水污染的发展过程及其治理进行分析。

一、城市水污染状况及其特点

我国是一个水资源短缺的国家，尽管水资源总量居世界第六位，但人口基数大，人均水资源量少，不到世界人均水平的1/3。2017年是多水年份，人均水资源量也只有2 069立方米，枯水年份更少，2011年只有1 730立方米（见表2-1）。城市缺水问题尤其突出，全国600多个城市，400多个城市缺水，达2/3以上，其中110多个城市缺水尤为严重。在首都北京，南水北调工程开通前，人均水资源量只有150立方米左右，在缺水年份，只有国际公认的人均1 000立方米缺水警戒线的1/10。

表2-1 　　　　　2010—2018年我国水资源总量及人均水资源量

	2010	2011	2012	2013	2014	2015	2016	2017	2018
水资源总量（万亿立方米）	3.09	2.32	2.95	2.79	2.73	2.79	3.25	2.88	2.79
人均水资源量（立方米）	2 310	1 730	2 186	2 054	1 993	2 034	2 348	2 069	2 004

注：水资源总量按中华人民共和国国家统计局官网公布数据，人均水资源量按当年我国人口总数计算得出。

与此同时，水污染状况也令人担忧，水质性缺水使我国水资源短缺问题更为严峻。水资源短缺与水环境恶化已然成为我国大部分地区城市经济与社会可持续发展的瓶颈，水环境持续恶化的处境近年来才得到遏制和改善。以下是根据我国国家统计局公布的历年统计数据、水利部公布的历年《水资源公报》、生态环境部公布的历年《环境质量公报》以及各流域水利委员会公布的《流域水资源公报》数据进行的分析和评价。

（一）污水排放数量巨大，生活污水迅速上升

工业污水和生活污水排放是城市水污染最主要的来源，正因如此，我国环保部每年权威发布的《全国环境统计公报》在2011年以前也只对工业废水和城镇生活污水进行统计。公报数据显示，我国废水排放总量长期呈快速上升的趋势，从2001年的428.4亿吨已上升到2015年的735.3亿吨（见图2-1）。由于《全国环境统计公报》目前仍只发布了2015年数据，因此另据国家统计局官网数据发现我国废水排放总量已在2016年开始出现下降趋势，当年为711亿吨，2017年则进一步降至699.7亿吨。

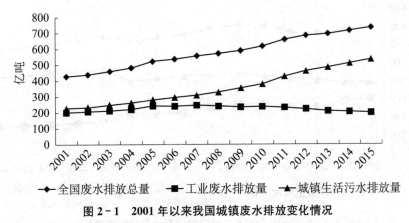

图 2-1 2001 年以来我国城镇废水排放变化情况

资料来源：2001—2015 年《全国环境统计公报》。

人们一般认为，工业污染才是水污染的主要原因，但从污水排放总量来看，自 20 世纪 90 年代中期以来，我国城镇生活污水总量就开始超过工业废水总量。进入 21 世纪，这种趋势更为明显，工业污水排放总量起伏不大，变化相对平稳，2007 年以后甚至开始逐年减少，从 246 亿吨降低到了2015 年的 199.5 亿吨。城镇生活污水排放总量则增长迅速，从 2002 年的232.3 亿吨增至 2015 年的 535.2 亿吨。生活污水的化学需氧量排放总量和氨氮排放总量也明显高出工业污水（见图 2-2、图 2-3），生活污水的氨氮排放总量甚至是工业污水的 3 倍。可见，单纯从量来看，生活污水排放显然已成为水污染的最大来源。当然，工业污水的有毒有害程度依然是环境和生态破坏的主因，它的处理难度也更大些。

值得一提的是，从 2011 年开始，《全国环境统计公报》对农业水污染的部分指标也进行了统计和公报发布，而此前这一数据一直被忽略。事实上，农业水污染是水污染的又一重大导因，农业污水化学需氧量排放总量比工业污水和城镇生活污水的总和还要高，氨氮排放总量也远高于工业污水。当然，农业水污染已超出本章"城市水污染"的范畴。

（二）污水排放量与各省经济规模基本呈正相关系

从全国各省来看，2016 年，废水排放量最多的 7 个省份依次为广东、江苏、山东、浙江、河南、四川与湖南，7 个省份的废水排放总量达到354.7 亿吨，占全国废水排放量的 45.9%。2016 年，广东、江苏和山东的地区生产总值也分列我国的第一、二、三名，是我国经济最发达的三大省

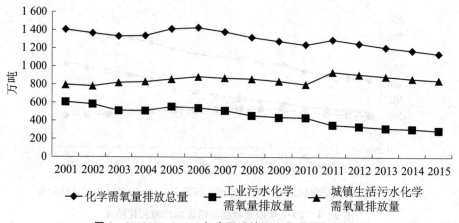

图 2－2　2001—2015 年我国城镇污水化学需氧量排放

资料来源：2001—2015 年《全国环境统计公报》。

图 2－3　2002—2015 我国城镇污水氨氮排放

资料来源：2001—2015 年《全国环境统计公报》。

份。纵观我国参与统计的 31 个省区市单位，污水排放总量和地区生产总值的排名大抵一致（见图 2－4）。可见，在现阶段我国大部分省区市的经济发展依然对资源环境的依赖度较高，经济发展与环境保护并举的压力依然较大。当然，各省区市经济发展质量水平不同，单位 GDP 污水排放量也不一致，如北京、上海、天津等城市单位 GDP 污水排放量较低，而云南、江西、广东等省的单位 GDP 污水排放量明显较高（见图 2－5）。

（三）流域水质有所改观，工业污水仍占最大比重

大江大河沿岸与湖泊的周边因水资源富集，往往是推进工业化与城市

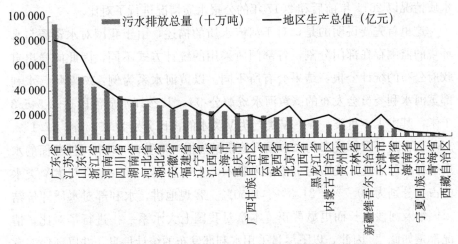

图 2 - 4　2016 年我国 31 个省区市污水排放总量与地区生产总值对比

资料来源：国家统计局官网数据中心数据。

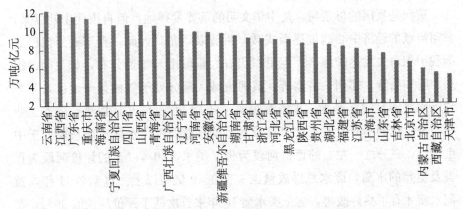

图 2 - 5　2016 年我国 31 个省区市单位 GDP 污水排放量排序

资料来源：国家统计局官网数据中心数据。

化的首善之地，世界各国的重要城市无不与重要的江河湖库紧密相连。在治污能力较弱的城市，江河湖库也常常成为接纳工业污水和生活污水最主要的场所。进入 21 世纪以来，出现在政府统计公报上对我国河流与湖泊水质描述的用词往往是"污染严重""中度污染""湖泊富营养化问题突出"等话语。这种情况在 2011 年开始有了些许改善，我国河流的总体污染情况转变为"轻度污染"，重要湖泊的富营养化问题也有所缓解，但总体情况依然严峻。十八届三中全会以来，我国加大了流域治理力度，流域水质总体逐步改观。为体现近年来流域水质的变化情况，以下就我国七大河流水系水质情况以 2011 年前后和 2017 年的公报水质情况进行了对比。

这里首先要说明的是，对于河流水质的描述，由于我国对水资源与水环境的监测存在部门分割，各部门所采用的统计方式不同，因此同样出自政府公布的统计公报，结果会有所不同。以黄河水系为例，2012 年，水利部黄河水利委员会发布的《黄河水资源公报》，其参评水质河段达 20 545.3 千米，其中Ⅰ～Ⅲ类、Ⅳ～Ⅴ类与劣Ⅴ类水的占比分别为 55.5%、17.1%、27.4%；而环保部发布的《中国环境质量公报》对黄河 61 个国控断面的水质进行监测后统计发布的水质结果显示，Ⅰ～Ⅲ类、Ⅳ～Ⅴ类与劣Ⅴ类水的占比分别为 60.7%、21.3%、18.0%。客观地讲，水利部对水质评价结果因涉及河段更长而更显严正。本章对我国七大水系——进行了对比，情况都是如此①。因此，以下尽量采用水利部发布的统计信息，并以环保部发布的信息为辅进行介绍。

1. 黄河流域

黄河是我国的母亲河，是中华文明的重要发祥地，但自唐代中叶以来，黄河流域的经济中心地位逐渐式微，明清以降尤其如此，直至近当代已成为我国相对欠发达的地区，但沿岸仍有大量城市与工业分布，如兰州、银川、呼和浩特、郑州、济南等。黄河流域大部分处于气候偏干地区，年平均降水量不足 500 毫米，水资源短缺，自 20 世纪 90 年代以来，随着工业化与城市化的不断发展，黄河流域水污染日益严重，水体水质长期处于中度污染，三分之一左右的评价河段为劣Ⅴ类水，50% 以上的评价河段为Ⅳ类及更差的水质，废水总排放量也一直在 40 亿吨以上。直至 2011 年，黄河水质才有了些许改善，劣Ⅴ类水质 10 年来首次低于评价河长的 30%，在参评的 19 734.2 千米河段中，49.8% 为Ⅲ类以上水质，21.1% 为Ⅳ～Ⅴ类水，29% 为劣Ⅴ类水。2012 年，水质继续有所好转，在参评的 20 545.3 千米河段中，Ⅳ～Ⅴ类水质占评价总河长的 17.1%，劣Ⅴ类水质占评价总河长的 27.4%，Ⅳ类及更差的水质河段近十年来首次低于 50%。此后黄河水质持续得到好转，至 2017 年，黄河水质在参评的 22 891.9 千米河段中，69.9% 为Ⅲ类以上水质，Ⅳ～Ⅴ类水和劣Ⅴ类水分别为 11% 和 19.1%，五年间分别下降 6.1 与 8.3 个百分点。

---

① 七大水系中，由于松花江和辽河的统计数据合在一起发布，故而将二者合称为松辽流域加以介绍。

从污水的组成来看，黄河污水排放主要为工业污水，其次是城镇生活污水与第三产业污水。2012 年，黄河流域废污水排放量为 44.74 亿吨，其中城镇居民生活废污水排放量占总量的 27.7%，第二产业废污水排放量占 62.6%，第三产业废污水排放量占 9.7%。2017 年，黄河流域废污水排放量依然达 44.94 亿吨，其中工业污水排放量尽管减速明显，但仍是主要污染源，占 50.3%；城镇居民生活污水排放量则增至 38.4%，第三产业污水排放量增速较缓，为 11.3%。[①]

2. 长江流域

长江是我国第一大河流，长江流域处于亚热带暖湿气候区，生态环境相对较好，长江流域水污染的总体表现为轻度污染。据统计，2011 年，长江劣于 III 类水质占评价河长的 29.7%（IV 类、V 类、劣 V 类分别占 11.8%、5.4%、12.5%），III 类以上水质占评价河长的 70.3%。但污水排放总量相当巨大，2011 年达 342.1 亿吨[②]，是黄河流域的 7 倍以上，其中又以工业污水排放为最，达 227.3 亿吨，占总排放量的 66.4%。生活污水 78.8 亿吨，加上第三产业和建筑业排放的 36.0 亿吨，共占总排放量的 33.6%。2017 年，IV 类、V 类与劣 V 类水降至 16.1%，III 类以上水质占评价河长的 83.9%。但污水排放总量依然高达 352.3 亿吨[③]，且仍以工业污水排放为最，达 184.3 亿吨，占总排放量的 52.3%。生活污水则猛增至 101.3 亿吨，加上第三产业和建筑业排放的 66.7 亿吨，共占总排放量的 47.7%。从水污染的空间分布来看，长江流域水污染主要集中在中下游，这里城市密集、经济发达，集中了我国最重要的经济带和规模最大的城市群，如以上海为龙头的长江三角洲城市群，以武汉、长沙、南昌等城市为首的长江中游城市带等。长江流域排污主要集中在太湖水系和洞庭湖水系，这两大支流水系的排污量竟然达到全流域废污水排放量的 81.1%。[④]

3. 海河流域

海河是我国的重要大河，海河流域因涵盖首都北京与北方经济重心天津，水资源与水环境质量显得尤为重要。但海河流域地处温带半湿润与半

---

① 参见 2011 年度、2012 年度和 2017 年度的《黄河水资源公报》。
② 这一数据还不含火电厂直流式冷却水和矿坑排水，以及西藏废污水排放量。
③ 这一数据还不含火电厂直流式冷却水和矿坑排水，以及西藏废污水排放量。
④ 据 2011 年度和 2017 年度《长江流域及西南诸河水资源公报》。

干旱气候带，天然降水量偏少，只有 500 多毫米，加之人口集聚、工业污染又很严重，20 世纪 90 年代曾一度出现过"有河皆干、有水皆污"的惨状，后经一系列治理，情况有所好转，但污染形势依然严峻。2011 年，海河流域优于Ⅲ类水质的河段只占总评价河长的 36.2%，Ⅳ～Ⅴ类水占 12.8%，劣Ⅴ类水高达 51.0%。2012 年，海河流域优于Ⅲ类水质的河段占总评价河长的 34.6%，Ⅳ～Ⅴ类水占 19.3%，劣Ⅴ类水占 46.1%，相较 2011 年，劣Ⅴ类水略有降低，但情况仍未见明显变化。经过持续多年的努力，至 2017 年，相关数据表明情况在不断改观，海河流域优于Ⅲ类水质的河段已提高到总评价河长的 39.3%，Ⅳ～Ⅴ类水提高至 21.5%，劣Ⅴ类则下降至 39.2%。

2012 年海河流域废污水排放总量为 53.63 亿吨，其中工业和建筑业废污水排放量为 25.46 亿吨，占 47.5%，城镇居民生活污水排放量为 15.63 亿吨，占 29.1%，第三产业污水排放量为 12.54 亿吨，占 23.4%，工业污水是海河流域水污染的主要来源。伴随着城镇居民生活污水和第三产业污水排放的不断上升，海河流域废污水排放总量呈不断上升的趋势。至 2017 年废污水排放总量的 59.85 亿吨中，工业和建筑业废污水排放量降至 24.07 亿吨，占 40.2%，而城镇居民生活污水排放量增至 28.7 亿吨，占 48%，加上第三产业污水排放量 7.08 亿吨，占到全部污水排放量的 59.8%。[①]

4. 珠江流域

珠江地处我国华南，属热带、亚热带季风气候区，气候较为湿润，年降水量在 1 000～2 000 毫米，个别地区甚至达到 3 000 毫米，仅次于长江，是我国水量丰沛的第二大河流。珠江三角洲是我国南方最大的经济区，有我国南方最大的城市群，且具有明显的外向型经济特点。改革开放以来，随着工业化和城市化的快速推进，珠江流域水污染问题日趋严峻，不过河流水量较大，水污染问题相对不那么突出。根据水利部珠江水利委员会发布的 2011 年《珠江片水资源公报》（珠江片包括珠江流域、韩江流域、粤桂沿海诸河和海南省诸河等），2011 年，珠江片主要河流水质Ⅰ～Ⅲ类水河长占评价总河长的 73.6%，Ⅳ～Ⅴ类水河长占 17.2%，劣Ⅴ类河长占 9.1%，废污水排放总量为 188.1 亿吨，珠江流域就占了 146.5 亿吨，其中广东省的废污水排放量达 125.3 亿吨，尤其是经济发达的珠江三角洲一带，废

---

① 据 2011 年度、2012 年度和 2017 年度《海河流域水资源公报》。

污水排放量占珠江片总量的 36%。珠江片的污水排放也主要来源于第二产业（工业及建筑业），达 113.8 亿吨，占废污水排放总量的 60.5% 以上。2016 年，珠江流域水质也得到了改善，珠江片主要河流水质Ⅲ类以上河长提升到总评价河长的 87.9%，废污水排放总量降至 174.2 亿吨。污水排放的主要来源仍然是第二产业（工业及建筑业），占废污水排放总量的 50.2%。①

5. 松辽流域

松辽流域泛指东北地区的松花江、辽河、沿黄渤海诸河及国境河流（中国侧），行政区划包括黑龙江、吉林、辽宁三省和内蒙古自治区东部四盟（市）及河北省承德市（松辽片）。由于水利部将松花江与辽河统一起来成立了松辽水利委员会，统计公报也在一起发布。

松辽流域地处我国东北，属温带大陆性季风气候区，年降水量在 350~1 000 毫米，是我国的东北老工业基地，也是我国城市化与工业化最早推进的地区之一，水污染问题也很严峻，辽河片区尤其突出。从 2011 年和 2012 年的公报数据来看，无论是松花江还是辽河水资源质量状况都有所下降，优于Ⅲ类水占比都有所下降，而劣Ⅴ类水在辽河片区甚至还有所增加（见表 2-2）。至 2016 年，松辽流域水质也出现好转，在评价河长的 22 087.7 千米中，优于Ⅲ类水的河长提至 64.1%，Ⅳ~Ⅴ类水的河长下降至 25.3%，劣Ⅴ类水的河长降至 10.6%。②

表 2-2 松辽流域水质情况

	年份	评价河长（千米）	优于Ⅲ类水（%）	Ⅳ~Ⅴ类水（%）	劣Ⅴ类水（%）
松花江片	2011	10 945.7	62.2	21.4	16.4
	2012	11 015.5	58.1	29.4	12.5
辽河片	2011	3 831.6	35.8	33.0	31.2
	2012	4 336.1	32.8	33.0	34.2

资料来源：2011 年和 2012 年的《松辽流域水资源公报》。

6. 淮河流域

淮河流域地处我国南北气候过渡带，年降水量在 600~1 400 毫米，也是我国比较缺水的地区。淮河片包括淮河流域和山东半岛沿海诸河，是我

---

① 据 2011 年度和 2016 年度的《珠江片水资源公报》。
② 据 2011 年度、2012 年度和 2017 年度的《松辽流域水资源公报》。

国工业化影响比较普遍的地区，水污染比较严重。2011年淮河片全年期评价河长24 569千米中，Ⅲ类水以上河长只占38.0%，Ⅳ～Ⅴ类水河长为37.6%，劣Ⅴ类水河长占24.4%。其中，淮河流域全年期评价河长22 085千米，Ⅲ类水以上河长占38.5%，Ⅳ～Ⅴ类水河长为38.6%，劣Ⅴ类水河长占22.9%；山东半岛全年期评价河长2 484千米中，Ⅲ类水以上河长占34%，Ⅳ～Ⅴ类水河长为28.7%，劣Ⅴ类水河长占37.3%。2011年淮河片工业废水（不包括火电厂直流式冷却水及矿坑排水）和城镇居民生活污水排放总量为90.98亿吨，其中淮河流域废污水年排放量76.30亿吨，山东半岛14.68亿吨。从各省排入淮河的污水总量来看，河南省28.55亿吨，江苏省21.46亿吨，安徽省18.35亿吨，山东省7.84亿吨，湖北省0.10亿吨，以河南、江苏、安徽三省为最。

2017年淮河片水质明显提升，在全年期评价河长24 080千米中，Ⅲ类水以上河长提升到55.2%，Ⅳ～Ⅴ类水河长下降为33%，劣Ⅴ类水河长大幅缩减为11.8%。其中，淮河流域全年期评价河长20 874千米中，Ⅲ类水以上河长提升到56.4%，Ⅳ～Ⅴ类水河长为33.5%，劣Ⅴ类水河长则降至10.1%；山东半岛全年期评价河长3 206千米中，Ⅲ类水以上河长增长至47%，Ⅳ～Ⅴ类水河长降至30.4%，劣Ⅴ类水河长减少到22.6%。①

（四）全国总体水质略有好转，但形势依然严峻

环保部2013年以前发布的《中国环境状况公报》通常会对我国水污染进行一个总体描述。从历年公报资料来看，我国七大水系的水质在2009年有了一个明显的改观，多年的中度污染扭转为轻度污染，地表水总体水质则在2011年一改多年严重或较重污染的局面，转变为轻度污染（见表2－3）。

表2－3　　　　2006—2013年我国淡水环境总体情况及变化趋势

年份	我国淡水环境总体描述
2006	全国地表水总体水质属中度污染。与上年相比，全国地表水总体水质保持稳定。
2007	全国地表水污染依然严重。七大水系总体为中度污染，湖泊富营养化问题突出。

---

① 据2011年度和2017年度《淮河流域水资源公报》。

续前表

年份	我国淡水环境总体描述
2008	全国地表水污染依然严重。七大水系总体为中度污染，湖（库）富营养化问题突出。
2009	全国地表水污染依然较重。七大水系总体为轻度污染，湖（库）富营养化问题突出。
2010	全国地表水污染依然较重。七大水系总体为轻度污染，湖（库）富营养化问题突出。
2011	全国地表水总体为轻度污染。湖泊（水库）富营养化问题仍突出。
2012	全国地表水国控断面总体为轻度污染。
2013	全国地表水国控断面总体为轻度污染，部分城市河段污染较重。

资料来源：2006—2013 年《中国环境状况公报》。

　　湖泊（水库）的富营养化问题也有所改善。我国湖泊水质一直富营养化问题突出，但在 2011 年，湖泊水质整体上也有了明显的好转，劣 V 类水所占比率明显下降，从 2010 年的 38.5% 下降到 7.7%，太湖也扭转了多年为劣 V 类水的局面，转为 IV 类水质（见表 2-4）。但自 2012 年国控湖泊个数增加到 62 个以来，公报数据中出现两极分化现象，优于 III 类与劣 V 类的湖泊占比都明显增高。结合近年来我国河湖水质的总体情况，水污染治理从数据统计来看开始出现反复徘徊（见表 2-5）。这一方面表明我国前些年在水污染治理领域取得了明显的进展，另一方面说明我国的水污染治理是一场攻坚战和持久战。比如，治理滇池就取得了历史性的成就，2016 年从长期以来的重度污染，转变成中度富营养化，2017 年水质已改善为轻度污染。

表 2-4　　　　　　　　2006—2013 年国控湖泊水质变化

年份	国控湖泊个数	优于 III 类（%）	IV～V 类（%）	劣 V 类（%）	太湖	巢湖	滇池
2006	27	29.0	23.0	48.0	劣 V 类	V 类	劣 V 类
2007	28	28.5	32.2	39.3	劣 V 类	V 类	劣 V 类
2008	28	21.4	39.3	39.3	劣 V 类	V 类	劣 V 类
2009	26	23.1	42.3	34.6	劣 V 类	V 类	劣 V 类
2010	26	23.0	38.5	38.5	劣 V 类	V 类	劣 V 类
2011	26	42.3	50.0	7.7	IV 类	V 类	劣 V 类
2012	62	61.3	27.4	11.3	轻度污染	轻度污染	重度污染
2013	62	60.7	27.8	11.5	轻度污染	轻度污染	重度污染

资料来源：2006—2013 年《中国环境状况公报》。

此外，我国城市饮用水的水质也有所改善。2008 年，我国开始启动城市及县级政府所在地城镇饮用水水源基础环境状况的调查，每年对全国 113 个环境保护重点城市的主要集中式饮用水源地水质达标情况进行评估。参与评估的 113 个城市是 2007 年末由国务院公布的《国家环境保护"十一五"规划》中首次明确提出的 113 个环境重点保护城市，其中包括 4 大直辖市、27 个省会城市、5 个计划单列市和 77 个其他城市。2009 年，全国 113 个环境重点保护城市主要集中式饮用水源地水质达标率只有 73%，以后逐年上升，2010 年为 76.5%，2011 年上升至 90.6%，至 2013 年，已上升至 97.3%。但 2015 年以来，从统计数据来看，全国集中式饮用水源地水质达标率有所下降。2016 年 338 个城市 897 个监测断面（点位）达标率为 90.4%，2017 年 338 个城市 898 个监测断面（点位）达标率为 90.5%，这一方面与 2014 年以来我国对水环境质量监控要求大大提升、对环境数据要求更加严格有关，另一方面也说明了我国水环境质量形势依然严峻，统计数据反复徘徊，持续改善的压力依然巨大。

表 2-5　　　　　　2014—2018 年我国河湖水质总体情况

年份	全国七大流域国控断面水质（%）			全国国控湖泊水质（%）					
	优于Ⅲ类	Ⅳ～Ⅴ类	劣Ⅴ类	Ⅰ类	Ⅱ类	Ⅲ类	Ⅳ类	Ⅴ类	劣Ⅴ类
2014	71.2	19.8	9.0	11.3	17.7	32.3	24.2	6.4	8.1
2015	72.1	19.0	8.9	8.1	21.0	40.3	16.1	6.4	8.1
2016	71.2	19.7	9.1	7.1	25.0	33.9	20.5	5.4	8.0
2017	71.8	19.8	8.4	5.4	24.1	33.0	19.6	7.1	10.7
2018	74.3	18.9	6.9	6.3	30.6	29.7	17.1	8.1	8.1

资料来源：2014—2016 年《中国环境状况公报》；2017—2018 年《中国生态环境状况公报》。

二、城市污水处理能力及问题

自 20 世纪 80 年代以来，我国水污染问题日益凸显，至 90 年代中后期愈加恶劣，达到顶峰。然而，城市污水处理一直未得到足够的重视，城市污水处理设施建设增长缓慢，城市污水处理能力长期低下。在污水排放量逐年快速增长的宏观背景下，污水处理能力低下，必然会造成水污染问题急剧累积，加重了我国的水环境问题。直到近十年，我国城市污水处理厂

和污水处理能力才有了较快改观，总体水环境质量持续恶化的趋势也在
2011 年有了初步的扭转。十八届三中全会以来，我国加大了对城市污水处
理的力度，城市污水处理设施不断完善，处理能力不断提升。[①] 具体来讲，
我国城市污水处理能力及问题主要体现在以下方面。

（一）城市污水处理长期被忽视，污水处理率低

我国从 20 世纪 90 年代开始，工业化与城市化就进入快速发展期，但
城市污水处理长期被忽视。1991 年我国才开始对污水处理率进行数据统
计，处理水平仅为 14.86%。可见，在此之前，城市生产生活产生的绝大部
分污水被认为可以直接排放。此后，尽管我国污水处理力度有所提升，但
直到 2006 年，污水处理率仍然只有 55.67%。在我国县城，污水处理更被
人们忽视，2000 年污水处理率仅为 7.55%。

直到 2006 年以后，城市污水处理才有了较快的改善，至 2016 年我国
设市城市污水处理率已达到 93.44%，县城污水处理率也从 13.6%迅速提
升至 87.38%（见图 2-6）。

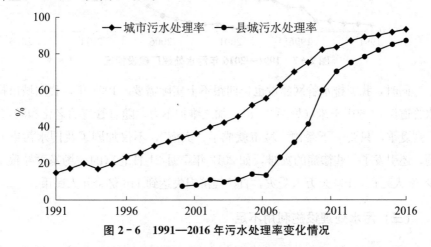

图 2-6 1991—2016 年污水处理率变化情况

（二）城市污水处理设施与排污设施长期严重不足

城市污水处理率低的原因之一，是我国污水处理设施建设严重不足。
我国在城市建设过程中，长期"重地上、轻地下"，"重形象、轻内质"，不

---

① 本小节数据根据住建部历年《城乡统计年鉴》与《中国城镇排水与污水处理情况公报》
（2006—2010）整理。

重视污水处理设施的建设。1991 年，我国污水处理厂仅 87 座，污水处理能力仅 317 万立方米/日。县城污水处理厂直到 2000 年才 54 座，污水处理能力仅 55 万立方米/日。

2006 年以来，我国加大了城镇污水处理厂的投资和建设力度，全国城市污水处理厂从 815 座增长到 2016 年的 2 039 座，县城的污水处理厂也从 204 座增长至 2015 年顶峰时间的 1 599 座（见图 2-7），城市与县城的日污水处理能力也分别从 6 366 万立方米/日、496 万立方米/日提升至 14 910 万立方米/日、3 036 万立方米/日。

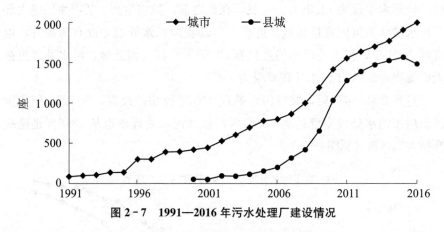

图 2-7　1991—2016 年污水处理厂建设情况

同时，我国排水管网建设也长期跟不上实际需要。1991 年，我国城市排水管道仅 61 601 千米（见图 2-8），加之维护不力，随着管道的老化和淤塞，一到夏季，只要一下暴雨，城市就成了"大海"，不仅加剧了我国水污染问题，还引发了一些惨痛的灾难，如 2012 年 7 月 21 日北京的一场暴雨导致至少 79 人死亡，160 余万人受灾，直接经济损失达到 116 亿余元人民币。

（三）污水处理设施利用不足

我国水污染形势严峻，不仅城镇污水处理设施明显不足，而且我国城市的污水处理设施实际运行状况不理想，污水处理厂"吃不饱"与污水处理量严重不足的状态并存。以 2007 年为例，全国污水处理厂的运行负荷率平均只有 70.9%。经过多年的改善，至 2010 年仍只能达到 79.1% 的负荷率（见图 2-9）。县城污水处理厂的负荷率尤低，甚至有部分污水处理厂几乎形同虚设。

从 2010 年我国 31 个省区市城镇污水处理厂负荷率的分布可以看出，当年，部分省区市污水处理厂的负荷率甚至不足 60%，上海、北京、山东、

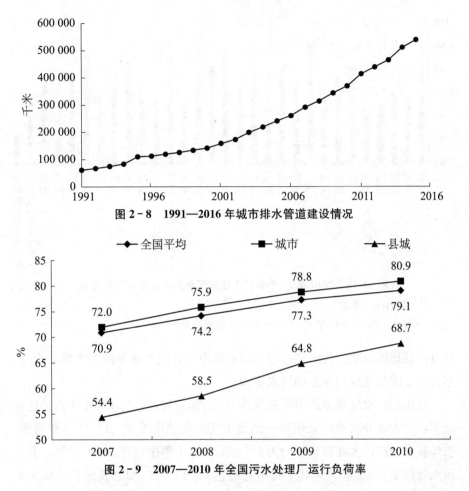

图 2-8　1991—2016 年城市排水管道建设情况

图 2-9　2007—2010 年全国污水处理厂运行负荷率

云南、广东、重庆、河南、浙江、辽宁城镇污水处理设施的运行负荷率稍高，在 80% 以上，只有上海一地超过了 90%（见图 2-10）。

（四）污水处理方式单一，以集中式处理为主

污水处理有集中式和分散式处理两种主要方式。集中污水处理系统一般包括城市污水管网和污水处理厂，这些都需要占用较大的土地面积，尤其是对于老城市，拆迁难度大，土地成本高。而且，一般情况下，集中污水处理系统在管网输送过程中，存在污水渗漏，一般渗漏量达到总水量的 10%～20%，不仅会对环境造成污染，而且对水污染处理也很不利。而分散污水处理系统一般只包括污水处理装置、污泥收集、运输及处理系统费用，占地面积小，免去了排水管道系统的建设，基建和运行投资较少，

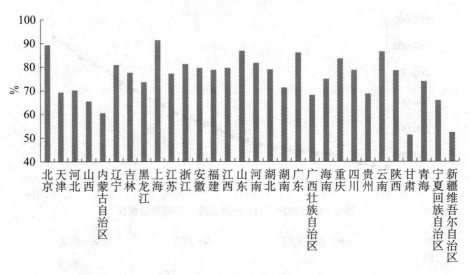

图 2-10　2010 年 30 个省区市城镇污水处理设施运行负荷率

注：西藏自治区数据缺。

资料来源：2006—2010 年《中国城镇排水与污水处理状况公报》。

且分散处理能够减少污水和处理过的水资源在管网系统中的多次输送现象，亦可避免因长途输送导致的污水渗漏。

我国的污水处理方式主要是集中式处理，对分散式污水处理的关注还很不够，大部分城市只采用单一的集中式污水处理方式。以 2010 年为例，当年我国城市污水处理率平均为 79.28%，其中集中处理达 72.15%；县城污水处理率为 50.69%，其中集中处理达 45.49%。[1] 加之我国长期以来集中式污水处理水平较低下，水处理方式单一，忽视分散式污水处理而使许多的点源污染无法得到有效处置，影响了我国的污水处理实际水平。

当然，近年来，我国污水处理率大为提升，污水集中处理率持续增长，个别城市的污水集中处理率已实现 100%，如辽宁省的辽阳市、盘锦市、铁岭市和山东聊城市等，但直到 2017 年仍有一些城市污水集中处理率低于 70%。

三、城市水污染治理的原有特征与困境

城市化和工业化是我国城市水污染的绝对主因，伴随着城市化与工业

----

[1]　根据 2006—2010 年《中国城镇排水与污水处理情况公报》整理。

化的快速推进，我国城市经济与社会快速发展，国内生产总值已稳居世界第二，对世界经济增长贡献率更是超过了 30%，也主要归功于城市与工业。然而长期以来，在财政分权与以经济增长为绩效考核主导的机制下，不少城市政府为了发展本地经济往往采取放松环境监管、降低环境标准的做法来吸引资本与生产要素，任由经济粗放型发展，导致地方生态破坏，环境质量恶化，水污染问题日益突出。加之我国城市水污染涉及利益主体众多，治水方式长期采取单一的行政管理模式，与之相关的政府治理部门则多达十余个，流域水环境则实行双重管理，水污染治理中的相互推诿与扯皮现象时有发生。十八届三中全会以来，我国明显加快了生态文明建设的制度建设，水污染治理的法制保障、监管体制机制和行政管理部门改革等多策并举，城市水污染治理出现了前所未有的新的态势，体制机制变革方兴未艾。以下是对我国十八届三中全会前城市水污染治理体制机制特点与问题的分析。

（一）以行政区为主的双重管理体制

我国流域水环境管理体制大致可分为三个阶段：第一阶段从 1949 年至 1984 年，是我国水污染防治工作的起步阶段。专门的水污染防治立法从无到有，并成立了七大流域管理机构，由于当时我国工业生产相对落后，污染物排放总量未超出水体环境容量，基本没有引起水环境质量恶化，水污染问题和水环境保护矛盾并不突出。第二阶段从 1984 年至 2002 年，这一阶段为流域水资源保护综合管理阶段。进入 20 世纪 80 年代以后，随着我国经济的飞速发展和城市化的不断推进，大量污染物排入江河湖库，造成水环境质量迅速下降，水生态不断恶化。1984 年，我国颁布了《中华人民共和国水污染防治法》，该法成为我国最早的污染控制单行法，正式确立了我国水污染防治监管的管理体制，即分区域、分部门的管理体制。此后，各种水资源与水环境管理法律法规陆续颁行。1988 年《中华人民共和国水法》颁布，成为我国水管理的母法；1996 年又修正《中华人民共和国水污染防治法》，我国水管理的法制法规逐渐健全。但在管理体制上，都要求实行分区域、分部门的管理体制。在七大流域，尽管早已设立了流域管理机构，但这些管理机构事实上是水利部的派出机构，且属事业单位，没有执法权，因此流域管理的权力实际上相当有限。第三阶段为 2002 年至今。2002 年新修订的《中华人民共和国水法》第十二条明确规定，"国家对水资源实行流域管理与行政区域管理相结合的管理体制"。但事实上，我国流域水资源保护的双重领导体制名存实亡，具体表现在流域层面的水污染防治和监管力量十分薄弱，实质上实行的主要是行政区域管理（钟玉秀、刘宝勤，2008）。

然而，水资源与水环境区别于森林、草原等固定资源，具有流动性和系统性，由于对水资源与水环境实行的是以行政区域管理为主的双重管理体制，而流域管理层面的流域机构在权力级别和组织层级上低于省级行政区，统筹规划和协调监管能力弱，同时也缺乏水污染防治监管的法定职权，致使河流或湖泊的整体性和系统性被人为地按行政区划割裂开来，从而影响了水环境治理的整体性和系统性。

（二）管理规章制度众多与职能分割的"九龙治水"

在管理法规与规章制度上，2014年前，尽管我国水资源与水环境管理的相关法律法规众多，除《中华人民共和国水法》和《中华人民共和国水污染防治法》外，还包括《中华人民共和国环境保护法》《中华人民共和国防洪法》《中华人民共和国水土保持法》《中华人民共和国河道管理条例》《中华人民共和国航道管理条例》等。此外，还包括数十种国务院各部委针对或者涉及水管理的规章类文件，以及各地方政府为配合水资源与水环境治理出台的规章制度。尽管相关法规与制度众多，但它们各自在具体控制与保护的界限与范围上又不够明确和具体，造成水管理的缺位、越位与错位现象时有发生，不利于水资源与水环境的总体保护。

在行政管理上，纵向实行各级地方政府对环境质量分级负责管理，横向实行环保部门统一管理与有关部门分工负责管理的制度，因此我国参与水环境管理的部门众多。以水污染防治的行政管理为例，我国规定各级人民政府的环境保护部门是对水污染防治实施统一监管的机关，各级交通部门和航政部门是对船舶污染实施监管的机关，各级人民政府的水利管理部门、卫生行政管理部门、地质矿产部门、市政管理部门、重要江河流域的水源保护机构，结合各自的职责，协同环境保护部门对水污染防治实施监管。但在GDP增长为中心的理念下，环境保护部门相对经济部门而言，往往比较弱势，因此客观上并不能真正发挥统一监管的作用。

还有，尽管我国明确规定防治水污染应当按流域或区域进行统一规划，水污染防治规划一旦批准，即成为水污染防治的基本依据，但由于参与水资源与水环境管理的部门众多，除了水利部门与环境保护部门之外，还有建设、国土资源、交通、农业、林业、卫生、科技以及发展改革、财政等多个部门都直接或者间接参与，多个部门虽然分工各不同，但在许多方面存在权力交叉，且政出多门，没有统一标准，很难实现管理中的统一规划与协调一致（何大伟，1999）。比如，水利部门与环保部门本是水资源与水环境管理和保护的最重要机构，两大部门间存在许多的交叉领域，但在实际运行中，水利部门只负责水上，不上岸，环保部门只负责岸上，不下水。这样的分割使许多工作重复，又使许多权责无法有力推行下去。举个简单的例子，同是对我国水环境质量所做的公报，但数据不统一，水利部与环保部是两套体系。同是出自政府体系，普通公众很难理解这种数据的变动和分歧，同时也造成了人力、物力和财力不必要的浪费。

（三）行政管理主导下的监管不力

我国的水环境管理实行的是以地方政府为主导的行政管理模式，加之市场机制运用得不够，社会监督作用也尚未有效发挥出来，使得水污染的监管还很不到位。

从行政管理来看，尽管有环保部门专事环境保护，但我国地方环保部门实行的仍是以地方政府为主导的双重领导体制，地方环保部门从财政和人事上对地方政府具有很强的依附性，在我国长期以 GDP 挂帅的政府绩效理念下，环保部门实际上很难对同级人民政府的管理实施监督。因此，流域内各级地方环保部门对本地区环境保护的监管很难有效发挥作用。

从市场机制来看，在微观经济领域，本可以通过各种税、费、补贴和信贷等经济杠杆有效提高水资源的利用效率，同时可通过灵活多变的水污染补偿制度遏制水污染的产生。然而，长期以来，由于我国政府兼具管理职能和经营职能，在水环境管理方面同时具有运动员与裁判员的双重身份，许多污染大户本身就是有些地方政府请进来的纳税大户，使得水环境监督管理职能很难落实到位，一些地方政府甚至在上级部门前往督查时为企业充当通风报信者的角色，成为环境污染的帮凶。

同时，我国社会监督力量严重缺失，国家在法律层面也只赋予了公众有限的监督权利，如检举权、控告权等。近年来，尽管加强了公众听证制度，但常常流于形式，很难真正有效发挥公众监督作用。

（四）本土社会学视野下城市水污染问题的形成与治理困境

在 2009 年 4 月河海大学等单位主办的第二届中国环境社会学学术研讨会上，洪大用作了题为"中国水污染的社会学分析"的大会演讲，提出可以从功能主义、社会冲突论、社会建构论等视角对水污染问题进行分析。

陈阿江（2000，2007，2008a）发现，随着城市化和工业化的不断推进，我国水域污染迅速蔓延加剧的原因主要是市场经济时代社会文化与社会组织的变化以及利益相关者发生了偏离的结果。作者对太湖流域水环境恶化和东村个案水污染的原因分析可以运用功能主义维度进行解析，认为工业化与城市化产生水环境问题的主要原因很大程度在于人们价值观的扭曲，因此环境问题是某种社会过程的自然结果，关于环境状况的研究需要广泛探讨人们社会生活的组织方式。社会系统则是在对环境的不断适应中进化的，当环境状况持续恶化，社会系统会自动调整以建设性地回应环境威胁，因此转变社会成员的价值观对促进环境保护具有重要的意义。

城市水污染的社会冲突论解释视角则认为由于社会中权力的不平等，精英控制经济、法律以及环境导向，因此环境问题产生有利于精英的利益安排，所以环境问题不可避免，精英在追逐自身利益的过程中，直接或间接地加剧了环境问题，但很少受到社会惩罚，他们会不断制造资源消耗和环境风险问题。所以环境问题的解决关键是促进社会公平。江莹在对城市水污染原因进行分析时发现，企业是重要的污染源，由于政府的地方保护主义、部门利益等原因，政府在保护城市水环境中会出现许多管理真空和管理错位，社会各群体则由于环保意识、组织水平和行动意志弱等原因很难在城市水环境保护中发挥作用。因此江莹指出，只有通过组织创新、优化社会结构推进公众参与，才能进一步促进环境保护（江莹，2007）。同样，陈阿江（2008b）在研究中也发现了这一问题，由于部门利益的影响，现行体制缺乏有力的监管，不该降生的企业"准生"了，排放本该达标的却没有达标，污染取证困难，赔偿又难以执行，对污染责任人的处理也相机行事。许根宏（2017）亦观察到工业水污染场域存在一个正式规则与实践规范相分离的显性社会事实。而该社会事实的生成是工业水污染场域存在一个以地方政策架空正式规则、由污染企业裹挟地方政府、由幕后违规走向台前违规、由内生违规转向外生违规的行动逻辑，且决定该行动逻辑的社会原因主要是制度结构失衡下的评价机制、权力结构失衡下的监督机制、规则内化驱动力有限等。所以工业水污染的治理机制主要包括主体结构优化、规则文化再生产和有效社会监督三个方面。

社会建构论则认为，城市水污染问题是人类社会与自然环境之间关系的理解，是一种文化现象。这种文化现象经由社会不同群体的认知与协商形成，具有不同文化与社会背景的人对环境状况的认知不一样，所以环境问题是不同群体表达自身意见的符号，特定的环境状况被确认为环境问题实际上是不同群体之间意见竞争的暂时结果，这种结果源于对一系列互动工具与方法的使用，并涉及权力的运用。因此，与其关注目前环境究竟出了什么问题，不如分析是谁在强调环境问题，对环境问题进行解构。所以，解决特定环境问题的关键是利用科学知识、大众传媒、组织工具以及公众行动建构环境问题，并使之被接受进入决策议程，最终转变为政策实践。比如，周晓虹（2008）以南京治理秦淮河为例力图说明水污染治理是受到提高或改善城市或政府形象和谋求市场经济利益的双重力量推进的影响，尤其是第四次和第五次治秦淮，与前三次相比，政府经济动员能力增强，使其保持了政治动员的潜能，市场力量则因污染治理的经济效益也凸显了出来。社区或社会力量也已逐步显现。当然，这样的治理离真正的污染治理的进程尚有相当的距离。

四、近年来城市水污染治理的变革与展望

2012 年 11 月，党的十八大将生态文明建设纳入中国特色社会主义事业"五位一体"的总体布局，提出了推进生态文明、建设美丽中国的宏伟蓝图。十八届三中全会以后，我国生态文明建设进入快速通道，城市水污染治理迎来前所未有的契机。2017 年 10 月党的十九大报告更把"坚持人与自然和谐共生"作为新时代坚持和发展中国特色社会主义的基本方略，提出"加快生态文明体制改革，建设美丽中国"的目标，并从推动绿色发展、着力解决突出环境问题、加大生态系统保护力度、改革生态环境监管体制方面提出了具体要求。对解决突出环境问题，提出了提高污染排放标准、强化排污者责任、健全环保信用评价、信息强制性披露、严惩重罚等制度，并提出构建政府为主导、企业为主体、社会组织和公众共同参与的环境治

理体系。城市水污染治理全面进入新时代。

(一) 水污染防治制度建设日趋完善

近年来,我国水资源保护与水环境防治相关的制度建设体系快速推进。2014 年,史上最严环保法颁布实施,环境保护部同时还发布了按日计罚、查封扣押、限产停产、行政拘留、企业事业单位环境信息公开、突发环境事件调查处理等配套文件。2015 年,国务院出台了《水污染防治行动计划》("水十条"),并制定落实了目标责任书,将任务分解落实到各省(区、市)1 940 个考核断面。同时,还建立了全国及重点区域水污染防治协作机制,并要求各省(区、市)编制水污染防治具体工作方案。进而又开始推进流域水生态环境功能分区管理,明确了控制单元的水质目标。2016 年,水利部出台了《长江经济带沿江取水口、排污口和应急水源布局规划》,编制了《长江经济带生态环境保护规划》,在探索流域水污染防治方面又前进了一大步。2017 年,环保部又出台了《排污许可管理办法(试行)》和《固定污染源排污许可分类管理名录(2017 年版)》,为污水排放套上了紧箍咒。各项制度的密集出台,为水污染治理提供了强有力的制度保障。

(二) 水污染执法与行政监管机制强势推行

水污染防治的另一重大举措则是环境执法与行政监管力度的空前加强。为纠正各地长期以来为发展经济不顾牺牲环境的惯性,2014 年新环保法颁布不久就严格执行了环境污染入刑,仅 2014 年全国各地环保部门向公安机关移送涉嫌环境违法犯罪案件就达 2 180 件,是过去 10 年总和的 2 倍。至 2016 年,全国实施按日连续处罚、查封扣押、限产停产、移送行政拘留、移送涉嫌环境污染犯罪的案件增长至 22 730 件。同时,强势推进环境监管执法,自 2014 年国务院办公厅印发《关于加强环境监管执法的通知》以来,环境保护部密集开展环境综合督查,约谈城市政府主要负责人,且力度逐年加大。2014 年,开展环境综合督查的城市为 25 个,被公开约谈的城市政府主要负责人为 6 人。2017 年发展到环境保护督查全覆盖,被约谈的市(县、区)、部门和单位主要负责人达 30 人。

(三) 城市水污染治理能力不断提升,治理体系日趋完善

伴随着水污染法制建设、行政管理体制和机制改革的快速推进,在政

治重视与财政投入的保障下，水污染防治的设施不断完善，防治技术不断提升。2017 年，我国 93% 的省级及以上工业集聚区已建成污水集中处理设施，工业集散区污水处理能力大幅提升，36 个重点城市建成区的黑臭水体已基本消除。同时，以政府为主导、企业为主体、社会组织和公众共同参与的水环境治理体系也在逐步形成。在行政管理强势推进的同时，2017 年环保部推出的"环保管家"，为环境治理向社会化、专业化管理服务方向迈进前进了一大步，为企业治污提供了新思路。社会力量参与治理环境也有了极大的改善，新环保法规定，环保社会组织只要是在设区的市级以上人民政府民政部门登记的，即可对已经损害社会公共利益或者具有损害社会公共利益重大风险的污染环境、破坏生态的行为提起诉讼。同时，公众参与水环境保护的渠道越来越多元，除环境热线、微博微信等方式外，"河湖长制"下的责任人公示牌也已基本实现全覆盖。

（四）水污染行政管理体制机制变革方兴未艾

针对长期以来我国水环境治理行政体制出现的双重管理与"九龙治水"等问题，2016 年底，中共中央办公厅与国务院办公厅联合推出了《关于全面推行河长制的意见》，至 2018 年 6 月底全国全面建成河长制。同时，各地还效仿"河长制"，推出了"湖长制"，水环境监管范围进一步扩大。"河长制"是党政负责人主导下的流域协同治理制度，是基于科层制环境管理体制之不足而创设的水环境治理制度，具有明显的问题应对特征（史玉成，2018）。因此短期内，我国水污染治理的确有明显改善。但河长制本身是以权威为依托的等级制，也因此不可避免地会面临着"能力困境""组织逻辑困境"和"责任困境"的挑战（任敏，2015）。为此，为加大环境保护力度，我国又提出了按流域进行环境监管，并对环保机构进行了垂直管理改革的试点，同时组建了环境保护督察办公室，六个区域督查中心由事业单位转为行政机构并更名为督察局，使环境督察的行政能力得到明显提升。同时，将国家地表水监测断面事权上收，全面实施"采测"分离，并使监测数据全国互联共享，提升监测数据的客观性和真实性。对人为干扰环境监测活动的行为则予以严肃查处。

2018 年国务院的大部制机构改革进一步对与水资源和水环境治理有关的行政管理机构进行了大幅度调整，将水利部的编制水功能区划、排污口设置管理、流域水环境保护职责并入生态环境部，将水利部的水资源调查和确权登记管理职责并入自然资源部。目前，全国各地机构调整仍在紧锣密鼓地进行之中。

整体而言，自生态文明建设纳入我国"五位一体"中国特色社会主义建设目标以来，我国城市水污染治理取得了前所未有的成效。伴随着水污染防治制度建设的日益完善，水污染执法与行政机制的强势推行，工业污水与城镇生活污水治理设施与技术的持续提升，政府为主导、企业为主体、社会组织和公众共同参与的水环境治理体系的不断推进，"河湖长制""大部门制"等水污染行政管理体制机制的不断变革，城市水污染将迈进全新的治理时代。然而，各类法规制度如何细化与具体落实，经济发展与水环境保护如何协同共进，水资源与水环境的跨区域治理如何实现，垂直监管下地方政府积极性与配合度如何持续，水污染治理的短期效应与生态长效如何保障，全民水环境保护的自觉意识与环境行为的持续产生何以推进等，依然是当下面临的困境和不可回避的问题，城市水环境保护与水污染治理依然任重道远。

第 3 章　城市生活垃圾与治理

本章分析城市生活垃圾治理实践。生活垃圾的产生与每个人休戚相关，其处理方式亦是社会文明进步的标志之一。21 世纪以来，我国每年城市生活垃圾产出量都在亿吨级以上，并保持持续增加态势，"垃圾围城"形势严峻。从全国范围看，无论是垃圾清运量、垃圾处理设施数量、治理资金投入，还是无害化处理率，都存在地区间不均衡发展的问题。此外，垃圾填埋、焚烧和堆肥处理过程中产生包含氮化合物、硫化合物等物质的恶臭气体和二噁英等有毒物质，以及渗滤液对地下水和土壤的污染给周边居住群体带来不同程度的环境风险和健康风险。随着人们环境和健康意识提高，环境风险可能向社会风险转化，从而提高城市治理成本。为了优化城市生活垃圾治理，近十多年来，各级政府不断加大对生活垃圾清运与处置工作的重视力度，垃圾治理政策在一系列变迁中不断完善。

一、城市生活垃圾处置状况

（一）城市生活垃圾来源与特征

城市生活垃圾，是指在城市日常生活中或者为城市日常生活提供服务的活动中产生的固体废物以及法律、行政法规规定视为城市生活垃圾的固体废物。[①] 由此定义可以看出城市生活垃圾范围广，涵盖了人们生活和工作多个领域的日常生活废物、商业活动废物、公共机构废物等。根据建设部2004 年发布的《城市生活垃圾分类及其评价标准》，我国城市生活垃圾主要分为可回收物、大件垃圾、可堆肥垃圾、可燃烧垃圾、有害垃圾及其他垃圾六种（建设部，2004）。城市生活垃圾来源广泛，主要包括纸类、塑料、金属、玻璃、织物、废家用电器和家具、剩余饭菜等易腐食物类垃圾，以及对人体健康或自然环境造成直接或潜在危害的有害垃圾等。根据垃圾来源不同，住房和城乡建设部将城市生活垃圾划分为居民生活垃圾、清扫保洁垃圾、园林绿化作业垃圾、商业服务网点垃圾、商务事务办公机构垃圾、医疗卫生机构垃圾、交通物流场站垃圾、工程施工现场垃圾、工业企业单位垃圾以及其他垃圾等类型。[②]

随着我国经济快速发展，人们物质生活水平不断提高，我国城市生活垃圾呈现以下特点：

第一，全国垃圾总产量大。全国城市生活垃圾累积堆存量已达 70 亿吨，占地约 80 多万亩，近年来平均年增长速度在 4.8%。全国 600 多座城市，除县城外，已有 2/3 的大中城市陷入垃圾围城的困境，且有 1/4 的城市已没有合适场所堆放垃圾（潘艺，2013）。

第二，城市生活垃圾增长速度迅猛。根据 2001—2019 年《中国统计年鉴》发布的数据：2001 年我国城市生活垃圾清运量为 1.35 亿吨，2018 年清运量则达到 2.28 亿吨，17 年间增长了 9 300 万吨，年均增长率 3.14%。

---

① 详见建设部、国家环境保护总局、科学技术部的《城市生活垃圾处理及污染防治技术政策》（城建〔2000〕120 号）。

② 中国城乡环境卫生体系建设．（2006 - 02 - 10）［2019 - 07 - 22］．http：//news. xinhuanet. com/fortune/2006 - 02/10/content_4161830. htm．

第三，城市生活垃圾成分复杂，种类多，变化快，难以处理。由于人们生活水平提高，生活方式和消费方式演变，垃圾成分日益复杂化，城市生活垃圾已不限于厨余、纸张、塑料、金属等常规成分，还包括大量难降解含有害成分的垃圾。同时，我国垃圾处理技术水平有限。此外，由于我国人民的餐饮习惯，使得餐厨垃圾等有机废物占比高，且垃圾含水量高，给垃圾分拣、运输以及末端处理等带来困难。

第四，非分类回收和处理方式一方面造成城市生活垃圾中有用资源浪费，另一方面造成严重的环境污染。中国每年使用塑料快餐盒达 40 亿个，方便面碗 5 亿~7 亿个，一次性筷子数十亿支。回收 1 500 吨废纸，可免于砍伐用于生产 1 200 吨纸的林木；1 吨易拉罐熔化后能炼制 1 吨很好的铝块，可少采 20 吨铝矿；厨余垃圾包括剩菜剩饭、骨头、菜根菜叶、果皮等食品类废物，经生物技术就地处理堆肥，每吨可生产约 0.3 吨有机肥料（张春燕，2011）。但从全国整体情况来看，低效的垃圾分类回收，不但没能很好利用这些"放错位置的财富"，反而对环境造成巨大危害。例如，废旧电池、废弃塑料等含有害化学成分且难降解的特殊垃圾，如果随意丢弃就会污染土壤，危害人体健康。

（二）城市生活垃圾清运状况

进入 21 世纪，每年我国城市生活垃圾清运量都在亿吨级以上，并保持上涨态势。2005 年，我国城市生活垃圾清运量为 15 576.8 万吨，2018 年则已达 22 801.8 万吨，相较于 2005 年垃圾清运量增长了 46.38%。由图 3-1 可见，城市生活垃圾清运量在经历了 2005 年到 2010 年的小幅波动之后一直保持增长态势，2016 年城市生活垃圾清运量突破 20 000 万吨。

本章根据地区经济发展水平及地理位置，将全国 31 个省区市分为东中西三个部分（不包括香港、澳门和台湾地区），对各地城市生活垃圾清运状况进行了统计分析。东部包括辽、京、津、冀、鲁、沪、苏、浙、闽、粤、琼，中部包括黑、吉、晋、内蒙古、豫、赣、湘、皖、鄂，西部包括桂、云、贵、川、渝、陕、新、甘、青、藏、宁。如图 3-2 所示，2005—2017年，全国城市生活垃圾清运量呈现逐步上升趋势，但地区间存在明显差异。我国东中西部地区城市生活垃圾清运量所占份额与三个地区经济发展水平基本一致，东部最高，中部次之，西部最少。东部地区垃圾清运量占全国

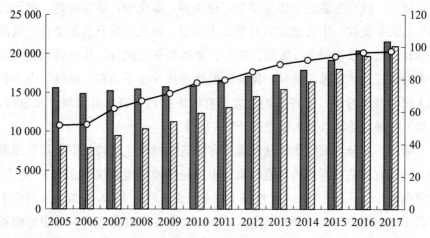

图 3 - 1　2005—2017 年全国城市生活垃圾处理情况

资料来源：2006—2018 年《中国统计年鉴》。

垃圾清运量的 50％以上，2008 年突破 8 000 万吨。与东西部地区垃圾清运量上涨趋势不同，中部地区垃圾清运量略有回落。

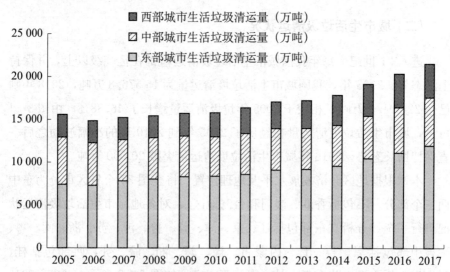

图 3 - 2　2005—2017 年我国东中西部地区历年城市生活垃圾清运量

资料来源：2006—2018 年《中国统计年鉴》。

（三）城市生活垃圾无害化处置状况

1. 处置设施状况

近年来我国不断加大对环境污染治理的投资额度。城市环境基础设施建设投入是环境污染治理三大部分之一，其每年所占份额均超过 50%。由 2005 年的 1 466.9 亿元增长到 2017 年的 6 085.7 亿元，年均增长率达 11.57%。市容卫生投入也由 2005 年的 164.8 亿元上涨到 2017 年的 623 亿元，年均增长率达 10.77%。相较于城市环境基础设施建设 6 085.7 亿元的投入，市容卫生的投入显得微不足道。生态环境部公布的数字显示，2005—2017 年，我国每年市容卫生投入仅占城市环境基础设施建设投入的 10% 左右，而 2012 年只有 7.8%（见图 3 - 3）。

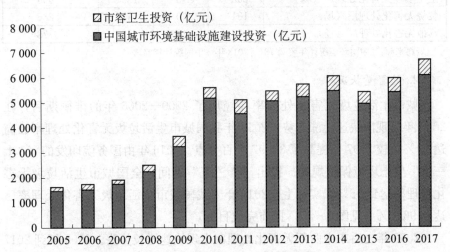

图 3 - 3　2005—2017 年全国城市环境基础设施建设投资及市容卫生投资状况

资料来源：《中国环境统计年鉴 2018》。

生态环境部发布的《中国环境统计年鉴 2018》显示：截至 2017 年，全国共调查统计城市污水处理厂 2 209 座，比上年增加 170 座，设计处理能力达到 1.57 亿吨/日，全年共处理污水 452.89 亿吨；全国无害化处理厂（场）1 013 座，全年生活垃圾无害化处理量 2.10 亿吨，其中卫生填埋无害化处理厂（场）654 座，平均日无害化处理量 36.05 万吨，焚烧无害化处理厂（场）286 座，平均日无害化处理量 29.81 万吨，其他无害化处理厂（场）73 座，平均日无害化处理量 2.13 万吨。

由表 3-1 可知，无论是污水处理厂还是生活垃圾无害化处理厂（场），在数量上都存在明显的地区差异，由东向西递减。截至 2017 年，我国城市数为 661 个，全国 1 013 座无害化处理厂（场）理论上已经实现平均每个城市一座以上，但仔细翻查《中国环境统计年鉴 2018》却发现，生活垃圾无害化处理厂（场）存在着地区分布不均问题，部分经济发达地区以及省份，其垃圾无害化处理厂（场）高达 80 座，而像青海、西藏等西部省份的垃圾无害化处理厂（场）只有个位数。2016 年以前西藏甚至没有无害化处理厂（场）。

表 3-1　　　　　　2017 年我国东中西部三地区城市生活垃圾处理厂情况

	东部	中部	西部	全国综合情况
污水处理厂（座）	1 187	558	464	2 209
污水处理率（％）	92.55	93.24	89.94	91.91
生活垃圾无害化处理厂（座）	481	287	245	1 013
卫生填埋无害化处理厂（场）	250	215	189	654
焚烧无害化处理厂（场）	181	60	45	286
其他无害化处理厂（场）	50	12	11	73

资料来源：《中国环境统计年鉴 2018》、2018 年《中国统计年鉴》。

2. 处置量状况

城市生活垃圾无害化处理率在经历了 2000—2006 年的徘徊期后，在 2007 年呈现出快速上涨态势，2018 年我国城市生活垃圾无害化处理率已高达 99％，较 2007 年提高了 36.97 个百分点。2016 年由国务院印发的《"十三五"生态环境保护规划》提出"十三五"期间，全国城市生活垃圾无害化处理率达到 95％，实际上，2016 年末我国城市生活垃圾无害化处理率已达到 96.6％（见图 3-4），提前完成目标。

2006 年之后东中西部无害化处理率出现快速增长势头。2005 年到 2017 年，东部地区一直保有较高的垃圾无害化处理率，并在此基础上持续稳步上升；而中西部地区无害化处理率未与二者的经济发展水平成正比，西部地区城市无害化处理率高于中部地区。2008 年，西部地区垃圾无害化处理率首次高于当年全国无害化处理率 66.80％的水平，2009 年突破 70％，2010 年达到 80.24％，两年平均增长率约为 7.38％。2005 年到 2017 年，与东西部地区城市生活垃圾无害化处理率持续上涨的趋势不同，中部地区呈现出曲折上涨态势：2005 年到 2006 年垃圾无害化处理率出现下降趋势，从 2005 年的 39.55％降到 2006 年的 34.36％；2006 年之后无害化处理率止降反升，2011 年达到 70.44％。截至 2017 年，东中西部地区城市生活垃圾无害化处理率均达到 97％以上（见图 3-5）。

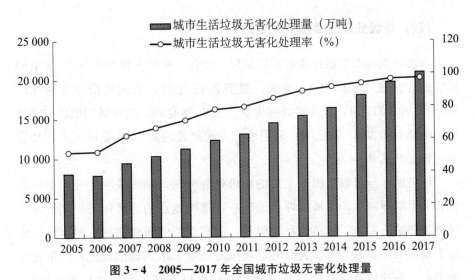

图 3-4　2005—2017 年全国城市垃圾无害化处理量

资料来源：2006—2018 年《中国统计年鉴》。

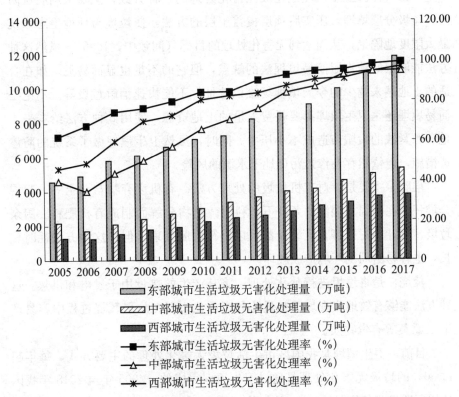

图 3-5　2005—2017 年我国东中西部地区城市历年垃圾无害化处理量/处理率对比

资料来源：2006—2018 年《中国统计年鉴》。

（四）垃圾处理主要模式及变迁

当前我国城市生活垃圾处理以填埋、焚烧、堆肥三种方式为主。《全国环境统计公报（2015年）》显示，截至2015年底，我国生活垃圾处理厂（场）共有2 315座，全年共处理生活垃圾2.48亿吨，其中采用填埋方式处置的生活垃圾共1.78亿吨，采用堆肥方式处置的共0.04亿吨，采用焚烧方式处置的共0.66亿吨。

垃圾填埋是目前我国最主要的垃圾处理方法，填埋法主要分为简易填埋和卫生填埋两种。简易填埋，无论是在填埋地点的选择还是填埋设施的建造上都缺乏系统、规范的科学设计，没有严格的防渗措施，很容易造成地下水污染，如遇暴雨，表面的垃圾极易随雨水汇入湖泊河流，严重破坏地表水。各种垃圾没有进行任何处理就简单堆放在一起，容易滋生细菌，产生有毒气体。卫生填埋是垃圾无害化处理的一种方式，主要采用底层防渗，垃圾分层填埋，压实后顶层覆盖土层的方法，使垃圾与环境生态系统最大限度地隔绝，从而达到无害化处理的目标（闻致中，1996）。虽然这种方法能够很好地克服简易填埋法的缺点，但它的不足也显而易见，如在合适的土地越来越少的今天填埋场难以选址，不能快速消解垃圾等。不论是简易填埋还是卫生填埋都要耗费大量的土地资源，使用此种方法给本来土地资源紧缺的大城市造成不小压力。同时，虽然卫生填埋做了系统的防渗透措施，但依然存在渗透污染地下水源的风险。

堆肥，主要是针对有机垃圾的处理方法。有机废弃物与泥土等一起混合堆积，在高温、湿润的条件下，利用微生物分解而制成有机肥料。厨余垃圾、落叶、树枝等有机垃圾都可以进行堆肥处理。但是这种方法耗时较长，也容易给周围环境造成破坏。

焚烧，是将垃圾进行焚化处理，将其产生的热量用于发电和供热。这种方法能够有效地实现垃圾减量化和资源化，但在垃圾焚烧过程中容易产生二噁英等有毒物质。

目前，卫生填埋是我国城市生活垃圾无害化处理的主要方式，每年超过50%的垃圾无害化处理是通过卫生填埋完成的。2005年至2018年我国焚烧厂数量成倍增长，由2005年的67座上升到2018年的331座，焚烧处理的生活垃圾也从2005年的791万吨上涨到2018年的10 184.9万吨，焚烧处理的垃圾在无害化处理总量中所占的比例逐年增加,《"十三五"生态环境保护规划》中明确提出"到 2020 年,垃圾焚烧处理率达到 40%"。在城市人地矛盾日渐凸显的今天,焚烧已成为越来越多城市(尤其是大城市)青睐的垃圾无害化处理方法。堆肥模式的使用率却有所降低,2011 年起国家不再单独统计堆肥厂和处理量,而是将其划归为其他无害化处理措施。2018 年全国堆肥和其他无害化处理厂共 97 座。2005 年堆肥处理量为 345.4 万吨,占当年无害化处理总量的 4.32%,到 2018 年堆肥和其他无害化处理厂的处理量共 674.4 万吨,仅占当年无害化处理总量的 2.99%(见表 3-2)。

表 3-2　　　　2005—2018 年我国城市生活垃圾无害化处理厂情况

年份	无害化处理厂数(座)			无害化处理量(万吨/年)		
	卫生填埋	焚烧	堆肥/其他	卫生填埋	焚烧	堆肥/其他
2005	356	67	46	6 857.1	791.0	345.4
2006	324	69	20	6 408.2	1 137.6	288.2
2007	366	66	17	7 632.7	1 435.1	250.0
2008	407	74	14	8 484.0	1 569.7	174.0
2009	447	93	16	8 898.6	2 022.0	178.8
2010	498	104	11	9 598.3	2 316.7	180.3
2011	547	109	21	10 063.7	2 599.3	426.6
2012	540	138	23	10 512.5	3 584.1	393.0
2013	580	166	19	10 492.7	4 633.7	267.6
2014	604	188	26	10 744.3	5 329.9	319.6
2015	640	220	30	11 483.1	6 175.5	354.4
2016	657	249	34	11 866.4	7 378.4	428.9
2017	654	286	73	12 037.6	8 463.3	533.2
2018	663	331	97	11 706.0	10 184.9	674.4

注:从 2011 年起无害化处理厂和处理能力统计指标中将"堆肥"改为"其他"。
资料来源:2006—2019 年《中国统计年鉴》。

(五)垃圾处理模式的地区差异

根据各省区市所处地理位置,我们将全国 31 省区市进一步细分为东北(黑、吉、辽)、华北(京、津、冀、晋、内蒙古)、华东(鲁、沪、苏、浙、闽、赣、皖)、华南(粤、桂、琼)、华中(豫、湘、鄂)、西北(陕、甘、青、宁、新）和西南（渝、川、云、贵、藏）7 个地区（不包括香港、澳门和台湾地区），并利用数据与图示，详细比较 7 个地区间垃圾处理模式的异同。

表 3-3 显示，目前全国无害化垃圾处理厂（场）数量排前三位的地区分别是华东、华北和华南；除华东以外，卫生填埋依然是各地垃圾无害化处理的主要方式。

表 3-3　　　　　**2018 年全国无害化垃圾处理厂（场）分布情况表**　　　　单位：座

	卫生填埋厂（场）	焚烧厂（场）	其他	总计
东北	82	15	6	103
华北	100	31	14	145
华东	133	161	46	340
华南	79	50	10	139
华中	98	24	9	131
西北	86	7	6	99
西南	85	43	6	134
全国综合情况	663	331	97	1091

资料来源：2019 年《中国统计年鉴》。

2005 年至 2018 年，我国各地的无害化卫生填埋厂（场）数量并没有呈现快速增长的态势，部分地区甚至出现了减少的现象。华东地区卫生填埋厂（场）的数量已由 2003 年的 209 座下降到了 2018 年的 133 座。[1] 卫生填埋虽然拥有处理量大、投资少等优点，但需占据大量土地资源，而寻找空地处理垃圾，对于土地资源稀缺的大城市（例如华东地区的上海，华北地区的北京、天津）是一项难题。

2005 年至 2018 年，无害化垃圾焚烧在全国得到迅速发展，却也呈现出地区间不均衡发展的态势，主要表现为东部地区快于西部地区，经济发达地区快于落后地区。华东地区发展最快，该区域的垃圾焚烧厂（场）由 2005 年的 25 座增加到 2018 年的 161 座；而西北地区由 2005 年 1 座垃圾焚烧厂（场）到 2011 年变成无垃圾焚烧厂（场），再到 2018 年 7 座。[2] 垃圾焚烧能够快速实现垃圾减量化处理，缓解城市用地紧张状况，但投建垃圾

---

[1] 参见 2006—2019《中国统计年鉴》。

[2] 参见 2006—2019《中国统计年鉴》。

焚烧厂（场）也意味着高投资、高技术、高风险。

与卫生填埋和垃圾焚烧不同，2005 年至 2018 年，全国大部分地区在减少使用无害化堆肥方式来处理生活垃圾。到 2010 年，减少数量最多的三个地区分别是华东、华中、西南。在我们划分的 7 个区域中，只有华北地区和西北地区增加了堆肥厂，增加的数量也只有个位数，远比不上两地 5 年间卫生填埋厂（场）增长的数量。①

（六）小结

进入 21 世纪之后，国家逐渐加大对城市生活垃圾处置及相关问题的关注，发布了一系列相关政策文件，要求全国各地加强城市生活垃圾"减量化、资源化、无害化"处理。我国城市生活垃圾清运量、无害化处理量都呈现出快速增长态势，至 2018 年我国城市生活垃圾无害化处理率已达 99％，但这并不意味着垃圾问题已经得到很好解决，我国垃圾处理仍然面临"存量巨大、处理设施量不足、建设缓慢投入少、二次污染难杜绝、公众意识需调动、监管体系待完善"六大问题。② 面对人口基数大、垃圾存量高等难题，在现有技术条件下，通过制定行之有效的垃圾综合治理法规体系和政策并促进全民参与，减少城市生活垃圾产量是有可能的。

二、城市生活垃圾治理政策及变迁

我国目前已基本形成以《中华人民共和国宪法》③ 为根本依据，《中华人民共和国环境保护法》为基本法，《中华人民共和国固体废物污染环境防治法》④

---

①　参见 2006—2019《中国统计年鉴》。

②　垃圾围困、城市告急．（2013 - 07 - 25）［2019 - 07 - 22］．http：//www.chinaenvironment. com/view/ViewNews. aspx？k=20130725112408281.

③　《中华人民共和国宪法》拥有最高法律效力。中华人民共和国成立后，曾于 1954 年 9 月 20 日、1975 年 1 月 17 日、1978 年 3 月 5 日和 1982 年 12 月 4 日通过四个宪法，现行宪法为 1982 年宪法，并历经 1988 年、1993 年、1999 年、2004 年、2018 年五次修正。

④　《中华人民共和国固体废物污染环境防治法》于 1995 年 10 月 30 日由第八届全国人民代表大会常务委员会第十六次会议通过，中华人民共和国主席令第 58 号公布，自 1996 年 4 月 1 日起施行；并分别历经 2004 年、2013 年、2015 年、2016 年、2020 年数次修订/修正；2019 年 6 月 25 日，十三届全国人大常委会第十一次会议分组审议了固体废物污染环境防治法修订草案，围绕生活垃圾分类制度、危险废物处置等问题提出意见建议。

和《城市市容和环境卫生管理条例》为主体，《全国城镇生活垃圾无害化处理设施建设规划》《城市生活垃圾管理办法》①《城市生活垃圾处理及污染防治技术政策》等政策法规为内容的城市生活垃圾治理政策体系。

(一) 垃圾治理政策法规及变迁

1. 宪法

《中华人民共和国宪法》是我国的基本大法，为其他环境保护法律法规和政策的制定提供了根本依据。《中华人民共和国宪法》第九条规定"矿藏、水流、森林、山岭、草原、荒地、滩涂等自然资源，都属于国家所有，即全民所有……国家保障自然资源的合理利用，保护珍贵的动物和植物。禁止任何组织或者个人用任何手段侵占或者破坏自然资源"，明确定位保护环境是国家的基本国策，为全国各地环境保护工作奠定了基调。第二十六条规定"国家保护和改善生活环境和生态环境，防治污染和其他公害"，进一步为特殊领域的垃圾治理工作提供了宪法依据。

2. 法律

基于宪法，为保护和改善生活环境与生态环境，防治污染和其他公害，保障人体健康，促进社会主义现代化建设的发展，《中华人民共和国环境保护法（试行）》于1979年出台。该法从环境监管、防治环境污染和其他公害、法律责任等方面对我国环境保护工作提供了指导性原则，包括经济建设与环境保护协调发展原则，预防为主、防治结合原则，污染者付费原则，政府对环境质量负责原则，依靠群众保护环境原则。在《中华人民共和国环境保护法（试行）》中，对建设项目进行环境影响评价作为法律制度首次被确定下来。在试行法颁布十年之后，我国于1989年重新修订并正式颁布实施了《中华人民共和国环境保护法》②。这部法律明确和强化了政府相关部门的监察责任及权力，细化了中央、各级地方政府及企业各方的相关法律责任。2014年，新修订的环保法明确将多方环境利益相关者纳入环境保

---

① 《城市生活垃圾管理办法》于2007年由建设部颁布，并于2015年由住房和城乡建设部修正。
② 《中华人民共和国环境保护法》第一版于1989年12月26日由第七届全国人民代表大会常务委员会第十一次会议通过，中华人民共和国主席令第22号公布，自发布之日起实施；第二版于2014年4月24日由第十二届全国人民代表大会常务委员会第八次会议修订通过，中华人民共和国主席令第9号公布，自2015年1月1日起实施。

护和管理的队伍中，提出"公民、法人和其他组织依法享有获取环境信息、参与和监督环境保护的权利"；"公民应当遵守环境保护法律法规，配合实施环境保护措施，按照规定对生活废弃物进行分类放置，减少日常生活对环境造成的损害"，并加大对政府、企业及个人等环境破坏行为的惩治力度。

2002 年由第九届全国人大常委会讨论通过的《中华人民共和国环境影响评价法》①，是与环境保护法相配套的法律。《中华人民共和国环境影响评价法》的立法目的是预防因规划和建设项目实施后对环境造成的不良影响。该法对环境影响评价的概念、原则、范围、程序和法律责任作了明确规定，并明确将公众参与环境影响评价写入章程，如第一章第五条明确规定："国家鼓励有关单位、专家和公众以适当方式参与环境影响评价。"第二章第十一条规定"专项规划的编制机关对可能造成不良环境影响并直接涉及公众环境权益的规划，应当在该规划草案报送审批前，举行论证会、听证会，或者采取其他形式，征求有关单位、专家和公众对环境影响报告书草案的意见"，明确公众在环境管理事务中的作用，为群众参与垃圾管理工作（包括垃圾处理项目规划与选址）提供了法律依据。

由全国人大常委会颁布并修订的《中华人民共和国固体废物污染环境防治法》，是针对我国城市生活垃圾处理的专项法律。该法涵盖了固体废物污染环境防治的监管、固体废物污染环境的防治、危险废物污染环境防治和法律责任等内容。该法第三条明确提出"国家对固体废物污染环境的防治，实行减少固体废物的产生量和危害性、充分合理利用固体废物和无害化处置固体废物的原则，促进清洁生产和循环经济发展"，实际上已明确了城市生活垃圾治理的基本原则，即减量化、资源化和无害化。修订后的固体废物污染环境防治法，有几大亮点：第一，以法律的形式，全面落实污染者负责制，该法第五条明确规定"国家对固体废物污染环境防治实行污染者依法负责的原则"，首次明确污染者责任；第二，由以往的环境受害者举证变为"谁污染谁举证"，即在污染损害赔偿中实行举证责任倒置制，由

---

① 根据 2016 年 7 月 2 日第十二届全国人民代表大会常务委员会第二十一次会议《关于修改〈中华人民共和国节约能源法〉等六部法律的决定》第一次修正；根据 2018 年 12 月 29 日第十三届全国人民代表大会常务委员会第七次会议《关于修改〈中华人民共和国劳动法〉等七部法律的决定》第二次修正。

加害人就法律规定的免责事由承担举证责任，这为保护弱势群体的合法环境权益提供了法律保障；第三，禁止擅自关闭、闲置或拆除生活垃圾处置设施和场所，对于从生活垃圾中回收的物质，要求必须按照国家规定的用途和标准使用，这为生活垃圾合理处置和管理提供了法律依据；第四，为了减少固体废物产生量和危害，该法确立生产者延伸责任制，即生产者不仅要对生产过程中的环境污染承担责任，还需对报废后的产品或使用过的包装物承担回收利用或处置的责任，这能够有效处理生产、消费与废物处置责任脱节带来的环境污染问题。

3. 行政法规和法令

1986 年国务院批转城乡建设环境保护部等部门的《关于处理城市垃圾改善环境卫生面貌的报告》，国家正式开始了对城市生活垃圾的管理。1992年，国务院颁布了《城市市容和环境卫生管理条例》，并于 2011 年和 2017年进行了两次修订。该条例第二十八条规定"城市人民政府市容环境卫生行政主管部门对城市生活废弃物的收集、运输和处理实施监督管理⋯⋯对城市生活废弃物应当逐步做到分类收集、运输和处理"，第三十条规定"鼓励和支持有关部门组织净菜进城和回收利用废旧物资，减少城市垃圾"，并对不按规定清运、处理垃圾的行为明文规定"处以警告和罚款"。为城市生活垃圾管理提供了执行规范。此外，还特别提到"环境卫生管理应当逐步实行社会化服务。有条件的城市，可以成立环境卫生服务公司。凡委托环境卫生专业单位清扫、收集、运输和处理废弃物的，应当交纳服务费"，将市场力量引入城市垃圾治理体系。

1992 年，国务院批转了建设部、国家环保局等部门共同制定的《关于解决我国城市生活垃圾问题几点意见的通知》，为国家开展生活垃圾专业治理奠定了基础。该通知明确指出城市生活垃圾污染问题严重，并分析其原因，包括垃圾处理资金不足、缺乏鼓励垃圾回收综合利用的政策、垃圾处理技术和设备落后、专业人员待遇差等。针对这些问题，提出加强城市垃圾处理行业管理，大力开展城市垃圾回收综合利用，提高回收率，多渠道解决城市生活垃圾无害化处理设施建设资金问题等对策。

1993 年，建设部颁布了《城市生活垃圾管理办法》。2007 年，新版的《城市生活垃圾管理办法》颁布，并于 2015 年进行了修正。该办法明确提出"城市生活垃圾治理，实行减量化、资源化、无害化和谁产生、谁依法负责的原则"。修正后的办法有几大改进：第一，新办法明确了城市生活垃圾管理的责任主体及权利义务。不仅规定了环卫经营性企业的责任，还规定了环境卫生部门的监督管理责任。第二，充分强调对垃圾分类的要求，对单位和个人投放垃圾行为作了详细规定。第三，强化对城市生活垃圾治理规划编制、垃圾收集、处置设施建设的规定。第四，城市生活垃圾处理收费条款突出城市生活垃圾处理费缴纳的必要性。这是我国首次以行政法规形式明确生活垃圾产生者缴纳垃圾处理费的义务，并在法律责任中设立了相应罚则。第五，在垃圾处理领域明确建立特许经营制度，同时规定了从事城市生活垃圾经营性活动的企业的市场准入条件、许可程序和责任等。一方面，将市场力量引入公共事业领域，有效缓解垃圾处理行业的资金投入问题，缓解政府财政压力；另一方面，严控经营性企业的准入资质和义务责任，保证垃圾处理行业发展的规范化和法制化。

2000 年，建设部印发《关于公布生活垃圾分类收集试点城市的通知》，确定北京、上海、广州、深圳、杭州、南京、厦门和桂林等为生活垃圾分类收集试点城市，并在分类收集试点工作座谈会上明确了 2000 年城市生活垃圾分类收集试点工作目标，提出制定垃圾分类的方法和标准、统计评价指标，号召垃圾分类回收与资源循环利用相结合，呼吁国家尽快健全相关法律法规。

2006 年，建设部发布《关于印发〈中国城乡环境卫生体系建设〉的通知》，将"建立健全环境卫生体系和规范化的政府监管机制；完善生活垃圾处理收费制度""完善垃圾处理设施"等明确为城乡环境卫生体系建设目标；并将"坚持把垃圾治理与污染防治纳入循环经济轨道。大力推进垃圾减量化、资源化、无害化，积极开展垃圾分类收集和处理，扩大资源和能源的再生利用。变垃圾末端治理为从源头抓起全过程整治"确立为城乡环境卫生体系建设的基本原则。同时，强调"公众参与"在垃圾管理事业中的重要性，明确提出大力推进环境卫生监管的政府行政体系、环境卫生治理的市场运行体系、环境卫生管理的社会参与体系和环境卫生突发事件的应急体系等四大体系建设。

2011 年 4 月，国务院批转住房和城乡建设部、环境保护部等提出的《关于进一步加强市生活垃圾处理工作意见的通知》，通知阐述了城市生活垃圾的控制与处理的基本原则，包括：全民动员，科学引导；综合利用；

统筹规划，合理布局；政府主导，社会参与。通知还从垃圾处理规划引导、收运网络、技术选择、监督管理、评价制度、政策支持、部门分工、宣传教育等方面，详细阐明提高城市生活垃圾处理能力和水平的方略。

2016 年 2 月，中共中央、国务院印发《关于进一步加强城市规划建设管理工作的若干意见》，意见强调建立政府、社区、企业和居民协调机制，通过分类投放收集、综合循环利用，促进垃圾减量化、资源化、无害化。

2017 年 3 月，《生活垃圾分类制度实施方案的通知》明确提出到 2020年底，基本建立垃圾分类相关法律法规和标准体系，形成可复制、可推广的生活垃圾分类模式，在实施生活垃圾强制分类的城市，生活垃圾回收利用率达到 35% 以上。部分范围内先行实施生活垃圾强制分类，引导居民自觉开展生活垃圾分类，加强生活垃圾分类配套体系建设，强化组织领导和工作保障。

2018 年至 2019 年，教育部、生态环保部、住房和城乡建设部、国务院等部门先后出台《城市生活垃圾分类工作考核暂行办法》《关于印发〈"无废城市"建设试点工作方案〉的通知》《关于在全国地级及以上城市全面开展生活垃圾分类工作的通知》等一系列行政法规，全国垃圾分类行动掀起高潮。住房和城乡建设部等 9 个部门印发的《关于在全国地级及以上城市全面开展生活垃圾分类工作的通知》，明确要求 2019 年底前，各地级城市编制完成生活垃圾分类实施方案，明确生活垃圾分类标准，以及推动生活垃圾分类的目标任务、重点项目、配套政策、具体措施，到 2020 年 46 个重点城市基本建成生活垃圾分类处理系统。晚近行政法规中的主体更明确、目标更准确、责任更明晰。

4. 行业/技术标准

进入 21 世纪以来，国家在城市生活垃圾治理问题上进一步分类明晰了行业技术标准，让垃圾处理及污染防治工作的执行更有据可查。2000 年，建设部等部门颁布了《城市生活垃圾处理及污染防治技术政策》，更加突出垃圾减量化、资源化和无害化原则，从源头限制过度包装到发展综合利用技术，再到分类压缩式收集运输，直至填埋、焚烧、堆肥处理，都体现了末端治理向源头控制的转变决心。同时，对垃圾处理技术细节进行了详细规定，如垃圾焚烧热值、烟气在后燃室停留时间等。

2004 年建设部发布了《城市生活垃圾分类及其评价标准》，围绕城市生活垃圾分类收集和资源化利用原则，对垃圾分类类别、要求、操作、评价指标等进行了详细规定，为垃圾分类工作提供了具体可操作指标。

2010 年，住房和城乡建设部、国家发展改革委、环境保护部联合下发了《生活垃圾处理技术指南》，点明"保障公共环境卫生和人体健康"的宗旨，在《城市生活垃圾处理及污染防治技术政策》的基础上，对"卫生填埋、焚烧、堆肥等垃圾处理技术的适用性及生活垃圾处理设施建设"提出了具体要求；对争议较大的垃圾焚烧模式进行了详细规定，包括焚烧技术的适用性、垃圾焚烧厂建设要求及运行监管等内容。与《城市生活垃圾处理及污染防治技术政策》相比，《生活垃圾处理技术指南》更强调垃圾处理过程中的污染控制，例如对生活垃圾焚烧过程产生二噁英的控制措施进行了更具体的规定。

除了《城市生活垃圾处理及污染防治技术政策》与《生活垃圾处理技术指南》原则性规定以外，针对不同垃圾处理模式，国家还出台了一系列控制标准，如《城市生活垃圾卫生填埋技术标准》《生活垃圾填埋处理工程项目建设标准》《生活垃圾填埋污染控制标准》《生活垃圾焚烧污染控制标准》《生活垃圾焚烧炉及余热锅炉》《生活垃圾焚烧处理工程技术规范》《生活垃圾焚烧大气污染物排放标准》等，对处理模式的选择、设备建设、技术控制、排放标准等进行了分类规定。

5. 计划纲要

2007 年 11 月，国务院发布《国家环境保护"十一五"规划的通知》，在主要任务部分提出实施城市生活垃圾无害化处置设施建设规划，新增城市生活垃圾无害化处理能力 24 万吨/日，城市生活垃圾无害化处理率不低于 60%。推行垃圾分类，强化垃圾处置设施的环境监管。提出完善环境经济政策，全面征收城市生活垃圾处置费。

同年，国家发展改革委、建设部、国家环保总局联合印发了《全国城市生活垃圾无害化处理设施建设"十一五"规划》，规划提出了具体目标：到"十一五"末全国城市生活垃圾无害化处理率达到 60%，其中设市城市生活垃圾无害化处理率达到 70%，县城生活垃圾无害化处理率达到 30%，在全国 90% 以上的县城建立、完善生活垃圾收运体系等。

2012 年 4 月 19 日，国务院办公厅发布《"十二五"全国城镇生活垃圾无害化处理设施建设规划》，阐明"十二五"时期全国城镇生活垃圾无害化处理设施建设的目标、主要任务和保障措施。该规划提出的目标如下：到2015年，直辖市、省会城市和计划单列市生活垃圾全部实现无害化处理，设市城市生活垃圾无害化处理率达到90％以上；到2015年，全面推进生活垃圾分类试点，各省（区、市）建成一个以上生活垃圾分类示范城市。相较"十一五"规划，"十二五"规划有以下亮点：第一，提出"政府主导、社会参与"，鼓励社会资本参与生活垃圾处理，并鼓励民众参与垃圾分类，从源头规划垃圾减量；第二，全面推动生活垃圾分类试点；第三，首次提出完善收转运体系，加大垃圾存量治理；第四，加大垃圾处理的资金投入和财政预算；第五，不再以区域来设定垃圾无害化处理目标，而给每个省区市制定详细目标。

2016年12月31日，国家发展改革委、建设部联合印发了《"十三五"全国城镇生活垃圾无害化处理设施建设规划》，提出到2020年底，主要城市生活垃圾无害化处理率达100％；设市城市生活垃圾无害化处理率达95％以上，县城（建成区）生活垃圾无害化处理率达80％以上，建制镇生活垃圾无害化处理率达70％以上。计划单列市和省会城市（建成区）实现原生垃圾"零填埋"，建制镇实现生活垃圾无害化处理能力全覆盖。到2020年底，生活垃圾回收利用率达35％以上。相较《"十二五"全国城镇生活垃圾无害化处理设施建设规划》，该规划提出强化创新引领，推广"互联网＋资源回收"等新模式，加强专业技术人才、管理人才建设培养，大力发展职业教育和岗前、岗中职业培训，提高从业人员的文化水平和职业技能水平。

6. 地方性法规

依据国家关于城市生活垃圾管理的法令法规，各地相继出台了适合本地实际情况的地方性条例。如南京市政府在1995年颁布了《南京市城市生活垃圾袋装管理暂行规定》，规定了城市生活垃圾的收运和惩罚细则，这是我国较早的有关城市生活垃圾处理的地方性法规；2013年南京市政府正式公布并实施《南京市生活垃圾分类管理办法》。北京市于1999年颁布了《北京市征收城市生活垃圾处理费实施办法（试行）》，开征城市生活垃圾处理费。此后，全国各地陆续开征生活垃圾处理费。2012年，北京市又出台了《北京市生活垃圾管理条例》，对生活垃圾分类作出了全面规范。2004年12月厦门市政府颁布了《厦门市城市生活垃圾管理办法》；2017年厦门

市第十五届人民代表大会常务委员会第六次会议通过《厦门经济特区生活
垃圾分类管理办法》，进一步明晰城市生活垃圾分类细则。广州于 2011 年
公布《广州市城市生活垃圾分类管理暂行规定》；2017 年 12 月 27 日，《广
州市生活垃圾分类管理条例》经广州市第十五届人民代表大会常务委员会
第十一次会议通过。杭州市于 2012 年重新修订并公布了《杭州市城市生活
垃圾管理办法》；2015 年 12 月正式实施《杭州市生活垃圾管理条例》。2014
年上海市政府公布并施行了《上海市促进生活垃圾分类减量办法》；2018
年 3 月上海市发布了《关于建立完善本市生活垃圾全程分类的实施方案》；
2019 年 1 月 31 日，上海市十五届人大二次会议表决通过《上海市生活垃圾
管理条例》，并于 7 月 1 日正式开始实施；上海社区垃圾分类减量项目为规
范生活垃圾产生者的分类投放行为，根据《上海市生活垃圾管理条例》要
求，制定了《上海市生活垃圾分类投放指引》。上海市精细的垃圾分类细则
和严格的执行及监管，在全国迅速掀起热议和学习浪潮。其他垃圾分类试
点城市也陆续开展相关举措。

尽管各地的生活垃圾管理办法有出入，但宗旨是通过市场调控、赏罚
监管等手段引导多元社会力量参与城市生活垃圾分类治理，逐步实现城市
生活垃圾减量化、资源化和无害化。

（二）政策法规变迁之路与存在的问题

纵览中华人民共和国成立以来我国城市生活垃圾治理政策文件颁布历
程，大致可看出：其一，20 世纪 70 年代前，城市生活垃圾治理并没有得到
重视，80 年代后该问题逐步得到关注，90 年代中后期以来逐渐成为重要社
会议题；其二，在历年颁布的有关城市生活垃圾治理的政策法规中，有关
垃圾分类的约 62 项（占比 38.75%），其中 52 项集中在 21 世纪之后颁布，
末端治理的思路逐步向源头分类治理转变；其三，指导垃圾精确化治理的
行业技术标准自 21 世纪以来快速增加，可操作化、精准治理正成为垃圾治
理的目标之一。

我国城市生活垃圾治理政策发生了如下变化：

第一，垃圾治理思路转变，即从"末端处理"走向"综合治理"。早期
法规强调解决垃圾堆放、消纳和无害化处理问题，进入 21 世纪后新出台的
法规尝试建立垃圾源头消减、回收利用和终端无害化处理的综合治理体系，

即形成垃圾减量化、资源化和无害化的闭合循环，这本身也体现了循环经济的理念。

第二，垃圾治理参与者的变化。晚近法规更突出多方环境利益相关者参与垃圾治理事业，而不再是由政府单方面不堪重负地承担垃圾末端处理工作。源头方面，要求生产者（如《中华人民共和国固体废物污染环境防治法》和《城市生活垃圾处理及污染防治技术政策》对包装的限制）和消费者（如国务院办公厅《关于限制生产销售使用塑料购物袋的通知》对塑料袋使用的限制）尽量减少废物产量；分类回收方面，要求消费者（包括单位和个人）有意识地对垃圾进行分类投放，并提出全面征收城市生活垃圾处理费（如《城市生活垃圾管理办法》），要求环保单位和垃圾处理方在垃圾收集、转运和处置过程中分类处理；终端无害化处理方面，明确建立特许经营制度，将市场力量引入公共事业领域，同时规定了从事城市生活垃圾经营性活动的企业的市场准入条件、许可程序和责任等（如《城市生活垃圾管理办法》），这些举措意在将社会力量引入公共事务管理，鼓励多方环境利益相关者特别是普通公众参与生活垃圾治理和生态环境保护。

第三，垃圾治理手段转变。晚近政策强调引入市场原则和力量参与垃圾治理和环境保护。例如，《关于实行城市生活垃圾处理收费制度促进垃圾处理产业化的通知》全面推行生活垃圾处理收费制度，并要求制定合理的收费标准；十八届三中全会决定明文规定："坚持使用资源付费和谁污染环境、谁破坏生态谁付费原则，逐步将资源税扩展到占用各种自然生态空间"，"发展环保市场，推行节能量、碳排放权、排污权、水权交易制度，建立吸引社会资本投入生态环境保护的市场化机制，推行环境污染第三方治理"。这就意味着将市场机制和市场力量引入环保这一公共领域。

第四，垃圾治理逐步制度化。21世纪之前，我国针对垃圾治理的专门立法和政策规章较少，多为指导性意见（如1986年的《关于处理城市垃圾改善环境卫生面貌的报告》和1992年的《关于解决我国城市生活垃圾问题的几点意见》）；进入21世纪后，国家频繁出台一系列有关垃圾减量化、资源化和无害化处理的行政法规如《城市生活垃圾处理及污染防治技术政策》《城市生活垃圾管理办法》等，并且为了将垃圾减量化、资源化和无害化落到实处，还颁布了一系列可操作的行业和技术标准如《城市生活垃圾分类及其评价标准》《生活垃圾处理技术指南》等，此外为城市生活垃圾治理的未来发展制定中长期规划。在罚则规定方面，惩罚细则越来越严格，惩罚力度越来越大，这些法规使垃圾治理法制化，做到有章可循，有法可依。十八届三中全会明确提出"实行最严格的源头保护制度、损害赔偿制度、责任追究制度"，这些都显示了国家近年来以制度保护环境的决心。

第五，垃圾治理技术化、专业化和产业化。2014 年修订的《中华人民共和国环境保护法》明确号召"国务院有关部门和地方各级人民政府应当采取措施，推广清洁能源的生产和使用"，要求"企业应当优先使用清洁能源，采用资源利用率高、污染物排放量少的工艺、设备以及废弃物综合利用技术和污染物无害化处理技术"，这对环保领域技术化提出了新要求。《关于实行城市生活垃圾处理收费制度促进垃圾处理产业化的通知》明确指出："改革垃圾处理体制，实行企业化管理"，"引入竞争机制，通过公开招投标的方式，择优选择有资质的企业承担城市生活垃圾处理工作"，促使垃圾处理逐步走向专业化和行业化道路。十八届三中全会也明确指出："发展环保市场……建立吸引社会资本投入生态环境保护的市场化机制，推行环境污染第三方治理。"

总体而言，我国城市生活垃圾治理相关法令政策正逐步完善，但存在的问题仍不容忽视：

第一，部分现行有关垃圾治理的法规为原则性法规较为笼统，对具体操作依据没有详细规定，相关条文流于形式，不易操作。例如《中华人民共和国清洁生产促进法》对废物资源化处理提出要求，但并没有就什么是"资源化"、如何进行"资源化"管理进行规定，使得现实操作中这一规定不能有效发挥作用。

第二，缺乏与垃圾治理政策配套的经济和文化政策。环境管理政策（包括垃圾处理政策）作为社会政策的一个子系统，应与经济政策、文化政策等其他子系统协作，如果为了应对垃圾处理问题，仅强调某一系统的改良和革新，"头痛医头，脚痛医脚"，只能治标不治本。纵观与垃圾处理有关的政策，目前暂无系统的配套经济政策，文化政策方面对如何推动相关科技发展、产学研的结合及舆论宣传等尚无系统的制度。

第三，公众参与垃圾治理的制度缺失。尽管国家逐步重视公众参与垃圾治理，但目前还没有相互衔接的法规对普通公众参与垃圾治理的途径和监管权力进行详细规定。相应地，对公众在垃圾治理中的责任和义务也没有强制性要求。

三、城市生活垃圾治理反思

我国城市生活垃圾治理政策日臻完善，但距离完备的政策法规体系还有很长一段路要走。推动我国城市生活垃圾治理向循环良治的方向发展，实现垃圾源头减量化、再生循环资源化、末端无害化处理，需要全民动员，各方利益相关者群策群力。

政府需聚力推动垃圾治理体系的建设与完善。第一，建立多层次多位阶的垃圾治理法规体系，以制度保障城市生活垃圾治理。我国城市生活垃圾治理法规体系不健全，一些本应相互衔接的重要制度缺失或不完善，例如城市生活垃圾管理产业化制度、垃圾管理收费制度、资源回收利用制度、公众参与垃圾管理制度等。第二，完善法律法规和政策之间的衔接，对于一些相互交叠、相互矛盾的法规应系统清查并纠正，考虑各地实际情况差异，应予地方垃圾管理法规先行先试。第三，明晰相关法规的可操作性。现存的部分垃圾治理法规过于空泛，难以操作，应明确其执行标准和罚则等。第四，明确各类职责的行政主管部门，这不仅可以预防"有利一拥而上，无利相互推诿"的情况发生，还能避免"政出多门，管理混乱"的情况出现。第五，完善配套的经济政策和文化政策，为垃圾治理创造良好的市场环境和社会文化环境。加大财政投入，合理配置资源，不断完善垃圾治理的硬/软件设施，同时引入社会资本（民间资本）到公共事业管理中，以明确的制度加以巩固和保护。第六，完善信息公开制度，让公众通过正式渠道有效获取政府发布的有关城市生活垃圾治理的权威数据，鼓励公众积极参与城市生活垃圾治理，向公众开放参与公共事务管理渠道，并通过法律规范公众的参与行为。政府作为城市垃圾治理体系中的主要环境利益相关者，不仅要在制度建设、人事安排方面努力，还应担负起创造积极向上文化氛围、培育公民性、鼓励公众参与公共事务治理的职责，完成社会文化培育与制度管理的契合。

如果能从国家政治体系的决策结构和政策安排来保证包括垃圾治理等环境决策中的公平公正，那么作为一个利益代表系统，政府就能将公众的组织化利益联合到国家的决策结构中。这是理想的状态，事实上，世界各地在环境治理问题上或多或少都存在这样一个问题，即政府与工业资本主义利益共谋，它屏蔽了公众决策参与权。当国家与私人企业结盟及一些大的工会组织为规避正常的民主过程而关起门来作一些重要决策时，所谓的合作型政治安排就出现了，因此这种决策制定方法也被称为"政治关门法"（political closure approach），而这些政治安排通常对普通公众是无利的（洪大用、龚文娟，2008）。城市生活垃圾治理属于公共事务，应广开言路，听取各利益相关者的主张，让公众了解、分享和承担公共决策带来的福祉和成本。遗憾的是，目前我国公众在城市垃圾治理事务上缺乏正式参与渠道和权威的信息获取途径（龚文娟，2016）。人们感知到风险却缺乏表达渠道，会影响人们的风险应对行为（Slovic，1993），进而可能导致风险放大（卡斯帕森 J K、卡斯帕森 R E，2010）。因此，呼吁逐步完善公众参与制度，并规范公众参与公共事务的行为，让松散的公众参与规范化。

公众作为垃圾治理中最直接和最主要的环境利益相关者，他们对垃圾治理认知水平的提高和对政府政策的参与及支持是垃圾减量化、资源化和无害化的关键。作为消费者，公众在日常生活和工作中产生垃圾；作为垃圾治理参与者，他们有责任和义务对垃圾进行分类回收，并且作为数量庞大的环境利益相关者，他们的分类回收行为对垃圾减量化有最直接和明显的影响。公众在两种领域中参与城市生活垃圾治理，一是私人领域，一是公共领域。私人领域的工作包括关注相关知识，提高个人环保意识，改变反环境的消费习惯和生活方式，逐步养成垃圾分类、绿色消费的行为习惯等；公共领域的工作包括积极主动获取垃圾治理信息，对垃圾管理制度和政策的制定（或修订）建言献策，走出"邻避主义"，形成与政府部门的良好互动关系。公众参与公共事务管理能防止公共权力滥用，保障公民权利的实现，使公共政策更加科学和民主，从而提高公共政策的合法性（俞可平，2006）。

技术是 21 世纪世界各国应对垃圾处理问题的法宝，垃圾处理技术化和专业化也是这一行业发展的趋势。提高垃圾处理工艺，严格技术标准，是垃圾减量化、无害化的重要保障。由于垃圾处理产业化发展趋势，民间资本和企业行为涌入这一公共服务领域，这是市场化、社会化和法制化的一个综合体现，也是政府、非政府组织和企业的对接，因此对企业准入资质、运作标准和治理质量评估应该执行更严格的标准，企业自身也应提高技术标准和管理规范。

专家、媒体和非营利组织，是垃圾综合治理链条上的重要利益相关者，分别代表科学/科技、舆论和公益服务对垃圾治理的介入。其一，科学研究成果运用到实践中，并在实践中不断改进，垃圾处理专业化、科技化特别需要技术和专家支持，产学研相结合的道路是垃圾优化治理的重要途径。政府应当支持并增加科研投入，积极鼓励与垃圾处理相关的环保科技研发和社会影响评估研究，发动高校和科研机构的能量，资助环保科研和垃圾处理风险的社会评估研究，增强环保科研和社会评估研究的后发动力。其二，媒体通过发布舆论能引导全社会积极参与垃圾治理，端正舆论导向是其工作的重中之重，动员媒体向公众宣传普及垃圾处理知识。在社会这个巨系统中，媒体作为传达信息、沟通世界的"社会装置"，扮演着重要角色。由于其强大的穿越时空的传播能力，制造了"时空分离"的效果，即便人们不在状况发生的现场，通过媒体的播报，也能知晓某种状况并产生各自的看法。由于媒体是社会的主要信息提供者（媒体的身份），因此它的选择和表述方式（特别是密集化、集中化的播报）能够左右人们对问题重要性的排序，而人们对问题重要性的认知直接影响问题建构的进程和速度。媒体的评论性特点使其报道可以形成强有力的舆论压力，促使政府决策系统接受来自公众的愿望和诉求，使得公众议程有可能转为政府议程，进而促使问题制度化并获得解决的可能。进入 21 世纪以后，我国媒体呈现出多元化、规模扩大化等特征，这无疑为人们广泛获取社会信息并进行交流与反馈提供了更多途径。其三，作为公共物品提供者的非营利组织应发挥沟通政府、公众与其他利益相关者的作用，成为政府和公众沟通的中介和桥梁。鼓励民间环保组织积极组织和动员公众参与垃圾分类回收工作。垃圾处理从源头分类抓起，这才是根本；发动民间环保组织对公众进行宣传和教育，让公众意识到垃圾分类回收和保护环境对自身生活的意义，不断扩大关注垃圾处理问题的社会基础，同时也敦促政府将环境职能尽快提上政治议程。

2019 年上海市打响了生活垃圾分类治理的第一枪。以上海市为例，垃圾分类不再是一个口号，而是落地成为可实际操作的细则。上海市垃圾分类治理有以下几点经验值得借鉴：第一，明晰生活垃圾分类指标，便于公众操作，同时规范生活垃圾分类收集设施，对接公众垃圾分类。"定时定点"收集垃圾是推广垃圾分类初期有效方法。第二，建立垃圾全程分类体系。一改既往生活垃圾"一锅烩"的处理方式，从投放、收集、运输到末端处理各环节都实行强制分类，建立全程分类体系。第三，政府推动，全民参与，强化公共事务社会共治。发动公众参与垃圾分类和监管全过程，如由党员、楼组长等组成的志愿者队伍轮流执勤，指导居民分类投放。第四，政策支撑，立法保障。建立"软（引导）硬（约束）兼施"的综合监管机制。第五，持久而全面的宣传与教育，将生活垃圾分类理念渗透到公众意识，文化环境建设至关重要。

　　城市生活垃圾治理是一项庞大而持久的公共事业，需要全民动员与参与，用制度建立立体多层次的监管体系，并配合良善的社会文化建设，才有希望将我国的垃圾治理事业推上"减量化、资源化和无害化"的循环治理道路。

第 4 章　农村面源污染与治理

　　随着中国经济的高速发展，在人口不断增长和城市化不断发展的背景下，中国农村地区的环境问题日趋严重，这使得越来越多的学者们把目光投向农村环境问题，逐步探讨这些问题形成的根源以及化解这些问题的对策机制（洪大用，2000a；姜立强、姜立娟，2007；耿言虎，2012）。农村的环境问题往往与"面源污染"（non-point source pollution）紧密地联系在一起。伴随着现代农业的大发展，化肥、农药、地膜全面而深刻地卷入了整个农业社会的生产实践以及农民的生活过程。尽管这些物品的使用带来了农业产量的提升，在某种程度上刺激了农业的快速发展[①]，但是，其造成的污染破坏程度之深也是令人始料不及的。它们从非特定的区域，在降水以及地表径流的冲刷作用下，通过径流和渗漏过程，使大量污染物进入水体（河流、湖泊、海湾、水库等）从而引起了大面积污染[②]。与工业废水污染、城镇生活污水污染之类的点源污染（point source pollution）不同，面源污染通常没有固定的排污点集中排放，一般难以准确地判定污染发生的位置及其地理边界。实际上，除了化肥、农药以外，农村畜禽粪便、生活垃圾等有机或无机物质的不恰当排放都是造成面源污染的重要因素。这个特性决定了面源污染的根本防治具有很大难度。加之面源污染进入环保议程的时间较晚，很多防治措施还停留在工程技术的层面上，这就意味着要想彻底改变中国面源污染的严重情形，必须从整体观入手，从多学科角度出发，深入探讨农村面源污染的发展态势，全面把握其发展特征。

　　本章在详细探讨中国农村面源污染的现状、趋势及特征的基础上，对面源污染发展的动力机制进行尝试性的解释，指出面源污染实际上是多种

---

① 这种所谓的发展更倾向于表征农业规模扩大后经济收益的增加。

② 面源污染的概念已经达成普遍共识，尽管表述有所差异，但含义基本一致。

机制共同作用的结果，并从技术处理、制度应对、社会治理三个角度讨论了加强和改进面源污染治理。

一、农村面源污染现状、趋势及特征

农村地区的环境问题日益凸显，形势不容乐观。《第一次全国污染普查公报》显示，农业源排放的化学需氧量、总氮、总磷等主要污染物已分别占全国排放总量的 44％、57％和 67％。[1] 单就废水中的化学需氧量排放而言，由表 4 - 1 可知，从 2011 年到 2015 年，我国化学需氧量排放总量和农业源化学需氧量排放量都在持续下降，但农业源排放量占总排放量的比重却一直在上升（由 47.4％增加至 48.1％）。面源污染对化学需氧量排放量乃至整个农村环境恶化的贡献则更不能小觑。

表 4 - 1　　　　　2011—2015 年全国废水中化学需氧量排放情况

年份	排放总量（万吨）	农业源排放量（万吨）	农业源排放量占总排放量的比例（％）
2011	2 499.9	1 186.1	47.4
2012	2 423.7	1 153.8	47.6
2013	2 352.7	1 125.8	47.9
2014	2 294.6	1 102.4	48.0
2015	2 223.5	1 068.6	48.1

资料来源：2011—2015 年《全国环境统计公报》。

（一）面源污染现状

1. 面源污染的表现形式

农业面源污染的表现形式是多样化的，但归结起来主要有三种。

一是前文所提到的化肥、农药污染。经验地来看，农民们出于利益的考量，未能按照科学的要求进行配料，不恰当、超剂量使用农药、化肥，特别是对农作物喷洒过量的杀虫剂，从而对土壤、水体造成严重的污染和伤害。

---

[1]　三部门联合发布《第一次全国污染普查公报》. (2010 - 02 - 10) ［2019 - 07 - 22］. http：//www. gov. cn/jrzg/2010 - 02 - 10/content - 1532174. htm.

二是畜禽粪便污染。畜禽养殖对于农村经济发展具有重要的作用和意义，但是养殖本身具有环境外部性。在养殖过程中产生的畜禽粪便，如果不进行无害化处理，直接排入沟渠，就会污染周边的水体，对环境造成难以恢复的扰动和侵害，同时损害周边居民的健康。现实是，我国的畜禽粪便无害化处理尚处于初步阶段，还没有能够形成规模化、科学而严谨的处理模式。

三是农村固体废弃物的污染。它包括农村居民的生活垃圾、种植业产生的固体废弃物污染等等，例如农用地膜的危害。许多农民缺乏相应的环境保护知识，没有意识到如果不正确处理使用后的地膜而是对其随意丢弃，就会给农村生态环境造成损伤。现实当中经常会看到，田间地头散落的未加回收的地膜，风吹后形成流动的垃圾，污染环境。为了应对这种污染形式，2012 年全国新建了由 300 余个定位监测试验点组成的农田地膜残留污染国控监测网络。① 需要指出的是，虽然这个覆盖全国的监测体系框架已然建立，但是它尚处于"初级"形态，未来的任务依然艰巨。

2. 面源污染的特点

面源污染的特点主要表现在以下几个方面。其一，污染源多样——畜禽及其粪便、污水污泥、化肥等等，且其产生的有机物和无机物的化学需氧量、总氮、总磷能够给环境带来严重负荷。其二，污染分散，没有固定的排污口，所以很难确定污染发生的地点以及发生的范围。其三，由于面源污染分散、随机，所以很难监测。近几年，我国在面源污染监测领域做出了很多努力。2012 年农业面源污染国控监测点达到 160 多个，监测小区达到 1 200 多个。② 2013 年农田面源污染国控监测点增加到 270 个。③ 然而从绝对数量上看，监测点规模有限，持续的能效发挥势在必行。

3. 面源污染的危害

面源污染的危害是深远的。首先是健康危害。面源污染物如化肥、农药残留进入并累积于水体当中，通过饮用水、农副产品等形式进入人体内，危害人体健康。此外，畜禽粪便直接进入水体，可能导致大量病原微生物繁殖，进入人体后诱发病变。其次是环境危害。面源污染物进入水体后会

---

① 参见 2012 年《中国环境状况公报》。
② 参见 2012 年《中国环境状况公报》。
③ 参见 2013 年《中国环境状况公报》。

造成水体的"富营养化"，水生生物由此大量死亡，干扰正常环境。再次是经济危害。面源污染导致了以下问题：饮用水成本提高；农田产量减少、农产品质量降低，农民收益降低；农田土地腐蚀控制的总资金投入增加；维护人畜健康的成本增加；自然资产也因面源污染的存在而贬值；等等。最后是社会危害。面源污染可能导致各种冲突的出现，如：生活污水随意排放导致邻里之间不睦；农民过量使用化肥农药造成水体污染而给水产养殖者利益带来损失，从而引发农民与水产养殖者之间的冲突；不同地区、不同流域之间因面源污染而发生环境权益受损，由此产生冲突等。

（二）面源污染发展趋势分析

在中国，面源污染经历了一个长期的过程。这个过程与农村、农业、农民紧密地联系在一起。特别是伴随现代农业对于化肥、农药依赖过程的加剧，面源污染问题不得不提升到一个新的高度。2010 年的《中国环境状况公报》就明确指出农业面源污染形势严峻。2011 年起发布的《全国环境统计公报》开始计算分析农业源化学需氧量排放量、农业源氨氮排放量及其在排放总量中的比重，由此昭示了我国农村环境污染的严峻形势。未来，农村面源污染发展的趋势可能集中在以下几个方面。

首先，短期内解决面源污染问题不太可能，持续的环保投入需要得到不断强化。以往的农业生产以追求产量和利润为目标，很少关注化肥、农药的过度使用对土壤、水体产生的消极影响。农民们过度依赖这些化学物质，未曾预料其对环境破坏所带来的实际后果。随着面源污染的时间积累，其惯性效应将持续发挥，加上缺乏恰切的政策措施和技术应对手段，面源污染注定在短期内难以得到解决。持续的环保投入需要进入面源污染的应对领域。尽管在全国已经建立了农业面源污染国控监测点并在太湖、滇池和巢湖等流域以及三峡库区建立了一批农业面源污染防治示范区，然而这样的投入还远远不够，更大范围的防治监控网络需要建立起来，从而为未来农村环境问题的解决搭建宽阔而有力的平台。

其次，面源污染持续恶化的可能性依旧存在，水体富营养化的潜在风险不会降低。随着人民生活水平的提高，普通民众对肉、蛋、果蔬的需求日益增加。这就意味着种植业、养殖业这样的产业必然要得到较大发展。然而这些产业由于尚未得到充分的优化，污染的行为和现象会不可避免地发生。如种植业会大幅扩大种植面积，增加化肥和农药的使用，土壤中的氮、磷等元素将不断富集，水体富营养化的潜在威胁不断增加。可以想见，未来面源污染的消极影响还将继续。

最后，面源污染困境的消解有赖于广大农民科学意识、环境意识的提升以及政府、社会的有效治理，而激发农民积极参与环境改善、优化政府环境保护职能均需要时间过程。农民环境意识的提升、环保知识的丰富不是一蹴而就的，这就意味着政府、公民、社会要协同起来共同促进其对面源污染认识的深化，同时政府也要强化自身在环保治理、环境建设、环保宣传等方面的职能，不断追求和确保环境保护、生态修复的成果。

二、农村面源污染发展的动力机制解释

农村的面源污染为什么会得以形成和发展？面源污染缘何加剧？为什么面源污染的治理难度会如此之大？对于这些问题的回答具有现实意义，直接关系到未来农村环境问题解决的出路以及国家环境治理的成效。于是，一些可能的动力机制解释模型被提出并加以探讨，这有利于对面源污染发展原因进行深入的理解和认知。

（一）二元社会结构与面源污染

面源污染，作为农村环境问题的突出代表，它是特定社会结构和社会过程的产物。[①] 因而，对面源污染的产生以及污染态势加剧原因的探讨应还原到对社会结构和社会过程的探究中来。只有这样，更深层次的社会结构性动因才能被知晓。洪大用和马芳馨（2004）在《二元社会结构的再生产——中国农村面源污染的社会学分析》一文中明确指出，中国特定的二元社会结构的存在和作用，是造成农村面源污染问题日益严重的深层原因。照此观点，正是中国城乡悬殊的二元结构带来了今天面源污染增加的态势。

洪大用认为，至少可以从五个方面作出解释：第一，长期的城乡分割使得中国城市化进程比较缓慢，大量人口被滞留在农村，这加剧了人口与

---

① 以洪大用（2000b，2001）为代表的学者普遍认为，环境问题从本质上讲是社会问题，它是社会结构与社会过程的产物。

资源之间的紧张关系。第二，城乡差距在城乡二元格局中持续扩大，农村居民身处贫困，面临巨大的生存和改善生活的压力，从而无力顾及污染控制。第三，农村的产业结构过于单一，大多数人以农业这种主要产业为生；劳动密集型的小规模农业生产增加了面源污染的控制难度。第四，在二元社会结构的作用下，农村精英竭力流向城市，导致尚留在农村就业的从业人员素质较低，掌握环境知识的能力较弱，环境保护意识较差。第五，农村环境保护长期受到忽视，环保政策、环保机构、环保人员以及环保基础设施均供给不足（洪大用、马芳馨，2004）。农村面源污染加剧正是城乡二元结构作用的结果。

这种分析是深刻的。首先，它全面而翔实地反映出社会结构诱发面源污染并造成污染加剧的方式和过程。在此，面源污染本身并不仅仅被视为一种生物的、物理的、化学的变化过程，更是一个社会过程。其次，这种解释充分考虑到社会因素的复杂性，人口因素、资源因素、产业因素、制度因素均被纳入思考的视域之中，作为重要的解释要素而存在。最后，这种解释模型能够很好地说明中国面源污染发展的问题及原因，经验地与社会现实相呼应。然而其也必定存在不足。如它未能从微观层面，即从需要的角度揭示面源污染与社会发展的相互关系，也没能在物质循环与能量流动的路径上找到面源污染发展的诱因。

（二）"代谢断裂"与面源污染

新陈代谢原本是一个生物学概念，它是指生物体的各有机组分通过化学物质的合成和降解而不断进行物质更新和能量交换的过程。19 世纪中叶，马克思创造性地将这个概念运用到社会科学领域，用于揭示人类与自然的物质代谢关系、资本主义的商品流通和资本累积过程、生态环境危机得以产生的自然社会机制以及资本主义迈向生态危机的可能性（马克思、恩格斯，1972）。之后，生态马克思主义者福斯特在深入研究马克思主义生态思想的基础之上，系统地阐述了其"代谢断裂"理论（克拉克、福斯特，2010），认为资本主义是代谢断裂的根源。为了追求剩余价值以及资本积累，一种近乎掠夺性的生产方式被使用，从而导致自然代谢（自然系统内部的物质循环和能量流动）与社会代谢（人类与自然系统之间存在的物质循环和能量流动）的脱离，"代谢断裂"由此而产生。

　　按照代谢断裂理论的逻辑解释，我国农村面源污染的产生和发展恰是因为代谢断裂的存在。在现代性因素的作用下，农村自然系统内部的物质交换不断受到干扰，而与此同时，农民与自然系统之间规律性的物质交换亦遭到破坏，能量无法实现循环，于是面源污染就持续地发生了。例如，化肥这种提高土地肥力、增加农作物产量的现代物品的出现和使用就使得农家肥以及塘泥这样的传统物质变得不再有用，而废旧农用地膜这样的垃圾物品也无法被农业系统的循环代谢消解，甚至在处理不当的情况下会严重影响农村生态环境。原本平衡的物质交换和能量流动网络被打破了。

　　这种理论对于今天面源污染困局的破解依然具有重大的理论和现实意义。首先，无论如何代谢断裂理论都为我们提供了一种解决当前生态困局的理论选择——适时修复和重塑生态系统正常的自然代谢和社会代谢功能，化解人与自然的矛盾。其次，虽然"代谢断裂"批判的根本指向在于资本主义以及资本主义的生产方式，但是它依然可以帮助我们反省现有的发展路径和模式，促使新的、更加具有良好的新陈代谢特性的发展机制能够被创造出来。最后，自然代谢和社会代谢要求人们重新审视"人与人""人与自然"的关系，更多地从关系的角度出发寻找到造成"新陈代谢链条"断裂的因素，帮助恢复生态系统平衡。

（三）需求与环境压力

　　行为科学普遍认为，人的行为是由一定的动机引起的，而动机的产生又来自人们自身存在的需求。人设定特定的行为目标是为了满足自己的需求。当一种需求满足之后另一种新的需求就会产生，从而引发新的行为目标。这形成了人的不断循环的行为过程。除了普遍的经济需求之外，还有大量的其他需求。马斯洛认为，人有一系列复杂的需求，且它们呈现出阶梯式分布的层次，由低到高依次为生理的需求、安全的需求、社交的需求、尊重的需求以及自我实现的需求。奥尔德弗（Alderfer）在马斯洛的需求理论基础上提出了ERG理论，指出人具有生存、相互关系、成长等三大需求。在他们看来，需求的存在对行为的产生具有巨大的驱动作用。而实际上，这种行为对于环境而言，其带来的效果可能是积极的，也可能是消极的。如果是消极的，则会对环境造成不同程度的压力。

　　在农村，由于农民们普遍存在生存与发展（成长）的需求，他们会根据这些需求设定能够获得收益的生产和生活目标，自觉或不自觉地采取向周围的土壤和水体排放有毒有害物质的行为，致使有毒有害物质在环境中累积并超出环境的自净能力，从而造成并促进面源污染的产生和发展。例如，农民为了满足生产生活的基本需要、获得一定的经济收入（或者满足更高层次的需求，获得更丰厚的经济收入），他们会购买并使用化肥农药来提升农产品生产效率，然而在施用化肥不恰当的情况下，过量的农药化肥中蕴含的元素进入土壤、水体以致富集，就可能诱发面源污染。

可见从需求的角度来间接地解释面源污染的发生发展具有其合理性。按照需求理论的观点，人们需求的满足过程亦是环境行为的实施过程。而面源污染实际上是人们为了满足自身需求采取不恰当行为而产生的消极结果。所以，要想彻底消解面源污染产生和发展的可能性，就必须重新审视农民的不同层次的需求，帮助其设定相对合理的行为目标。然而这种解释也存在一定的局限性。例如它过于关注面源污染发展解释的个体心理维度，忽视了宏观的社会结构要素对环境行为及其行为后果的影响。

（四）文化、制度及技术进步与面源污染

尽管关于文化与面源污染之间的关系至今还缺乏有分量的研究成果，但是可以看到文化对环境变化的作用是毋庸置疑的。麻国庆（1993）指出，要想深入地对环境进行研究，必须适时把握好文化传统与环境的关系。他以游牧民、山地民、农耕民为例揭示了不同文化群体所具有的环境知识对环境治理所起到的作用。之后，陈阿江（2000，2007）采用个案研究的方法对水域污染进行了社会学解释，认为社区传统伦理规范的丧失、居民传统价值观的沦丧是水域污染发生的重要原因。诸如此类的研究足以说明，文化因素对环境变化是具有重要意义的。在农村，传统生产生活方式发生巨大变化，人们利用水、土壤以及种植、饲养的方式均发生了改变，如果再没有正确的文化价值观进行引导，那么面源污染的产生和进一步发展就会成为必然的事情。

政府主导的环境保护和环境治理制度，环境政策的制定和实施也是影响农村地区环境状况变化的重要因素。王跃生（1999）通过研究指出，正是由于家庭联产承包责任制具有小农式农作的特点，它在解决外部性生态环境问题上存在一定的缺陷，加之与其配套的相关制度缺乏，从而导致了

生态环境问题在 20 世纪 80 年代持续恶化。这表明制度缺陷是环境恶化的重要原因。除了制度政策的不完善，实际上，诸如人们对于政策与环境的认知差异、正式非正式规范之间的互补摩擦、政策实施的规范摩擦与协调、信息反馈与监控等多种问题的存在导致了良好的环境保护和实践效果难以达到（林梅，2003）。面源污染在这种情势下，则会"钻"制度政策的空子从而得以产生和发展。一些地方政府与企业的"合谋"更会带来环境的破坏。张玉林（2006）则发现，压力型体制和政治经济一体化体制也是造成环境污染的动力机制。

技术是把双刃剑，它的发展既可以带来现代化的持续进步，又可以造成环境的不断恶化。可以说，大气的污染、资源的枯竭、生态的破坏都与技术的发展紧密地联系在一起。在某种程度上，不适宜的技术发明和应用会给环境带来不同程度的损伤。面源污染则是其中一个突出的表现。例如膜技术的推广致使农民在农业生产过程中大量使用农用地膜，这些用过的地膜未经妥善处理，会对农田环境造成干扰甚或破坏。在此意义上，技术也是面源污染的重要因素。

三、农村面源污染控制政策与问题

（一）面源污染控制政策的含义及其影响

农村面源污染发展的后果日益显现，它严重地影响了农村地区乃至全国环境、经济建设的发展。面对这一情势，农村面源污染控制成为社会发展的一种必然选择。它不仅要求全社会不断提升对面源污染成因、特征、危害的认识，还不断促使政府出台一系列政策法规，为面源污染的有效控制创造必要的制度条件。推进面源污染控制政策的建设并不是一项权宜之计，而是适应未来社会长远发展的必然结果。以往的部分设计和安排在当前情况下失去了原有的效力，不能够从生态平衡的理念出发合理引导和规范农村生活和农业生产活动中行为主体的环境行为。尤其是当农业产业结构处于优化调整时期，原有的污染防控制度并不一定能够发挥出高效的行为调节作用，于是必然呼唤新的控制政策以促使面源污染得到更加有效的预防、控制以及治理。

现有的面源污染控制政策在以下几个方面存在局限：第一，与面源污染控制相关的法律法规不健全，不能形成彼此协调且互助相长的合力，这就意味着它不能就污染问题进行有效的整体性应对。在具体实施的过程中，鉴于农业生产的特殊性以及面源污染本身所固有的隐蔽性、分散性、随机性、不易监测性等特征，已有的政策规范没有得到强有力的执行。这就需要进一步加强面源污染控制制度的建立和完善，不断提升政策执行效率。第二，在农业生产生活领域，应有的引导性技术规范和标准、强制性技术规范和标准并没有被充分制定和优化，这与农村面源污染控制的要求不符。第三，诸如提倡使用化肥之类的政策依然反映出经济利益驱动的市场发展导向，具有明显的功利性倾向。第四，现有的面源污染控制政策，没有充分考虑农民的参与和需求，未能使农民广泛受益，反而侵害了农民的利益，加重了农民的负担（洪大用、马芳馨，2004）。特别是一些短期的外部输入的项目，缺乏持久性运作，对缓解和消除面源污染所起的作用是有限的。第五，面源污染控制政策未能充分鼓励农业废弃物资源化利用，这在一定程度上削弱了面源污染控制的效果。这些限制性因素严重制约了农村环境的改善。

实际上，面源污染控制政策并不是杂乱无章的政策堆砌，而是一套有序的、渐进式的系统安排。它必须既要考虑农业发展的特殊需要，又要考虑农民自我发展的切身利益，同时最大限度维护农村的生态环境。好的制度安排能够对面源污染控制产生十分积极的作用。其一，它可以帮助控制和减少分散农业活动的数量，合理优化资源发展规模，有效进行科学的土地、水体管理，不断强化排污监测和农村环境监察的重要性[①]；其二，它能够越发有效地控制农民生活污水的分散排放量，提升生活垃圾的集中处理率，帮助建立农民需要且具有环境合理性的基础设施；其三，它有助于农民逐渐形成新的、与环境和谐的生活习惯，不断增加环境保护知识，提高环境保护意识。

（二）农村面源污染控制存在的问题

农村面源污染控制主要存在以下问题：

一是面源污染控制的政策法规体系不健全。如前文所述，现有的面源

---

① 2012 年 12 月，国家环保部发布了《关于全国生态和农村环境监察工作的指导意见》，明确了农村环境监察工作的重大意义。该项政策的出台为农村面源污染的进一步解决创造了条件。

污染控制制度对农村环境问题日益严峻的趋势缺乏有效的回应张力，且制度网络节点之间略显松散，未能充分考虑农民的利益，具有功利性的倾向。

二是面源污染控制投入不足。中国的环境保护长期实施的是"谁污染，谁治理"的政策，然而，面源污染的污染源相对分散而难以确定。这就意味着"谁"不太容易能够承担起环境治理的责任。政府在此情形下，需要对此进行防治投入。但现实并不乐观。国家用于环境保护的财政投入主要还是集中于城市地区和工业领域。相比之下，这些年政府对农村环保的投入尽管有所增加，但仍然略显单薄。①

三是基础性技术工作薄弱。长时间以来，中国缺乏对面源污染进行基础性的监测，具有重要意义的全国面源污染监测网络的基本形成是在 2013年，正式的农田面源国控监测点达 270 个。② 在这种情势下，就会出现一个严重的问题，即大量对消解面源污染有用的基础数据无法获得，这也进一步致使有效的防控技术标准和措施难以出台。单就技术而言，大量面源污染控制技术尚未得到显著的发展，点源污染控制技术被粗糙地借用，预防与控制技术能够带来的实际效果并不十分明显。

四是面源污染防治意识薄弱。农民作为农业生产生活的主体，他们理应承担起环境保护和环境治理的责任。然而现阶段，农民的环境保护知识和环境保护意识的水平都很低，对面源污染及其危害的认识还很肤浅。人们普遍注意到农业生产能够带来的巨大经济收益和价值，却忽略了生产发展本身所具有的环境负外部性。

四、加强和改进农村面源污染治理

2018 年 12 月，中央农办、农业农村部等 18 个部门联合出台《农村人居环境整治村庄清洁行动方案》，提出要从清理农村生活垃圾、清理村内塘沟、清理畜禽养殖粪污等农业生产废弃物和改变影响农村人居环境的不良习惯等方面着手，切实加大对农村人居环境的整治力度。这一方案对于解决农村环境问题以及农村的现代化具有十分重要的指导意义。加强和改进

---

① 2015 年和 2016 年的《中国环境状况公报》显示，2015 年和 2016 年中央财政分别投入了60 亿元作为农村环境保护专项资金支持农村环境治理。

② 参见 2013 年《中国环境状况公报》。

农村面源污染治理需要综合考虑技术处理模式、制度应对模式和社会治理模式。

（一）面源污染的技术处理模式

面源污染的消解首先依赖于科学技术手段的应用。没有技术的基础性作用的发挥，面源污染的预防和控制就成为空谈。尽管技术本身存在被滥用的风险，但是它并不影响技术能够成为一种被长期应用的发展视角。换句话说，恰当的应用适宜型技术就会在面源污染的根除上产生积极的影响。但现实的情况是，技术发展还有很大的进步空间——预防技术基础薄弱、治理技术以点带面、监测技术尚未成熟、技术标准有待细化。

因此为了预防和处理面源污染必须建立一整套完备的技术发展体系，夯实技术研发和应用的基础。在农民生产生活中，提倡使用清洁环保的沼气综合利用技术、秸秆还田技术、食用菌培育技术、测土配方施肥技术、清洁养殖技术、生活垃圾无害化资源化处理技术等，全方位多角度降低农村面源污染发生发展的概率。此外必须强调的是，防控面源污染必须同时关注两条技术发展路径。一是预防监测技术路径，即需要政府不断在预防技术上加大资金投入，落实预防监测的标准，增强预防监测的技术应用力度，不断提高预测预警水平。二是末端治理技术路径，即在面源污染发生后能够进行有效的技术应对，物理的、生物的、化学的工具手段得以合理应用，同时要加强技术成果转化，将一些新的环境治理、污染处理技术应用于面源污染防控实践，抑制其危害的进一步扩大。两条路径的协同发展是解决农村环境问题的重要保证。需要注意的是，技术处理模式具有相当的基础性，如果没有制度的保障以及社会的积极参与和卷入，其要想充分发挥作用是不太可能的。

（二）面源污染控制的制度应对模式

面对当下严峻的面源污染发展形势，有效的防控需要在制度层面上寻找突破。如前文所述，制度缺陷、制度不完善很可能造成严重的环境污染。这就意味着必须加强制度发展意识，建立一套切实可行的制度保障措施，不断推进面源污染控制的制度建设。具体而言可以从三个方面拓展思路。

首先，必须培育加强面源污染控制制度建设的文化环境。文化环境是制度建设的软环境，它不仅能够为制度建设提供合理的价值原则，还能够促使农民逐渐内化面源污染控制制度的具体要求，同时有助于农民对农村环境及农村未来的可持续发展形成稳定的价值判断。所以推进面源污染控制制度的建设必须培育出良好的文化环境。这就需要通过宣传教育的方式，大力宣传面源污染态势的紧迫性，采取基础教育、继续教育、社会教育等多种方式增强全社会的面源污染危机意识。

其次，必须适时营造健全的法律规范体系。法律法规不但是制度安排的重要内容，也是推进制度建设的有效手段。法律规范体系的建立可以明确政策制定者的行动权力以及开展面源污染控制工作的义务和责任，促使各级政府能够行之有效地制定、落实和践行面源污染控制制度。在我国从中央到地方都已经出台了许多法律法规和政策措施来解决环境问题，然而其中缺乏针对面源污染而制定的专门性法律规范。这也就意味着，建立强有力的保障机制以促进面源污染控制制度的建设势在必行。

最后，必须加强面源污染防控的领导和监督，营造良好的污染治理氛围。在推进农村面源污染防治的过程中，加强政府的领导和监督是十分必要的。政府是制度建设和实施的主导力量，一方面它为制度的建设和实施提供强制性手段，另一方面提供相应的激励措施以推进制度创新以及对现有制度的修订。领导和监督作用的发挥充分体现了政府的主导性特质，这有利于面源污染防治制度的完善，同时有助于面源污染防治成效的取得。具体来讲，农村面源污染治理是一项长期复杂的系统工作，需要不同部门之间的协调和配合，因而必须强化领导，真正把面源污染问题与农业优化、农民幸福、农村发展结合起来，将其纳入政府的重要议事日程。同时，大力整合资源，加强综合执法、监督管理的力度，采取科普教育、媒体宣传等多种方式积极引导农民走可持续的发展道路。

（三）面源污染控制的社会治理模式

面源污染控制是一项宏大的系统工程，单靠技术的应对和制度的完善难以达到污染消解的目标。从长远来看，社会治理的宏观模式应当加以提倡。

首先，政府、企业、公众在面源污染控制的问题上必须达成统一的意见，并形成合力。随着经济社会的发展，环境问题的诱因越来越复杂。特别是对于面源污染这样的污染形式，很难分清楚谁是真正的污染者和破坏者。从某种意义上，所有社会成员都对面源污染的发生和发展负有责任。面源污染与农村、农业以及每个农民的密切程度在逐渐加深。所以首先农民自身理应行动起来不断加深对面源污染的认识，在生活以及生产的过程中努力约束自己的行为。从治理的角度来说，除了政府需要继续发挥主导作用，增加大量的资金投入，制定有关税收、价格等方面的环保优惠政策，企业和公众也必须成为治理结构中的重要力量。其积极性的充分调动是农村环境问题解决的重要条件。为此，通过积极的引导和提倡，政府组织、企业组织、社会组织三位一体的多元化投入机制理应被建立。

其次，社会组织的作用需要得到不断彰显。社会组织特别是农村民间环境保护组织作为重要的社会力量具有相当的治理功能。它不仅可以通过各种环境知识教育活动提升农民的面源污染防治以及相关的环境保护意识，而且可以有效协助政府组织执行环境政策，并同时对一切牵涉生态环境的不法行为进行广泛监督，促使社会个体、企业组织将生态环保理念内化为自身的行为准则，与面源污染的生产生活方式隔绝开来。因此，社会组织的培育是非常具有现实意义的，它是优化农村环境治理的重要措施。

最后，社会治理应以生态经济发展为导向。面源污染与农业、农民、农村紧密相关这是不争的事实。其中，农业生产是面源污染的重要来源。为了克服农业生产对环境造成的伤害，应大力发展农业循环经济，将资源的减量化、再利用、可循环理念注入农业生产圈之中，对畜禽养殖、种植过程中产生的废弃物进行无害化处理。政府、企业、社会组织应通过各种渠道和途径倡导和促进有机农业的发展，在提升农业经济效益的同时确保生态效益。

综上，农村因农药、化肥、除草剂的大量使用以及畜禽养殖大规模发展等因素所带来的面源污染不仅造成了江河湖泊的富营养化，而且引发了化学需氧量和重金属污染，给农村地区造成了严重的危害和影响。① 这种危害在未来的社会经济发展和现代化过程中仍将继续存在。为了防止面源污

① 根据生态环境部公布的 2018 年《中国生态环境状况公报》数据，在全国监测营养状态的 107 个湖泊（水库）中，轻度富营养的 25 个，中度富营养的 6 个，其中太湖、巢湖、滇池三个大湖呈现出轻度富营养状态。而早在 21 世纪初，国家环保总局对太湖、巢湖和滇池（"三湖"）的一份调查报告就披露过这些水体的富营养化趋势，但工业污染并非主要原因（工业废水对总氮、总磷的贡献率仅占 10%～16%），农村面源污染需要为这些水体环境的恶化负相当大一部分责任（李贵宝等，2001）。

染的不断升级，有必要认清面源污染产生和发展的形势及其形成的动力机制。本章尝试从社会结构、代谢断裂、需求等理论角度对其进行了分析。尽管政府在面源污染上已然付出了一些努力，然而这些努力还相当有限。在具体的防控过程中，防控投入不足、政策法规体系不健全、基础性技术工作薄弱等问题始终没有得到相应解决，未来的农村面源污染防控任务依然艰巨。但我们相信，随着技术的进步和合理化使用、制度的健全和完善以及社会治理力度的加强，农村的环境治理定会取得更加理想的效果。

第 5 章 农村水污染与治理

　　水污染不仅是城市环境问题的重要表现，也是农村环境问题的重要组成部分。本章在梳理我国农村水污染的来源、危害以及水污染治理的政策演变的基础上，讨论优化水污染治理的措施，并提出相关改善的建议。

　　在中国工业化突飞猛进的过程中，水污染尤其是农村地区水污染也在不断加剧。据报道，在农村地区，只有不到一半的人可以接触到净水，农业径流是主要的污染源。① 有学者也指出，"中国的环境治理呈现出比较明显的重城市、轻农村倾向，城市污染向农村转移有加速趋势"（洪大用，2013）。2013 年 12 月 17 日，杭州《都市快报》报道了一则新闻，震动了整个浙江。金帆达、新安化工两大农药生产巨头在浙江、山西、山东等地非法倾倒数万吨废液，未经处理的废液对当地的农田、溪沟和河流等造成了巨大的污染，一些地方鱼虾绝迹，杭州的自来水出现了异味。这两家企业获利数千万元，但污染环境造成的经济损失保守估计达 3 亿多元。② 据《全国环境统计公报》，2010 年诸如此类的环境突发事件达 420 起，其中涉及水污染的 135 起。据安徽省生态环境厅消息，2018 年，安徽省发生突发环境事件 4 起，均为水污染事件。③ 由此凸显出农村水污染治理的急迫性。

---

① Half of China's urban underground water polluted. China Daily，2012 - 05 - 28.

② 金帆达、新安化工两农药巨头非法倾倒数万吨废液．（2013 - 12 - 17）［2019 - 07 - 22］. http：//zjnews. zjol. com. cn/system/2013/12/17/019762084. shtml.

③ 安徽省生态环境厅．2018 年全省突发环境事件信息情况．（2019 - 01 - 08）［2019 - 07 - 22］. http：//www. aepb. gov. cn/pages/ShowNews. aspx? NType＝2&NewsID＝162549.

一、农村水污染的来源与危害

（一）农村水污染的来源

中国水污染始于 20 世纪 50 年代工业化发展时期，70 年代之后日益严重，目前已经成为中国受关注的环境问题之一。20 世纪 90 年代比 80 年代，污染增长了一倍（Wang，1989）。农村水污染一般分为内生性污染和外生性污染。

1. 农村内生性污染

内生性污染包括农业生产污染和农村生活污水污染。其一，农业生产污染。它主要指农业种植、养殖所导致的污染。农业生产化肥农药的不合理使用导致的地表水体和地下水体氮素含量超标，是农村水体污染的重要因素。多年来，我国农业化肥施用强度有持续增加的趋势，有学者指出，"按单位农作物播种面积算，已由 1990 年的 174.6kg/hm² 增加到 2011 年的 351.45kg/hm²，增加了 2.01 倍。即使在 2005 年之后，在国家不断加大对测土配方技术和有机肥替代应用的支持力度的背景下，化肥使用增速也未见明显的回落，每年基本上维持在 1.5％左右的增速"（洪传春等，2015）。化肥利用率是测度农村面源污染的重要指标，一般而言，化肥利用率越低表明化肥流失率越高，这意味着大量的化肥会随地表径流、泥沙、淋溶等而损失，进而导致严重的面源污染，破坏流域水环境。我国化肥利用效率仍然偏低，研究指出，我国的氮肥利用率仅为 30％左右，磷肥利用率为 10％～25％（赵志坚等，2012），小麦、玉米和水稻的化肥利用率分别为 37％、26％和 37％（李静、李晶瑜，2011）。这要远低于世界发达国家 60％～80％的水平（洪传春等，2015）。2014 年的《中国环境状况公报》也显示，"目前，全国化肥当季利用率只有 33％左右，普遍低于发达国家 50％的水平；中国是世界农药生产和使用第一大国，但目前有效利用率同样只有 35％左右；每年地膜使用量约 130 万吨，超过其他国家的总和，地膜的'白色革命'和'白色污染'并存"。2017 年的《中国生态环境状况公报》指出，"水稻、玉米和小麦三大粮食作物化肥利用率为 37.8％，农药利用率为 38.8％，畜禽粪污综合利用率为 64％"。残留在农田土壤中的氮肥水溶和灌溉后进入地表水和地下水，对池塘、湖泊、河流、浅层地下水等造成严重的污染，并危及饮用水源。

据表 5-1 相关数据，近十余年来，全国氨氮排放量（仅包括工业氨氮排放量和城镇生活氨氮排放量）2005 年达到 149.8 万吨，此后有所减少。但是 2011 年，增加了农业源氨氮排放量和集中式氨氮排放量的数据之后，氨氮排放量达到了 260.4 万吨，其中农业源氨氮排放量高达 82.7 万吨，是工业氨氮排放量的近 3 倍。2015 年，农业源氨氮排放量为工业氨氮排放量的 3.3 倍。由此可见，农村生产等导致的水体污染已经非常严重。

表 5-1　　　　　　　　　　　全国氨氮排放量　　　　　　　　　单位：万吨

	2002	2005	2008	2009	2010	2011	2012	2013	2014	2015
氨氮排放总量	128.8	149.8	127.0	122.6	120.3	260.4	253.6	245.7	238.5	229.9
工业氨氮排放量	42.1	52.5	29.7	27.3	27.3	28.1	26.4	24.6	23.2	21.7
城镇生活氨氮排放量	86.7	97.3	97.3	95.3	93.0	147.7	144.6	141.4	138.1	134.1
农业源氨氮排放量						82.7	80.6	77.9	75.5	72.6
集中式氨氮排放量						2.0	1.9	1.8	1.7	1.5

资料来源：根据相关年份《全国环境统计公报》整理。

此外，农村畜禽养殖业非经处理的粪便同样会污染农村水体。根据《第一次全国污染源普查公报》，2007 年农业源化学需氧量排放量为 1 324.09 万吨，占全国化学需氧排放总量的 47.6%。其中，畜禽养殖排放的化学需氧量为 1 268.26 万吨，约占农业源化学需氧量排放总量的 96%，这意味着畜禽养殖业化学需氧量排放量占全国化学需氧量排放总量的比例高达 45%。[①] 张克强等（2010）指出，由于规模化养殖发展迅速，畜禽粪便污染趋势加剧。"畜禽粪便年产生量达 27 亿吨，粪便中的化学需氧量含量近 8 000 万吨，约为全国工业和生活污水排放的 5 倍，在 2003 年 1 月 1 日《畜牧养殖废弃物排放标准》正式实施时，有 90% 左右的大型畜禽养殖场达不到排放控制标准，大量粪便、污水未经有效处理直接排入水体，造成严重的环境污染。"

从表 5-2 中也可以看出，2011 年农业源化学需氧量排放量高达 1 186.1 万吨，占全部化学需氧量排放量的 47.4%。2012 年和 2015 年，农

---

① 参见环境保护部、国家统计局、农业部联合发布的《第一次全国污染源普查公报》。比例数据根据公报数据计算。

业源化学需氧量排放量占比分别达到 47.6％和 48.1％。而在农业源污染中，畜禽养殖业的化学需氧量、总氮和总磷分别占农业源的 96％、38％和 56％。由此可见，农村畜禽养殖污染已成为农村的主要污染源。

表 5 - 2 化学需氧量排放量 单位：万吨

	2000	2005	2008	2011	2012	2013	2014	2015
化学需氧量排放总量	1 445.0	1 414.2	1 320.7	2 499.9	2 423.7	2 352.7	2 294.6	2 223.5
工业化学需氧量排放量	704.5	554.8	457.6	354.4	338.5	319.5	311.3	293.5
城镇生活化学需氧量排放量	740.5	859.4	863.1	938.8	912.4	889.8	864.4	846.9
农业源化学需氧量排放量				1 186.1	1 153.8	1 125.8	1 102.4	1 068.6
集中式化学需氧量排放量				20.1	18.7	17.7	16.5	14.5

资料来源：根据相关年份《全国环境统计公报》整理。

其二，农村生活污水污染。农村生活污水的无序排放严重污染了土壤、地表水和地下水，成为农村环境的重要污染源，这导致了农村河道水体变黑变臭、蚊蝇滋生等现象，污水中病菌虫卵容易引发疾病传播，使人民群众的身体健康受到很大威胁。据 2010 年第一次全国污染源普查统计，我国年产生生活污水 90 亿多吨，年产生生活垃圾 2.8 亿多吨，年产生人粪尿为 2.6 亿吨，其中绝大多数生活污水和垃圾未经过处理，被随意倾倒、丢弃和排放。据国家统计局数据，2013 年我国农村污水排放量为 167 亿吨，2016 年达到 202 亿吨，增长了 21.0％。2011 年中国对生活污水进行处理的行政村比例仅为 6.7％，即便 2016 年也才达到 20％。这意味着农村生活污水污染问题在相当长一段时间内仍然会存在。

2. 农村外生性污染

外生性污染是指农村之外转移过来的污染，比如城镇生活污水和工业企业排放导致的农村污染。其一，来自工业企业排放的污染。有学者曾指出，中国 75％的污水是工业污水，当时只有 20％的工厂有污水处理设施（Wang，1989）。据表 5 - 3 的数据，近十几年来，废水排放总量总体呈现出上升趋势，从 2000 年的 415.2 亿吨增长到 2015 年的 735.3 亿吨。其中，工业废水排放量基本维持在 200 亿吨左右，2005 年高达 243.1 亿吨，此后略有下降。2014 年 6 月 20 日上午召开的第八届环境技术产业论坛上，住建部村镇建设司司长赵晖说，截至 2012 年，城市污水处理率已达到 87%，但村庄的污水处理率只有 8%。此外，截至 2012 年，县城的污水处理率接近80%，但建制镇的污水处理率不到 30%。[①]

表 5 - 3　　　　　　　　全国废水排放总量表　　　　　　　　单位：亿吨

	2000	2005	2008	2011	2012	2013	2014	2015
废水排放总量	415.2	524.5	571.7	659.2	684.8	695.4	716.2	735.3
工业废水排放量	194.2	243.1	241.7	230.9	221.6	209.8	205.3	199.5
城镇生活污水排放量	220.9	281.4	330.0	427.9	462.7	485.1	510.3	535.2
集中式废水排放量				0.4	0.5	0.5	0.6	0.6

资料来源：根据相关年份《全国环境统计公报》整理。

此外，需要注意的是，在工业企业排放导致的农村污染中，乡镇企业污染对农村环境危害很大。1997 年公布的《全国乡镇企业工业污染调查公报》显示，乡镇企业污染占整个工业污染的比例已由 20 世纪 80 年代的11% 增加到 1995 年的 45%，一些主要污染物的排放量已接近或超过工业企业污染物排放总量的 50% 以上（王庆霞等，2012）。特别是小造纸厂对农村水域的污染已经成为农村环境恶化的主要元凶之一。再如，1995 年《中国环境状况公报》指出，"随着乡镇工业的迅猛发展，环境污染呈现由城市向农村急剧蔓延的趋势……乡镇工业的污染物排放量呈快速增长的趋势，加剧了生态环境的破坏"。

其二，来自城镇生活的污水污泥。除了农村自身的工业、生产、生活污水之外，城市中大量污染物也会通过各种方式排放到农村地区。表 5 - 3显示，2000 年以来，城镇生活污水呈现出逐年上升趋势，从 220.9 亿吨增加到 2015 年的 535.2 亿吨，增长了 1.4 倍。据国务院办公厅 2012 年印发的《"十二五"全国城镇污水处理及再生利用设施建设规划》，2010 年城镇污水处理率，设市城市为 77.5%，县城为 60.1%，而建制镇则少于 20%，2010 年污泥无害化处置率低于 25%。据 2016 年 12 月公布的《"十三五"全国城镇污水处理及再生利用设施建设规划》，截至 2015 年，全国城镇污

---

① 金煜．我国村庄污水处理率仅 8%．（2014 - 06 - 20）［2019 - 07 - 22］．http：//www.bjnews.com.cn/news/2014/06/20/321797.html.

水处理能力已达到 2.17 亿立方米/日，城市污水处理率达到 92%，县城污水处理率达到 85%。但同时也存在如下问题：污水处理设施建设仍然存在着区域分布不均衡，配套管网建设滞后，建制镇设施明显不足，老旧管网渗漏严重，设施提标改造需求迫切，部分污泥处置存在二次污染隐患，再生水利用率不高，重建设轻管理等，城镇污水处理的成效与群众对水环境改善的期待还存在差距。

2010 年全国城市、县城、建制镇污泥无害化处置率均低于 25%，2015 年城市污泥无害化处置率有所提升，达到 53%，县城污泥无害化处置率未完成"十二五"规划，仅为 24.3%。据中国水网《中国污泥处理处置市场分析报告（2011 版）》统计，"污水处理厂每处理一万吨污水就会产生 5～10 吨污泥，中国每天都会产生 17.5 万吨湿污泥，截至 2010 年，中国年产湿污泥达到了 6 387.5 万吨"（谢丹，2012）。这些污泥并没有得到妥善处置，90% 的污泥流出厂后被随意弃置（谢丹，2012）。而那些未经处理的污水和污泥大都流向了农村地区，对农村水体造成了巨大的危害。比如，"2011 年底，广东佛山市高明区荷城街道杜江寨村发生的印染污泥案。5 名犯罪嫌疑人将超过 6 万吨的印染污泥拉到该村直接倾倒。这也导致污泥堆放场污水与附近地表水氨氮含量指标，总氮、总磷等各项指标严重超标。而附近水和污泥的样品中更检出重金属铅、汞、铜、镍、锌超标"（吕明合，2012）。

（二）农村水污染的危害

1. 水污染严重危害村民的身体健康

研究表明，特有的癌症高发病率与有机水的污染具有相关性（Lu et al., 2008）。在《凤凰周刊》刊发的《内地近百"癌症村"或被牺牲》一文中，作者援引医学研究的数据指出，目前已知 80% 的癌症发病与环境有关，尤其与环境中的化学物质有关，而水则是致命的中枢（邓飞，2009）。同年，孙月飞（2009）对近年来各大媒体的公开报道进行了统计，指出目前内地共计有 247 个癌症村，覆盖全国 27 个省区市。2013 年 1 月，环保部出台了《化学品环境风险防控"十二五"规划》，规划明确指出，"近年来，我国一些河流、湖泊、近海水域及野生动物和人体中已检测出多种化学物质，局部地区持久性有机污染物和内分泌干扰物质浓度高于国际水平，有毒有害化学物质造成多起急性水、大气突发环境事件，多个地方出现饮用水危机，个别地区甚至出现'癌症村'等严重的健康和社会问题"。

常年不合理的污水灌溉会造成农田严重的有机污染、酸碱盐污染和重金属污染，降低土壤和作物生产力或质量。土壤受到污染后，进而污染农作物，通过食物链进入人体内累积衍生多种慢性疾病，如"痛痛病"。污水灌溉还会导致地下水或河水污染，通过食用生活饮用水或水产品，也可导致人体疾病，如日本的"水俣病"。[①]

2. 水污染对于农村生态影响严重

水体污染导致中国很多河流生态系统受到了极大的损害。比如，研究表明，在长江中的大型动物白鳍豚数量自从 20 世纪 50 年代就开始减少，80 年代估计有 400 条，2006 年经过国际科学家团队两个月的探寻，未能发现白鳍豚活动证据，估计已经濒临灭绝。而水污染是导致白鳍豚濒临灭绝的主要原因之一。[②]

在农村地区，随着农村工业化的发展，很多村庄已经失去了 20 世纪 80 年代之初山清水秀的景象，其河流、池塘等水系的生态环境已经受到了较大的破坏。在日常生活中，也不乏这样的证据。比如，在《南方周末》的一篇报道中，一位 1987 年到过兰江的兰溪市环保局某副局长这样描述兰江的变化：最初它尚能清澈见底，后来"先出现了底泥，然后是水草，最后就没人（指水草能高过人）了"（吕明合，2014）。

3. 水污染导致巨大的经济损失

对于水污染造成的经济损失，有不同的估算模型。综合不同学者的研究结论，大体可以看出中国水污染经济损失的严重性。有学者估算 1998 年水污染造成的经济损失总量高达 2 475 亿元，占全年 GDP 总量的 3.1%（李锦绣等，2003）。有学者估算 2000 年我国水污染经济损失为 2 323.07 亿元，占全国 GDP 的 2.39%（张增强，2005）。由国家环保总局和国家统计局联合发布的《中国绿色国民经济核算研究报告 2004》是政府权威报告。

① 水灌溉重金属污染严重 农业生产禁止使用污水．（2013-02-05）［2019-07-22］．http：//news. sina. com. cn/green/news/roll/2013-02-05/153726212047. shtml.
② US National Oceanographic and Atmospheric Administration：Chinese River Dolphin.（2012-02-17）［2019-07-22］. http：//www. nmfs. noaa. gov/pr/species/mammals/cetaceans/chineseriverdolphin. htm.

该报告指出，2004 年全国因环境污染造成的经济损失为 5 118 亿元，占当年 GDP 的 3.05％。其中，水污染的环境成本为 2 862.8 亿元，占总成本的 55.9％（步雪琳，2006）。无论是学者的研究还是政府的权威报告，水污染导致的经济损失都非常巨大。

4. 水污染间接影响了社会稳定

1993 年，群体性事件大致发生了 0.87 万起，2005 年达到 8.7 万起，2006 年超过 9 万起（金太军、赵军峰，2011）。而在这些群体性事件中，因环境问题引发的群体性事件约占 20％。环保部门统计也显示，环境类群体性事件正在以年 29％的速度增长（童志锋，2013）。而水污染则是引发农村环境群体性事件的主要原因（童志锋，2008）。

二、农村水污染治理的政策演变

从对农村水污染的源头分析可以发现，农村水污染治理是一个综合工程，既有外生性污染也有内生性污染，既包括了点源污染也包括了面源污染。由于农村环境污染长期没能得到重视，专门针对农村污染，尤其是农村水污染的政策法规相对较少，很多也是散见于综合型环境法律法规之中（见表 5-4）。以《中华人民共和国水污染防治法》的出台与修订为线索，中国的水环境政策大体可以区分为如下几个阶段。

表 5-4　　　　中国（农村）水环境相关法律法规政策

	名称	施行时间
法律	《中华人民共和国环境保护法》	1989 年/2015 年
	《中华人民共和国水污染防治法》	2008 年/2018 年
	《中华人民共和国水法》	1988 年/2002 年/2009 年/2016 年
	《中华人民共和国环境影响评价法》	2003 年/2016 年/2018 年
	《中华人民共和国清洁生产促进法》	2003 年/2012 年
	《中华人民共和国农业法》	1993 年/2003 年/2013 年
	《中华人民共和国固体废物污染环境防治法》	1996 年/2016 年
	《中华人民共和国循环经济促进法》	2009 年/2018 年
	《中华人民共和国水土保持法》	1991 年/2011 年
	《中华人民共和国土壤污染防治法》	2019 年

续前表

	名称	施行时间
行政法规	《中华人民共和国水土保持法实施条例》	1993 年/2011 年
	《农药管理条例》	1997 年/2001 年/2017 年
	《国家突发环境事件应急预案》	2014 年
	《规划环境影响评价条例》	2009 年
	《水污染防治行动计划》	2015 年
部门规章	《饮用水水源保护区污染防治管理规定》	1989 年/2010 年
	《畜禽养殖污染防治管理办法》	2001 年
	《渔业水域污染事故调查处理程序规定》	1997 年
	《环境信访办法》	2006 年
	《中央农村环境保护专项资金环境综合整治项目管理暂行办法》	2009 年
	《环保举报热线工作管理办法》	2011 年
	《突发环境事件信息报告办法》	2011 年
	《环境保护公众参与办法》	2015 年
	《排污许可证管理暂行规定》	2016 年
	《环境影响评价公众参与办法》	2019 年

资料来源：笔者自行进行整理。

（一）20 世纪 90 年代中期之前，重点关注城市水污染治理，农村水污染及其防治政策被忽视

1973 年，国务院环境保护领导小组办公室成立。同年，第一次全国环境保护会议召开。这个时期，工业水污染的严重性开始受到重视，并开始加强工业废水污染控制，同时对渤海、黄海以及白洋淀等工业水污染问题进行重点治理。在政策层面上，1979 年《中华人民共和国环境保护法（试行）》实施，专列一章讲"防治污染和其他公害"，主要针对当时较为严重的工矿企业、城镇生活污染，未提及农村污染。其中第二十条涉及水环境保护，"禁止向一切水域倾倒垃圾、废渣。排放污水必须符合国家规定的标准。……严禁使用渗坑、裂隙、溶洞或稀释办法排放有毒有害废水，防止工业污水渗漏，确保地下水不受污染。严格保护饮用水源，逐步完善城市排污管网和污水净化设施"。该条文也主要是针对工业污水、垃圾和城市污水净化。

1984 年，我国颁布实施《中华人民共和国水污染防治法》。其中对污水灌溉和农药使用作了原则性的规定，比如第二十九条"向农田灌溉渠道排放工业废水和城市污水，应当保证其下游最近的灌溉取水点的水质符合农田灌溉水质标准。利用工业废水和城市污水进行灌溉，应当防止污染土壤、地下水和农产品"。第三十条指出，"使用农药，应当符合国家有关农药安全使用的规定和标准"。而在1989年实施的《中华人民共和国环境保护法》中，仅仅在第二十条中指出，"各级人民政府应当加强对农业环境的保护……合理使用化肥、农药及植物生长激素"。全文中没有出现农村污染等词语。再如，1989年实施的《饮用水水源保护区污染防治管理规定》针对饮用水地表水源各级保护区及准保护区内设置了一些禁止性规定，第十一条规定"禁止使用剧毒和高残留农药，不得滥用化肥，不得使用炸药、毒品捕杀鱼类"。

总体而言，20世纪90年代中期之前，我国在农村环境保护方面的意识比较薄弱。有关农村环境保护的政策法规散见于综合型环境法律法规中，并没有把包括农村水环境保护在内的农村环境保护作为一个专门的议题列出来，国家的重心还主要是工业污染防治和城镇污染治理。从法律条文的禁止性规定中也可以看出，当时农药、化肥的滥用较为普遍。

（二）20世纪90年代中期之后，开始重视农村环境治理，相关专业化防治政策开始出台

1995年《中国环境状况公报》首次单列了农村的环境状况并明确指出："随着乡镇工业的迅猛发展，环境污染呈现由城市向农村急剧蔓延的趋势……乡镇工业的污染物排放量呈快速增长的趋势，加剧了生态环境的破坏。"这一阶段，农村水环境保护政策方面比之前有了较大的进展。首先，"农村污染""农业污染源"等词语开始出现在相关法律法规中。其次，对于农村生产污染、生活污染日益重视。比如，国家专门出台了对农村水体污染较为严重的农药滥用、畜禽养殖业进行规范的法规。具体而言，这一阶段的农村水环境保护政策取得了如下进展。

1. 对公众参与进行规范

1996年修正的《中华人民共和国水污染防治法》中，专门增加了如下条文："环境影响报告书中，应当有该建设项目所在地单位和居民的意见。"2003年实施的《中华人民共和国环境影响评价法》中对此进一步强化，比

如该法第五条规定，"国家鼓励有关单位、专家和公众以适当方式参与环境影响评价"。第二十一条规定，"除国家规定需要保密的情形外，对环境可能造成重大影响、应当编制环境影响报告书的建设项目，建设单位应当在报批建设项目环境影响报告书前，举行论证会、听证会，或者采取其他形式，征求有关单位、专家和公众的意见。建设单位报批的环境影响报告书应当附具对有关单位、专家和公众的意见采纳或者不采纳的说明"。2006年实施的《环境影响评价公众参与暂行办法》对公众参与的一般要求和组织形式作了非常详尽的规定。该办法也是部委层次首个公众参与暂行办法。《环境影响评价公众参与暂行办法》也成为农民面对农村水环境污染的一种干预方式，尤其是对于农村周边可能影响农村环境的建设项目，公众参与客观上具有一定的震慑作用。

2. 提升无水污染防治措施的小企业门槛

1996 年《中华人民共和国水污染防治法》第二十三条规定，"国家禁止新建无水污染防治措施的小型化学制纸浆、印染、染料、制革、电镀、炼油、农药以及其他严重污染水环境的企业"。从政策执行情况看，据《国家环境保护"十五"计划》，"九五"（1996—2000 年）期间，国家共取缔、关停了 8.4 万多家污染严重又没有治理前景的"十五小"企业，淘汰了一批技术落后、浪费资源、质量低劣、污染环境和不符合安全生产条件的小煤矿、小钢铁、小水泥、小玻璃、小炼油、小火电等，对高硫煤实行限产，有效地削减了污染物排放总量。

3. 合理施用化肥和农药

1996 年《中华人民共和国水污染防治法》第三十九条规定："县级以上地方人民政府的农业管理部门和其他有关部门，应当采取措施，指导农业生产者科学、合理地施用化肥和农药，控制化肥和农药的过量使用，防止造成水污染。"而在 1993 年实施，2002 年修订的《中华人民共和国农业法》第五十八条中也有相似的条文，"农民和农业生产经营组织应当保养耕地，合理使用化肥、农药、农用薄膜，增加使用有机肥料，采用先进技术，保护和提高地力，防止农用地的污染、破坏和地力衰退"。2003 年实施的《中华人民共和国清洁生产促进法》同样倡导农业生产者"应当科学地使用化肥、农药、农用薄膜和饲料添加剂，改进种植和养殖技术，实现农产品的优质、无害和农业生产废物的资源化，防止农业环境污染"。2001 年实施的《农药管理条例》则对农药的登记、生产、经营和使用等方面进行了较为详细的规定。

4. 对畜禽养殖等进行规范

畜禽养殖是农村水体环境污染中最为重要的污染源之一，2001 年实施的《畜禽养殖污染防治管理办法》专门对此进行了规范。

《中华人民共和国农业法》第六十五条明确指出，"农产品采收后的秸秆及其他剩余物质应当综合利用，妥善处理，防止造成环境污染和生态破坏。从事畜禽等动物规模养殖的单位和个人应当对粪便、废水及其他废弃物进行无害化处理或者综合利用，从事水产养殖的单位和个人应当合理投饵、施肥、使用药物，防止造成环境污染和生态破坏"。

综合而言，20 世纪 90 年代中期之后，国家对农村环境问题的严重性有了较为清晰的认识，对于包括水环境保护在内的农村环境保护日益重视，根据现实发展，也出台了一系列的法律法规。以下两个方面尤其值得重视：一是在公众参与政策法规上，环境保护部门走在全国前列，也为农村水环境保护创造了条件。二是开始出台一些针对农村现实情况的专门性政策法规，比如 2001 年实施的《农药管理条例》《畜禽养殖污染防治管理办法》等。这些对农村水环境改善具有重要的影响。

（三）2011 年前后，强化并完善对于农村水环境治理的制度设置

2008 年，《中华人民共和国水污染防治法》修订，将强化地方政府责任、加强饮用水水源地保护、加大环境违法的处罚力度（包括对企业高管的处罚）等放到突出重要的地位。

新修订的《中华人民共和国水污染防治法》在总则中加入了目标责任和考核评价制度、水环境生态补偿制度这两项重要制度，其与排放标准和总量控制制度构成了总则中的三大制度设置。比如，关于水环境生态补偿制度，法律明确规定"国家通过财政转移支付等方式，建立健全对位于饮用水水源保护区区域和江河、湖泊、水库上游地区的水环境生态保护补偿机制"。

此外，在分则中也对一些较为重要的制度做出了进一步完善和强化。第一，完善排污收费制度，修改前的法律设定了"征收超标排污费"，这次修改废除了这项制度，使收费制度相对科学。第二，细化了总量控制制度，

实现了由对重点水体的总量控制到全面推行总量控制的转变。第三，强化了水污染应急制度，设立专章予以规定。第四，完善了监测制度，明确规定"国家建立水环境质量监测和水污染物排放监测制度"，明确建立统一的水污染环境状况信息发布制度等。第五，完善了规划制度，细化了水污染防治规划的编制和审批程序，明确了防治水污染应当按流域或者按区域统一规划。第六，完善饮用水水源保护区管理制度。这些制度设置对于农村水环境保护具有指导性。而在具体层面上，这一阶段政策设置有如下推进。

1. 支持农村农作物秸秆、畜禽粪便等的综合利用

2008 年发布的《中华人民共和国循环经济促进法》规定，"国家鼓励和支持农业生产者和相关企业采用先进或者适用技术，对农作物秸秆、畜禽粪便、农产品加工业副产品、废农用薄膜等进行综合利用，开发利用沼气等生物质能源"。2017 年《政府工作报告》提出要加快秸秆综合利用，到 2020 年秸秆综合利用率要达到 85%，比 2015 年增加近 5 个百分点。2017 年 12 月，国家发展改革委办公厅、农业部办公厅、国家能源局综合司联合印发《关于开展秸秆气化清洁能源利用工程建设的指导意见》，进一步细化了秸秆气化清洁能源利用的重点任务和保障措施。

2. 尝试使用激励型的环境政策设置

在农村生活垃圾处理方面，2008 年国务院召开的全国农村环境保护工作电视电话会议提出"以奖促治，以奖代补"的方式推行农村环境综合整治。2009 年的《关于实行"以奖促治"加快解决突出的农村环境问题的实施方案》明确规定"对按时完成治理目标、考核情况较好的地区，优先安排'以奖促治'资金；对未按时完成治理目标，考核情况较差的地区，将通报批评并取消申报资格、停止资金安排或追缴已拨付资金"。"以奖促治"政策出台后，各地建成了一大批生活污水、垃圾处理设施等农村环境基础设施，农村环境面貌得到了改善。但是，部分设施建成后，存在责任主体不明确、运行维护资金不落实、管护人员不足、规章制度不健全等问题。为确保设施长期稳定运行，解决农村突出环境问题，2015 年环保部和财政部共同印发了《关于加强"以奖促治"农村环境基础设施运行管理的意见》。

3. 对农村环境治理的专项财政支持

长期以来，环境治理资金向城市倾斜，农村在环境治理过程中受到了资金约制。2009 年环保部和财政部明确出台了《中央农村环境保护专项资

金环境综合整治项目管理暂行办法》，从项目的申报审批、组织实施、考核验收和监督检查方面进行了规定。通过中央财政专项支持撬动地方财政支持，有助于推进农村环境治理。2017—2018 年，财政部根据《住房城乡建设部等部门关于公布 2017 年列入中央财政支持范围和 2018 年拟列入中央财政支持范围中国传统村落名单的通知》，按照每村 300 万元左右标准，对 1 044 个村下发了农村环境整治资金，用于支持传统村落保护。

4. 农业生产禁止使用污水污泥

2013 年 1 月 23 日，国务院办公厅《关于印发近期土壤环境保护和综合治理工作安排的通知》发布，该通知要求农业生产将禁止使用污水、污泥。2019 年 1 月 1 日正式实施的《中华人民共和国土壤污染防治法》第二十八条也规定"禁止向农用地排放重金属或者其他有毒有害物质含量超标的污水、污泥，以及可能造成土壤污染的清淤底泥、尾矿、矿渣等"。

5. 区域规划环评与公众参与

2009 年环保部发布的《关于学习贯彻〈规划环境影响评价条例〉加强规划环境影响评价工作的通知》提出要"切实加强区域、流域、海域规划环评，把区域、流域、海域生态系统的整体性、长期性环境影响作为评价的关键点"，"充分考虑规划及规划环评的特点，对于政策性、宏观性较强的规划，应更加关注规划涉及的有关部门、专家等专业意见；对于内容较为具体的开发建设规划，还应关注直接环境利益相关群体的意见。公众意见采纳情况及其相关理由的说明应作为审查意见的重要内容"。2015 年 9 月 1 日实施的《环境保护公众参与办法》、2019 年 1 月 1 日实施的《环境影响评价公众参与办法》等法规都明确鼓励公众参与，以保障公众环境保护知情权、参与权、表达权和监督权。

6. 农村水环境政策的细化

十八届三中全会后，环保部首批发布了《农村生活污水处理项目建设与投资指南》《农村生活垃圾分类、收运和处理项目建设与投资指南》《农村饮用水水源地环境保护项目建设与投资指南》《农村小型畜禽养殖污染防治项目建设与投资指南》等四项指导性文件，涉及农村生活污水、生活垃圾、小型畜禽养殖业等农村重要污染源。这些政策具有很强的针对性和可操作性，同时也起到了引导农村水务市场发展的作用。

综合而言，我国近些年在农村水环境治理政策方面开始探索一些更为详细合适的制度设置，比如生态补偿制度，政策设计也更为细化。同时，农村水环境治理也受到了中央财政专项的支持。此外，面对新出现的农村水污染问题比如污泥污染等，也有了一些制度设置。

三、农村水污染治理的政策优化

经过 40 多年的发展，中国政府出台了不少水污染治理的政策，也在农村水污染治理方面取得了一定的成就。尤其是在近些年来，中国政府对于农村环境问题日益关注，对于农村水污染问题的认识也更为清晰。比如，根据 2000 年和 2012 年《中国环境状况公报》公布的数据，农村生态建设示范项目数量已经从 2000 年的 158 个增加到 2012 年的 3 229 个。

但是，恰如有些学者评价，"中国的环境政策被广泛认为在城市取得了相对成功，而在农村污染治理上则相对落后"（Wang *et al*.，2008）。那么，中国农村水污染防治的症结是什么？我们又该如何优化治理政策呢？

（一）农村水污染治理存在的问题

农村水污染是一个综合性问题，既与外生性的工业污染治理相关也与内生性的农业农村生产生活相关，既与目前农村环境法律法规缺乏有关也与现有环境法律法规执行不力有关。同时，农村环境保护力量的薄弱、环境保护体制的缺陷也会影响农村水污染治理。当然，目前最为直接与迫切的问题主要涉及下面几个方面。

1. 工业和城市污染向农村转移形势严峻

2010 年《中国环境状况公报》指出，"农村工矿污染凸显，城市污染向农村转移有加速趋势"。2011 年《中国环境状况公报》明确指出，"随着农业产业化、城乡一体化进程的不断加快，我国农村和农业污染物排放量不断加大，农村环境形势日趋严峻，突出表现为部分地区农村生活污染加剧，畜禽养殖污染严重，工业和城市污染向农村转移"。回溯 2006 年至 2010 年的《中国环境状况公报》，城市污染向农村转移已经持续成为关注重点。由于城市污染向农村转移问题的严重性，2017 年国务院出台的首个《全国国土规划纲要（2016—2030 年）》明确提出，"严格工业项目环境准入，防止城市和工业污染向农村转移"。

以广东省为例，当广州市和深圳市企业经营成本不断上升的时候，两地一些工厂就向临近地区转移。近年来，经济相对落后的广东省东西两翼和粤北山区，不断承接来自珠三角地区的污染项目，局部地区的生态恶化趋势越来越严重。在广东各大中城市，国家明令停业的 15 类严重污染的小企业已逐渐绝迹，不少厂商却把它们搬到了偏远山区（李扬，2006）。再如，2011 年 8 月，云南曲靖市的不法商人为了节省运输费用，把承运的 5 222.38 吨铬渣非法倾倒在多处难以被发现的山丘上。① 诸如此类的事件并非在各地均有出现，比如 2011 年杭州新安江苯酚污染，2012 年广西龙江镉污染、江苏镇江水源苯酚污染等事件。

2. 在农村水环境污染治理投入方面，重城市、轻农村

近些年来，我国在污染治理方面投入了大量的资金。如表 5 - 5 所示，2001 年虽为近年来最低，但也占当年 GDP 的 1.15%（1 106.6 亿元），而 2010 年高达 6 654.2 亿元，占 GDP 比重为 1.67%。但是从数据结构上分析，这些资金主要用在城市环境保护上。自 2001 年以来，除 2007 年外，城市环境基础设施建设投资额占环境污染治理投资总额的比例一直高于 50%，2010 年更是高达 4 224.2 亿元，占 63.5%。2008 年，中央财政开始设立农村环境保护专项资金，截至 2013 年，历年分别投入 5 亿元、10 亿元、25 亿元、40 亿元、55 亿元、60 亿元。有学者评论，"这对占国土面积近 70% 的农村地区来说是杯水车薪"（金书秦，2013）。此外，"绝大多数县（市）农村环保投入均为空白。如全国仅有 6% 的村庄有垃圾清理资金。与工业企业相比，农村从财政渠道得到的污染治理和环境管理能力建设资金也非常有限，如难以申请到用于专项治理的排污费"（席北斗，2010）。

表5-5				全国环境污染治理投资额				单位：亿元
	2001	2005	2007	2010	2011	2012	2013	2014	2015
污染治理项目投资总额	1 106.6	2 388.0	3 387.6	6 654.2	6 026.2	8 253.6	9 037.2	9 575.5	8 806.3
工业污染治理项目投资额	174.5	458.2	552.4	397.0	444.4	500.5	849.7	997.7	773.7

① 各地水源污染事件今年频发 农村成监管灰色地带 . (2012 - 02 - 23) [2019 - 07 - 22]. http://news. xinhuanet. com/society/2012 - 02/23/c _ 122741395. htm.

续前表

	2001	2005	2007	2010	2011	2012	2013	2014	2015
"三同时"项目环保工程投资额	336.4	640.1	1 367.4	2 033.0	2 112.4	2 690.4	2 964.5	3 113.9	3 085.8
城市环境基础设施建设投资额	595.7	1 289.7	1 467.8	4 224.2	3 469.4	5 062.7	5 223.0	5 463.9	4 946.8
城市环境基础设施建设投资额占总投资额比例（%）	53.8	54.0	43.3	63.5	57.6	61.3	57.8	57.1	56.2
环境污染治理投资额占当年 GDP 比例（%）	1.15	1.31	1.36	1.67	1.27	1.59	1.59	1.51	1.30

资料来源：根据相关年份《全国环境统计公报》整理。

3. 农村水环境防治领域仍然存在政策空白

在农业生产污染防治中，目前已经出台了防治畜禽养殖污染的部门规章，但是有关化肥、农膜、污泥等的防治还没有具体的专门制度。即便是已经出台的《畜禽养殖污染防治管理办法》，也主要是针对规模化养殖场和养殖小区建立标准和规范，进行规划和引导，对于散户养殖尚不能进行良好的规范和引导。又如在农药包装废弃物的回收方面，2013 年 1 月国务院办公厅印发的《近期土壤环境保护和综合治理工作安排》虽然提出要"建立农药包装容器等废弃物回收制度"，但是缺乏一系列配套性制度设置以及相应资金激励与支持，这一制度形同虚设。

在化肥和农药的过度使用方面，1996 年《中华人民共和国水污染防治法》就明确提出要"控制化肥和农药的过量使用"，2008 年修订和 2017 年修正的《中华人民共和国水污染防治法》又对此进一步重申。但是，时至今日，化肥和农药过量使用问题依然严峻。换言之，很多的制度设置或者环境法条缺乏具体的实施措施和推进办法，严重影响了法规的效果。

（二）农村水污染政策的优化

2010 年环境保护部第一次全国污染源普查显示，农业源主要污染物如化学需氧量、总氮和总磷分别占总排放的 43%、57% 和 67%，农村地区已经成为中国水环境污染的重灾区。

由于中国环境问题的复杂效应、城乡区域发展不平衡、环境衰退逼近环境容量极限、环境治理的制度与体制相对失灵等复合型问题同时出现，媒体与公众感知的环境问题日益严重（洪大用，2013）。而中国农村环境问题，特别是水环境问题未来依旧严峻。

十八大以来，中共中央把生态文明建设提到了前所未有的高度。国务院已经责成环保部牵头拟定的三项污染防治行动计划中，《清洁水行动计划》《农村生态环境保护行动计划》都涉及了水污染治理。中央对于农村水环境问题有所重视，但是这些还不够，在政策方面我们还需要不断优化。

1. 加大农村环境治理投入，强化农村环境政策支持

与城市环境治理相比，农村地区环境治理的投入尚显不足。2011 年，国家宣布了一项五年期 3 800 亿元的投资计划，以改进城市污水处理设施，并在全国建设大约 14 000 个监测站点以便持续监测水质。但是，对于农村水污染治理，中央尚未有此"大手笔"投入，支持力度明显不足。根据 2009 年实施的《中央农村环境保护专项资金管理暂行办法》，该专项资金重点支持农村饮用水水源地保护、农村生活污水和垃圾处理、畜禽养殖污染治理、历史遗留的农村工矿污染治理、农业面源污染和土壤污染防治以及其他与村庄环境质量改善密切相关的环境综合整治措施。2009 年至 2013 年，中央农村环境保护专项累计投入也不过 260 亿元。

2. 在农村水环境保护中，尤其要强化激励型环境政策

命令控制型、经济激励型和劝说鼓励型是环境政策的三种主要手段，管制程度依次下降（宋国君，2008：29）。命令控制型政策手段特点是确定性强，要求管理对象明确，其政策体系已经相对完善，并在工业污染防治中发挥了较大作用，但是实施成本较高，在农业农村环境保护领域适用范围较有限，仅适用于影响较大、需严格控制的问题，如规定禁用存在安全问题的农药（乐小芳等，2003）。

就发达国家的实践经验而言，"农业面源污染治理通常采取经济刺激型的预防类手段。如美国的环境质量激励项目通过向生产者提供资金和技术支持，促使生产者提高农产品产量的同时也促进环境质量改善。欧盟很多国家采取环境税费的方式，限制农民化肥和农药的使用量，减少农业行为

对水体的污染"（韩冬梅、金书秦，2013）。

在我们国家，从为数不多的专门性涉及农村水环境防治政策来看，命令控制型环境政策仍然占据主导地位。激励型的环境政策还处于探索和试点过程中，比如2009年出台的《关于实行"以奖促治"加快解决突出的农村环境问题的实施方案》就属于典型的激励型环境政策。基于农村环境污染的特点，在制度设置方面，政策部门要在如何激励农村村民、周边企业等参与水环境保护方面做文章。比如，化肥编织袋、农药容器随意丢弃，对农村水环境危害巨大。一些垃圾回收站并不愿意收这些高毒垃圾，可以考虑采取政府补贴垃圾回收站经费的方式，促进农民收集，垃圾回收站代为回收，国家定点处理。

3. 对于农村外生性污染，强化政策创新与执行

农村水环境外生性污染主要是工业企业污染和城镇生活污水污染。治理这些污染，一是要落实已经颁布的相关环境法律法规。长期以来，国家在工业企业污染和城镇生活污水治理方面投入了巨资，并且有大量的配套性政策对其进行规制，但是，工业污染与城镇生活污染问题仍然层出不穷，原因之一是对法律法规的执行不够严格。这破坏了法律法规的严肃性，也直接影响了农村水环境治理效果。二是创新目前的环境治理制度与机制。2017年修正的《中华人民共和国水污染防治法》中起码涉及十多项制度设置，比如目标责任和考核评价制度、水环境生态补偿制度、总量控制制度、标准制度、规划制度、环评制度、排污收费和许可制度、保护区制度、限期治理制度、监测制度、检查制度和落后工艺设备淘汰制度等。这些制度设置在具体实践过程中仍然需要不断改进，使得其适合地方实践发展。比如，应当借鉴国外完善的排污权制度，实施全面的排污许可证制度，在全国范围内禁止企业无证或违反许可证规定直接或间接向水体排放污染物。具体到一些环境治理机制，同样也要不断推陈出新。比如垃圾处理长效管理机制，可以深入探索"组保洁、村收集、镇转运、县处置"的生活垃圾处理模式。

4. 对于农村内生性污染，重在构建家园意识，完善环境参与机制

针对农村内生性水污染，一是要从文化共同体视角入手，激发村民的家园意识，自发保护村庄。环境政策自身无法解决激发家园意识的问题，需要借助社区政策共同推进，比如通过社区工作介入，重建村规民约，促

进社区居民自我认同、家园认同，形成主动环保意识。二是要完善社会参与机制。散落在村落周边的畜禽养殖场等是农村水体污染的源头之一。一方面，政府要严格执行水环境标准，对于那些未能达到排污标准的企业坚决整改乃至取缔。另一方面，政府要鼓励村民参与监督村庄周边的企业，形成对污染企业的制衡。

当然，农村水污染的政策完善是一个综合性工程。农村水污染治理的成效既与水污染防治政策有关，也与整体环境管理体制机制密切相关。比如，在环境管理方面，如何解决地方环保部门相对弱势、独立性差，地方政府保增长而牺牲环境保护的问题，尤其是从政策视角进行解决，同样是我们无法回避的问题。因此，推进农村基层环保管理体制改革，同样重要。当政府、社会、市场能在农村水污染治理上形成合力时，农村水环境治理将取得更好的成绩。

第 6 章　农村生态破坏与保护

　　农村环境问题更为直接的表现是生态破坏，本章聚焦农村生态破坏的发展与生态保护实践。根据《环境保护辞典》的解释，生态破坏（ecological destruction）是指由于自然或人为的因素，生态系统发生某些变化，失去原有的平衡状态，从而形成破坏性的生态波动或恶性循环（朱洪法，2009：88）。在本章中，生态破坏指向的是人为因素导致的后果。所谓人为因素导致的生态破坏，是指人类活动直接作用于生态系统，导致生态系统的生产能力显著减少、结构显著变化而引起的生态环境问题，如植被破坏引起水土流失，过度放牧引起草原退化，滥采滥捕导致珍稀物种灭绝等（朱洪法，2009：88）。

一、农村生态破坏的趋势与特征

"生态破坏"与"环境污染"既有关联，也有区别。所谓环境污染（environmental pollution），是指人类在工农业生产和生活消费过程中向生态环境排放超过生态环境消纳能力的有害物质或有害因子，导致生态系统的结构与功能发生变化而引起的生态环境问题，如大气污染、水土污染、噪声污染、固体废物污染等（朱洪法，2009：179）。虽然环境污染与生态破坏都主要是由人类活动引起的次生环境问题，但两者是有所区别的。首先，两者的诱因不同。一般认为，环境污染主要是快速的城市化和工农业高速发展所引起的，而生态破坏则主要是人类不合理地开发利用自然资源所引起的（洪大用，2002）。其次，两者的等级不同。环境污染的等级低于生态破坏的等级。一般来说，在生态环境消纳能力之内的环境污染不容易造成生态破坏，只有环境污染严重到超过生态环境自净能力时才会造成某种程度的生态波动和生态破坏。

一般而言，在城市地区，由于交通、工业活动和人类聚居地的过分密集，污染物相对比较集中，生态环境问题主要表现为环境污染，如大气污染、水污染、噪声污染等；在农村地区，因为人们利用自然资源的方式不当或强度过大，生态环境问题主要表现为生态破坏，如水土流失、荒漠化、土壤盐碱化、森林减少、水资源减少等（贾振邦，2008：11）。中华人民共和国成立以来，我国农村地区的生态环境问题包括水土流失严重、土地荒漠化和沙化面积较大、淡水生态问题突出三个主要的方面。改革开放之后，星罗棋布的乡镇工业企业、持续不断的城市污染转移、化肥农药的大量使用，正在快速污染着农村的生态环境（李小云等，2005：5-6）。

（一）农村生态破坏形势比较严峻

农村生态破坏问题可以说由来已久，局部地区在传统的农业时代就已经很突出。1949—1957年，一些工业企业特别是火电厂沿江河布局和建设，它们基本上没有处置"三废"的技术措施，把江河直接当作排污的下水道，对农村生态环境造成了一定的污染和破坏（曲格平，1988）。1958—1965年，由于大炼钢铁，大搞群众运动，任意布点小钢铁，"小土群"在农村遍地开花，许多地方出现了烟雾弥漫、污水横流、渣滓遍地、矿产资源被滥挖滥采的现象，导致农村出现了一系列生态破坏严重后果（周学志等，1996：128）。1966—1976 年，由于在农业生产中片面地强调"以粮为纲"，以牺牲林业、牧业、渔业的做法为代价来发展粮食生产，从而使毁林、毁牧、围湖造田、搞人造梯田等现象与日俱增，农业生产生态系统遭到严重破坏，导致农村生态环境出现恶性循环，污染公害事故频繁发生（周学志等，1996：128）。改革开放以来，我国处于社会转型加速期，这一社会转型样态凸显和加剧了我国的生态环境问题（洪大用，2001：85），包括农村地区的生态破坏问题。脱嵌式开发（即开发脱嵌于当地多元的文化、社会和生态）是改革开放以来农村生态环境问题产生的重要原因（耿言虎，2017）。有学者对造成生态系统退化的人为干扰进行了排序：过度开发（含直接破坏和环境污染等）占 35%，毁林占 30%，农业活动占 28%，过度收获薪柴占 6%，生物工业占 1%（张健强，2009：23）。

关于农村生态破坏形势是否比较严峻这一问题，前国家环保总局副局长祝光耀认为，1996 年至 2005 年的 10 年间，由于我国政府在大力发展经济的同时采取了一系列重大生态环境保护措施，整体而言，我国环境污染和生态破坏呈现出有所减缓的趋势。[①] 农村生态破坏的趋势虽有所减缓，但形势依然是比较严峻的。李克强担任国务院副总理时，曾在全国农村环境保护工作电视电话会议上的讲话中指出，我国的农村生态环境形势总体上仍然比较严峻，水土流失、土地荒漠化和沙化、生态功能退化等状况还在继续发展，一些地方乱采滥挖、毁林开荒等现象屡禁不止，继续破坏着农村的生态环境。[②] 学界一般也认为，在我国广大的农村地区，生态破坏形势是比较严峻的。农村生态破坏问题正在由局部地区扩展到更大的地区范围（傅伯杰等，2000；梁流涛，2009），突出表现在淡水资源紧缺、水土流失现象严重、土地荒漠化和沙化问题突出、土地破坏面积增大且呈现持续增长趋势等（崔莲香，2007）。

20 世纪 50 年代初，我国水土流失面积为 280 万平方千米，占国土总面

---

① 成刚 . 十年来中国环境污染和生态破坏加剧的趋势减缓 . (2006 - 06 - 05) [2019 - 07 - 22]. http：//www. china. com. cn/chinese/kuaixun/1230001. htm.

② 李克强副总理在全国农村环境保护工作电视电话会议上的讲话 . (2008 - 07 - 24) [2019 - 07 - 22]. http：//www. china. com. cn/tech/zhuanti/wyh/2008 - 08/13/content _ 16210275. htm.

积的 29.1%。① 根据水利部 2002 年公布的全国第二次水土流失遥感调查结果，20 世纪 90 年代末我国水土流失面积达 356 万平方千米，占国土面积的 37%。从这次遥感调查的结果来看，我国水土流失分布范围较广、类型较多、流失强度较大，不论是山区、丘陵区和风沙区还是农村和城市地区，都存在程度不同的水土流失问题。② 截至 2004 年，我国农耕地水土流失面积约 4 867 万公顷，占耕地面积的 38%。③ 根据 2015 年《中国荒漠化和沙化状况公报》，截至 2014 年，我国荒漠化土地面积 261.16 万平方千米，沙化土地面积 172.12 万平方千米，土地荒漠化和沙化形势总体上比较严峻。从公元前 3 世纪到 1949 年间，我国西北地区总共发生有记载的强沙尘暴 70 次，平均 31 年发生 1 次。而中华人民共和国成立以来的近 50 年中，该地区已发生强沙尘暴 71 次。虽然历史上的记载与现今的气象观测在标准上差异比较大，但是，证明现在的沙尘暴比过去要多很多则是没有问题的。④ 从淡水生态问题来看，相关资料显示，我国流经城市的河流 90% 已经受到严重污染，3 亿多的农民喝不上干净的、放心的水。⑤ 截至 2010 年底，我国农村饮水不安全人数达到 2.98 亿。⑥

（二）农村环境污染已经逐步发展为生态破坏

20 世纪以来，人类在工农业生产中有意无意地使大量污染物进入了生态环境，改变了生态系统的环境因素，进而影响了整个生态系统，由此造成的空气污染、水污染、土壤污染、固体废弃物污染等是导致生态破坏的重要原因（张健强，2009：22）。改革开放以来，我国的环境污染扩散趋势明显，已经从陆地扩展到近海海域，从地表水延伸到地下水域，从一般污染物扩展到有毒有害污染物，形成点源污染与面源污染共存、生活污染与

---

① 我国水土流失概况．（2005－07－19）［2019－07－22］．http：//scitech. people. cn/GB/25509/50262/50980/3553777. html.

② 水利部公布全国第二次水土流失遥感调查结果．（2002－04－03）［2019－07－22］．http：//www. h2o-china. com/news/8637. html.

③ 我国水土流失概况．（2005－07－19）［2019－07－22］．http：//scitech. people. cn/GB/25509/50262/50980/3553777. html.

④ 自然资源部．中国土地沙漠化概况．（2018－03－22）［2019－07－22］．http：//zrzy. wu-hai. gov. cn/zwgk/zzglrz/201811/t20181122_783431. html.

⑤ 李禾．战略环评：从源头解决环境问题．（2007－06－24）［2019－07－22］．http：//www. h2o-china. com/news/59136. html.

⑥ 参见国家发展改革委、水利部、卫生部、环境保护部的《全国农村饮水安全工程"十二五"规划》。

工业排放污染叠加、各种新旧污染与二次污染相互复合的态势，以及大气污染、水体污染、土壤污染相互作用的局面，对生态系统的威胁日益加重，生态破坏的范围在逐步扩大（贺珍怡等，2010：55）。

有学者把农村环境污染分为外源污染和内生污染两种类型。前者主要指的是城市地区转移到农村地区的工业所产生的污染以及乡镇工业所产生的污染，后者则是农民自己制造的污染类型（陈阿江，2007），内生污染主要是面源污染。近年来，越来越多的开发区、工业园区特别是化工园区在农村地区兴起，造成城镇工业废水、生活污水和垃圾向农村地区转移，严重影响了农村的生态环境（万本太，2007）。1995 年，全国乡镇工业废水排放量占当年全国工业废水排放量的 21.0%。同 1989 年乡镇工业污染源调查结果相比，工业废水排放量增加了 121%。[①] 根据相关学者的研究估计，全国乡镇工业废水、化学需氧量、粉尘和固体废弃物的排放量占全国工业污染物排放总量的比重均达到 30% 以上（张宏艳、刘平养，2011：89）。一般情况下，乡镇的小造纸厂每生产一吨纸所排放的污染物与国有大型企业相比，废水排放量为 3 倍，有机污染物为 4 倍，悬浮物则高达 14 倍。因此，普遍的现象是，一个乡镇的小造纸厂就可以污染一条河、一个水库、一片农田和滩涂（张宏艳、刘平养，2011：41）。一项百村调查结果显示，被调查的村庄及其附近存在污染企业的有 57 个。地表水被工业企业废水废料污染的占 45%，浅层地下水被工业废水、废渣污染的占 20%，空气质量受工业企业废气、扬尘影响的占 39%，土壤被废水废渣污染的占 13%（刘海林等，2007）。城市污染转移对农村生态环境危害极大，使得农村的生态环境问题由以资源退化为主演变为资源退化和环境污染同时并存的恶劣局面（李小云等，2005：36 - 37）。

面源污染是相对于点源污染而言的一种环境污染类型。我国农村地区过量、不合理地使用农药和化肥，小规模畜禽养殖的畜禽粪便，规模化养殖业污染（耿言虎，2017），以及未经处理的农业生产废弃物、农村生活垃圾和废水等，都是造成农村面源污染的直接因素。面源污染的特点包括排放主体与地区的分散性、隐蔽性、随机性和不确定性，成因复杂且潜伏周期长，而且不容易被监测。在城乡二元社会结构背景下，农村的面源污染

---

① 参见国家环境保护局、农业部、财政部、国家统计局 1997 年 12 月 23 日发布的《全国乡镇工业污染源调查公报》。

还在加剧（洪大用、马芳馨，2004）。李克强曾指出，我国农村生活污染、面源污染还相当严重，农村每年产生的 90 多亿吨生活污水基本上都是任意排放的，2.8 亿吨生活垃圾也存在随意倾倒的现象。[①]

我国农村地区持续的工业污染和面源污染已经逐步发展为农村的生态破坏。环境污染正在逐步地、以隐蔽或公开的方式对中国的一个个乡村进行着系统的颠覆和破坏，严重破坏了一些农村地区的生态环境（张玉林、顾金土，2003）。农村耕地、水源的严重污染意味着农民的生活根基遭到颠覆，脚下的土地将变得不适宜居住，村庄趋于荒芜甚至消失（晋海，2008：83）。

（三）农村生态破坏的区域性特征明显

我国农村生态破坏有着较为明显的区域性特征。西部地区因为不合理开发利用自然资源导致生态破坏的趋势越来越明显。农村生态资源退化造成生态压力较大的地区主要是西部地区，不过已经扩展和蔓延到部分中部和东部农村地区（梁流涛，2009）。东部和中部农村因环境污染导致生态破坏的趋势则越来越明显。

从水土流失情况来看，整体而言我国水土流失主要有这样几个特点：一是水土流失主要分布在长江上游的云南省、贵州省、四川省、重庆市、湖北省和黄河中游的山西省、陕西省、内蒙古自治区、甘肃省、宁夏回族自治区等地区。二是我国水土流失面积分布呈现出由东向西递增的态势。东部地区水蚀面积为 9 万平方千米，中部地区水蚀面积为 49 万平方千米，西部地区水蚀面积为 107 万平方千米。三是我国受风力侵蚀最严重的地区是西北。主要分布在新疆维吾尔自治区、内蒙古自治区、甘肃省、青海省等省（区）。四是水蚀风蚀交错区主要分布在长城沿线和新疆维吾尔自治区农牧交错的地带。[②]

从土地荒漠化和沙化情况来看，我国沙漠分布比较集中的地区在西部。根据对我国 17 个典型沙区同一地点不同时期的陆地卫星影像资料的分析，

---

① 李克强副总理在全国农村环境保护工作电视电话会议上的讲话. （2008 - 07 - 24）［2019 - 07 - 22］. http：//www. china. com. cn/tech/zhuanti/wyh/2008 - 08/13/content _ 16210275. htm.

② 水利部公布全国第二次水土流失遥感调查结果. （2002 - 04 - 03）［2019 - 07 - 22］. http：// www. h2o-china. com/news/8637. html.

西部地区内蒙古自治区、陕西省、宁夏回族自治区交界地带的毛乌素沙地，面积约 4 万平方千米，40 年间流沙面积增加了 47%，林地面积减少了 76.4%，草地面积减少了 17%。位于内蒙古自治区中部锡林郭勒草原南端的浑善达克沙地南部，由于过度放牧和砍柴，短短 9 年间流沙面积增加了 98.3%，草地面积减少了 28.6%。此外，西部地区甘肃省民勤绿洲的萎缩、阿拉善地区草场的退化以及梭梭林的消亡，新疆维吾尔自治区塔里木河下游胡杨林和红柳林的消失等，都说明我国西部地区的荒漠化形势是十分严峻的。[①]

从淡水生态问题来看，华中师范大学中国农村问题研究中心"百村十年观察"项目组 2010 年的调查数据显示，有 19.3% 的受访农户不同程度地存在缺水问题。其中，西部地区缺水农户比重达 31.8%。分散居住型村庄缺水农户比重达 20.6%，集中居住型村庄的缺水比例为 14.4%。高原、山地村庄缺水农户比重分别为 36.5% 和 29.9%，远高于其他地形地区，两类村庄缺水问题非常突出。[②] 通过调查研究，"百村十年观察"项目组认为，当前我国农村居民饮水主要存在四大问题，其中之一就是西部地区是农村居民饮水的重灾区，缺水农户有 1 903.1 万户。[③]

从以农村工业污染为例的农村环境污染来看，主要集中在浙江省、江苏省、山东省、广东省和福建省等东部经济发达地区以及河南省、安徽省和山西省等部分中部地区。农村工业污染区域分异特征非常明显，东部地区高于中部地区，中部地区高于西部地区，并且东部和中部地区的农村工业污染压力呈现明显的增加趋势。西部地区农村的重污染、中度污染行业占全国的比重都较小，对生态环境的压力不明显（梁流涛，2009）。东部和中部地区农村的环境污染对生态环境的压力和破坏比较明显。但是，种种迹象表明，东部的环境污染已经开始向中西部农村地区转移[④]，甚至有多家

① 自然资源部．中国土地沙漠化概况．（2018 - 03 - 22）［2019 - 07 - 22］．http：//zrzy. wuhai. gov. cn/zwgk/zzglrz/201811/t20181122 _ 783431. html.

② 《全面统筹解决农村居民饮水问题势在必行》报告．（2010 - 10 - 12）［2019 - 07 - 22］．http：//theory. people. com. cn/GB/12933577. html.

③ 《全面统筹解决农村居民饮水问题势在必行》报告．（2010 - 10 - 12）［2019 - 07 - 22］．http：//theory. people. com. cn/GB/12933577. html.

④ 高污染项目逐渐向中西部转移，农村污染情况增多．（2011 - 08 - 17）［2019 - 07 - 22］．http：//www. legaldaily. com. cn/index/content/2011 - 08/17/content _ 2871878. htm? node＝20908. 调查：中国东部环境污染已经向中西部地区转移．（2008 - 07 - 28）［2019 - 07 - 22］. http：//news. ifeng. com/c/7fYQJ1MPUwb.

媒体惊呼，西部地区已成为环境污染的重灾区。[①]

二、农村生态保护实践与成就

中华人民共和国成立后到改革开放以前，我国政府的农村生态保护工作主要表现在农村水土保持、农业资源保护以及森林和矿产资源保护上，反映了我国政府对农村生态保护工作的初步关注。《中国人民政治协商会议共同纲领》（1949 年 9 月 29 日）提出兴修水利、保护森林、有计划地发展林业等方针。在《征询对农业十七条的意见》（1955 年 12 月 21 日）中，毛泽东要求在 12 年内基本上消灭荒地荒山，按规格种树，实行绿化。1956 年1 月，中共中央委员会提出《全国农业发展纲要》的文件，要求在广大的农村地区兴修水利，治理河流，开展好水土保持工作。1957 年 7 月，国务院发布的《中华人民共和国水土保持暂行纲要》规定，一是成立全国性的水土保持委员会和省一级的水土保持委员会（限于有水土保持任务的省份），二是落实水土保持工作任务，包括有计划地封山、育林和育草，禁止开荒、滥垦、滥伐、滥牧、烧山以及开矿等。1963 年 5 月和 1965 年 12 月，国务院分别颁布和批转了《森林保护条例》和《矿产资源保护试行条例》，规定绿化林、母树林、禁猎区的森林等只能进行抚育采伐、卫生采伐和更新采伐，禁止毁林开荒，严禁乱挖乱采，保护矿产资源、地下水资源等，明确要求各级政府部门成立保林保矿组织，并把政府部门的保林保矿工作和人民群众基层性的保林保矿工作有机结合起来。1972 年 6 月，我国政府代表团参加了联合国全球首届环境高峰会"人类环境会议"，这是我国农村生态保护工作的一个重要转折点。1974 年 10 月，国务院环境保护领导小组及其办事机构成立。1974 年以后，我国有相当一部分县逐渐成立了环境保护局，一些发达地区的乡镇也成立了相应的环境保护机构。

改革开放以后，在多种经济与社会因素的影响和作用下，我国农村的生态压力与破坏问题日益严重起来。针对农村的生态破坏问题，我国政府陆续出台了一系列生态保护政策，包括土地荒漠化、沙化和水土流失的治

---

① 生态环境极其脆弱 西部开发须设门槛．（2012 - 03 - 08）［2019 - 07 - 22］．http：//finance. ifeng. com/roll/20120308/5717531. shtml.

理和预防，森林保护，退耕还林，建立生态保护区，发展生态农业，建立生态补偿机制和制度等。从 1978 年开始，我国政府启动了多项大型生态修复与保护工程。1978 年，经国务院批准，三北（西北地区、东北地区和华北地区）防护林工程正式启动。40 多年来，这一工程取得了令世人瞩目的巨大成就。1998 年到 2010 年，天然林保护工程实施了 13 年的时间，明显改善了长江上游、黄河中上游地区以及东北地区、内蒙古自治区等重点国有林区的生态环境面貌。自 1999 年退耕还林工程启动以来，项目区的森林覆盖率大大提高，生态环境状况总体上有所改善。据 2018 年《中国生态环境状况公报》，截至 2017 年底，全国共建立各种类型、不同级别的自然生态保护区 2 750 个，2018 年国家级自然生态保护区增至 474 个，初步划定北京市、天津市、河北省和宁夏回族自治区等 15 个省区市的生态保护红线，山西省等 16 个省区市基本形成划定方案。改革开放以来的 40 多年时间里，我国政府在农村生态保护上的一系列政策、措施和行动不仅在一定程度上缓解了农村生态破坏的恶化局面，同时也加快了国土绿化工作的建设进程，扩大了我国生态文明建设的国际影响。

（一）缓解了农村生态破坏恶化的局面

首先，根据 2018 年《中国生态环境状况公报》，当年全国土壤侵蚀面积为 294.9 万平方千米，占普查面积的 31.1%。其中，水力侵蚀面积为 129.3 万平方千米，风力侵蚀面积为 165.6 万平方千米。较之 20 世纪 90 年代末 356 万平方千米的水土流失面积，全国水土流失情况有所好转，农村也不例外。

其次，土地荒漠化和沙化的状况也有所缓解。如前所述，据 2015 年《中国荒漠化和沙化状况公报》，截至 2014 年，我国荒漠化土地面积为 261.16 万平方千米，沙化土地面积为 172.12 万平方千米。与 2009 年相比，5 年间荒漠化土地面积净减少 1.212 0 万平方千米，年均减少 0.242 4 万平方千米；沙化土地面积净减少 0.990 2 万平方千米，年均减少 0.198 0 万平方千米。较之 2009 年，土地荒漠化和沙化状况有所好转，呈现出整体遏制、持续缩减、功能增强、成效明显的良好态势。

最后，从淡水生态问题来看，2018 年《中国生态环境状况公报》显示，2018 年，全国地表水监测的 1 935 个水质断面（点位）中，Ⅰ～Ⅲ类比例为 71.0%，比 2017 年上升 3.1 个百分点；劣 V 类比例为 6.7%，比 2017 年下降 1.6 个百分点。同时，较之 2008 年《中国环境状况公报》显示的 409 个水质断面（点位）中 I～III 类比例的 55%，农村的淡水生态问题也有所好转。

此外，各种类型、不同级别的自然保护区建设以及生态保护红线的划定，在涵养水源、保持水土和保持生态平衡方面发挥了重要作用。20 世纪 80 年代初以来，我国农村的大量剩余劳动力逐渐向城镇地区转移。这一方面造成了流出地农村劳动力的短缺，出现大量耕地被撂荒的现象，另一方面这些被撂荒的耕地逐渐演变成为林地，对农村生态环境产生了正向的影响（Qin，2009）。

（二）加快了国土绿化工作进程

改革开放以来，我国政府启动的多项大型生态修复与保护工程尤其是三北防护林工程、天然林保护工程、退耕还林工程等重点林业生态工程，大大地提高了我国的森林覆盖率，加快了国土绿化工作进程。

自 1978 年三北防护林工程建设以来，截至 2018 年，已累计完成造林保存面积 3 014.3 万公顷，项目区森林覆盖率由 1979 年的 5.05% 提高到 2018 年的 13.57%，筑起了一道抵御风沙、保持水土、护农促牧的绿色长城，为我国生态文明建设和全球生态治理树立了成功典范。[①] 天然林保护工程区在 1998 年到 2010 年的建设期间，天然林面积增加 189 万公顷。[②] 自 1999 年启动实施两轮退耕还林工程以来，全国已实施退耕还林还草 5 亿多亩，其中，两轮退耕还林还草增加林地面积 5.02 亿亩，占人工林面积 11.8 亿亩的 42.5%；增加人工草地面积 502.61 万亩，占人工草地面积 2.25 亿亩的 2.2%。项目区森林覆盖率平均提高了 4 个多百分点，对我国新增绿量和地球变得更绿做出了重大贡献。[③]

从全国历次森林资源清查数据来看，我国的森林覆盖率由 1976 年的 12.7%（第一次全国森林资源清查，1973—1976）增至 1998 年的 16.55%

---

① 三北工程 40 年提高森林覆盖率 8.5 个百分点 . (2018 - 12 - 01)［2019 - 07 - 22］. http：// politics. people. com. cn/n1/2018/1201/c1001 - 30435883. html.

② 参见《第八次全国森林资源清查（2009—2013）》。

③ 李雪莲 . 国家林草局：我国已实施退耕还林还草 5 亿多亩 成绩斐然 . （2019 - 07 - 09）［2019 - 07 - 22］. http：//news. ifeng. com/c/7oAeTv73Iwq.

（第五次全国森林资源清查，1994—1998）。到 2013 年，我国的森林覆盖率已上升到 21.63％（第八次全国森林资源清查，2009—2013），森林资源呈现出数量上持续增加、质量上稳步提升以及效能上不断增强等良好态势。根据 2017 年《中国生态环境状况公报》，我国的森林面积和森林蓄积已经分别位居世界第 5 位和第 6 位，人工林面积居世界首位。2018 年《中国生态环境状况公报》显示，截至 2018 年底，我国政府在整体推进大规模国土绿化行动中又完成造林绿化 1.06 亿亩。随着政府生态保护政策继续完善和践行绿色发展理念，我国的森林覆盖率还会在此基础上继续提高，国土绿化工作的建设进程还会加快。

三、农村生态保护的政策与问题

如前所述，我国农村的生态保护工作从中华人民共和国成立后就开始了。1973 年 8 月，国家计划委员会在北京召开了第一次全国环境保护会议。这次会议确定了我国生态环境保护的 "32 字方针"，即 "全面规划，合理布局，综合利用，化害为利，依靠群众，大家动手，保护环境，造福人民"。会议还通过了《关于保护和改善环境的若干规定（试行草案）》，并成立了国务院环境保护领导小组及其办事机构。但是，由于 "文化大革命" 造成的混乱局面还没有扭转，第一次全国环境保护会议的精神和相关规定并没有得到真正的贯彻执行（温宗国，2010：5）。

1978 年 3 月，第五届全国人大一次会议通过的《中华人民共和国宪法》第十一条对生态环境保护作了明确规定："国家保护环境和自然资源，防治污染和其他公害。"1979 年 9 月，我国首次颁布了《中华人民共和国环境保护法（试行）》，在法律上肯定了 "32 字方针"（第四条），对土地使用、水域保护、矿藏开发、森林采伐、牧草保护、野生动植物保护等作出了明确规定（第十条至第十五条），同时明确要求建立生态环境保护机构，加强生态环境管理（第二十六条至第二十八条）。此外，还明确了奖励和惩罚措施（第三十一条至第三十二条）。1983 年 12 月，国务院召开第二次全国环境保护会议，将生态环境保护确立为我国的一项基本国策。1985 年 7 月，农牧渔业部农业环境监测中心站发布了《中国农业环境质量报告书（1983 年度）》，这是我国第一次对农村生态环境问题进行系统调研的成果。

生态环境政策包括污染控制政策与生态保护政策。我国的生态环境政策除了正式的各种生态环境管理制度外，还包括了阶段性的生态环境保护措施与方案。有学者在回顾 1949 年以来我国生态环境政策的发展历程时认为，20 世纪 70 年代是我国生态环境政策的起步构建阶段，20 世纪 80 年代是框架体系形成阶段，20 世纪 90 年代是战略转变阶段，21 世纪则是全面综合决策阶段（温宗国，2010：4 - 19）。也有人基于我国农村生态环境政策体系的五个层次，即党的政策、法律法规、标准规范、规划计划以及地方政策等层次，把我国农村生态环境政策体系分为萌芽（1949—1977）、构建（1978—1999）以及初步形成（2000 年至今）三个阶段（张金俊，2018）。迄今为止，我国已制定了包括《中华人民共和国环境保护法》《中华人民共和国水污染防治法》《中华人民共和国大气污染防治法》等 10 余部生态环境法律和《中华人民共和国森林法》《中华人民共和国草原法》《中华人民共和国土地管理法》《中华人民共和国水法》《中华人民共和国水土保持法》《中华人民共和国矿产资源法》等 20 余部资源生态法律，发布了生态环境保护部门规章和规范性文件 200 余件。但是，这并没有阻止农村生态破坏状况的继续恶化。现行的农村生态保护政策自身以及在实际执行的过程中还面临着一些问题。

（一）政策体系尚不健全完备

有学者将我国的生态环境政策分为强制性生态环境政策和补偿性生态环境政策，认为前者虽然在法律层面上具有强制执行的效力，但是存在更新速度缓慢、标准的制定具有随意性、方向单一、涵盖范围小等问题，后者即补偿性生态环境政策存在补偿标准绝对量偏低且实行"一刀切"、覆盖范围小、资金来源单一且管理不善、对利益相关者的激励不够等问题（周英男等，2013）。我国现行的生态环境政策在总体上呈现出"政府直控"（夏光，2000：113 - 129）、"危机-应对"（荀丽丽、包智明，2007）、"生态环境保护与经济发展平衡"、"污染防治与生态保护并重"（温宗国，2010：24 - 27）等特征。

改革开放以来，我国各级政府在农村生态保护方面出台了多个政策法规，但相当多政策法规的出台基本上都是属于"危机-应对"类型或"生态环境保护与经济发展平衡"类型，与农村生态环境保护的现实需求相比还有一定差距。农村生态保护政策法规存在不成体系、内容滞后、力度不够等诸多问题,如在自然资源和生物多样性保护方面的法律空白很多、现行程序法的欠缺不利于生态环境执法、法律规范不具体、法律责任不明确等(徐晓云,2004)。在农村生态环境管理体系方面,生态环境管理机构的职权行使有待统一协调,农村生态环境监测体系有待逐步完善;在农村生态环境投资体系方面,政府财政投资农村环保的强度仍然需要提高,利用社会资金投资农村环保的办法仍需不断探索;在农村生态环境技术体系方面,农村环保适用技术的研究开发力度仍然不够(李宾,2012:126-127)。

而且,相对于城市生态环境保护来说,我国农村的生态保护工作基础薄弱。在城乡经济社会二元结构背景下,农村和城市存在着明显的不对等,在生态环境政策设计和政策扶持方面存在着明显差异,农村生态环境保护政策与城市生态环境保护政策在总体上呈现出一种"二元生态环境政策"结构。在有关城市生态环境保护的立法体系基本完善之际,农村生态环境立法却存在着供给严重不足的现象(晋海,2008:84)。

(二)政策之间存在交叉与矛盾

我国现行的农村生态环境保护制度不仅存在体系上的不完善或缺失的弊端,而且在已有的各项制度之间也存在着明显的交叉、重叠和冲突。以《中华人民共和国水法》与《中华人民共和国矿产资源法》的交叉为例。

这两部法律都明确规定"地下水"是其定义的范围。按照《中华人民共和国水法》的规定,"国务院水行政主管部门负责全国水资源的统一管理和监督工作"(第十二条),包括对地表水和地下水资源的管理。而按照《中华人民共和国矿产资源法》的规定,"国务院地质矿产主管部门主管全国矿产资源勘查、开采的监督管理工作"(第十一条)。这样一来,国务院地质矿产主管部门也是监督管理地下水资源的主管部门,这样无疑会造成管理上的重复现象。更重要的是,按照《中华人民共和国水法》的规定,抽取地下水需要缴纳水资源费(第四十八条),而按照《中华人民共和国矿产资源法》的规定,开采地下水也需要缴纳矿产资源补偿费(第五条),这样又形成两个部门重复收费的现象。实际的情况是,在管理的时候两个部门互相扯皮,在收费的时候这两个部门又你争我夺,使得资源的使用者比较迷惑、无所适从。此外,1989年以后推行的"新五项制度"(即生态环境保护目标责任制、城市生态环境综合整治定量考核制度、排污许可证制度、污染集中控制制度、限期治理制度）与此前实行并延续下来的"老三项制度"（即"三同时"制度、排污收费制度、生态环境影响评价制度）之间也存在明显的交叉与矛盾，导致相关部门在政策执行上出现困难。因此，各种生态环境保护制度本身的不一致更加限制了其对人们行为的约束力（洪大用，2001：189-190）。

农村生态环境系统是一个有机联系的整体，如果在制度设计上将其人为分割为土地、农牧、矿产、水利等诸多产业部门和行政区划，那么这些产业部门和行政部门的第一职能并不是保护生态环境资源，而是通过开发利用自然资源创造经济效益，这必然会造成管理体制上的混乱，削弱生态环境保护行政的执行力（肖建华等，2010：192），从而导致农村生态破坏状况的继续恶化。

（三）"土政策"的生态破坏后果

环保"土政策"是对我国一些地方纵容生态环境违法行为、干扰和限制生态环保执法的做法的一种形象说法。环保"土政策"既包括一些地方政府公开的红头文件和规章制度，也包括地方领导的口头表态和指示，或者彼此心照不宣的实践规则等（耿言虎、陈涛，2013）。

我国不少地方都有程度不同的环保"土政策"。湖南省、福建省、辽宁省等一些地方和部门的领导重视经济发展，轻视生态环境保护，个别地方制定了一些与生态环境保护法律法规相抵触的"土政策"（郗建荣，2017）。广东省2007年的初步统计结果表明，全省存在环保"土政策"30余条，主要集中在东西两翼和粤北山区经济欠发达的市、县。[①] 湖北省2008年之前有79个环保"土政策"文件。[②] 安徽省2008年之前有36个环保"土政策"文件（穰敏，2008）。此外，河北省、山东省、新疆维吾尔自治区、内蒙古自治区、云南省、河南省、四川省、福建省、江西省、广西壮族自治区、陕西省、山西省、江苏省等地方都有自己的环保"土政策"。各地的环保"土政

---

① 环保"土政策"通通要下马. (2007-09-27) [2019-07-22]. http://news.sina.com.cn/c/2007-09-27/052612642272s.shtml.

② 我省大力清理取缔环保"土政策"优化环境保护执法监管环境. (2007-11-15) [2019-07-22]. http://www.124.gov.cn/2007-11/15/cms501126article.shtml.

策"表现形式多种多样，主要包括："三零（宁）"（即宁静日、零收费、零处罚）、"三制"（即检查准入制、处罚核准制、收费审批制）、"三免"（即免缴排污费、免办环评手续、免建环保设施）、"三个隐形"（即某些政府或者部门的挂牌保护；政府领导挂点、蹲点企业；有意延长限期治理时间和长期以"试生产"名义开展生产不执行环保"三同时"）（李德超，2007）。

我国各地环保"土政策"的实行导致环保部门的生态环境执法权力被"虚置"（耿言虎、陈涛，2013），部门保护主义和地方保护主义成为生态环境执法的重要障碍（洪大用，2001：189）。地方政府注重追求经济效益导致地方保护主义现象严重，人治重于法治，干扰生态环境执法部门执法，导致环保执法效力的弱化（焦捷，2011）。地方的环保"土政策"往往以"小规抗大法"，使中央的农村生态保护政策在地方执行的过程中偏离了既定目标，给农村地区造成严重的环境污染和生态破坏。马娟在对陕南某县退耕还林政策实践的一项研究中，发现中央和地方政府对生态保护与建设的理解不同，国家要的是生态保护而地方要的是经济发展，地方政府在政策执行的过程中往往使中央的生态保护政策偏离了原来的目标（马娟，2012）。也有研究发现，村委会运用地方性知识构建的双重话语对行动策略及其背后交织的"权力-利益"网络进行持续的解读与包装，从而使政策的地方实践获得合法性认同（钟兴菊，2017）。

（四）政策实施过程中民间力量参与程度不高

在政府看来，民间环保力量主要体现为团体及公众两个层次。民间环保力量在本质上是一种社会层次上的力量，其深层基础是公众的环境意识与环保行为，其凝聚机制是民间环保组织、社区和大众传媒，其作用形式则体现为敦促和协助政府推动生态环境保护工作。此外，企业特别是环保企业也应被视为民间环保力量的重要组成部分（洪大用等，2007：12 -14）。在我国农村生态保护政策实施过程中，民间环保力量的参与程度是非常有限的。在很多地方，公众对环境污染基本的知情权和侵害请求权都被漠视，缺乏参与和推动环保的渠道和条件，不能有效地监督，结果是想"参与"而不能，想"推动"却无力。[1] 有学者针对我国公众在生态环境保

---

[1] 破除环保"土政策"，需伸张百姓环境权．（2007 - 01 - 15）[2019 - 07 - 22]．http：//news. sohu. com/20070115/n247617039. shtml.

护过程中"关注却不参与"的现象，分析了这样几点原因：现有的制度因素未能很好地激励群体行为的产生，从众心理使得公众免费搭车行为盛行，环保"参与式"理念承袭时间太短，公众的环保知识缺乏（王凤，2008：115－119）。

相关调查研究发现，我国城镇居民的环保知识水平、对生态环境问题的认知水平显著高于农村居民（中华环境保护基金会，1998：71－73），但是他们关注更多的还是自己身边的城市生态环境保护问题。就生态环境问题的认知层面而言，被访者主要关心的是身边的各种生态环境问题，例如空气、水、噪声、工业垃圾、生活垃圾、食品等污染，对于稍微远离日常生活的一些生态环境问题，则有超过二三成的人表示不知道（洪大用，2005）。在城乡二元社会结构下，农村中的精英分子竭尽所能流向城市，从而导致农村中从业人员的素质较低，掌握生态环境知识的能力较弱，生态环境保护意识较差（洪大用、马芳馨，2004）。在广大的农村地区，农民主要是通过举报投诉、上访、村民会议、村民论坛等途径参与和影响生态环境政策过程（谭姣，2012）。但是，由于农民对生态保护问题的认识非常不够，农村生态保护的法律法规和相关条例薄弱，缺乏公众参与具体操作条例的规定，农民在农村生态保护上的作用无法有效发挥（谭姣，2012）。

而且，在我国一些农村地区，当经济利益与生态利益发生冲突时，只要生态利益还没有直接对当地农民造成危害，农民就会首先选择经济利益而不是生态利益（晋海，2008：148）。生态环境问题背后藏着环保与生计如何抉择的难题，这一点在我国农村欠发达地区的表现尤为突出（李尧磊，2018）。我国的生态保护政策是强硬和具体的，在国家与牧民中间缺少一个中间环节将简单一致的生态环境政策转化为适合地方具体实际的操作，这就使得内蒙古自治区北方草原的牧民经常抱怨生态保护政策不切实际。在简单一致的生态保护政策下，基层牧民的利益得不到有效表达，他们就采取普遍的违规来对抗生态保护政策（王晓毅，2009：24）。有学者从一项全国性的、普遍性的退耕还林政策的实践案例中发现，农民基于自身生存逻辑的生态智慧与地方性知识助推着政策一步步演化，最后政策形成了一种独特的"还林了，仍在耕"的样态，这说明生态环境政策执行与地方日常生产生活实践的关系直接决定生态保护政策执行的效果，规范化的知识必须回归到多元化的地方性知识，嵌入日常生产生活实践中才能得到执行者的真正认可和落实（钟兴菊，2014）。

我国民间环保组织主要集中在北京市、上海市、天津市、湖南省、湖北省、四川省、重庆市、云南省、内蒙古自治区等地区，其他地区分布较少，广大的农村地区分布更少，有些农村地区根本就没有民间环保组织。就民间环保组织发挥的作用而论，我国目前的环保组织无论是数量和组织建设还是业务开展等方面都处于刚刚起步的阶段，远未承担起其应该履行的责任和义务（王凤，2008：166），而且，民间环保组织的运作是嵌入式的，它们与正式的国家机构保持着密切的关系，很少有环保非政府组织针对工业污染，只有少数非政府组织参与反对企业污染或政府疏忽的直接行动，或者帮助公众采取这种行动（贺珍怡等，2010：231-232）。

四、农村生态保护的未来展望

针对我国农村生态破坏的严峻现实、农村生态保护政策自身存在的问题以及在实际执行过程中的问题，不少学者和有识之士都在积极出谋划策，探寻我国农村生态保护之路。我们以为，以下几项对策建议至为关键：对农村生态状况进行定期监测与评估，进一步完善农村生态保护政策体系，推动农村生态保护的区域管理与府际合作，提高农村生态保护的民间环保力量参与程度，以及逐步实现城乡生态环境保护一体化。

（一）对农村生态状况进行定期监测与评估

西方发达国家如美国、荷兰等非常重视对农村生态状况进行定期监测与评估，这是它们在农村生态保护上的成功经验之一。美国从 1972 年开始对农业面源污染进行定期监测与评估，在此基础上实施了一系列农业面源污染控制计划，有力地保证了农村生态环境管理的有效性（梁流涛，2009）。荷兰也非常重视对农村生态环境的定期监测与评估，开发了农场水平的无机物核算系统和总量平衡方法，估算每个农场每一年的硝酸盐流失量，在此基础上制定相应的生态环境管理政策（梁流涛，2009）。

关于我国农村的生态破坏状况，包括广大农民在内的相当多的公众、各级政府部门都清楚问题很严重，但是具体严重到什么程度，一直以来都没有相对完整的资料和监测数据。一项关于广东省韶关市翁源县的农村环境状况调查表明，当地农民曾多次向政府要求提供当地环境状况的资料和监测数据，但是从镇政府、县政府到市政府都无法提供当地农民所需要的有关生态环境质量的确切信息，也没有什么机构对农村生态环境状况有全面的了解和掌握（李挚萍等，2009：5）。因此，我国应该结合农村实际情况并借鉴西方发达国家在农村生态保护上的成功经验，逐步增加农村生态环境监测网点布设，对农村生态状况进行至少两年一次的定期监测与评估，为农村生态保护立法、生态保护规划与生态环境治理提供科学的决策依据。

首先，我国应该对重点流域农业面源污染进行至少两年一次的监测与评估。我国重点流域包括松花江、淮河、海河、辽河、黄河中上游、太湖、巢湖、滇池、三峡库区及其上游、丹江口库区及其上游等 10 个流域，共涉及 23 个省、自治区、直辖市。[①] 2012 年 4 月，国务院对《重点流域水污染防治规划（2011—2015 年）》进行了批复，强调该规划是重点流域水污染防治和生态环境管理工作的重要依据。以此为契机，我国应适时开展对重点流域农业面源污染的定期监测与评估，在此基础上实施相应的农业面源污染控制计划。

其次，我国应该对重点区域农村工业污染状况进行至少两年一次的监测与评估。我国重点区域包括北京市、天津市、河北省、长江三角洲、珠江三角洲地区，以及辽宁省中部、山东省、武汉市及其周边、长沙市、株洲市、湘潭市、重庆市、成都市、海峡西岸、山西省中北部、陕西省关中、甘肃省、宁夏回族自治区、新疆维吾尔自治区乌鲁木齐城市群，共涉及 19 个省、自治区、直辖市。[②] 我国应适时开展对重点区域农村工业污染状况的定期监测与评估，在此基础上实施有效的农村工业污染控制计划。

再次，我国应该对西部地区农村生态破坏状况进行至少两年一次的监测与评估。我国西部地区包括重庆市、四川省、贵州省、云南省、广西壮族自治区、陕西省、甘肃省、青海省、宁夏回族自治区、西藏自治区、新疆维吾尔自治区、内蒙古自治区等 12 个省、自治区、直辖市。西部地区生态环境极其脆弱，我国更应该对西部地区的农村生态破坏状况进行定期的监测与评估，为西部农村生态环境保护与治理提供坚实的决策依据。

---

① 参见环境保护部、国家发展改革委、财政部、水利部的《重点流域水污染防治规划（2011—2015 年）》。

② 参见环境保护部、国家发展改革委、财政部的《重点区域大气污染防治"十二五"规划》。

最后，在大数据时代，我国应该建立农村生态环境状况监测数据共享平台，为各级政府部门提供充足的农村生态环境状况信息支持，以便于更科学、更合理地进行农村生态保护决策。

（二）进一步完善农村生态保护政策体系

一些发达国家如美国、日本、荷兰等在农村生态保护的政策实践中逐步完善了农村生态保护政策体系。然而，我国当前的农村生态保护政策体系尚不健全完备，而且农村生态保护政策之间也存在着交叉与矛盾。因此，我国需要结合农村的实际情况，进一步完善农村生态保护政策体系。

第一，我国应该逐步完善农村生态保护法律法规体系。虽然我国制定实施了多部生态环境保护法律法规，但是存在着法律法规执行困难、开发规划与执法保护没有形成良性互动等诸多问题（张国强，2019）。而且，由于相关立法的"空白"，农村土壤污染、集约化畜禽养殖污染以及化肥、农药和农用薄膜使用与管理的"放任自流"等，给我国农村生态环境造成了极大的破坏（晋海，2008：84-85）。我国应逐步完善包括生态环境准入门槛、农业生态补偿、农业清洁生产、畜禽养殖污染防治、农村面源污染防治、农村工业污染防治等在内的法律法规体系，并根据农村经济社会形势以及生态条件的变化不断进行补充和修正。

第二，我国应该逐步协调农村生态保护管理机构的职权行使。农村生态保护管理机构的职权行使所要解决的是农村生态保护"谁来管，怎么管"的问题。目前，除了生态环境部以外，国家发展改革委、农业农村部、林业局、水利部、自然资源部、住房和城乡建设部等也承担了农村生态保护管理的职能，谁都能管的结果可能是谁都不管或管不好。因此，我国应逐步协调农村生态保护管理机构的职权行使，保证农村生态保护工作的协调性、系统性和可持续性。

第三，我国应该逐步完善农村环境投资体系。长期以来，农村从财政渠道几乎得不到污染治理和生态环境管理能力建设资金，也难以申请到用于专项治理的排污费（苏杨，2006）。我国污染防治投资几乎全部投到工业和城市（潘岳，2004）。因此，我国应逐步提高政府财政投资农村生态保护的比例和强度。同时，积极吸纳社会资金投资农村生态保护。鼓励组织和个人开展社会资金投资农村环保的途径、方法的研究，逐步完善社会资金对农村环保的投资投入、利益分成、退出机制及配套政策等（李宾，2012：173-174）。

第四，我国应该逐步完善农村环境技术体系。以科技创新推动农村生态保护也是完善农村生态保护政策体系的一个重要方面。我国应加快农村环保适用技术的研究开发，推动农村环保适用技术的示范推广等（李宾，2012：174-175）。但是，有学者指出，对于转型期中国的生态环境保护而言，无论是技术乐观主义还是技术悲观主义都是不足取的。我们也许应当持一种谨慎乐观的态度，在积极促进技术创新和转换的同时，逐步完善对技术的评估和控制体系，预防技术的消极后果（洪大用，2001：177-178）。

第五，我国还应该引入农村生态保护政策评价模型。在农村生态保护政策实施过程中，实施的效果问题是农村生态保护政策的核心所在。有学者指出，我国目前的环境政策在制定之后并没有进行及时的跟踪反馈来得到政策实施效果的准确信息。政府无法及时调整生态环境政策，企业也无法在短时期内适应生态环境政策的要求。如果引入评价模型，就能很好地解决这些问题（周英男等，2013）。有学者建立了生态环境政策的综合评价模型系统，为综合评价生态环境政策产生的各类影响及其相互作用提供了一种评价方法（姜林，2006）。

（三）推动农村生态保护的区域管理与府际合作

由于我国农村生态破坏问题的严峻性和复杂性，且具有跨区域、跨流域的特点，已经超越了单个地方政府的控制范围，加之地方政府生态环境管理部门之间以及地方政府在流域、区域生态环境管理上的碎片化倾向，我国农村生态保护的区域管理与府际合作问题显得日益重要。

首先，我国应该逐步设置区域性生态环境行政管理机构，统一生态环境管理权。在国外，跨区域性的生态环境管理机构大致有两种类型：第一种是以美国、加拿大为代表的分区生态环境管理机构，第二种是以新西兰、法国、加拿大等为代表的流域生态环境管理机构（肖建华等，2010：201）。事实上，我国区域性生态环境行政管理机构改革已经进行了非常有益的尝试。在国家层面，有《中华人民共和国水法》所确立的流域管理模式，长江水利委员会等7个流域水行政管理机构在新水法颁布后，其法律地位得以明确，流域管理机构的职责更加清晰，水行政执法主体的地位得以加强；在地方层面，浙江省、吉林省等根据国家《生态功能保护区评审管理办法》《生态功能区暂行规程》等规定对省际生态区域划分以及生态建设示范区机构设置进行了尝试。我国在设置区域性生态环境行政管理机构时可以借鉴这些经验（詹宏旭、赵溢鑫，2009）。有学者提出了区域性生态环境行政管理机构设置方案，该方案包括 5 个国家直属局（渤海直属局、太湖直属局、珠三角直属局、三峡直属局、三江源区直属局）和 12 个省级分局（长株潭分局、中原分局、江汉分局、哈尔滨分局、辽沈分局、关中分局、滇池分局、北部湾分局、贵阳分局、包头分局、乌鲁木齐分局、黑河分局），认为该方案不仅考虑了目前不同区域治理环境污染、遏制生态退化的迫切程度，同时又兼顾了未来的发展趋势（周成虎等，2008）。

其次，我国应该推动地方政府间协同合作，保护农村生态环境。地方政府间协同合作必须先清理和击碎各地妨碍环保的"土政策"。非常可喜的是，我国地方政府在生态环境治理上已经开始寻求合作。2003 年 11 月，海河流域内的天津市、北京市、河北省、山西省、山东省、河南省、内蒙古自治区、辽宁省等八省市水利厅共同签订了《海河流域水协作宣言》。2003 年 12 月，吉林省、辽宁省、黑龙江省、内蒙古自治区四省区决定联手治理松花江-辽河流域污染。有学者认为，当前我国地方政府间生态环境合作治理机制具有这样几个特点：一是地方政府间生态环境合作的许多共识是靠领导人做出的承诺来保证的，缺乏法律上的效力和稳定性；二是合作行动的制度化程度相对较低，基本上停留在各种会议的层面上，采取集体协商的形式；三是由于各参与方经济社会发展的不平衡，导致在生态环境保护目标上具有很大的差异性；四是生态环境治理特别是流域治理中起实质作用的地方政府间关系模式主要是一种垂直的纵向运行机制（杨妍、孙涛，2009）。针对地方政府间生态环境合作机制存在的问题，可以有以下改进措施：一是完善地方政府生态环境治理合作的法制体系；二是建立合作行政，转变地方政府间的关系模式；三是转变地方政府职能，为合作行政创造适当的条件（杨妍、孙涛，2009）。

（四）提高农村生态保护的民间环保力量参与程度

发达国家在现代化过程中，也曾面临严重的生态环境问题。它们的环保实践告诉我们,必须通过组织创新,动员广大民众进行有效参与。发展中国家生态环境恶化的教训告诉我们,生态环境保护不能只靠精英与专家,普通民众采取适当的方式参与其中非常重要(洪大用,2001:246-249)。因此,我国在农村生态保护上亟须提高民间环保力量的参与程度。

首先,我国应该进一步完善公众参与农村生态保护的机制。建立和完善公众参与农村生态保护的机制是指政府采取相应的措施,使公众了解农村生态状况,有权利、有能力参与农村生态保护工作。措施之一是积极培育公众的生态环境意识。我国在进一步推动经济发展、提高人民生活水平的基础上,有必要进一步加强生态环境教育,传播和普及生态环境知识(洪大用等,2007:71)。措施之二是保障公众对农村生态状况的知情权。政府应通过"完善农村生态环境信息的取得制度、健全农村生态环境信息的处理制度、规范农村生态环境信息公开的程序制度、落实农村生态环境信息的责任制度"(张晓文,2010)等来实现农村生态环境信息公开制度,保障公众对农村生态状况的知情权,形成比较有效的农村生态环境监督机制。措施之三是完善农民的生态环境诉求表达机制。当前,在农村环境污染和生态破坏面前,我国农民生态环境诉求的表达机制实际上很不完善,有必要建立"地方政府—(非嵌入式发展的)社会中间组织—媒体—农民"合作的联动机制来保障和满足农民的生态环境诉求表达意愿。措施之四是政府应在生态环境基本法规中明确公众参与农村生态保护的途径和程序。

其次,我国应该充分发挥农村环保组织的作用。我国农村环保组织的发育对于推动农村生态保护有着至关重要的作用。就我国农村生态保护的良性发展而言,政府应该从资金上加大对民间环保力量的支持,调整和完善相关法律法规,积极鼓励和培育民间环保组织,为民间环保力量的成长和壮大开拓出更为广阔的制度空间,给公众参与生态环境保护提供各种便利条件(洪大用等,2007:25-27)。在广大农民日益原子化的现代农村社会,农民自组织的缺位更为明显。因此,地方政府还应该有长远眼光,允许、鼓励和扶持农村生态保护自组织的发育,从而不断壮大农村社会的民间环保力量,节省地方政府在农村生态环境管理和治理上的成本。与此同时,农村环保组织应不断提高自身参与农村生态保护的宣传教育能力、社会监督能力和政策倡导能力。在宣传教育方面,充分利用广播、电影、电视、图书、报刊、幻灯、网络等各种载体,广泛宣传和普及农村生态环保知识，提高农民的生态环保意识、法制意识和文明意识。在社会监督方面，可以采取预案监督、过程监督、行为监督和末端监督等多种形式开展农村生态保护监督工作。在政策倡导方面，可以通过参与农村重大环境污染和生态破坏事件进行倡导、开展集体行动、动员媒体等影响政府的农村生态保护决策。

最后，我国应该充分发挥社区在农村生态保护中的重要作用。社区是凝聚民间环保力量的重要机制和载体，它在促进生态环境保护与治理方面具有独特优势（洪大用等，2007：100）。面对发生在社区内的生态环境资源破坏以及现代社区的衰退，社区参与生态环境保护与治理有几种可行的方案。方案之一是由激进的社区观退入温和的社区观，相信社区成员的谈判与合作能力、共同建立新制度来追求自身利益的能力。方案之二是社区建设，包括从为社区成员增权、社区组织的建设再到社区文化建设的一整个过程。方案之三是社区与其他治理主体的联合，包括与政府的接壤、与产权私有的契合等。方案之四是以环境污染、生态破坏等利益密切相关方面为突破口。方案之五是社区生态环境建设应将环境保护功能从政府部门转向社区自身（洪大用等，2007：130-146）。

（五）逐步实现城乡生态环境保护一体化

城乡生态环境保护一体化是指逐步改变我国生态环境保护中长期存在的城市中心主义做法，对城市和农村的生态环境保护给予同等程度的重视。城乡生态环境保护一体化是坚持习近平新时代中国特色社会主义思想、落实科学发展观、践行绿色发展理念、实现城乡社会和谐、推进新型城镇化建设的内在要求，也是治理农村生态环境、推进农村生态保护的现实需要。城乡生态环境保护一体化或许是做好农村生态保护工作的最终之路。

首先，我国应该明确城乡生态环境保护一体化的目标。城乡生态环境保护统筹或城乡生态环境保护一体化的直接目标是在城乡范围内实现经济社会与生态环境保护的协调发展，实现城市污染治理和农村生态环境保护的协调发展（宋国君、金书秦，2007）。城乡生态环境保护一体化要求将城市与农村、城市居民与农村居民、城市经济社会发展与农村经济社会发展、城市生态环境保护与农村生态环境保护作为一个整体综合考虑。

其次，我国应该合理规划城乡生态环境保护一体化的实施战略。就农村生态保护而言，关于城乡生态环境保护一体化的实施战略，择其要者有五点。战略之一是实施向农村生态环境保护倾斜甚至优先的生态环境管理政策。战略之二是建立城市向农村、工业向农业、经济向生态环境的补偿机制。战略之三是积极向农村地区移植成功的城市生态环境管理制度。战略之四是统筹城乡工业发展布局，提高农村环保准入门槛，严禁城市工业污染向农村地区转移。战略之五是不断划定和完善生态保护红线，科学实施生态保护主体功能区制度（朱德明，2005）。

再次，我国应该明确城乡生态环境保护一体化的实现路径。路径之一是立法保障，加强城乡生态环境保护统筹的法制建设，逐步改变"重城轻乡""重工轻农"的生态环境法制现状。路径之二是意识保障，强化城乡生态环境保护统筹宣传与教育。路径之三是政策保障，促进城乡生态环境政策和经济政策的融合。路径之四是管理技术保障，建立城乡生态环境协调机制与监测预警体系。路径之五是公众保障，完善城乡生态环境保护统筹的公众参与制度。路径之六是产业保障，推行以生态产业为理念的循环经济发展模式（孙加秀，2009）。

最后，我们还需要明确的是，我国要想真正实现城乡生态环境保护的一体化，还必须要实现城乡政治一体化、经济一体化和社会一体化，扩充广大农民的实质自由，使农村生态环境保护成为农民自身的利益主张，使农民具有承担责任的能力。这样的话，农村的生态环境保护才会有一个坚实的群众基础和主要的推动力（晋海，2008：160-167）。

中篇　环境关心与行为倾向

　　本篇包括第7～13章，主要分析在中国环境问题和经济社会发展基础上公众环境关心与行为倾向的转变，既讨论了公众环境关心与行为的城乡差异、年龄差异，也分析了经济增长对公众环境关心与行为的影响，特别是结合一个城市的调查资料，以专题的形式探讨了空气污染与居民迁出意向的相关性。本篇的研究聚焦于中国社会绿色化在公众个体意识与行为方面的表现。

第 7 章　环境关心的城乡差异

　　"城乡"变量在关注不平等的社会学分析与研究中长期占有一席之地。既有研究表明，我国城乡居民在经济收入、教育机会、社会保障、社会关系网络和生活方式等诸多社会维度上都已形成显著差别（蔡昉、杨涛，2003；吴愈晓，2013；房莉杰，2007；张文宏、阮丹青，1999；张云武，2009）。近年来，越来越多的城乡比较研究开始关注生育意愿、政府信任、幸福感、阶层认同和精神健康等议题（风笑天、张青松，2002；高雪德、翟学伟，2013；张军华，2010；邢占军，2006；赵延东，2008），研究结论一致提示我们：在二元社会结构的背景下，客观的社会属性差别已经引起了城乡居民主观层面的态度与观念分化。

　　事实上，二元结构所引起的城乡分化还体现在环境维度上。从客观环境监测结果来看，当前我国城乡地区都各自面临着严峻的环境问题。但是，由于现代化建设中优先发展城市的战略，加上长期以来环境治理与保护工作的重心向城市地区倾斜，结果导致 20 世纪 90 年代以来，我国城镇环境问题在一些方面逐渐有所缓解，乡村环境状况却在急剧恶化并呈失控之势（洪大用，2000；王晓毅，2010）。在快速城市化的大背景下，城乡地区面临的环境风险仍然在不断叠加，在给环境治理带来巨大挑战的同时，也在不断形塑城乡居民对于环境议题的看法和认识。城乡居民究竟是如何看待环境问题的？对于环境的关心水平是否存在显著差异？又受到哪些因素影响呢？本章利用权威调查数据对此进行探讨。

一、文献回顾

（一）国外学者关于城乡居民环境关心差异的研究

环境关心，是指人们"意识到并支持解决涉及生态环境的问题的程度或者为解决这类问题而做出贡献的意愿"（Dunlap & Jones，2002：485）。有关环境关心的城乡比较研究，最早出现在 20 世纪 60 年代的美国，并于 70 年代和 80 年代形成初步共识。特伦布莱和邓拉普（Tremblay & Dunlap，1978）梳理了发表于 1965—1972 年期间涉及城乡比较的 12 项环境关心研究，其中 9 项显示城市居民的环境关心水平更高。其后，范李尔和邓拉普（Van Liere & Dunlap，1980）将城乡居住地纳入环境关心研究的社会基础变量，并提出了"居住地假设"（the residence hypothesis）：城市居民要比乡村居民更加关心环境。针对这一假设主要有三种理论解释，分别是差别暴露理论（differential-exposure theory）、差别职业理论（extractive-commodity theory）和差别体验理论（theory of man-modified VS natural environmental orientations）。[①]

差别暴露理论认为，客观环境状况的退化会驱动公众对环境的关心。一般来说，与乡村地区相比，城市地区面临的空气污染、水污染和噪声污染等环境问题更为突出。就此而言，城市居民通常暴露在更为严重的环境危害之中，因为更多地观察到环境质量在衰退而较乡村居民更具环境关心。差别职业理论认为，乡村地区的职业（如种植业、林业、采矿业、畜牧业、渔业和副业等）大多同自然资源的开发与利用直接关联，从事相关职业的乡村居民会习得一种功利主义价值观——将自然环境视为一种可供开发、攫取的商品而不是保护对象，进而较少关心环境问题。在共享的乡村文化背景下，这种功利主义价值观还会传播给未从事自然资源开采性质职业的其他村民。相较之下，城市居民更多地就职于制造业、服务业等并不直接涉及自然资源开发和利用的领域，对于自然环境的使用方式多属于观赏或

---

① "extractive-commodity theory" 和 "theory of man-modified VS natural environmental orientations" 可以分别直译为"供开采的商品理论"和"人造 VS 自然环境取向的理论"。出于简洁和方便读者理解的考虑，这里参照差别暴露理论对它们进行意译。

休闲性质，因而更容易接纳相关环保理念（Tremblay & Dunlap，1978）。

利用 1973—1978 年间美国综合社会调查（GSS）数据，劳威和宾海（Lowe & Pinhey，1982）发现，过去居住地比现居住地能够更好地预测环境关心，据此提出环境关心城乡差异的第三种竞争性解释即差别体验理论。差别体验理论认为，人造环境和自然环境两种不同属性环境中的社会化经历和体验导致了城乡居民差异性的环境保护态度。具体来说，在人造环境中（如商场、柏油公路和主题公园等）成长的城市居民，更容易感受到人类对自然环境的能动作用并更认可人类对环境问题应负有责任。相比之下，在自然环境中成长的乡村居民可能从小就认为环境是"上帝或大自然的作品"，更倾向于认为环境问题的解决途径是自然环境系统本身的演化，而不能充分认识人类在环保方面的能动作用，体现为对环境问题漠不关心。

尽管针对居住地假设的以上三种理论解释都存在一些争议（例如，Rickson & Stabler，1985；Freudenburg，1991；Alm & Witt，1997），却并不影响"城市居民比乡村居民更关心环境"的研究结论在很长时期内曾为绝大多数学者所接受（Greenbaum，1995：145-146）。但是 20 世纪 90 年代以来国际社会涌现的一些新动向，使得以上理论解释和几近成熟的居住地假设面临空前挑战。

首先，环境问题的新特点开始显现，既增加了环境关心测量的复杂性，也对差别暴露理论的解释力形成挑战。20 世纪 90 年代初，传统环境污染问题的治理初见成效，与此同时，气候变化、臭氧层空洞和生物多样性减少等越来越多的新型环境问题开始从科学研究发现走入公众视野并立刻受到广泛关注，环境问题开始具有整体性、抽象性、全球性等新特点。直接后果是，环境关心测量变得更加复杂，一些简单的测量工具可能已无法准确捕捉城乡居民对于气候变化等新环境议题方面的态度差异（洪大用，2006）。进一步，对这些新的环境风险进行直接观察和量化往往比较困难，故差别暴露理论中"更多地观察到环境质量在衰退"的说法可能已经过时。

其次，在以美国为代表的一些西方国家，乡村地区的经济与社会结构发生了巨大变迁，城乡之间的物理边界不再明晰，早期相关理论的现实基础也不再牢靠。一方面，产业转型使得经济增长对自然资源的依赖程度逐渐减弱，旅游业等新兴产业开始在乡村地区兴起（Bennett & McBeth，1998；Jones *et al.*，2003）。另一方面，伴随城市化（特别是逆城市化）进程，城乡间人口流动愈加频繁，城市便利设施（公路、环保设施等）不断延伸使得越来越多的人工景观在乡村地区落成，乡村的"环境"不再是单一的自然环境要素（Huddart-Kennedy *et al.*，2009）。因此，差别职业理论和差别体验理论的成立前提也已动摇。

最后，在差别暴露理论、差别职业理论和差别体验理论各自面临新挑战的同时，大量证据表明城乡居民的环境关心差异在逐渐趋同或消失。伴随着环境关心研究的全球化，一方面，居住地假设在美国之外的一些国家得以检验并获得支持（例如，Berenguer *et al.*，2005；Huddart-Kennedy *et al.*，2009）。另一方面，最新跨国调查数据分析却表明该假设在大多数国家不成立（Marquart-Pyatt，2008）。此外，在居住地假设的发源地——美国，自 20 世纪 80 年代末起就不断有学者注意到城乡居住地对环境关心的影响在减弱，至 90 年代初已无显著城乡差异（例如，Mohai & Twight，1987；Xiao & Dunlap，2007）。可见，晚近研究的发现倾向于否定居住地假设；当前，在全球范围内城乡居民的环境关心都可能在不断趋同。

（二）内地学者关于城乡居民环境关心差异研究的现状

中国内地有据可查的环境关心调查最早可以追溯到 20 世纪 90 年代中后期。洪大用基于 1995 年在全国 7 个城市和 7 个城郊农村实施的、包括 3 662 个样本的"全民环境意识调查"数据，较早分析了中国公众的环境关心特征。从对百分制量表的回答情况来看，城镇居民的环境关心得分要高于乡村居民（中华环境保护基金会，1998）。针对该数据的其他分析还表明，相较于城镇居民，乡村居民对于环境问题和环保政策法规缺乏了解，甚至只有 58.2% 的乡村居民听说过"环境保护"（城镇居民中这一比例为 89.0%）。马戎和郭建如（2000）利用 1997 年实施的一项 300 个样本的调查数据，从多个测量指标对城乡居民的环境关心进行比较，发现城镇居民总体上较乡村居民具有更强的环保意识且更加支持环境保护。基于 2003 年中国综合社会调查（CGSS）数据的研究似乎提示我们，在全国城市范围内，居住地差异对环境关心的影响仍然存在。例如，来自直辖市和省会城市的居民与地级市和县级市居民相比，前者环境关心水平更高且更经常参与环境保护（Xiao *et al.*，2013）。此外，近年来一些小范围的调查结果也大多表明中国城市居民更具环境关心（例如，高彩云、孟祥燕，2011；周葵、朱明姣，2012；Yu，2014）。

尽管以上研究的数据基础大都存在一定不足，但却能够大致描绘出这样一幅图景：自 20 世纪 90 年代中期以来，在中国内地，城镇居民环境关心水平要高于乡村居民。就此而言，居住地假设在中国内地也成立过。但是，国内学者对于环境关心的城乡比较大都局限于描述性分析，缺乏深入的理论解释。考虑到当前中国的城乡差别，我们可以尝试检验国外学者提出的几种理论解释：其一，当前虽然中国城乡都面临十分严峻的环境问题，但环境问题最早在中国城市地区集中爆发，之后才于乡村地区浮出水面。就接触环境问题的时间长度而言，可以说城市居民总体上较乡村居民更久地暴露在环境问题之中，环境危害在城市的人口波及范围可能也更大；其二，目前中国种植业、林业、畜牧业和渔业等与自然资源开发相关的职业主要集中于乡村地区，第一产业的就业人口仍然占较大比例；其三，在中国中西部的一些乡村地区，由于地理条件限制尚未完全开发，仍然以自然环境要素为主。加上严格的户籍制度曾在过去很长时期内限制了城乡的人口流动，大多数中国居民在社会化时期居住在出生时的户口登记地（陆益龙，2008）。因此，前述差别暴露理论、差别职业理论、差别体验理论在中国都有被检验的空间。

（三）关于城乡居民环境关心趋同机制的研究

前文已经提及，晚近研究倾向于否定城乡之间的环境关心差异。假设测量工具的局限没有严重干扰到研究结论，为什么城乡居民的环境关心会趋同呢？从之前的分析中，似乎可以得到两点启示：一是环境问题随着时间推移发生了变迁，城乡居民各自承担的客观环境风险呈现出均等化的趋势，体验和看待环境问题的方式越来越近似；二是社会结构发生了调整，城乡居民的社会属性在城乡一体化的大格局下开始趋同，态度和观念上的共识也渐多。以上都是宏观社会层面的解释，具有抽象性，其操作价值和政策意义有限，需要寻找具体解释机制。从一些研究来看（Tremblay & Dunlap，1978；Freudenburg，1991），教育和大众媒体可能是城乡居民环境关心趋同的重要中介因素。

首先，教育（特别是环境教育）可以直接促进公众环境知识的增长，进而影响环境关心。1992 年地球峰会（Earth Summit）提出的《21 世纪议程》呼吁要将环境教育纳入各国的国民教育，使之成为世界公民必备的通识，各国政府很快在战略上、政策上对该议程作出响应。目前，环境教育基本上已经成为各国教育方面的"必修课"。通过标准化的教育，特别是环境教育，公众环境知识水平普遍得到提高。但是，关于环境知识如何影响环境关心，目前还存有争议。一种观点认为，那些具有较高环境知识水平的人通常表现出更多的环境关心（Hayes，2001）。另一种观点则认为，公众因为知识有限或无知才会去关心环境问题，环境知识多的人反而不太关心环境问题（Davidson & Freudenburg，1996）。但无论如何，环境知识对于环境关心的显著影响是学界共同认可的。

其次，大众媒体对环境关心具有重要影响。这种影响体现为媒体的"信息源"功能。通过新闻报道、专题等多种形式的呈现，公众会开始意识到并思考环境议题。特别是自 20 世纪 90 年代以来像气候变化、臭氧层空洞等新型环境议题一直是全球媒体关注的热点，很多公众最早是通过媒体接触到这些环境名词并开始关注这些问题的（Stamm et al.，2000；汉尼根，2009：83-97）。有研究还表明，公众对媒体的使用会增加环境知识（Chan，1999）。在此意义上，虽然环境问题在不断变迁，但大众媒体有效填补了公众的认知"盲区"，从而间接影响环境关心。大众媒体对环境关心的第二种影响方式是引导受众的态度立场，但在影响方向上却是不确定的。这是因为，呈现在媒体上的环境问题来自科学家、政府、当地机构、环保团体和政府官员等多个方面，抵达公众面前时经常是一个被建构的而非客观的事实，人们的相关态度因此会受到媒体中不同立场的影响（Gooch，1996）。

在中国，教育和大众媒体对公众环境关心的影响也值得关注。一方面，中国政府在 20 世纪 90 年代初对《21 世纪议程》迅速作出回应，大力推行环境教育，并取得了很多成绩，促进了中国公众环境知识的增长（闫国东等，2010）。基于 CGSS2003 数据的研究发现，环境知识对中国城市公众环境关心水平影响显著（Xiao et al.，2013）。此外，也有许多学者注意到大众媒体对当前中国公众环境关心与环境参与具有重要影响，但是在影响的方向和大小方面，相关结论同国外研究一样存在分歧（洪大用，2001：148-155；Paek & Pan，2004；龚文娟，2013）。

基于以上文献分析，本章试图利用一项全国城乡社会调查权威数据，就中国城乡居民的环境关心进行深入比较分析，并检验国外相关理论的解释力，对城乡居民环境关心差异形成的社会机制及其发展趋势进行分析和讨论。

二、研究设计

（一）数据说明与分析策略

本研究所使用的数据来自 2010 年的 CGSS 调查，此次调查覆盖了中国 31 个省级行政区划单位（不含港澳台地区），调查对象为 16 岁及以上的居民，问卷完成方式以面对面访谈为主。CGSS2010 的全部有效样本为11 785 个，应答率为 71.32％。本研究的主要测量项目集中在调查问卷中的环境模块，该模块为 CGSS2010 调查的选答模块，所有受访者通过随机数都有 1/3 的概率回答此模块，该模块有效样本为 3 716 个。虽然设计样本减少了，但统计结果同样可作全国推论。剔除缺失回答较多的少量样本，最终进入分析的有效样本为 3 679 个。其中，城市受访者占 64.3％，乡村受访者占 35.7％；男性和女性分别占 47.3％和 52.7％；年龄在 25 岁以下、25～34 岁、35～54 岁以及 55 岁及以上者所占比例分别为 8.7％、15.7％、44.1％ 和 31.5％；文化程度为小学、初中、高中和高中以上者所占比例分别为 34.1％、29.2％、20.1％和 16.6％。

简单地说，本章的研究问题是：在当代中国，城乡居民的环境关心是否存在差异？如果存在，究竟是城市居民更加关心环境还是乡村居民环境关心水平更高呢？尽管国际比较研究表明全球城乡居民的环境关心差异都可能在趋同，我们却相信居住地假设所描述的"城市居民比乡村居民具有更多环境关心"的现象在中国仍然能够被观察到，这也构成本研究的总假设（假设 1）。根据 CGSS 的问卷设计，将围绕居住地假设的三种理论解释也分别操作成一些具体假设。

差别暴露理论认为，城市居民较乡村居民因为被暴露于更严重的环境问题之中而更加关心环境。按照该理论，可以假设那些遭遇过环境危害的城市居民对环境问题的危害性有过直接体验和观察，他们可能比没有遭遇过环境问题的城市居民，特别是比乡村居民更加关心环境（假设2）。差别职业理论认为，乡村居民因为多半从事自然资源开采性质的职业而较城市居民更少关心环境。本研究只检验务农对环境关心的影响。当前中国的农业生产仍然是以小农经营（家庭联产承包）为主，对土壤、水源、树木、草原等自然资源具有很强的依赖性。因此，目前务农的乡村居民，比不务农的乡村居民，特别是比城市居民更不关心环境（假设3）。差别体验理论认为，在人造环境中长大的城市居民更能够体验到人类对于自然环境的能动作用，比在自然环境中长大的乡村居民更加关心环境。劳威和宾海（Lowe & Pinhey，1982）检验该理论的指标为"16岁时的居住地"，CGSS2010的问卷中并无该测量项。但是，如果根据户口类型变动情况和变动年份推算受访者16岁前是否有过"农业户口转非农户口"的经历，则可近似考察当前居住在城市的人在社会化时期是否居住在乡村地区。[①] 具体来说，那些16岁之前为非农户口的城市居民，其社会化时期很可能就已经居住在城市，相较于那些16岁之前为农业户口的城市居民（在乡村完成社会化后迁居城市），特别是比乡村居民更加关心环境（假设4）。

本研究拟采取双重分析策略来检验以上假设。首先，通过ANOVA双变量分析策略，将以上假设涉及的群组分别进行比较，对于城乡类型与环境关心之间的关系进行初步的探索。具体来说，我们将对四个操作假设涉及的七个城乡群组的环境关心差异进行比较，以检验它们描述的城乡差异是否显著。其次，建立环境关心的结构方程模型，在控制其他社会人口变量和引入环境知识、媒体使用作为中介变量的情况下，进一步观察城乡与环境关心的关系。

（二）变量测量

1. 因变量

本研究的因变量为环境关心。事实上，由于环境关心测量的复杂性，

---

① 推算仅限于1958年《中华人民共和国户口登记条例》颁布之后出生的人口。由于我国户籍制度的相关限制，"非农户口转农业户口"的情况不多，城市人口向乡村地区的迁移也比较少。"文革"期间的"上山下乡"运动中，城市青年人口曾大规模向乡村迁移，但这一同期群大多是在完成社会化之后（至少初中毕业）迁向乡村的，且在"文革"结束后大多数已经返回城市，因此也不在分析之内。

研究者们之前观察到的城乡环境关心差异在方向、大小上的差别在一定程度上也会受到影响。[①] 目前，最为常用的环境关心测量工具是邓拉普等人提出的 NEP 量表及其修订版（Dunlap & Van Liere，1978；Dunlap *et al.*，2000），越来越多的国内学者近年来也开始使用修订版 NEP 量表研究中国公众的环境关心（洪大用、肖晨阳，2007）。NEP 量表及其修订版测量的是亲环境世界观——新环境/生态范式，实质是一种狭义层面的环境关心。因此，许多学者还拓展了如不同地域层次环境议题认知、环境议题重要性认知、经济生态权衡、环境政策支持、日常环保行为等不同面向，以更为全面地测量公众的环境关心（Dunlap & Jones，2002：482 - 524；Xiao & Dunlap，2007；卢春天、洪大用，2011）。为了更加全面地捕捉当前中国城乡居民的环境关心差异，我们根据问卷设计内容在测量模型中也尽可能引入更多的环境关心面向和测量项目。利用验证性因子分析（CFA），对测量项目在不同测量面向下的组合信度进行检验[②]，最终确定了五个环境关心面向，除了由 NEP 量表修订版中 8 个项目测量的新生态范式，还包括 3 个项目构成的关注环境问题程度、4 个项目构成的环境危害评价、3 个项目构成的环境贡献意愿和 3 个项目构成的日常环保行为（详见表 7 - 1）。

表 7 - 1　　　　　　　　　　　　环境关心的测量项目描述

面向	指标	项目描述	编码
新生态范式	项目 1	目前的人口总量正在接近地球能够承受的极限	1（完全不同意）～ 5（完全同意）
	项目 2	人类对于自然的破坏常常导致灾难性后果	1（完全不同意）～ 5（完全同意）
	项目 3	目前人类正在滥用和破坏环境	1（完全不同意）～ 5（完全同意）
	项目 4	动植物与人类有着一样的生存权	1（完全不同意）～ 5（完全同意）
	项目 5	人类尽管有着特殊能力，但是仍然受自然规律的支配	1（完全不同意）～ 5（完全同意）

[①]　例如，范李尔和邓拉普（Van Liere & Dunlap，1981）曾比较了五种不同测量方式下环境关心的城乡差异，发现显著性水平和相关系数大小都会受到一定影响。

[②]　利用 CFA 检验，我们初步放弃了一些因子负载较小的测量项目，其中包括 NEP 量表中的 7 个负向陈述项目。本书只呈现了部分数据分析结果，欢迎有兴趣的读者给作者发邮件以便查看其他结果。为了模型简洁，所有数据估计都未控制测量误差相关。

续前表

面向	指标	项目描述	编码
	项目6	地球就像宇宙飞船，只有很有限的空间和资源	1（完全不同意）～5（完全同意）
	项目7	自然界的平衡是很脆弱的，很容易被打乱	1（完全不同意）～5（完全同意）
	项目8	如果一切按照目前的样子继续，我们很快将遭受严重的环境灾难	1（完全不同意）～5（完全同意）
关注环境问题程度	项目9	对环境问题的总体关注度	1（完全不关心）～5（非常关心）
	项目10	对环境问题产生原因的了解程度	1（完全不了解）～5（非常了解）
	项目11	对环境问题解决办法的了解程度	1（完全不了解）～5（非常了解）
环境危害评价	项目12	汽车尾气造成的空气污染对环境的危害	1（完全没有危害）～5（极其有害）
	项目13	工业排放废气造成的空气污染对环境的危害	1（完全没有危害）～5（极其有害）
	项目14	农业生产中使用的农药和化肥对环境的危害	1（完全没有危害）～5（极其有害）
	项目15	江、河、湖泊的污染对环境的危害	1（完全没有危害）～5（极其有害）
环境贡献意愿	项目16	为了环保支付更高的价格	1（非常不愿意）～5（非常愿意）
	项目17	为了环保缴纳更高的税	1（非常不愿意）～5（非常愿意）
	项目18	为了环保降低生活水平	1（非常不愿意）～5（非常愿意）
日常环保行为	项目19	为了环保减少居家能源或燃料的消耗量	1（从不）～4（总是）
	项目20	为了环保节约用水或对水进行再利用	1（从不）～4（总是）
	项目21	为了环保而不去购买某些产品	1（从不）～4（总是）

　　在确定了环境关心的五个面向之后，我们建立了一个高阶 CFA 测量模型（见图 7‑1）。该模型即结构方程模型中的测量模型。假设以上五个不同面向共同负载于一个二阶因子之上，该因子就是要测量的"环境关心"。图 7‑1 中，矩形表示的是问卷中的 21 个测量项目（观察变量），分别负载于环境关心的五个不同面向上（一阶潜变量），而这五个面向再次负载于其所要测量的二阶潜变量"环境关心"之上。同时，每一个观察变量都有相应的测量误差，分别是 e1～e21；每个一阶潜变量亦有相应的回归残差，分别是 z1～z5。

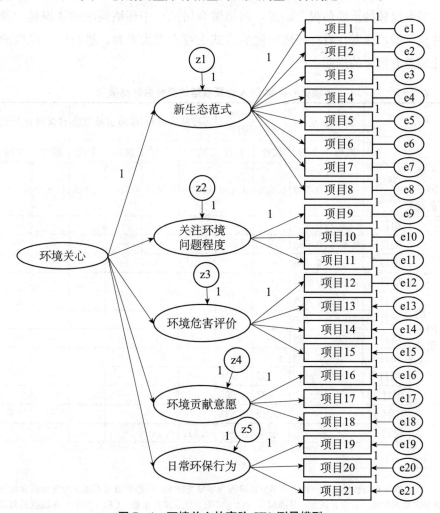

图 7‑1　环境关心的高阶 CFA 测量模型

　　表 7‑2 是利用 CGSS2010 数据对图 7‑1 模型进行城乡分组估计的部分结果。首先，从模型拟合指标的结果来看，虽然卡方检验是显著的，但其

他所有拟合指标都达到了可接受的标准。[①] 其次，如果以 0.25 和 0.40 分别作为一阶因子和二阶因子的负载标准（Raubenheimer，2004），我们可以发现各项的因子负载全都达标，说明各项具有较好的测量信度。综合来看，五面向测量模型得到数据的有效支持，可以作为中国城乡居民环境关心研究的一种工具。根据环境信念体系的相关理论，五面向的环境关心测量模型的城乡分组比较结果不存在显著差异，还可以说明当前中国城乡居民在看待环境问题的方式上存在一种相对连贯且相似的信念体系。[②] 这是本章进行城乡比较的重要前提。试想，如果城乡居民对于环境问题的认识是"碎片化"的，或者在看待环境问题的方式上存在很大差异，进行同一尺度的比较就有很大的局限。

表 7 - 2　　　　　　　环境关心高阶 CFA 测量模型的部分估计结果

		新生态范式		关注环境问题程度		环境危害评价		环境贡献意愿		日常环保行为	
		城市	乡村	城市	乡村	城市	乡村	城市	乡村	城市	乡村
二阶因子负载	环境关心	0.517	0.589	0.522	0.450	0.409	0.458	0.442	0.425	0.659	0.616
一阶因子负载	项目 1	0.361	0.351	—	—	—	—	—	—	—	—
	项目 2	0.572	0.583	—	—	—	—	—	—	—	—
	项目 3	0.546	0.476	—	—	—	—	—	—	—	—
	项目 4	0.564	0.500	—	—	—	—	—	—	—	—
	项目 5	0.578	0.454	—	—	—	—	—	—	—	—
	项目 6	0.579	0.460	—	—	—	—	—	—	—	—
	项目 7	0.585	0.562	—	—	—	—	—	—	—	—
	项目 8	0.610	0.568	—	—	—	—	—	—	—	—
	项目 9	—	—	0.389	0.316	—	—	—	—	—	—
	项目 10	—	—	0.827	0.695	—	—	—	—	—	—
	项目 11	—	—	0.749	0.882	—	—	—	—	—	—
	项目 12	—	—	—	—	0.712	0.740	—	—	—	—

---

① 在结构方程模型的分析中，卡方检验因为容易受样本规模影响而并不能作为模型拟合情况评估的绝对标准。有学者认为，基准拟合指数（NFI）、比较拟合指数（CFI）大于 0.9 以及近似误差均方根（RMSEA）小于 0.05 是模型拟合较好的更有力证据（邱正皓、林碧芳，2008：77 - 84）。

② 信念体系是英文"belief system"的意译，意指"由相互约束和有机相关的一系列观点、态度组成的构型"（Converse，1964）。环境关心的相关研究认为，相同社会背景的公众会共享一种连贯的环境信念体系，在理解和看待环境问题的方式上具有诸多相似性（Dunlap，2008；Xiao et al.，2013）。

续前表

		新生态范式		关注环境问题程度		环境危害评价		环境贡献意愿		日常环保行为	
		城市	乡村	城市	乡村	城市	乡村	城市	乡村	城市	乡村
一阶因子负载	项目 13	—	—	—	—	0.723	0.668	—	—	—	—
	项目 14	—	—	—	—	0.600	0.498	—	—	—	—
	项目 15	—	—	—	—	0.544	0.490	—	—	—	—
	项目 16	—	—	—	—	—	—	0.819	0.868	—	—
	项目 17	—	—	—	—	—	—	0.853	0.918	—	—
	项目 18	—	—	—	—	—	—	0.673	0.682	—	—
	项目 19	—	—	—	—	—	—	—	—	0.771	0.757
	项目 20	—	—	—	—	—	—	—	—	0.750	0.749
	项目 21	—	—	—	—	—	—	—	—	0.710	0.671
模型拟合指标		χ^2/df		p 值		NFI		CFI		RMSEA	
		0.031		1632.527/368		0.000		0.920		0.937	

为便于双变量 ANOVA 分析，将环境关心各面向所辖项目的得分分别进行累加可以得到五个变量，以面向名分别对它们进行命名。某一变量分值越高，表示在相应面向呈现出的环境关心水平越高（见表 7 - 3）。

表 7 - 3　　　　　　　研究涉及变量的相关情况描述

变量	性质	均值			标准差			说明
		城市样本	乡村样本	总样本	城市样本	乡村样本	总样本	
新生态范式	连续	31.15	28.70	30.27	4.590	4.376	4.664	环境关心的面向一
关注环境问题程度	连续	9.13	8.06	8.75	2.281	2.312	2.348	环境关心的面向二
环境危害评价	连续	15.63	15.63	15.63	2.285	2.329	2.352	环境关心的面向三
环境贡献意愿	连续	9.05	8.63	8.90	2.758	2.874	2.807	环境关心的面向四
日常环保行为	连续	7.15	5.70	8.75	2.292	2.164	2.348	环境关心的面向五
城乡类型	定类	—	—	0.64	—	—	0.479	0＝乡村，1＝城市
性别	定类	0.47	0.48	0.47	0.499	0.500	0.499	0＝女性，1＝男性
年龄	连续	46.54	48.74	47.33	16.038	15.055	15.728	单位：岁
教育	连续	10.32	6.44	8.93	4.326	3.949	4.589	0＝未受过正式教育，6＝小学、私塾，9＝初中，12＝高中（中专、职高、技校），15＝大专，16＝本科，19＝研究生及以上

续前表

变量	性质	均值			标准差			说明
		城市样本	乡村样本	总样本	城市样本	乡村样本	总样本	
个人年收入	连续	24.53	9.42	19.13	69.262	11.148	56.404	单位：千元
户口类型	定类	0.77	0.06	0.51	0.424	0.243	0.500	0＝农业户口，1＝非农户口
党员身份	定类	0.17	0.07	0.13	0.374	0.251	0.339	0＝非党员，1＝党员
是否遭遇环境危害	定类	0.91	0.79	0.87	0.288	0.407	0.340	0＝从未遭遇，1＝遭遇过
目前是否务农	定类	0.05	0.56	0.23	0.214	0.497	0.422	0＝不务农，1＝务农
16岁时户口类型	定类	0.14	0.02	0.10	0.346	0.134	0.294	0＝农业户口，1＝非农户口
媒体使用	连续	15.37	11.08	13.84	2.652	2.538	4.546	分值高表示经常使用媒体
环境知识	连续	5.78	3.95	5.13	4.447	3.233	2.755	分值高表示环境知识水平高

2. 预测变量和控制变量

本研究的预测变量是城乡居住地类型，这是一个定类变量。国外一些研究中城乡类型通常是以居住地人口规模来区分的，因为在美国这样高度城市化的西方国家中乡村人口的比例非常小。很明显，这种城乡划分方法在中国并不适用，国内学者的相关研究也多未采用（张玉林，2013）。CGSS调查中依照所调查社区设立的是居委会还是村委会的差别，对城市居住地和乡村居住地分别进行了界定，我们的研究沿用了这一城乡划分方式。[①] 为了更清楚地检验城乡居住地与环境关心的关系，我们引入了一些控制变量，既包括性别、年龄、教育、个人年收入、户口类型、党员身份等常见社会人口变量，还包括是否

---

① 之所以不使用户口类型作为城乡划分的标准，主要有两点考虑：第一，当前我国户口类型较多，除了常见的非农户口、农业户口外，还有军籍、蓝印户口及"黑户"等其他类型；第二，更重要的是，当前中国社会的人口流动较大，许多人都不常居住在户口登记地。当然，为了检验户口对环境关心的影响，本研究在结构方程模型中也引入了这一自变量，读者可与依照基层自治组织划分的居住地类型进行结果比较。

遭遇环境危害、目前是否务农以及 16 岁时的户口类型等变量（变量描述详见表 7-3）。

3. 中介变量

为了更好地解释城乡居住差异与环境关心的关系，特别是探索城乡差异形成的社会机制，本研究还引入了两个中介变量——环境知识和媒体使用。2010 年的 CGSS 调查沿用了 CGSS2003 中的 10 项目环境知识量表（洪大用、肖晨阳，2007），将每项实际判断正确赋值为 1，实际判断错误或选择"不知道"赋值为 0。由于各项目均为二分变量，所以并未进行验证性因子分析。但统计结果表明，该量表的 alpha 信度系数高达 0.805，说明量表的内部一致性较好。将量表各项目分值累加得到环境知识的连续变量，分值越高表示环境知识水平越高（见表 7-3）。

媒体使用变量的建构依据的是 CGSS2010 问卷中询问受访者过去一年使用不同媒体的情况，所列类型有报纸、杂志、广播、电视、互联网（包括手机上网）和手机定制消息。将选择"从不""很少""有时""经常""总是"的回答依次赋值为 1、2、3、4、5 分，量表全部项目的 alpha 信度系数为 0.668。但单维 CFA 结果显示，在与其他媒体使用共同测量潜变量"媒体使用"时，电视使用的因子负载较低。进一步分析发现，电视使用的项目具有较好的分辨力，单维因子负载较低可能是因为公众对电视的使用频率明显高于其他媒体。基于表面效度，我们仍然将该量表项目视为单一维度的工具，并将量表各项加和获得媒体使用变量。该变量是连续变量，分值越高说明使用媒体的频率越高（见表 7-3）。

三、数据分析结果

（一）环境关心的多面向城乡比较

表 7-4 是基于 CGSS2010 数据关于城乡之间与城乡内部差异的双变量 ANOVA 分析结果，分别比较了不同城乡群组在环境关心五个不同面向上的得分情况。

表7-4　不同群组城乡居民环境关心的多面向比较

组序	比较组	新生态范式		关注环境问题程度		环境危害评价		环境贡献意愿		日常环保行为	
		均值	F值	均值	F值	均值	F值	均值	F值	均值	F值
组1	城市居民 (n=2 366)	31.15	249.07***	9.13	183.06***	15.63	211.60***	9.05	19.32***	7.15	351.75***
	乡村居民 (n=1 313)	28.70		8.06		14.47		8.63		5.70	
组2	遭遇环境危害的城市居民 (n=2 150)	31.30	275.99***	9.22	209.74***	15.68	223.83***	9.09	22.76***	7.18	359.63***
	乡村居民 (n=1 313)	28.70		8.06		14.47		8.63		5.70	
组3	遭遇环境危害的城市居民 (n=2 150)	31.30	27.61***	9.22	37.07***	15.68	11.36**	9.09	6.04*	7.18	5.55*
	未遭遇环境危害的城市居民 (n=216)	29.59		8.24		15.13		8.61		6.80	
组4	目前务农的乡村居民 (n=736)	28.27	230.63***	7.91	163.61***	14.33	177.67***	8.60	15.23***	5.62	258.64***
	城市居民 (n=2 366)	31.15		9.13		15.63		9.05		7.15	
组5	目前务农的乡村居民 (n=736)	28.27	15.96***	7.91	7.65*	14.33	6.28*	8.60	0.20	5.62	2.27
	目前不务农的乡村居民 (n=577)	29.24		8.26		14.66		8.67		5.80	
组6	16岁前非农户口的城市居民 (n=2 038)	31.07	222.27***	9.05	147.64***	15.62	197.71***	8.99	12.87***	7.12	317.15***
	乡村居民 (n=1 313)	28.70		8.06		14.47		8.63		5.70	
组7	16岁前非农户口的城市居民 (n=2 038)	31.07	4.36*	9.05	20.16***	15.62	0.01	8.99	8.23**	7.12	2.35
	16岁前农业户口的城市居民 (n=328)	31.64		9.65		15.64		9.46		7.33	

* $p \leqslant 0.05$，** $p \leqslant 0.01$，*** $p \leqslant 0.001$。

　　由组 1 的比较结果可知，城市居民在新生态范式、关注环境问题程度、环境危害评价、环境贡献意愿和日常环保行为五个环境关心面向上的得分都要高于乡村居民，且都具有统计显著性。这说明，城市居民与乡村居民相比，更为普遍接受新生态范式体现的亲环境观念，更加关注环境问题，更能够认识到环境问题的危害，具有更强的环境贡献意愿，也更为积极地在日常生活中参与环境保护。这些结果充分支持了假设 1（居住地假设）。简言之，在当代中国，城乡居民的环境关心水平确实存在显著差异，城市居民在诸多方面都较乡村居民表现出更多的环境关心。

　　组 2 和组 3 的比较是为了检验假设 2。从组 2 结果看，遭遇过环境危害的城市居民的环境关心水平要显著高于乡村居民。组 3 结果表明，遭遇过环境危害的城市居民确实要比未遭遇过环境危害的城市居民更加关心环境。也就是说，差别暴露理论初步得到数据有效的支持。

　　组 4 和组 5 的比较是为了检验假设 3。从组 4 结果看，目前务农的乡村居民在环境关心五个面向上的得分都要低于城市居民。组 5 的比较结果显示，目前务农的乡村居民在新生态范式、关注环境问题程度、环境危害评价三个面向上的得分要比不务农的乡村居民低，但在环境贡献意愿和日常环保行为方面两个群体没有显著差异。也就是说，目前是否务农与城乡居民的环境关心水平确实存在显著关系，但是只局限在部分方面，差别职业理论初步得到部分支持。

　　假设 4 的检验情况可以参见组 6 和组 7 的比较结果。组 6 结果表明，16 岁前为非农户口的城市居民在不同面向上的环境关心得分都要显著高于乡村居民。但组 7 的结果却表明，16 岁前的户口类型只与城市居民的新生态范式、关注环境问题程度和环境贡献意愿三个面向上的得分显著关联，在环境危害评价和日常环保行为方面 16 岁之前的户口类型差异并没有体现出来。进一步，在有显著差异的三个面向上，16 岁前农业户口的城市居民得分都要显著高于 16 岁前为非农户口的城市居民，这与假设 4 描述的方向相反。因此可以说，假设 4 及所依据的差别体验理论没有得到数据有效的支持。

　　从以上分析结果可知，居住地假设在当代中国社会仍然成立：中国城市居民的环境关心水平要显著高于乡村居民。为了进一步探索城乡差异与环境关心之间的因果关系，我们建立了环境关心的结构方程模型。

(二) 环境关心的结构方程模型

在环境关心测量模型的基础上（见图 7-1），以二阶因子"环境关心"为因变量，以城乡类型、性别、年龄、教育、个人年收入、户口类型、党员身份、是否遭遇环境危害、目前是否务农和 16 岁时户口类型为自变量，以环境知识和媒体使用作为中介变量，由此建立了环境关心的结构方程模型（见图 7-2）。其中，媒体使用除了对环境关心具有直接影响外，还可能会通过环境知识对环境关心具有间接的影响。另外，模型删除了 6 对不具备统计显著性的自变量之间的相关关系。[①]

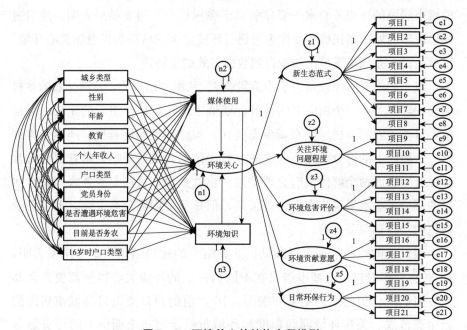

图 7-2 环境关心的结构方程模型

表 7-5 给出了图 7-2 模型的部分估计结果。除了卡方检验依然显著之外，NFI、CFI 和 RMSEA 等其他模型拟合指标全部达到可接受标准，综合来看，该模型具有较好的拟合度。

---

① 被删除的几对相关关系分别是城乡与性别、性别与户口、性别与是否遭遇环境危害、性别与目前是否务农、性别和 16 岁时户口类型以及年龄与户口。多元共线性检验的结果表明各自变量的方差膨胀因子（VIF）在 1.05～2.38 之间，共线性问题并不突出。

表 7 - 5　各变量对环境关心、环境知识和媒体使用的直接影响和模型拟合情况

自变量	环境关心		环境知识		媒体使用	
	标准化回归系数	p 值	标准化回归系数	p 值	标准化回归系数	p 值
城乡类型	0.071	0.004	0.025	0.211	0.113	0.000
性别	0.004	0.832	0.052	0.000	0.038	0.002
年龄	0.064	0.002	−0.091	0.000	−0.091	0.000
教育	0.101	0.000	0.251	0.000	0.394	0.000
个人年收入	0.013	0.452	0.012	0.378	0.027	0.027
户口类型	0.074	0.004	0.123	0.000	0.174	0.000
党员身份	0.028	0.117	0.042	0.004	0.084	0.000
是否遭遇环境危害	0.112	0.000	0.136	0.000	0.022	0.068
目前是否务农	−0.021	0.307	−0.023	0.178	−0.071	0.000
16 岁时户口类型	0.022	0.213	−0.062	0.000	−0.036	0.006
媒体使用	0.251	0.000	0.160	0.000		
环境知识	0.422	0.000	—			
R^2	0.598		0.322		0.478	
模型拟合指标	χ^2/df	p 值	NFI	CFI	RMSEA	
	2 481.085/430	0.000	0.931	0.942	0.036	

　　首先，看一下各变量对环境关心的直接影响。从表 7 - 5 可以看出，环境关心得到了很好的解释（R^2 达到 59.8%）。具体来说，在控制其他变量不变的情况下：（1）城乡类型对环境关心具有显著的直接影响，城市居民比乡村居民更加关心环境，再次验证了居住地假设；（2）是否遭遇环境危害对环境关心具有显著的直接影响，该结果支持差别暴露理论（假设 2）；（3）目前是否务农、16 岁时户口类型的影响不显著，说明这两个变量对环境关心的影响不是独立的，假设 3 和假设 4 最终被否定；（4）媒体使用和环境知识对环境关心具有显著的正向影响，且从回归系数的绝对值判断是影响最大的两个变量；（5）年龄、教育、户口类型等变量也对环境关心具有显著影响，年长的、受教育水平高的、拥有非农户口的人更具环境关心；（6）性别、个人年收入和党员身份对环境关心没有显著影响。

　　其次，表 7 - 5 还说明环境知识和媒体使用也都得到了各自变量较好的

解释（R^2分别为32.2%和47.8%）。第一，就环境知识而言，在控制其他自变量不变时，对其具有显著影响的变量分别为性别、年龄、教育、户口类型、党员身份、是否遭遇环境危害、16岁时户口类型和媒体使用，城乡类型、个人年收入、目前是否务农则没有显著影响。从标准回归系数的绝对值来判断，对环境知识影响最大的两个自变量分别是教育和媒体使用：教育水平越高的人、越经常使用媒体的人，拥有的环境知识也越多。这一结果，说明了环境教育和大众媒体对中国公众环境知识增长的促进作用。第二，就媒体使用而言，模型中除了是否遭遇环境危害外，其他变量都对之具有显著影响。在控制其他变量不变时，城市居民要比乡村居民更加经常地使用媒体，男性、年轻人、受教育水平高的、个人年收入水平高的、拥有城市户口的、党员、目前不务农以及16岁时为农业户口的人使用媒体的频率也更高。

最后，重点考察各自变量与环境知识、媒体使用与环境关心之间的关系。作为中介变量的环境知识和媒体使用都对环境关心具有显著的直接影响，据此可以认为：一个变量只要对环境知识或媒体使用有显著的直接影响，同时也对环境关心具有显著的间接影响。这里，可以将各自变量通过环境知识和媒体使用对环境关心的间接影响与直接影响相加，从而得到各自变量对环境关心的总影响（见表7-6）。[①]

表7-6 各自变量对环境关心的直接影响、间接影响和总影响

自变量	环境知识			环境关心		
	直接影响	间接影响	总影响	直接影响	间接影响	总影响
城乡类型	0.025	0.018	0.043*	0.071*	0.047	0.118*
性别	0.052*	0.006	0.058*	0.004	0.034	0.038*
年龄	−0.091*	−0.020	−0.111*	0.064*	−0.078	−0.014*
教育	0.251*	0.063	0.314*	0.101*	0.232	0.333*
个人年收入	0.012	0.004	0.017	0.013	0.014	0.027*
户口类型	0.123*	0.028	0.151*	0.074*	0.107	0.182*
党员身份	0.042*	0.013	0.056*	0.028	0.045	0.073*

---

① 需要说明的是，任何一个自变量，只要其对环境关心的直接影响与间接影响中有一种是显著的，那么该变量对环境关心的总影响也显著。就此来说，模型中所有自变量对环境关心的总影响都是显著的。

续前表

自变量	环境知识			环境关心		
	直接影响	间接影响	总影响	直接影响	间接影响	总影响
是否遭遇环境危害	0.136*	0.004	0.139*	0.112*	0.064	0.176*
目前是否务农	−0.023	−0.011	−0.035	−0.021	−0.032	−0.054*
16 岁时户口类型	−0.062*	−0.006	−0.068*	0.022	−0.038	−0.015*
媒体使用	0.160*	—	0.160*	0.251*	0.068	0.319*
环境知识	—	—	—	0.422*	—	0.422*

注：直接影响为标准化回归系数；＊ $p \leqslant 0.05$；间接影响未进行显著性检验。

　　环境知识和媒体使用的中介影响几乎涉及模型中所有自变量，限于篇幅，这里只考察城乡变量。从表 7-6 可以看出，城乡类型对环境关心有着显著的直接影响，城市居民要比乡村居民更加关心环境。这种差异被环境知识水平和媒体使用情况进一步放大，表现为总影响要大于直接影响。因此，环境知识和媒体使用是城乡居民环境关心差异形成的重要机制。一方面，城市居民会因为更加经常使用媒体而具有更高的环境关心水平。另一方面，表 7-6 还可以表明，尽管城乡类型对环境知识的直接影响并不显著，但其通过媒体使用对环境知识有着较强的间接影响，会进一步扩大环境关心的城乡差异。

四、总结与讨论

　　行文至此，可以得出以下几点基本结论：第一，基于 CGSS2010 的数据分析表明，中国城乡居民在看待环境问题的方式上存在着一种较为相似的、连贯的信念体系；第二，中国城乡居民的环境关心水平确实存在显著差异，城乡类型对环境关心具有显著的直接影响，城市居民在诸多方面都较乡村居民表现出更多的环境关心，这与国外早期居住地假设的描述是一致的；第三，差别暴露理论可以解释中国公众环境关心的城乡差异，而差别职业理论和差别体验理论则不适合；第四，在环境知识和媒体使用的中介作用下，环境关心的城乡差异被进一步放大。

如前所述，国外晚近研究表明全球公众环境关心的城乡差异在不断趋同。但是，本章的发现表明中国城乡居民的环境关心水平仍然存在显著差异。从研究工具的选择来看，我们在测量环境关心时尽可能多地涵盖了环境关心的不同面向，且每个面向的比较都显示城市居民的环境关心水平要显著高于乡村居民，所以有理由排除因为测量方法不同而可能导致的结果差异。从研究方法的设计来看，结构方程模型中，在控制了社会人口变量和其他一些对环境关心具有显著影响的变量的情况下，城乡类型变量仍然显示出对环境关心的显著的直接影响，也基本能够排除虚假相关的可能。因此，居住地假设在中国得到了充分证实，中国城市居民比乡村居民更具环境关心的这一发现也应该是真实有效的。

本章系统检验了国外早期研究针对居住地假设提出的三种理论解释，但只有差别暴露理论得到了数据的有效支持。也就是说，在当代中国，城市居民确有可能因为有更大概率遭遇环境危害而较乡村居民更加关心环境。但是，差别暴露理论只能解释一部分环境关心的城乡差异。结构方程模型结果显示，在控制是否遭遇过环境危害变量不变的同时，城乡类型仍然对环境关心具有显著的直接影响，这至少说明差别暴露不是环境关心城乡差异的主要原因。一个有趣的发现是，遭遇过环境危害的人其环境知识也会增加，进而会对环境关心产生间接影响。据此，可以拓展差别暴露理论：城市居民比乡村居民更有可能遭遇环境危害的事实，首先会直接引起他们更加关心环境；他们也会因为"久病成医"而具有更多的环境知识，也会促进他们对于环境的关心。但是，针对城市居民是如何"久病成医"的，本研究的模型和数据还无法提供详细的解释，可以作为下一步的研究问题。

本研究选用目前是否务农来测量带有自然资源开采性质的职业，用16岁时的户口类型来测量社会化时期的居住地，以分别检验差别职业理论和差别体验理论。数据结果显示，目前务农的乡村居民在环境关心的部分面向上确实比城市居民和不务农的乡村居民表现出更少的环境关心，但16岁前非农户口的城市居民并没有较16岁前农业户口的城市居民表现出更多的环境关心，在部分面向上后者的得分甚至更高；进一步，在控制其他变量不变的情况下，目前是否务农和16岁时的户口类型都对环境关心没有显著的直接影响。这些结果与差别职业理论和差别体验理论的相关描述都存在很大出入。事实上，这两种理论在解释城乡居民环境关心差异时都存在很多预设，并不符合一个好理论应有的"简洁性"要求。例如，差别职业理论预设乡村居民因为从事资源开采性质的职业而习得了功利主义价值观，差别体验理论则预设乡村居民因为在自然环境中长大习得了一种"环境是上帝或大自然的作品"的观念，这些似乎都是合理的推断。但是，问题的关键在于，功利主义价值观和"自然天成"的观念必然会导致乡村居民对环境不关心的结果吗？国外一些研究已经对这个问题进行过回答：从事自然资源开采性质的职业、农业生产以及在乡村的成长经历，并非绝对会减少环境关心，有时还会促进人们更加关心环境（Freudenburg，1991；Jones *et al.*，2003）。

　　研究发现，虽然务农的乡村居民环境关心水平最低，但是这一结果很有可能是与其他群体相比，农民拥有的环境知识较少以及不经常接触媒体而造成的。至于差别体验理论中阐述的在乡村地区的社会化经历会降低环境关心水平的说法，数据结果并不支持。甚至，ANOVA 双变量的分析结果与该假设的描述方向相反。国内一些研究表明，在中国乡村居民的生产生活中，对于环境有着本土的内生知识体系（地方知识）：正是因为对自然资源高度依赖，也正是因为相信"自然天成"，他们更多地表现出一种顺应自然的倾向，在客观上起到了保护环境、维持生态平衡的作用（麻国庆，2001；王晓毅，2010；钟兴菊，2014）。虽然我们的研究尚不足以完全否定差别职业理论和差别体验理论，但是我们倾向于认为这两种植根于西方社会的理论可能并不适合解释中国城乡居民的环境关心差异。

　　研究还表明，媒体使用和环境知识对于环境关心城乡差异的形成具有重要的中介作用。应当说，大众媒体近年来已经在中国乡村地区得到了有效普及，但相较城市居民，乡村居民接触媒体的机会仍然较少。[①] 在新媒体（手机、互联网）大行其道的今天，城市居民可以通过更多类型、更便捷的媒体渠道获取环境信息与知识，这在目前大多数中国乡村地区可能还无法实现。一方面，城市居民明显较乡村居民更为经常使用媒体，正是接触大

---

　　① 以有线广播电视为例，2012 年统计数据显示，我国乡村有线广播电视用户数已达 8 432 万户，但只占家庭总户数的 33.5%，全国有线广播电视用户数和占家庭总户数比重分别为 21 509 万户和 51.5%。也就是说，尽管有线广播电视在全国一半的家庭中已经普及，但近七成的乡村居民却无法在家直接收看。参见 http://data.stats.gov.cn/workspace/index? m=hgnd。

众媒体的机会和类型不同，城乡居民了解到的环境信息量存在落差，关于当前中国媒体报道中较为明晰的"环保立场"的接纳程度也会不一样。另一方面，在控制了其他变量的情况下虽然城乡居民的环境知识水平不存在显著差异，但经常使用媒体的城市居民还会较不常使用媒体的乡村居民从媒体中习得更多的环保知识。结果导致了环境关心的城乡差异被进一步放大。

综合来看，我们似乎有理由相信中国城乡居民的环境关心也将不断趋同并最终走向同构。其一，国外研究表明，城乡居民的环境关心趋同是一种全球现象，一些西方发达国家的调查结果甚至显示已无城乡差异。这说明，当一国经济和社会发展到特定阶段，城乡居民环境关心趋同可能是一种必然趋势。当前，无论是经济发展水平、城市化水平还是应对环境问题能力方面，我国同一些西方国家还存在一定差距，但这些差距正在不断缩小，从长远来看我国城乡居民的环境关心差异应该也会如同其他国家的相关发现那样逐渐消失。其二，从已有的国内研究来看，近年来我国城乡居民的环境关心差距已经在开始缩减。如前所述，1995 年的"全民环境意识调查"显示，只有 58.2% 的乡村居民听说过"环境保护"，而城市居民中有九成听说过（中华环境保护基金会，1998）。但是，CGSS2010 的调查结果却显示，在不考虑大众媒体等因素的影响下，城乡居民关于环境保护的知识水平已无太大差异。这充分说明，过去 15 年间，随着环境教育的普及，城乡居民之间关于环境议题的认知"堕距"正在不断缩小。其三，近年来，越来越多的环境抗争在中国乡村地区和城市郊区集中爆发，乡村居民对具有环境风险的项目抗议情绪十分明显（景军，2009；李晨璐、赵旭东，2012）。这似乎可以说明环境保护的观念在中国乡村地区已经越来越流行。其四，我们的研究还表明，随着城市化的推进，越来越多的乡村居民会更加关心环境。大众媒体的普及一直是城市化、现代化的重要标志之一（英格尔斯，1992：321）。当乡村居民有了更多机会通过更多类型的媒体了解环境保护的相关信息和知识时，他们应该会更加关心环境。

最后，需要说明本研究尚存的两点主要不足。第一，虽然在环境关心的测量工具上我们基本上做到了系统、全面，但是环境关心测量的复杂性提示我们还是有可能存在信息遗漏和方法局限。乡村地区的环境问题说到底是现代化、城市化带来的新社会问题。在长达数千年的农业社会里，乡村居民曾与自然环境长期共存，形成了地域特色明显的生活方式和风俗习惯，其中不乏一些朴素的"环保观念"。如何认识这些具有"本土性"的环境保护理念，是定量研究力所不能及的，但可以作为进一步的质性研究的重要课题。第二，由于问卷测量项目的限制，本研究对于西方相关理论的检验所采用的指标较为单一。我们期望在接下来的研究中可以有机会采用更为全面的测量指标对这些理论进行重新检验，以不断深化对于中国城乡居民环境关心差异的理论解释。

第8章 环境关心的年龄差异

　　20世纪六七十年代，在以美国为代表的西方国家，环境运动与反战运动、民权运动、女权运动等相互交织在一起，对社会、经济、文化产生了深刻的影响。在西方环境运动中，年轻人特别是广大学生表现出高涨的热情，并构成了绝对的参与主体（Buttel，1979）。而在近年来国内一些地区由环境议题引发的群体性事件中，也都活跃着青年人的身影，他们甚至经常是影响事件发展的关键助推力量。而且，目前国内一些环保组织也是依托青年人来开展环境保护行动的，这在其名称上得到明显体现，如"中国绿色青年环保公益组织"（Green Youth）、"青年应对气候变化行动网络"（CYCAN）等。为什么青年人对于环境保护表现出积极的行动倾向？中国的青年人是否要比年长者或老一代人更加关心环境问题？如果是的话，又应当作何理解呢？本章在梳理已有发现的基础上，利用全国性调查数据对年龄与环境关心之间的关系进行深入考察，并提出可能的理论解释。

一、文献回顾

（一）国外关于环境关心年龄差异的研究及理论视角

所谓环境关心，简言之，就是指个人对于环境问题的关注以及对于环境保护的支持。在跨越近半个世纪的环境关心研究文献中，探索环境关心的社会基础（即比较和解释不同社会人口特征的公众中哪一部分人更关心环境）一直是几代研究者共同努力的方向。从国外相关研究的历史进程来看，这一实践似乎并不顺利：伴随经验研究数量的增加，环境关心的社会基础并未如预期那样清晰浮现——大多数社会人口变量（如性别、种族、居住地、收入、职业等）对于环境关心的影响力有限或影响方向具有不确定性，只有年龄和教育两个变量被证实对环境关心有持续且稳定的影响（Van Liere & Dunlap，1980；Jones & Dunlap，1992）。其中，年龄被公认是对环境关心影响最稳定的社会人口变量：年龄与环境关心呈显著的负相关关系，年轻人较老年人更具环境关心（Greenbaum，1995：125）。如何理解环境关心年龄分布的这种"递减效应"呢？研究者们倾向于从生命周期和同期群两种视角对此进行回答。

生命周期视角认为，在年龄的增长过程中，个体的认知和态度也会逐渐发生规律性的转变。在该视角的总体观照下，研究者们对于年轻人更具环境关心给出了多样化的理论诠释。巴特尔（Buttel，1979）的社会结构分析指出：一方面，由于对社会制度（social institution）的嵌入程度不高，一个社会中就掌握的权力和资源而言，年轻人通常处于被支配的地位，改造社会结构、重塑社会秩序的意愿更为强烈；另一方面，环境运动可被看作年轻人提升自我社会地位的一种斗争策略，较高的环境关心水平正是青年群体强烈"反抗"意识的一种体现。梅卢奇（Melucci，1985）从文化建构的分析出发，认为年轻人在文化层面具有灵活性、易变性的象征意义，生态运动可以视作对技术理性支配生活的抵抗，其自由、自发的社会意义与主导的"年轻人文化"十分契合故而会更多地赢得青年支持。墨斐（Murphy，1994）基于利益相关者分析指出，从环境破坏的恶果最终由谁承担的长远现实来看，年轻人才是环境破坏的更大受害者，所以他们与父辈祖辈相比对环境问题更加关注、对环境保护也更加积极。卡纳基等人（Kanagy et al., 1994）认为，年轻人一般因为收入低而较少缴纳税款，因此政府为解决环境问题增加财政投入对其而言并不会造成显著的经济负担，他们因为参与成本低而更容易形成关于环境保护的积极态度。

同期群视角认为，每一代人成长的社会环境不同，尤其是在社会化过程中受一些重大历史事件（如社会运动、经济危机、战争等）的影响，造成代际群体之间态度和价值观上的差异。在探讨环境关心的年龄差异时，研究者们也十分关注代际效应。例如，英格尔哈特（Inglehart，1995）的后物质主义理论认为，二战之后出生的新一代，成长于社会经济繁荣安定的现实环境之中，其价值观念也从追求经济发展、技术进步和物质满足逐渐转为强调归属感、自我表达和生活质量，突出表现为公众环境关心的显著增长。巴克维斯和内维特（Bakvis & Nevitte，1992）基于加拿大的一项全国调查资料发现，出生于1964年之后的受访者对于环境保护更加关注。此外，大量的调查结果表明，北美和澳大利亚公众的环境关心水平在1942年至1964年之间的同期群中达到了峰值（Greenbaum，1995：131）。据此，后物质主义理论描述的代际价值观念转变所引起的环境关心增长确实得到了经验资料的部分支持。

以上两种围绕环境关心年龄差异的理论视角，分别揭示了年龄变量生理的（biological）和社会的（societal）两个不同面向。需要注意的是，这两个视角的理论前提存在显著差异。生命周期视角假定个体的环境关心水平在人生的不同阶段是流动、变化的：从青年阶段的比较关心环境到老年阶段的不太关心环境，其实体现了对于环境问题和环境保护专注水平的自然退化过程。同期群视角则认为，在相同社会情境中成长起来的一代人，其在社会化时期习得的环境观念往往具有相似性，并稳定地区别于其他代际人群：社会层面的变迁致使关心环境的新一代人出现，代际隔离体现为老一代人的环境关心水平要低于新一代人。由此不难看出，生命周期视角在解释环境关心的年龄差异时暗含了一种微观的个体取向，而同期群视角秉持了宏观的社会取向。

（二）"年龄-环境关心"分析的"巴特尔模型"

环境关心的年龄差异究竟是一种生命周期现象还是同期群现象？实际

上，如果存在环境关心的定期追踪调查数据，将很容易对这一问题做出回答。如果基于追踪数据的结果显示，相同的受访者的环境关心水平随着调查时间的推移在逐渐下降，那么则大体上可以证明生命周期效应的显著影响；相反，如果数据显示出生在特定年代的受访者群体其环境关心水平呈现出相似且稳定的状态，则不难得出同期群对于环境关心年龄差异更具有解释力的结论。在此方面，霍诺尔德（Honnold，1984）的研究具有一定的借鉴意义。但是，追踪调查数据往往是很难获得的，早期国外环境调查往往只能提供一时一地的截面调查数据。那么，基于截面数据是否能够以及又该如何考察环境关心的年龄差异呢？为解决这一难题，美国著名环境社会学家巴特尔（Buttel，1979）综合以上两种视角，于 1979 年刊发的一篇文章中提出了一种用于检验环境关心年龄差异的多元路径分析模型，后继研究者们称之为"巴特尔模型"（见图 8 - 1）。

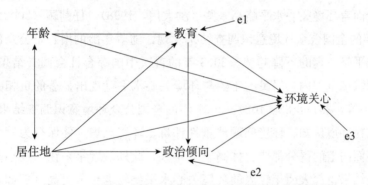

图 8 - 1　巴特尔考察环境关心年龄差异的路径分析模型

图 8 - 1 的模型中一共引入了五个变量，e1～e3 为测量误差。其中，环境关心是需要被解释的因变量，年龄、居住地、教育和政治倾向其他四个变量都被假设对环境关心具有影响，而年龄变量对于环境关心的总影响被拆解为间接影响和直接影响两种。巴特尔指出，在控制住年龄与居住地变量的相关关系后，如果环境关心的年龄差异主要是一种同期群现象的话，根据相关理论假设和经验发现，它应该通过教育和政治倾向这两个中介变量来显著影响环境关心，且间接影响应该大于直接影响；如果年龄差异主要是一种生命周期现象的话，那么年龄变量本身就应该对环境关心具有显著的直接影响且要大于间接影响。巴特尔基于 1974 年在美国威斯康星州的问卷调查结果，利用"巴特尔模型"对环境关心的年龄差异进行了考察。数据分析结果发现，年龄本身对于环境关心具有显著的直接影响且要大于

通过教育和政治倾向造成的间接影响，因此巴特尔的研究结论认为环境关心的年龄差异主要是一种生命周期现象（Buttel，1979）。

应当说，虽然还存在一些问题，但"巴特尔模型"大体上能够解决由于截面数据的限制而造成的检验环境关心年龄差异的难题。在中国内地目前尚无累积性的、以环境为主题的追踪调查数据的前提下，"巴特尔模型"的确对我们利用截面数据检验环境关心年龄差异具有重要的指导价值。

（三）国内既有研究及不足

国内的环境关心经验调查与研究肇始于 20 世纪 90 年代。1995 年的全民环境意识调查中百分制环境关心量表的测量结果表明，不同年龄段公众的环境关心都处于较低水平，但相对而言，29 岁以下的年轻人较其他年龄段的人而言环境关心水平略高一些（洪大用，1998）。任莉颖（2002）基于1998 年的全国公众环境意识调查结果发现，随着年龄的增长，公众的环保参与水平呈一定的下降趋势。2003 年的首次中国综合社会调查结果表明，在全国城镇范围内，居民的年龄与环境关心水平呈现出显著的负相关关系（洪大用等，2012：82 - 102）。2007 年的全国公众环境意识调查结果表明，年轻人在环境认知、环境问题严重性评价、环境意识、环保行为等多个环境关心面向上的得分都要整体高于老年人。此外，近年来在一些小范围内的调查结果也都表明年轻人的环境关心水平要较老年人更高（例如，栗晓红，2011；吴建平等，2012）。

从以上国内既有相关研究的发现中，我们大致可以得出以下两点认识：一是目前国内青年公众的环境关心水平总体上要高于老年公众，这与国外的调查结果相一致；二是随着调查年份的推移，环境关心的年龄差异似乎越来越容易被观察到。但是，由于以上研究均未对环境关心的年龄差异进行深入的理论解释，因此我们目前还不能判断究竟是哪种机制在起作用。此外，以上研究在数据基础和测量工具方面都存在明显的不足。因此，全国范围内公众环境关心的年龄差异还有进一步阐释的空间和必要。鉴于此，本章使用最近的全国性调查数据，借鉴"巴特尔模型"对中国公众环境关心做进一步的考察和分析。

二、数据、模型和变量

(一) 数据说明

本研究所使用数据来自 2010 年中国综合社会调查（CGSS2010）的环境模块。此次调查由中国人民大学社会学系主持，并联合国内其他学术单位共同实施，采用多阶分层概率抽样设计，其调查范围覆盖了中国 31 个省级行政区划单位（不含港澳台地区），调查对象为 16 岁及以上的居民，问卷的完成方式以面对面访谈为主。在 CGSS2010 的问卷中，环境模块为选答模块，所有受访者通过随机数均有三分之一的概率回答此模块，因此也具有全国范围的代表性。CGSS2010 最终的有效样本量为 11 785 个，应答率为 71.32%，其中环境模块的样本量为 3 716 个。

在剔除掉一些缺失情况严重的样本后，最终进入本研究分析中的样本数为 3 510 个。其中，女性占 52.5%，男性占 47.5%；城市样本占 65.6%，乡村样本占 34.4%；年龄在 25 岁以下、25～34 岁、35～54 岁以及 55 岁及以上者所占比例分别为 9.1%、16.0%、23.3%、21.2% 和 30.4%；文化程度为小学及以下、初中、高中、大专和大学本科及以上者所占比例分别为 32.2%、29.7%、20.8% 和 17.3%。

(二) 模型设定

本研究对于中国公众环境关心年龄差异的考察主要参考 "巴特尔模型"（Buttel，1979）。但是，"巴特尔模型" 主要是基于美国 20 世纪 70 年代的经验发现和理论研究建立起来的，直接照搬这一模型来考察中国实际还存在一些问题，需要做一些必要的改造。首先，"巴特尔模型" 中的政治倾向变量是为了测量同期群效应所造成的不同代际公众的政治价值观差异能否引起环境关心的差异，这在国内研究中少有涉及，所以在模型中不能使用这一变量；其次，"巴特尔模型" 认为教育也是同期群效应的重要体现，但却并未就什么样的教育才能影响环境关心予以阐释。在我们看来，自 20 世纪 70 年代起环境教育正式纳入中国教育系统的历史实践很可能是造成环境关心代际隔离的重要因素。考虑到环境教育的直接结果是环境知识水平的提高，我们在教育与环境关心之间引入了新的中介变量——环境知识。[①] 再次，"巴特尔模型"将年龄对于环境关心的直接影响作为检验生命周期效应的重要依据，生命周期效应也可能通过其他中介因素来起作用，比如前述个人感知到的社会地位差别。最后，"巴特尔模型"十分简洁，仅控制了居住地与年龄的相关关系，基于之前的研究成果并未控制太多与年龄不相关的社会人口变量。在当前中国公众环境关心的社会基础研究还不丰富的前提下，我们认为应当控制更多的社会人口变量（如性别、收入等），以更加清楚地检视年龄与环境关心之间的关系。本章最终建立的分析模型见图8-2。

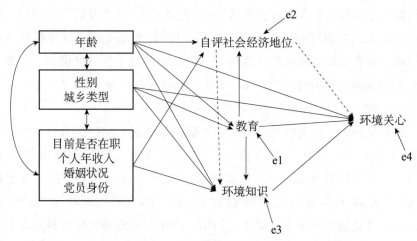

图8-2 本研究的路径分析模型

本研究的路径分析模型与"巴特尔模型"最主要的差别在于自变量和中介变量两个方面。首先，自变量方面，本研究在"巴特尔模型"的基础上还控制了性别、目前是否在职、个人年收入、婚姻状况和党员身份与年龄变量的相关关系。其中，假设性别对所有中介变量和因变量具有直接影响，其他新引入的自变量对除教育变量之外的中介变量和因变量具有直接影响。其次，在中介变量方面，本研究在"巴特尔模型"的基础上新引入了环境知识和自评社会经济地位两个变量。其中，自评社会经济地位变量的引入是对原模型生命周期效应一次尝试性的分解：根据生命周期视角的

[①] 在公众环境知识获得的过程中，环境教育并不是唯一途径，媒体报道、社区宣传等非正式途径也具有重要影响。但既有研究表明，中国城市公众的环境知识受教育的影响最大（洪大用、肖晨阳，2007）。我们认为，并非所有的教育类型都可以引起环境知识的有效增长，应当将这种影响具体化为与环境问题、环境保护直接相关的环境教育的结果。

相关理论（Buttel，1979），年龄可能会通过影响自评社会经济地位间接影响环境关心。既有研究（彭远春，2013）还表明，自评社会经济地位对于环境知识和环境关心可能存在影响，模型中用虚线路径表示。此外，e1～e4 分别是各中介变量和因变量的测量误差。

本研究将着重考察环境关心年龄差异的形成原因，并根据分析模型对生命周期和同期群两种理论解释进行检验。结合理论背景和分析模型，我们提出以下相互竞争的假设：如果生命周期效应起作用，年龄本身对于环境关心具有显著的直接影响，或者通过自评社会经济地位对于环境关心具有显著的中介影响（假设 1）；如果同期群效应起作用，年龄本身应该对于环境关心不具有独立影响，并且通过教育和环境知识对于环境关心具有显著的中介影响（假设 2）。

（三）操作变量

根据分析模型，本研究涉及的变量大体上可以分为三类：因变量、控制变量和中介变量。

1. 因变量

本研究对于环境关心的测量，使用的是对邓拉普等人（Dunlap *et al.*，2000）提出的"新生态范式量表"（new ecological paradigm scale，简称"NEP 量表"）进行本土改造后的中国版环境关心量表（CNEP 量表），该量表经过 2003 年和 2010 年两次的 CGSS 调查数据检验被证实是一个具有较高信效度的单维量表（洪大用等，2014）。CNEP 量表的数据分析结果见表 8-1。

表 8-1　**2010 年中国版环境关心量表的 CGSS 调查结果（N=3 510）**

CNEP 项目	完全不同意（%）	比较不同意（%）	无所谓同意不同意/无法选择（%）	比较同意（%）	完全同意（%）	CFA 因子负载
1. 目前的人口总量正在接近地球能够承受的极限	2.5	10.0	31.7	40.9	15.0	0.38
2. 人类对于自然的破坏常常导致灾难性后果	1.6	5.4	19.9	48.0	25.2	0.55
3. 目前人类正在滥用和破坏环境	2.9	7.9	18.2	47.6	23.5	0.46

续前表

CNEP 项目	完全不同意（%）	比较不同意（%）	无所谓同意不同意/无法选择（%）	比较同意（%）	完全同意（%）	CFA 因子负载
4. 动植物与人类有着一样的生存权	1.4	4.6	17.2	43.3	33.5	0.52
5. 自然界的自我平衡能力足够强，完全可以应付现代工业社会的冲击	14.9	29.6	38.2	13.1	4.2	0.33
6. 人类尽管有着特殊能力，但是仍然受自然规律的支配	1.5	4.2	25.3	42.4	26.6	0.49
7. 所谓人类正在面临"环境危机"，是一种过分夸大的说法	13.3	33.6	34.7	14.8	3.6	0.38
8. 地球就像宇宙飞船，只有很有限的空间和资源	2.2	7.5	31.1	36.3	22.9	0.53
9. 自然界的平衡是很脆弱的，很容易被打乱	2.0	6.8	29.6	40.2	21.5	0.56
10. 如果一切按照目前的样子继续，我们很快将遭受严重的环境灾难	2.5	9.1	31.6	33.5	23.4	0.61

从验证性因子分析（CFA）的结果来看，我们所使用的 CNEP 量表具有达到了单一维度量表可接受的因子负载水平（一般为 0.3），因此量表的得分可以直接累加建构一个环境关心变量。在对各项测量结果进行赋值时，第 1、2、3、4、6、8、9、10 项是正向陈述，选择"完全不同意""比较不同意""无所谓同意不同意/无法选择""比较同意""完全同意"依次赋值为 1、2、3、4、5 分；第 5、7 两项是反向陈述，因此进行逆向赋值。将 10 个测量项目的得分进行累加，就可以获得取值在 10～50 之间的环境关心变量，该变量是一个连续变量。

2. 中介变量

为了检验生命周期效应和同期群效应对于环境关心年龄差异的影响，本研究一共引入了三个中介变量——自评社会经济地位、教育和环境知识，其中自评社会经济地位是根据调查中让受访者自己通过给出 1～10 的分数，来评定个人目前处于社会的何种层级，分数越高则代表自评社会经济地位越高；教育是用受访者的受教育年限来测量的，是一个取值在 0～19 之间的连续变量。

环境知识变量的建构主要依据的是洪大用于 2003 年 CGSS 调查中提出的、由 10 个测量项目构成的环境知识量表（洪大用、肖晨阳，2007）。将每项实际判断正确赋值为 1，实际判断错误或选择"不知道"赋值为 0。由于各项目均为二分变量，所以并未进行验证性因子分析。但统计结果表明，该量表的 alpha 信度系数高达 0.805，说明量表的内部一致性较好。将量表各项目分值累加得到环境知识的连续变量，分值越高表示环境知识水平越高（见表 8-2）。

3. 控制变量

为了更清晰地展现年龄与环境关心之间的关系，本研究在路径模型中控制了性别、城乡类型、目前是否在职、个人年收入、婚姻状况和党员身份等变量（具体描述参见表 8-2）。

表 8-2　　　　　　　　　　　研究涉及主要变量的描述

变量名	性质	平均值	标准差	描述
环境关心	连续	36.61	4.679	分值越高表示环境关心水平越高
环境知识	连续	5.32	2.652	分值越高表示环境知识水平越高
教育	连续	9.08	4.550	未受过正式教育＝0，小学、私塾＝6，初中＝9，高中（职高、中专）＝12，大专＝15，本科＝16，研究生及以上＝19
自评社会经济地位	连续	4.07	1.766	分值越高表示自评社会经济地位越高
性别	定类	0.48	0.499	0＝女性，1＝男性
城乡类型	定类	0.66	0.475	0＝乡村，1＝城市
目前是否在职	定类	0.63	0.483	0＝非在职，1＝在职
个人年收入	连续	19.58	57.543	单位：千元
婚姻状况	定类	0.90	0.303	0＝未婚，1＝已婚（包括丧偶和离异）
党员身份	定类	0.14	0.342	0＝非党员，1＝党员

三、研究发现

（一）不同年龄段公众的环境关心得分比较

对于年龄与环境关心的相关分析表明，二者之间的皮尔逊（Pearson）

积矩相关系数为-0.117（$p=0.000$）。也就是说，年龄与环境关心的关系在中国的调查结果也是显著的负相关关系，这一结果与 20 世纪 90 年代初邓拉普等人（Dunlap *et al.*，2000）在美国的调查结果十分接近。进一步，我们根据调查时受访者的实际年龄，将受访者划分成 7 个不同年龄段的公众，并对不同年龄段公众的环境关心得分进行了方差分析（见表 8-3）。

表 8-3　不同年龄段公众环境关心的得分比较（$F=12.17$，$p=0.000$）

	均值	标准差	样本数	雪费（Scheffe）多重比较[①]
20 岁以下（A）	37.67	4.563	105	
20～29 岁（B）	37.20	4.777	508	
30～39 岁（C）	37.34	4.863	699	A～F＞G
40～49 岁（D）	36.36	4.472	799	C＞D
50～59 岁（E）	36.31	4.566	666	C＞E
60～69 岁（F）	36.49	4.746	452	
70 岁及以上（G）	34.93	4.240	281	

　　从表 8-3 方差分析的 F 检验结果来看，不同年龄段公众的环境关心水平的确存在显著差异。整体而言，低龄人群的环境关心得分要大于高龄人群。从分值大小来看，20 岁以下年龄段受访者的环境关心得分最高，得分最低的年龄段为 70 岁及以上的受访者。雪费多重比较的结果表明，40 岁以下的三个年龄段公众的环境关心得分并不存在显著差异，40～59 岁之间的两个年龄段公众也不存在显著差异，主要差异集中在 40 岁之前与 40 岁之后的两个年龄段之间，且前者的环境关心得分更高。如果将不同年龄段的比较结果还原到具体的历史年份，则可以说：出生于 20 世纪 70 年代之后的中国公众，其环境关心水平要明显高于 20 世纪 70 年代之前出生的人。

　　此外，由于调查时间（2010 年）的巧合，我们以上所做的年龄段划分恰好契合了时下国内社会和学界较常讨论的"90 后""80 后""70 后""60 后"等概念。因此，以上结果可进一步表述为相较于前几代人，"70 后""80 后"和"90 后"这三代人要更具环境关心。

---

① 这里只报告了具有统计显著性（p 值小于 0.05）的比较结果。

（二）环境关心年龄差异的路径分析

如果生命周期是环境关心年龄差异形成的主要原因，那么即使其影响不显著，环境关心水平也应该伴随年龄段的升高而逐级递减；但是，统计检验的结果却表明，年龄差异主要集中在 20 世纪 70 年代前后出生的两代人之间，二者的环境关心水平存在显著差异。这一结果，似乎更倾向于表明环境关心的年龄差异是一种同期群效应引起的代际隔离结果。为了对此进行进一步验证，我们引入多元路径分析方法，使用改造后的"巴特尔模型"对数据进行重估，部分结果见表 8-4 和表 8-5。

表 8-4　各自变量对环境关心、环境知识、自评社会经济地位和教育的直接影响

自变量	环境关心		环境知识		自评社会经济地位		教育	
	Beta	p 值	Beta	p 值	Beta	p 值	Beta	p 值
年龄	−0.014	0.473	−0.060	0.002	0.080	0.000	−0.389	0.000
性别	0.025	0.126	0.052	0.001	−0.060	0.000	0.175	0.000
城乡类型	0.089	0.000	0.140	0.000	0.009	0.644	0.384	0.000
是否在职	−0.003	0.857	−0.018	0.287	0.056	0.003	—	
个人年收入	0.019	0.216	0.010	0.511	0.082	0.000	—	
婚姻状况	0.020	0.239	−0.039	0.018	0.009	0.639	—	
党员身份	0.019	0.240	0.059	0.000	0.031	0.069	—	
教育	0.113	0.000	0.364	0.000	0.201	0.000	—	
自评社会经济地位	0.004	0.776	0.053	0.000	—		—	
环境知识	0.309	0.000	—		—		—	
R^2	0.183		0.252		0.046		0.334	

表 8-4 是分析模型中各自变量对因变量和中介变量的直接影响。从决定系数来看，环境关心、环境知识和教育得到了各自变量很好的共同解释，相较之下，模型中的自变量对自评社会经济地位的共同解释力不高。限于篇幅，我们这里只讨论年龄和三个中介变量对环境关心的直接影响。可以发现，在控制住其他自变量不变的情况下，年龄对环境关心并没有显著的直接影响，这首先说明年龄对环境关心的影响不是独立的，而是通过其他变量产生的。那么，年龄究竟是通过自评社会经济地位（生命周期效应）还是通过教育和环境知识（同期群效应）对环境关心产生影响的呢？从统

计检验结果来看，一方面，年龄对自评社会经济地位具有显著的正向直接影响，即年龄越大的公众越倾向于判断自己的社会经济地位更高；另一方面，年龄对于教育和环境知识具有显著的负向直接影响，即年龄越大的公众受教育年限越少、环境知识水平越低。这些结果，与模型中生命周期效应和同期群效应的相关预设一致。但其他结果还表明，环境知识和教育对环境关心具有显著的直接影响，而自评社会经济地位却并不能独立影响环境关心。从 Beta 系数的绝对值来判断，教育和环境知识对于环境关心的直接影响也要大于自评社会经济地位产生的影响。至此，年龄对环境关心不具有独立影响，且不能通过自评社会经济地位间接影响环境关心，应该说基于生命周期效应的假设 1 并没有得到数据的有效支持。

进一步，我们将各自变量通过三个中介变量对环境关心产生的间接影响与直接影响加和，从而可以获得各个自变量对环境关心的总影响（见表 8-5）。

表 8-5 各自变量对环境关心的直接影响、间接影响和总影响（标准化回归系数）

	直接影响	间接影响	总影响
年龄	−0.014	−0.106	−0.120*
性别	0.025	0.055	0.080*
城乡类型	0.089*	0.132	0.221*
是否在职	−0.003	−0.004	−0.007*
个人年收入	0.019	0.005	0.024*
婚姻状况	0.020	−0.012	0.008*
党员身份	0.019	0.019	0.038*
教育	0.113*	0.117	0.230*
自评社会经济地位	0.004	0.016	0.021*
环境知识	0.309*	0.000	0.309*

* $p \leqslant 0.05$。

同样，我们这里只聚焦年龄、三个中介变量和环境关心之间的关系。从表 8-5 可以发现，虽然年龄对于环境关心并不具有显著的直接影响，但是由于教育和环境知识对环境关心的直接影响十分显著，而年龄又显著影响这两个中介变量，故年龄对环境关心的总影响呈现出显著的负相关关系。至此，基于同期群效应提出的假设 2 得到了数据的有效支持。我们根据以上统计结果，可以用图 8-3 来表示年龄、教育、环境知识和环境关心四个变量间的关系。

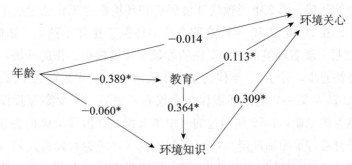

图 8 - 3 年龄、教育、环境知识和环境关心的关系

从图 8 - 3 中，我们可以看到年龄变量显著影响环境关心的三条路径：（1）年龄→教育→环境关心；（2）年龄→环境知识→环境关心；（3）年龄→教育→环境知识→环境关心。从路径系数的大小来看，前两条路径应该是同期群效应引起环境关心年龄差异的主要机制，可以表述为不同年龄的公众因为受教育年限的差异而具有不同的环境关心水平。从第三条路径可知，年龄通过教育来影响环境关心在很大程度上又取决于教育通过环境知识对环境关心的间接影响。

四、结论与讨论

结合 CGSS2010 数据，本章重点考察了中国公众环境关心的年龄差异。统计分析结果显示，不同年龄公众的环境关心水平存在显著差异，且这种差异集中体现为 20 世纪 70 年代之前和之后出生的两代人之间的差异，新一代人整体上要比老一代人更具环境关心。针对这一发现，基于生命周期效应的假设并没有得到数据的有效支持，数据分析结果更倾向于证实中国公众环境关心的年龄差异主要是受同期群效应影响，是一种代际隔离现象。

我们认为，环境教育机会是造成不同代际环境关心水平差异的一个最重要的因素。数据分析的结果显示，年龄本身对环境关心并不具有独立影响，主要是通过教育显著影响环境关心。由图 8 - 3 可知，除了本身对环境关心的直接影响，从路径系数来看，教育更主要是通过影响环境知识间接影响环境关心的。也就是说，能够引起环境知识增长的教育机会差异才是中国公众环境关心年龄差异形成的主要原因。

如果以 1972 年中国政府代表团参加联合国人类环境会议作为我国现代

环保事业的开端，那么中国现代环境保护和环境教育工作已走过了四十多年的历史。在 20 世纪 70 年代之前，我国环保工作并不独立，影响有限；70 年代之后，随着环境保护重要性的彰显和环境保护工作的开展，环境教育工作开始起步，并于 90 年代初纳入不同阶段的正式教育之中（曲格平，2013）。1973 年第一次全国环境保护会议召开之后，不少高等院校相继筹办了环境保护专业；1979 年通过的《中华人民共和国环境保护法（试行）》对环境教育进行了明确规定；1980 年制定的《环境教育发展规划（草案）》被纳入了国家教育计划之中；1990 年，国家教育委员会明确提出将环境教育安排在高中学生选修课和课外活动中进行；1993 年，环境教育的内容被纳入义务教育阶段的教学资料之中，环境教育成为基础教育中的常设科目（洪大用等，2012：87 - 88）。结合本章的研究发现来看，四十多年来环境保护进程的社会影响是深远的，突出表现为 70 年代之后出生的几代人其环境关心水平显著提高。因此，是否在正式的教育过程中经历过环境教育，应是环境关心代际差别形成的重要原因：在 70 年代之前出生的人，大多未接受过正式的环境教育，环境知识水平整体上不高，直接后果是环境关心水平不高；在 70 年代之后成长起来的新一代，大多经历过正式的环境教育，因而具有更高的环境知识和环境关心水平。据此可以推论，在未来的几十年里，伴随代际更替和环境教育的全面普及，中国公众环境关心的年龄差异将会逐渐消失。

需要说明的是，由于长期的追踪调查数据目前还很难获得，本章的研究结论多少会受到截面数据的限制，特别是同期群效应倾向于将某一代人的环境关心水平假定为稳定不变的现象，而未能有效控制长期的、全社会的环境关心增长的影响［即时间堕距差异（time-lag difference）］。[1] 本研究还发现，年龄除了会通过教育影响环境知识外，对环境知识还具有显著的直接影响。我们认为，这一直接影响还可以进一步分解为媒体环境报道、社会宣传这些非正式的环境教育方式，这样理解对于削减环境关心的年龄差异可能更具政策意义和操作价值，限于篇幅本章对此并未进行详细考察，但可以作为接下来努力的方向。

---

[1] 总的来说，本研究表明中国公众环境关心的年龄差异更多的是受同期群效应的影响。但事实上，造成环境关心年龄差异的原因是复杂的，很可能还受到生命周期效应和同期群效应交织影响（Honnold，1984）。例如，不同时间节点测量的、同一年龄值的公众其环境关心水平也会存在差异，即"时间堕距差异"。

第 9 章　经济增长与环境关心

一般而言，经济增长会带来人民生活水平的提升，由此引起人民生活质量需求的增长，包括对更加优质环境质量需求的增长。换句话说，经济增长与公众环境关心之间应该存在某种程度的正相关关系。但是，既有研究表明，二者之间的关系比较复杂，有时甚至没有什么直接关系。究竟中国快速的经济增长是否同步刺激了公众环境关心的增强，这是本章尝试分析的主题。

一、中国经济增长与环境保护

快速的经济增长构成了改革开放 40 多年来中国社会变迁最亮眼的一道风景线。从 1978 年到 2018 年，中国的国内生产总值（GDP）以 9.4% 的年均增长速度由 3 679 亿元增长至 900 309 亿元，并于 2010 年超过日本跃升为世界第二大经济体；中国的人均国民总收入（GNI）也由 200 美元提高到 9 732 美元，超过中等收入国家平均水平。在经济繁荣的大时代背景下，中国人民的生活水平也得到了巨大改善。例如，自 20 世纪 80 年代以来，中国贫困人口占总人口的比例也一直以惊人的速度在减少，截至 2017 年底已有 7.4 亿农村贫困人口实现了脱贫，农村贫困发生率下降至 3.1%（国家统计局住户调查办公室，2018）。再如，根据国家统计局公布的数据，2013 年至 2018 年全国居民人均可支配收入由 18 311 元提高到 28 228 元，短短 6 年间便增加了五成之多。

在经济发展取得举世瞩目成就的同时，中国目前所面临的生态环境形势却不容乐观。这首先表现为十分紧迫的水污染问题。根据生态环境部 2018 年发布的数据，全国监测的 111 个重要湖泊（水库）中只有不到一半（41 个）达到了 Ⅱ 类水质（Ⅰ 类为最好），25.8% 的河流水质要低于 Ⅲ 类水平，黄河、松花江、淮河、海河和辽河等北方流域的水质均存在一定程度的污染。[①] 其次，近年来在北京、上海等大都市频繁爆发的"雾霾"问题，也说明了当前中国城市空气污染的严重性。环境监测数据显示，2018 年，在按照新的国家空气质量标准监测的 338 个地级及以上城市中，超过六成（占 64.2%）的城市环境空气质量不达标。此外，由于快速工业化对化石能源的大量需求，中国已于 2006 年取代美国成为全球最大二氧化碳排放国（Rosenthal，2008），这表明中国正在显著影响诸如气候变化等全球环境变化的进程。某种意义上来说，这些空前的环境挑战可被视为过去几十年间中国快速经济增长付出的成本，它们已对中国（乃至世界）经济增长的可持续性提出了直接挑战。有数据估计，2004 年，中国因环境污染造成的经

---

① 生态环境部.2018 年中国生态环境状况公报.（2019 - 05 - 22）[2019 - 07 - 22]. http：//www.mee.gov.cn/hjzl/zghjzkgb/lnzghjzkgb/201905/P020190619587632630618.pdf.

济损失约为 5 118 亿元，占当年全国 GDP 的 3.05％。① 根据某研究机构在 2005 年对全球 145 个主要国家和地区的环境可持续指数进行测算和排名，中国排在接近垫底的第 133 位（Esty *et al.*，2005：47 - 46）。因此，当前以及今后相当长一段时期内，中国都会面临经济增长与环境保护之间的两难抉择，环境治理对于维持中国经济可持续增长的重要性亦不言而喻。

无论是环境治理还是环境政策的实践，其成功都有赖于公众对环境问题的关注以及对环境保护的支持，即环境关心。既有研究表明，公众环境关心除了会受到微观层次的性别、年龄、居住地类型、政党倾向、社会经济地位等个体特征的约束，也是一个社会宏观层次特定的经济发展水平和客观环境状况共构的结果（洪大用、卢春天，2011；Brechin，1999；Xiao & McCright，2007）。正如有研究指出的那样，高速的经济增长和急剧的环境变化都是理解"中国经验"的重要维度，在经济发展水平尚且不高、环境问题尚未充分暴露的情况下，中国公众在 21 世纪初及之前被调查揭示的相对淡薄的环境关心似乎是情有可原的（包智明、陈占江，2011）。那么，自 21 世纪初以来，在经济快速增长和客观环境状况急剧恶化的现实背景下，中国公众的环境关心发生了怎样的变化呢？

二、经济增长、环境退化与环境关心研究回顾

（一）理论争鸣

在中国这样一个经济发展势头强劲和环境急剧退化的发展中国家，公众的环境关心究竟会如何演进呢？一个通常的设想是，在一个发展中国家，公众可能更加关注的是经济议题而不是环境议题。与之相关的一种观念认为，公众对环境的关心更可能出现在经济发达的富裕国家。根据这种认识，经济增长除了会缓解经济与环境之间的紧张矛盾，还会在公共议程中给予环境保护更多的空间，从而能够促进公众环境关心的增长。

事实上，在一些生态现代化理论（ecological modernisation theory）以

---

① 国家环境保护总局，国家统计局 . 中国绿色国民经济核算研究报告 2004.（2006 - 09 - 07）[2019 - 07 - 22]. http：//www. gov. cn/gzdt/2006 - 09/07/content_ 381190. htm.

及环境库兹涅茨曲线理论（environmental Kuznets curve theory）的拥趸看来，环境改革和环境治理若想取得成功，一定的经济增长水平是不可或缺的环节，尽管可以预期在这一过程中会旁生一些环境退化加快的风险（例如，Cohen，1997；Dinda，2004）。持这一观点的学者相信，经济增长为研发和推广更多环保产品和技术提供了必要的资金支持；进一步，伴随环境改革的深化，可以预期相应的政治和文化变革也会接踵而至：公众将变得越来越具有环境关心，从而会反过来推动社会的生态转型（Givens & Jorgensen，2011）。关于经济发展如何能够促进公众环境关心增长，后物质主义价值理论（postmaterialist value theory）和富裕假设（affluence hypothesis）分别提出了两种不同的解释。

英格尔哈特（Inglehart，1977，1990，1997）提出的后物质主义价值理论被广泛用来解释公众环境关心的兴起。正如邓拉普和约克（Dunlap & York，2008）指出的那样，该理论将基于马斯洛需求分层理论的稀缺性假设和来自曼海姆代际理论的社会化假设结合起来，以解释公众层面广泛的价值观念转型。具体而言，该理论认为，二战后在富裕工业社会创造的富足环境中成长起来的新一代人其基本物质需求（如经济和人身安全）大体上得到了满足，他们经历的社会化过程使得他们的价值观中更加关注一些后物质主义需求，如言论自由、生活质量以及环境质量等。这种价值观转变被认为是 20 世纪六七十年代包括环境运动在内的许多西方新社会运动的主要驱动力。据此，中国的经济增长很可能会在中国公众中（特别是在更加发达的城镇地区）也引领一种类似的价值观转变，进而促进公众对环境问题的关心。

与后物质主义价值理论相比，富裕假设同样关注经济增长对环境关心的促进效应，但却不同意前者关于二者关系的论述。富裕假设并不将后物质主义价值观视为中介，而认为环境关心与经济繁荣之间存在着直接联系（Franzen & Meyer，2009）。高质量的环境被视为一种无论贫富都需要的"舒适物品"（amenity good），因此变成一种可以经济计算和购买的商品。富裕程度的增加单纯只是让公众更有可能购买高质量的环境，并因此会围绕它衍生出更多的兴趣和关心。

与上述两类观点相区别的是全球环保主义说（Global Environmentalism Thesis），它指出对环境的高度关心也会出现在经济欠发达国家，援引的证据包括许多欠发达国家在 1992 年对里约热内卢召开的联合国环境与发展会议的热情参与，以及 1992 年盖洛普星球健康调查等许多跨国调查的发现（例如，Dunlap & York，2008）。全球环保主义说认为，环保主义的兴起是全球性的，并非局限于经济富庶的人群或国家。因此，相较于对富裕或者经济发展的片面强调，更贴切的方案应当是假定环境关心存在多元的而非单一的来源。

后物质主义价值理论的支持者们也注意到了欠发达地区汹涌的环保主义，也因此对其理论进行了修正（例如，Inglehart，1995），实质上承认了环境关心具有多样的来源，如发达地区的后物质主义价值转型以及欠发达地区持续恶化的环境状况。基德和李（Kidd & Lee，1997：6）进一步认为，由于客观问题和主观价值观都能促进亲环境观念，即便是在经济欠发达但客观问题更严重的国家，"在其他条件不变的情况下，持有后物质主义价值的个人理论上应当比持有物质主义价值的那些人更加关心环境"。

这样一种理论修正在 20 世纪末引发了一场激烈辩论，在 1997 年的《社会科学季刊》特刊开辟的"战场"上，学者们对不同变量间的关系就多个议题进行了交锋。争论首先聚焦于在个体层次考察后物质主义价值转型是否合适，抑或是仅适用于国家层次的分析。其次，用富裕以及经济发展的测量（如 GDP）作为后物质主义价值的邻近或直接测量指标是否恰当。再者，一些学者认为，在后物质主义价值理论的研究中，用来测量环境关心的指标通常是与经济支付相关的，可能会受到支付能力的偏倚影响，并不能测量关心水平（例如，Brechin & Kempton，1997）。此外，富裕/经济发展或后物质主义价值对环境关心的相对影响规模也是一个争论的重要焦点：尽管分析中经常出现显著的统计结果，一些学者却指出这种影响规模趋近微弱，并质疑这些统计显著的结果是否具有实际意义（White & Hunter，2009；Kvaløy *et al.*，2012）。

近年来，帕培尔等人注意到了社会经济地位（socio-economic status，SES）因素（富裕也是其中因素之一）影响规模的变动，在此基础上对环境关心与社会经济地位之间的关系重新进行了理论化探索。在一项研究中，通过从创新扩散理论（diffusion of innovation theory）中汲取灵感，帕培尔和杭特（Pampel & Hunter，2012）提出，环保主义最初可能产生于更高社会经济地位的人群之中，其后才逐渐扩散到较低社会经济地位的人群中。

他们据此认为，后物质主义价值理论和富裕假设可以解释早期社会经济地位较高的那些人对环保主义的接纳；此外，正如全球环保主义说认为的那样，环保主义的扩散以及客观的环境退化问题会收获更多一般大众的环境关心。简言之，社会经济地位最初可能具有非常强的影响，但这一影响会随着时间变化缩小。帕培尔和杭特（Pampel & Hunter，2012）利用 26 次美国综合社会调查（GSS）数据分析了同期群的变化，发现教育（对社会经济地位的一种测量）在历年的分析中确实呈现出逐渐缩小的正向影响。有趣的是，尽管他们发现家庭收入的同期群变化呈现出与教育影响相同的模式，但这却是一种持续的负向影响。

整体来说，以上回顾的既有理论视角关于经济增长和富裕是否能够促进公众环境关心迄今未形成一个一致的结论。但是，几乎所有的理论视角都赞成，无论社会经济地位的高低，公众的环境关心会随着暴露在持续恶化环境中的程度增加而不断强化。

（二）文献中的经验发现

环境关心研究的文献迄今已十分丰富，无论是出于研究重点还是控制变量的原因，几乎所有的研究都包括对社会经济地位的一些测量。本章这里只关注一些详细检验过社会经济地位和/或后物质主义价值影响的一些近期研究（主要是 1999 年以来的研究）。许多研究已经在个体层面进行了分析（例如，Hunter et al.，2010；Marquart-Pyatt，2007，2008；Best & Mayerl，2013）；一些研究在国家层次进行了分析（例如，Knight & Messer，2012；Sandvik，2008；Duroy，2008）；还有一些研究整合了两种层次，要么是以一种分开的形式（例如，Ahern，2012），要么是以一种复杂的多层次设计形式（例如，Haller & Hadler，2008；Freymeyer & Johnson，2010；Givens & Jorgenson，2011）。一些研究直接测量了后物质主义价值（例如，Mohai et al.，2010；Nawrotzki，2012；Zhao，2012），另一些则没有（例如，Brechin，1999；Sandvik，2008；Meyer & Liebe，2010）。正如在文献中普遍发现的那样，这些研究采用了不同方式来测量环境关心的诸多面向。许多研究（主要是那些多层次设计或国际比较的研究）还对客观环境状况进行了测量，如二氧化碳排放数据（例如，Kvaløy et al.，2012；Marquart-Pyatt，2012）、人口密度（Duroy，2008）等。

　　这一领域的研究发现在很大程度上是杂乱和不确定的。在个体层面，教育的影响在所有研究中相对是一致的，较高的受教育水平通常与较高的环境关心水平相关联。家庭收入对各种测量方式下的环境关心呈现出不稳定的影响，这与 1999 年前的研究发现基本一致（例如，Van Liere & Dunlap，1980；Greenbaum，1995）。在一些包括直接测量后物质主义价值的研究中（例如，Ahern，2012；Franzen & Meyer，2009；Nawrotzhi，2012），报告二者存在正相关的发现很普遍，但影响规模通常较弱。此外，涉及中国的两项研究也报告称没有发现后物质主义价值对环境关心的显著影响（Mohai *et al.*，2010；Zhao，2012）。

　　在国家层次或多层次的研究中，经常用来衡量经济发展的 GDP 对不同测量下环境关心的影响呈现出不一致的结果。与环境状况影响的相关指标（最多使用的是二氧化碳排放）也被观察到相似结果，如果考虑到所有理论视角都预期环境退化激发公众产生环境关心，则这一结果确实有点出乎意料。而在那些报告显著性结果的研究中，通常是存在于环境状况与环境议题意识之间，而非环保支付意愿或者环保捐赠情况（例如，Duroy，2008；Marquart-Pyatt，2012）。

　　综上所述，虽然还存在分歧，但有一定的证据可以表明后物质主义价值与不同测量下的环境关心是正相关的。尽管如此，由于家庭收入或 GDP 对环境关心大多只有微弱或不显著的影响，前面假设的后物质主义价值是经济发展与环境关心的中介似乎还不能确定。此外，经验研究似乎与全球环保主义说相一致，即环境关心具有多样化的来源，而且经济上的富裕不大可能构成环境关心的必要条件。

三、研究设计

（一）数据基础

　　本章旨在检验经济发展、个体层次富裕程度的提升是如何影响中国市民的环境关心水平的。研究使用的数据来自 2003 年和 2010 年两个年度的中国综合社会调查（CGSS）环境模块。2003 年的 CGSS 调查尽管局限在城镇地区，但仍具有全国层次的样本代表性；2010 年的 CGSS 数据包含城镇地区和乡村地区两个独立的样本。2003 年和 2010 年的 CGSS 调查均采用严格的随机抽样，通过面对面访谈完成数据采集，应答率分别为 77% 和 71%。CGSS2010 包含城乡两个样本，但是环境模块通过随机选答的方式只对全部样本的 1/3 进行了调查。① 在对一些关键调查项目数据过度缺失（例如，所有 NEP 项目缺失）的个案进行删除之后，进入最后分析的 CGSS2003 和 CGSS2010 样本规模分别是 5 073（删除了 0.1% 的个案）和 3 409（删除了 8.3% 的个案），后者的城乡样本构成分别为 2 262 和 1 147。利用两个时点的三个不同样本数据，我们可以设计一项个体层次包括截面和纵贯分析的研究。遗憾的是，由于不是真正意义上的面板数据，本章的纵贯分析将仅限于简单的趋势分析。

从 2003 年到 2010 年（研究数据的两个时点），中国的经济增长突飞猛进，取得了巨大成就。这一时期，中国的国内生产总值（GDP）增长了近两倍，从 135 822.8 亿元增长到 401 512.8 亿元；短短 8 年间，城镇和乡村居民的人均可支配收入也从 8 472.2 元和 2 622.2 元分别增长至 19 109.4 元和 5 919.0 元（中华人民共和国国家统计局，2011）。同一时期，绝大多数的中国公众也切实分享到了国家经济繁荣带来的实惠。以医疗保险的覆盖为例，2003 年至 2010 年期间，我国城镇地区职工医疗保险的覆盖人数从 7 974.9 万人增长到 17 791.2 万人，乡村地区也于 2003 年开始普及新型农村合作医疗保险，截至 2010 年参保率已达到 96%，覆盖到全国 8.36 亿人口（中华人民共和国国家统计局，2011）。

从环境变化的角度看，2003 年到 2010 年也是中国环境问题不断凸显的重要时期。21 世纪以来，尽管中国政府在环境治理方面的投入在不断加强，一些典型环境问题的恶化趋势开始放缓，局部环境质量有所改善，但中国面临的环境威胁并未因此消除，高速经济发展所造成的环境问题的复合效应反而日趋明显（洪大用，2013）。根据全国环境统计公报的数据：2003 年至 2010 年短短 8 年间，全国突发环境事件（环境污染与破坏事故）达到 7 306 次，年均 913 次，造成直接经济损失（不包括 2005 年松花江污染事故损失）累计达 130 539.6 万元。② 与此同时，越来越多的中国民众开始认识到或者亲身遭遇过许多环境问题的危害，全国各地的环境抗争、环境

---

① 关于 CGSS 调查数据的更多介绍，请参见 http://cgss.ruc.edu.cn。
② 参见 2003—2010 年《全国环境统计公报》。

维权事件也层出不穷（张玉林，2010；卢春天、齐晓亮，2019）。整体来看，这一时期中国公众对于环境问题的体验是不断加深的。

（二）研究假设

截面研究部分，我们将重点关注社会经济地位因素和后物质主义价值对不同测量下环境关心的影响。富裕假设认为社会经济地位因素和环境关心存在直接联系，后物质主义价值理论则主要是提出了一个中介效应模型——社会经济地位是自变量，不同测量下的环境关心是因变量，后物质主义价值充当中介变量。目前，除了一小部分研究外（例如，Kemmelmeier *et al.*，2002；Gelissen，2007），鲜有经验研究对这样一个中介模型进行过实际检验。为更加贴合后物质主义价值理论的观点，本章试图建构并检验这一中介模型。具体而言，我们将首先试图检验如下假设（下文将讨论测量的具体细节）：

假设 1：社会经济地位与环境关心之间存在正相关关系。

假设 2：后物质主义价值与环境关心之间存在正相关关系。

假设 3：当后物质主义价值在模型中作为中介因素时，社会经济地位对于环境关心的影响在影响规模上至少是减少的，或者完全消失。

鉴于所有的理论视角都预测恶化的环境状况会增进环境关心，我们在分析中也纳入了环境问题经历的一种策略并检验这一假设：

假设 4：环境问题经历与环境关心之间存在显著正相关关系。

由于环境状况理论上通常被视为环境关心的一种来源，是后物质主义价值之外的环境关心来源，加上后者经常在模型中充当中介因素，我们也在模型中将环境问题经历设置成一个中介变量。但是，关于环境问题经历的中介效应不是我们的研究重点。

在纵贯研究部分，基于理论预测的结果，我们拟检验如下假设：

假设 5：从 2003 年到 2010 年，在经济高速增长的背景下，中国公众的环境关心出现了相应的明显增长。

除了上述相关关系，如前所述，帕培尔和杭特的一项研究（Pampel & Hunter，2012）将本章的注意力引向了社会经济地位影响的变化。他们发现，教育（而不是收入）的影响在美国是随着时间发展而减弱的，而这可能是环保主义的扩散导致的。鉴于此，我们提出以下假设：

假设 6：与 2003 年相比，2010 年社会经济地位对环境关心的影响要更弱。

为检验中介模型，我们主要采用了被证明分析中介效应特别有效（例如，Dietz *et al*.，2007）的结构方程模型（SEM）。进一步，SEM 提供了可以用来同步分析城乡样本模型组别比较差异以获得更好拟合的功能，同时也可以比较不同年份模型的潜在均值和回归系数方面的差异（例如，Bollen，1989）。图 9-1 描绘了我们用来进行 SEM 分析的概念路径图。在该图中，所有的箭头都表示直接影响路径。

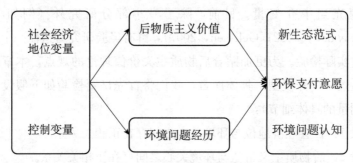

图 9-1　本研究结构方程模型的概念路径图

（三）变量测量

本研究重要的因变量是环境关心，我们将沿着邓拉普和琼斯（Dunlap & Jones，2002）界定的多面向建构来测量，将环境关心定义为个体对环境问题有多关心以及支持环境保护的意愿。鉴于文献回顾中已经讨论过一些特殊的测量可能会导致分析结果的偏倚，本章重点测量了环境关心的三个面向——新生态范式（NEP）、环保支付意愿（WTP）和感知到的环境问题的严重性。之所以选择这三个面向，也是基于数据的可得性以及跨年份调查项目一致性等的考虑。

2003 和 2010 年度的 CGSS 调查都包含 15 项的 2000 版 NEP 量表（Dunlap *et al*.，2000）。NEP 量表在中国的应用情况表明，该量表 15 个项目中的 10 个项目可以形成一个测量质量较好的新量表（洪大用，2006；洪大用等，2014）。故我们使用这 10 个项目来测量中国公众对新生态范式的接受程度（NEP1～10）。这些 NEP 项目是原量表的第 1、3、5、7、8、9、10、11、13 和 15 项（Dunlap *et al*.，2000：433），编码为 1＝完全同意，

2＝比较同意，3＝不确定，4＝比较不同意，5＝完全不同意。在分析前，我们还对负向措辞的 2 个项目进行了反向赋值。

作为 2010 年国际综合社会调查（ISSP2010）的一部分，CGSS2010 的环境模块设计了 3 个项目来测量公众的环保支付意愿，包括为了环境保护支付更高的价格、更高的税收和降低自身生活水平的意愿（WTP1～3），变量值编码为 1＝非常愿意，2＝比较愿意，3＝说不上愿不愿意，4＝比较不愿意，5＝非常不愿意。CGSS2003 也包含三个相似的调查项目：为了环境保护支付更高的价格、税收以及捐款的意愿，变量值编码为 1＝同意，2＝说不上同不同意，3＝不同意。我们使用这些项目去测量公众的环保支付意愿。

最后，两次调查均设计了询问受访者对不同环境问题严重性或危害评价的一组测量项目。CGSS2003 中有 12 个项目，全部是关于居住社区的环境问题，包括空气污染、森林植被破坏、水污染、耕地退化、噪声污染、淡水资源短缺、工业垃圾污染、食品污染、生活垃圾污染、荒漠化、绿地不足和野生动植物灭绝，编码为 1＝非常严重，2＝比较严重，3＝一般，4＝不太严重，5＝一点也不严重/没有该问题。CGSS2010 年包括 7 个感知到的环境问题危害的项目，但却没有任何具体的地理层次指向。进一步的检查发现，CGSS2010 中的 2 个项目（转基因食品和核电站）存在大量缺失值（超过 40％），因此不得不舍去这两个项目。剩余的 5 个项目分别是汽车尾气排放、工业空气污染、杀虫剂和肥料、水污染和全球变暖，答案选项的编码为 1＝极其有害，2＝非常有害，3＝可能有害，4＝不太有害，5＝完全无害。以上这些项目共同测量感知到环境问题的严重性。我们利用验证性因子分析（CFA）来检验这些项目对环境关心的测量结果，发现信度整体良好（见表 9-1）。

表 9-1　　　　　　　　　　**环境关心测量项目的 CFA 检验结果**

项目	2003 年	2010 年	
	（n＝5 073）	城镇（n＝2 262）	乡村（n＝1 147）
NEP1	0.42	0.45	0.43
NEP2	0.65	0.67	0.63
NEP3	0.65	0.66	0.54

续前表

项目	2003 年 (*n*=5 073)	2010 年	
		城镇 (*n*=2 262)	乡村 (*n*=1 147)
NEP4	0.58	0.65	0.59
NEP5	0.24	0.38	0.18
NEP6	0.56	0.63	0.49
NEP7	0.34	0.41	0.28
NEP8	0.61	0.66	0.55
NEP9	0.65	0.64	0.63
NEP10	0.72	0.70	0.64
WTP1	0.49	0.85	0.90
WTP2	0.71	0.90	0.95
WTP3	0.68	0.74	0.74
当地问题 1	0.59	—	—
当地问题 2	0.64	—	—
当地问题 3	0.58	—	—
当地问题 4	0.74	—	—
当地问题 5	0.68	—	—
当地问题 6	0.61	—	—
当地问题 7	0.64	—	—
当地问题 8	0.59	—	—
当地问题 9	0.61	—	—
当地问题 10	0.69	—	—
当地问题 11	0.65	—	—
当地问题 12	0.52	—	—
一般问题 1	—	0.66	0.67
一般问题 2	—	0.69	0.65
一般问题 3	—	0.69	0.60
一般问题 4	—	0.69	0.66
一般问题 5	—	0.66	0.65

注：所有因子负载都具有统计显著性（$p<0.05$）。

关于后物质主义价值观，CGSS2003 设计了 8 个测量项目：（1）保持社会秩序和安全；（2）政府作出重大决策时，应该更多地倾听人民的意见；（3）控制失业，确保经济持续增长；（4）保障言论自由；（5）确保后代人能够拥有美好环境和充足资源；（6）大力发展科学技术；（7）提高当代人的生活水平；（8）反思现代科学技术的负面影响。在以上项目中，奇数项为物质主义价值，其余 4 项为后物质主义价值。受访者被要求从 8 项中选出 4 个对他们最重要的项目，根据每个受访者选择的后物质主义价值项目的多少分别赋值 0～4 分。CGSS2010 采用了 ISSP 调查设计的标准的 4 个项目来测量后物质主义价值。受访者被要求从 4 个项目中选出中国最应当优先考虑的和第二需要优先考虑的两个项目，四个选项如下：（1）维护国内秩序；（2）在政府决策中给人民更多话语权；（3）抑制物价上涨；（4）保护言论自由。同样，奇数项为物质主义价值，偶数项为后物质主义价值。我们将后物质主义价值项目作为最应当优先考虑的赋值为 2，将后物质主义价值作为第二优先考虑的赋值为 1，选择物质主义选项的赋值为 0。将两个项目得分加和，即可测量后物质主义价值观，变量取值范围为 0～3。

　　理想情况下，我们应当使用实际监测数据来测量环境状况变量，如每个受访地点空气污染的物理读数。遗憾的是，CGSS 调查并没有相关的设计。作为一个不太完美的替换方案，我们发现两次调查中均设计了一个问题询问受访者是否和其家人经历过一些需要应对的环境问题，将回答"是"或"否"分别编码为 1 和 0，从而建构出受访者的"环境问题经历"变量。

　　社会经济地位因素主要包括教育和家庭收入。就教育变量而言，两次调查都询问了受访者获得的最高教育学位，选项从"未受过正式教育"一直列举到"研究生学位"。我们将答案重新编码为每个学历完成所需的标准年限。家庭收入变量采用家庭年收入来测量。为了纠正收入测量中常见的正偏态，模型中使用的是家庭年收入的对数。此外，本研究还纳入了对受访者中共党员身份的测量，我们认为这也可以在一定意义上体现受访者的社会经济地位。最后，全职工作（界定为每周至少工作 40 小时）在本研究中充当了控制变量，其他控制变量包括性别（女性＝1，男性＝0）和年龄（受访时的实际年龄）。本研究涉及的自变量和控制变量情况描述详见表 9-2。

表 9-2　　　　　　　研究涉及自变量和控制变量的基本情况描述

变量	2003 年	2010 年	
	(n=5 073)	城镇 (n=2 262)	乡村 (n=1 147)
年龄（均值和标准差）	43.51 (13.18)	46.11 (15.94)	47.67 (14.85)
女性比例	51.84%	52.92%	50.57%
教育（平均年限和标准差）	10.44 (3.70)	10.61 (4.28)	6.70 (4.00)
家庭年收入（元，平均值和标准差）	24 390 (41 983)	54 349 (123 545)	23 816 (38 318)
全职工作	46.07%	43.24%	46.29%
中共党员	18.57%	25.71%	9.50%
后物质主义价值指数（平均得分和标准差）	1.32 (0.80) (max=4, min=0)	0.67 (0.83) (max=3, min=0)	0.61 (0.82) (max=3, min=0)
环境问题经历	76.62%	92.08%	83.63%

我们使用 Mplus7.11 去做验证性因子分析和结构方程模型的估计，该软件利用稳健加权最小二乘技术（WLSMV），更适用有很多定类变量的情况（Brown，2006）。为处理缺失值，我们采用了多重插补的方法，产生了五个插补数据集进行分析，最终结果取了这五个数据集分析结果的加权平均（详见 Rubin，1987）。为检验间接效应的统计显著性，我们使用拔靴法（bootstrap）设计（进行了 1 000 次）去生成偏误纠正后的标准误（详见 Hayes，2009）。

四、研究发现

数据分析生成了大量结果。为检验截面研究部分的假设，我们将首先呈现结构方程模型的结果，表 9-3 和表 9-4 报告了三个样本的分析结果。在这两个表中，直接效应即当其他指标被控制后的回归系数，图 9-1 用径直的单向箭头表示。间接效应即通过中介变量（后物质主义价值和环境问题经历）间接产生的影响大小。总效应即直接效应和间接效应的加和（详见 Hayes，2009）。对于大多数假设的检验，只需关注总效应；当检验假设 3 时，需要关注间接效应。

表9-3　环境关心三个面向结构方程模型预测的结果：标准化的直接、间接和总效应（CGSS2003）

自变量	新生态范式			环境支付意愿			环境问题认知		
	直接效应	间接效应	总效应	直接效应	间接效应	总效应	直接效应	间接效应	总效应
性别（女性=1）	-0.09*	-0.01*	-0.10*	0.01	0.00	0.01	-0.07*	0.02*	-0.09*
年龄	0.03	0.00	0.03	0.01	0.00	0.01	0.02	0.01	0.04
教育	0.28*	0.02*	0.30*	0.19*	-0.01	0.18*	0.17*	0.06*	0.23*
全职工作	-0.02	-0.01	-0.03	0.03	0.00	0.04	0.01	-0.02	-0.01
中共党员身份	0.02	0.00	0.02	0.08*	0.00	0.08*	0.02	0.00	0.02
家庭年收入对数	0.07*	0.00	0.07*	0.09*	0.00	0.09*	0.02	-0.01	0.01
后物质主义	0.05*	—	0.05*	-0.01	—	-0.01	0.08*	—	0.08*
环境问题经历	0.12*	—	0.12*	-0.05	—	-0.05	0.40*	—	0.40*
R^2		0.14			0.08			0.23	
模型拟合									
Chi-square					3 633.13				
Degree of Freedom					437.00				
RMSEA					0.04				
CFI					0.95				
TLI					0.94				

注：* $p<0.05$；间接效应的统计显著性检验依据的是靴法设计产生的偏倚校正后的标准误。

表9-4 环境关心三个面向结构方程模型预测的结果：标准化的直接、间接和总效应（CGSS2010）

自变量	新生态范式			环境支付意愿			环境问题认知		
	直接效应	间接效应	总效应	直接效应	间接效应	总效应	直接效应	间接效应	总效应
自变量（城镇地区）									
性别（女性=1）	−0.01	−0.01	−0.02	−0.01	0.00	−0.02	0.06*	0.00	0.07*
年龄	0.00	−0.02	−0.02	0.03	−0.02	0.01	0.03	−0.01	0.03
教育	0.17*	0.01	0.18*	0.04	0.01	0.05	0.19*	0.01	0.20*
全职工作	−0.04	−0.01	−0.04	−0.03	−0.01	−0.03	−0.05	0.00	−0.05
中共党员身份	0.04	0.00	0.03	0.08	0.00	0.07*	0.03	0.00	0.03
家庭年收入对数	0.08*	0.01	0.09*	0.04	0.01	0.05	0.13*	0.00	0.13*
后物质主义	0.09*	—	0.09*	0.07*	—	0.07*	0.02	—	0.02
环境问题经历	0.07	—	0.07	0.07	—	0.07	0.06	—	0.06
R^2		0.07			0.03			0.09	
自变量（乡村地区）									
性别（女性=1）	−0.09*	0.01	−0.09*	−0.01	0.00	−0.01	−0.03	0.01	−0.02
年龄	−0.01	−0.03	−0.03	−0.01	−0.03	−0.03	−0.03	−0.03*	−0.06*
教育	0.13*	0.02	0.14*	0.05	0.01	0.06	0.18*	0.02	0.20*
全职工作	0.03	0.00	0.02	0.01	0.00	0.01	−0.02	0.00	−0.02
中共党员身份	0.09*	0.01	0.10*	0.05	0.01	0.06	0.03	0.01	0.04
家庭年收入对数	0.09*	0.03	0.11*	0.06	0.02	0.08*	0.02	0.03*	0.05
后物质主义	0.09*	—	0.09*	0.10*	—	0.10*	0.10*	—	0.10*
环境问题经历	0.20*	—	0.20*	0.13*	—	0.13*	0.23*	—	0.23*

续前表

	新生态范式			环境支付意愿			环境问题认知		
	直接效应	间接效应	总效应	直接效应	间接效应	总效应	直接效应	间接效应	总效应
R^2		0.13			0.05			0.13	
模型拟合									
Chi-square	1 332.50								
Degree of Freedom	551.00								
RMSEA	0.03								
CFI	0.98								
TLI	0.98								

注：* $p<0.05$；间接效应的统计显著性检验依据的是靴绊法设计产生的偏倚校正后的标准误。

假设 1 认为，社会经济地位与环境关心之间存在正相关关系。对此我们有不一致的发现。正如文献回顾部分阐述的那样，在两个时点的全部样本中，教育对于新生态范式和环境问题认知都显示了相对持续的正向影响。受教育程度更高的人环保倾向更明显，也更加关心环境。进一步，教育基本上总是最具影响力的变量之一。教育对人们的环保支付意愿也具有最强的影响，却仅限于 2003 年。在更近的 2010 年，教育似乎不能增强环保支付意愿。

家庭年收入对新生态范式具有持续的正向影响。富人对于新生态范式的接受程度更高。此外，在 2003 年样本和 2010 年的乡村样本中，我们也能够观察到家庭年收入对环保支付意愿微弱但却具有统计显著性的影响，表明 2003 年的城镇居民和 2010 年的乡村居民中更富有的人越倾向于作出经济牺牲，但在 2010 年的城镇居民中却并非如此。只有在 2010 年的城镇样本中，我们才能够观察到家庭年收入对于环境问题认知的正向影响，说明在 2010 年的城镇地区，家庭年收入更高的人更倾向于将一般环境问题视为更加严重的，但乡村地区的情况却并非如此。此外，需要特别注意的是，在所有的变量关系中，家庭年收入的影响规模都是较小的，表明家庭年收入并不是环境关心的重要决定因素。

如前所述，中共党员身份某种意义上也可以作为社会经济地位的一项指标。在两个年份的城镇样本中，党员身份都对环保支付意愿存在一个较小的正向影响。所以在城镇居民中，党员比那些非党员略微更加愿意为环境保护买单。在 2010 年的乡村地区，党员比非党员对新生态范式的接受程度也略微更高。总的来说，数据结果部分支持了假设 1，但还是存在较大出入，其原因如下：（1）特定的社会经济地位因素；（2）特定的环境关心测量；（3）不同的调查年份。因此，只用一个社会经济地位的笼统术语去概括这些发现有一定的误导性。

假设 2 认为，那些持有更强后物质主义价值的人具有更高的环境关心水平。数据结果部分支持该假设，但是相关证据却并不一致。在所有的年份和全部样本中，后物质主义价值确实都能够增进公众对新生态范式的接受程度。此外，在 2010 年的城乡样本中，那些持有更强后物质主义价值的人更愿意为环境保护买单，但 2003 年样本的分析结果却与此并不相同。此外，有趣的是，2003 年和 2010 年乡村样本中那些持有更强后物质主义价值观的人整体的环境问题认知水平更高，但这在 2010 年城镇样本中并未发现。在所有的变量关系中，后物质主义价值的影响规模是相当小的，表明后物质主义价值观对环境关心的作用非常有限。

为检验假设 3（后物质主义价值在社会经济地位对环境关心的影响中起中介作用），我们对社会经济地位（包括教育、家庭年收入和中共党员身份）的间接效应进行观察。在所有年份的全部样本中，除了 2003 年的教育变量，都未发现这三个变量存在显著间接效应的证据。进一步分析发现，2003 年的教育变量的间接效应绝大部分是通过环境问题经历实现的，而不是后物质主义价值。这清楚地表明假设 3 没有得到支持，因此后物质主义价值在此并不是一个中介变量。

假设 4 认为环境问题经历与环境关心间存在正相关关系，该假设整体上获得了数据分析结果支持。在 2003 年样本中，那些报告经历过环境问题的人对新生态范式的接受程度要更高，比没有这种经历的人更倾向于认为当地环境问题严重。事实上，在对环境问题认知的影响上，环境问题经历比其他任何自变量的影响都要更强，甚至超过教育。但需要注意的一个有趣的地方是，个人的环境问题经历并不能增强其环保支付意愿。2010 年的样本数据分析结果表明，城镇和乡村地区还存在明显差异。在乡村地区，有过环境问题经历的人在各种测量下的环境关心都要更高，且在全部面向都具有最强的影响。转向城镇地区，环境问题经历对环境关心的各个面向都没有显著影响，这是意料之外的发现。

最后看一下两个控制变量。首先是性别变量。数据分析结果发现，相较于男性，2003 年女性对新生态范式的接受程度更弱，更倾向于认为当地环境问题没那么严重；环保支付意愿却没有显著性别差异。2010 年的结果显示，在乡村地区，女性对新生态范式的接受程度还是较低；但在城镇地区，女性比男性对一般环境问题的认知要略强，而其他两个环境关心面向的性别差异都不存在。这些结果似乎表明，随着时间的推移，中国女性的环境关心水平（特别是城镇地区的女性）已经与中国男性追平，甚至在环境问题认知方面已经超越了后者。其次，全职工作变量在所有年份的全部样本中对环境关心的所有测量都没有显著影响。

接下来，我们将转向纵贯比较，主要是对 2003 年和 2010 年的两个城镇样本进行分析。假设 5 预测我们能够在 2010 年的中国公众中观察到比

2003 年更高的环境关心水平。因为使用的测量指标存在差异，将两个时点的环境问题认知进行直接比较是不合适的，同样我们也不能比较环保支付意愿。但两次调查都包含相同的 NEP 量表项目。正如表 9-2 显示的那样，两个城镇样本在 NEP 的 10 个项目中有明显一致的因子负载，为跨样本的比较建立了需要的测量稳定性。我们将两个数据合并，并利用 Mplus 中的多组 CFA 对潜均值进行比较。在 2003 年的数据中 NEP 的潜均值作为参照点被设置为 0 的情况下，2010 年城镇样本中 NEP 的估计潜均值为 -0.027（$p < 0.05$）。这一结果表明，2010 年城镇样本中公众对新生态范式的接受程度平均要低于 2003 年的城镇样本。因为潜均值是同步单个 NEP 项目（1~5 分）计值的，0.027 分的差异其实际意义很小。尽管如此，我们并未发现任何证据可以支持假设 5。实际上，从 2003 年到 2010 年，新生态范式在中国城镇地区的被接受程度略有下降。需要特别强调的是，中国公众对新生态范式的接受程度并不低：2003 年的调查结果显示，平均有 68% 的受访者同意或非常同意新生态范式 10 个测量项目的陈述；到了 2010 年，城镇和乡村受访者的这一比例也分别平均有 70% 和 55%。

最后来看一下假设 6，即认为 2010 年社会经济地位对环境关心的影响要比在 2003 年更弱。关于该假设，我们只关注社会经济地位的影响，即教育、家庭年收入和中共党员身份在两个城镇样本中对关于新生态范式接受程度的影响，后者是两个样本中唯一相同的一个环境关心面向。表 9-4 的结果显示中共党员身份在两个样本中都没有统计显著的影响，故再做比较也失去了意义。与此同时，教育和家庭年收入对新生态范式在两个样本中都有统计显著的影响，故我们对这两个社会经济地位变量都进行统计显著性差异的检验。就教育而言，2003 年和 2010 年其对新生态范式的标准化影响分别是 0.30 和 0.18，下降的 0.12 是具有统计显著性的（$p < 0.05$）。家庭年收入对数在 2003 年和 2010 年的标准化影响分别是 0.07 和 0.09，但从 2003 年到 2010 年上升的 0.02 却并不具有统计显著性。综合来看，假设 6 获得部分数据分析结果支持，从 2003 年到 2010 年，社会经济地位（主要是教育）对新生态范式的影响的确下降了。

由于操作化的不同，我们不能对两个年份的后物质主义价值、环保支付意愿以及环境问题认知进行统计显著性检验。为此，我们在此呈现的是描述性分析的结果。2003 年的调查中后物质主义价值观指标有五个定序类别，其百分比分布如下：0＝13％，1＝49％，2＝32％，3＝4％，4＝1％。2010 年的调查中有四个类别，百分比分布如下：0＝53％，1＝29％，2＝15％，3＝3％。在这两个指数中，高分值代表对后物质主义价值更强的接受程度。2003 年的分布明显具有正偏态的特征，集中趋势位于 1 和 2 之间（平均值为 1.32，中位数和众值皆为 1）。2010 年城镇样本的分布更加极端，集中趋势位于 0 和 1 之间（平均值为 0.67，中位数和众值皆为 0）。2010 年的乡村样本呈现出相似的分布情况：0＝58％，1＝25％，2＝15％，3＝2％。综合来看，我们认为，中国公众在 2003 和 2010 两个年份都是高度物质主义的，这与克瓦洛伊等人（Kvaløy *et al.*，2012）基于 2005—2009 年世界价值观调查数据的发现一致。

两次调查都包含关于为环境缴纳更高税的一个近乎相同的项目，却提供了不同的选项设置。2003 年的调查中有三个选项——同意、中立和不同意，选择的人分别有 68％、14％和 17％。2010 年的调查设置了五个类别（从"1＝非常愿意"到"5＝非常不愿意"），将两个正向和负向的选项分别合并，我们得到了"愿意""中立""不愿意"三个类别，分别有 39％、22％和 39％的人选择。检验结果显示，与 2003 年城镇样本"同意"和"不同意"的比例相比，2010 年城镇样本"愿意"的比例缩小了，"不愿意"的比例却上升了（两次检验的 p 值均小于 0.05）。在被询问是否愿意为环境保护支付更高的价格方面，CGSS2003 的数据分析结果表明"同意""中立""不同意"者分别占 51％、18％和 31％；CGSS2010 的调查则显示，关于该项选择"愿意""中立""不愿意"的人分别占 50％、21％和 29％。两次数据分析结果并没有统计显著性。因此，没有证据可以支持中国公众的环保支付意愿从 2003 年到 2010 年实现了增长。

最后报告一下感知到的环境问题的严重性或危害等测量项目描述性统计的大致结果。2003 年，平均有 33％的城镇受访者报告称环境问题（共列举了 12 项地方环境问题）"严重"或"非常严重"，从最低的 13％（荒漠化）到最高的 47％（空气污染）。2010 年的城镇样本中，平均有 69％的受访者报告称环境问题（共列举了 5 项一般性的环境问题）是有害的或非常有害的，从最低的 60％（全球变暖）到最高的 86％（工业空气污染）；乡村样本中这一比例为 54％，从最低的 37％（农药污染）到最高的 78％（工业空气污染）。

五、总结与讨论

（一）对数据分析结果的讨论

本章试图去回答的问题是，在一个经济快速增长和环境急剧恶化同时发生的时期，中国公众对环境的关心可能会如何变化呢？尽管社会科学领域关于经济增长和个人富裕是否能够增进公众环境关心存在不同的争论，但在预测急剧恶化的环境状况会带来公众相应环境关心的骤增方面却几乎达成了共识。但我们的研究却发现，至少在城镇地区，没有证据可以表明从 2003 年到 2010 年公众的环境关心出现了显著增长。

从 2003 年到 2010 年，尽管大多数受访者报告经历过环境问题（2003年和 2010 年的比例分别为 77％和 92％），为什么他们对于亲环境世界观的接纳程度以及环保支付意愿整体上却没有发生相应的变化呢？在关于新生态范式方面，表 9-3 和表 9-4 的结果提供了一些线索。首先，表 9-3 和表 9-4 显示经历过环境问题在 2003 年对新生态范式有显著影响，但在 2010 年的城镇样本中却不存在。因此，随着遭遇环境问题者的比例攀升，其对新生态范式的促进作用消失了。

其次，教育对新生态范式似乎具有最强的正向影响；在大多数情况下，家庭年收入也有正向影响，但影响规模都较小。由表 9-2 可知，从 2003年到 2010 年，城镇居民的年均家庭收入翻了一倍，但平均受教育年限却没有变化。我们也对三个样本在新生态范式方面的差异进行了考察。表 9-2显示 2010 年乡村样本的平均受教育年限要大大低于其他两个城镇样本；同样，2010 年乡村样本的家庭年收入也远低于 2010 年城镇样本，但基本与2003 年样本持平。多组 CFA 的结果显示，2010 年乡村样本对新生态范式的接受程度要远低于 2003 和 2010 两个年度的城镇样本（潜均值差异分别为 0.256 和 0.230，两次检验的 p 值均小于 0.05）。因此，我们看到了环境关心差异和教育差异之间的平行一致，但却看不到前者与家庭年收入差异的一致。我们认为，中国城镇居民自 2003 年到 2010 年期间的教育获得整体上没有变化，这可能可以解释为什么他们对新生态范式的接受没有出现太大变化。

环保支付意愿为何没有变化尚不得而知。2003 年，教育、家庭年收入、中共党员身份等三个社会经济地位指标全部都对环保支付意愿有显著的正向影响；但到了 2010 年，只有城镇样本的中共党员身份的影响还显著。这些结果表明，环保支付意愿对社会经济地位因素的依赖性近年来在大大降低。因此，一个合乎逻辑的推论是，2003 年到 2010 年的经济增长未能催生出更强的支付意愿。

再就是后物质主义价值的影响。正如后物质主义价值理论预测的那样，我们发现后物质主义价值对不同测量下的环境关心都具有持续的正向影响。尽管如此，另一些发现提醒我们后物质主义价值的效度。首先，后物质主义价值的影响规模一直都较小，这与既有经验研究发现一致（例如，Zhao，2012；Best & Mayerl，2013）。其次，亦没有证据可以支持后物质主义价值充当了富裕和环境关心之间的中介。因此，尽管后物质主义价值和个人富裕确实对公众的环境关心具有一些促进效应，但它们却并不是关键的预测变量。事实上，我们在中国城镇居民的身上发现，强烈的物质主义价值和环境关心竟然可以共存，这或许反映了经济增长和环境质量都是公众所想要的。

本章的一些发现支持了全球环保主义说。首先，所有样本的分析结果都发现公众具有相当高的环境关心水平，并且这种关心并不局限于那些社会经济地位更优越的人，因为社会经济地位因素只能够解释不同测量下环境关心的 10%～15% 的变异。其次，我们的结果显示，2010 年不同测量下的环境关心的解释变异都要比 2003 年低，甚至当乡村地区的结果被纳入考虑也是如此。此外，2010 年教育对新生态范式和环保支付意愿的影响都要比 2003 年小。这些结果不仅支持了全球环保主义说，而且也与帕培尔和杭特（Pampel & Hunter，2012）关于"环境关心存在一种跨越社会经济地位的扩散过程"的论点相一致。我们对中国公众环境关心的测量要比帕培尔等在美国使用的单一测量项目更精细，同时考虑到中美两国的差异，这无疑是一项重要发现。

（二）结论与启示

总结一下本章的发现：从 2003 年到 2010 年，尽管中国的经济发展势头迅猛且剧烈的环境退化仍在持续，但与所有理论预测相背离的是，中国城镇居民的亲环境世界观和环保支付意愿大体上并没有发生变化。尽管家庭年收入更高和后物质主义价值更强的人略微倾向于更强的环境关心，但富裕或后物质主义价值是环保主义的前提或关键驱动力的观点在研究中却得不到支持。我们发现，在当代中国，有证据表明环境关心可能存在从受过良好教育的人群扩散到其余社会人群的过程，这与全球环保主义说的观点整体上相一致。

我们的发现具有一些理论和实践启示。第一，正如许多研究在其他国家的发现一样（Dunlap & York，2008；Hunter *et al.*，2010），富裕貌似并不是中国公众环境关心的前提。从经济发展到富裕增加再到环境关心水平上升的因果链条并没有获得经验支持。第二，中国环境状况的恶化将会催生更强环境关心的假设也缺乏一致的支持。我们的研究表明，当进行纵向考察时，中国环境关心的不同面向存在不同的发展趋势。尽管越来越多人报告经历过环境问题，新生态范式所测量的亲环境世界观以及个人的环保贡献意愿在我们的研究时段都没有显现增强的迹象。因此，在对环境关心的来源进行理论化和考察时，很有必要提出更多精细的概念化和测量方案。第三，教育对环境关心的不同面向都具有持续且非常强的影响，但家庭年收入却并没有。我们据此认为，在考察社会经济地位因素对环境关心的影响时，将它们分拆为不同的自变量要比作为一个单一潜在建构指标更恰切。这意味着，不同的环境关心水平可能并不是对整体性的社会经济地位差异的一种反映。

本章对环境决策的一个实际启示如下：寄希望于经济增长会提高富裕水平并自然增强公众环境关心，这种想法并不现实；环境行动主义者们相信环境退化会确定无疑增加环境关心同样也过于乐观了。由于亲环境世界观（NEP）并未增强，中国公众目前的环境行动主义更像是一种被动反应性的而不是主动积极性的，且容易受"事件-注意循环"（issue-attention cycle）的影响（Dunlap，1991）。关于一些环境抗争事件的研究发现似乎是对这一模式的注解。例如，在厦门 PX 事件中，厦门市民对环境的关注基本上只局限在自己所在的社区或区域，当 PX 项目迁移至邻近城市时市民的反应则相当平淡（周志家，2011）。为了从公众那里获得持续且长期的环境政策支持，政策制定者和环境行动主义者们有必要努力去增强公众的亲环境世界观，这进而也会促进个人环境行为规范和实际行为的调整（Stern *et al*.，1999）。

　　最后，我们来反思本章研究存在的一些局限。第一，本研究的纵向比较部分相当有局限，因为我们只有两年的调查数据，且 CGSS2003 数据只覆盖了中国城镇地区，这减弱了我们对获取一些有意思的发现的信心（例如教育的递减效应），未来研究需要采集多个数据时点和使用更严格的面板设计数据；第二，两次 CGSS 调查中的测量设计不一致是本研究经常需要面对的一个挑战，这使得直接的比较和统计显著性检验变得困难或不可能，未来在不同的调查中（特别是纵贯趋势研究）设计更多标准的测量将会更有成效；第三，我们很遗憾未能对环境退化进行实际测量，为更好地检验与环境状况相关的假设，未来研究应该像默海等（Mohai *et al*.，2010）那样使用实际的环境状况测量；第四，尽管我们考察了环境关心的三个方面，仍然有一些重要内容没有被纳入分析，最突出的是环境行动主义和环保行为。这既有数据可得性方面的原因，部分也是因为单一研究的篇幅有限，所以未来研究应当进一步拓展、引入环境关心的更多测量面向。

第 10 章 环境行为的城乡差异

与环境关心研究一样，环境行为研究也是环境社会学的核心议题与主流内容（Dunlap, 2002），本章侧重分析中国公众环境行为的城乡差异。相对而言，我国学界关于环境行为的研究比较薄弱，直到 2000 年以后，公众环境意识与环保行为方成为研究重点（彭远春，2011）。而且，相关研究中仅有部分研究对我国城乡居民环境行为进行了简单的描述性分析，大多数研究局限于单独对城市居民或农村居民环境行为及其影响因素加以探讨，全国范围内城乡居民环境行为对比研究更为鲜见。故本章利用权威数据，对我国城乡居民环境行为基本状况、城乡居民环境行为有无差异、影响城乡居民环境行为的因素有无差别进行系统分析。

从个体层面理解与解释环境关心与环境行为，较具代表性的成果是社会人口特征方面的五大基本假设：年龄假设、性别假设、社会阶层假设、居住地假设、政治假设（Van Liere & Dunlap, 1980）。其中居住地假设主要是指，由于城市居民文化程度与收入水平更高，且更易遭受污染以及其他类型的环境恶化问题，故城市居民比农村居民更为关心环境以及实施更多环境行为。早期的研究大多证实了这一假设（Tremblay & Dunlap, 1978；Arcury & Christianson, 1990；Fransson & Gärling, 1999），而另一些研究则发现，随着农村经济发展方式逐步转变、环保设施不断增加以及环境服务日益完善，环境关心与环境行为的城乡差异正逐渐缩小，甚至在控制人口学特征变量之后，城乡差异不再显著（Tarrant & Cordell, 1997；Jones et al., 2003），农村居民较城市居民实施更多的回收利用与环境管理行为（Kennedy et al., 2009）。

我国环境行为的相关研究发现，城乡居民在环境知识、环境问题意识、环境关心以及环保态度等方面的差异较为明显（洪大用，1997；马戎、郭建如，2000），城乡差异对环保行为有一定影响（国家环境保护总局、教育部，1999），城市居民普遍具有环保意识，但环保行为不足，而农村居民环保意识和环保行为均欠佳（中国环境文化促进会，2006），城市居民的生态文明意识明显高于农民。① 另有一些研究针对城市居民或农村居民环境行为进行了研究，发现大城市居民比中小城市居民更为关心环境和更多实施环境行为（龚文娟，2008；彭远春，2013），农民的环境知识缺乏、环境意识薄弱，保护环境的技能也亟待提高（朱启臻，2000），农民的环境知识、环境态度与其环境行为之间存在不一致性（周锦、孙杭生，2009；宋言奇，2010）。这些是本章分析的基础。

一、城乡居民环境行为的基本状况

2010 年中国综合社会调查采用多阶分层概率抽样设计，其调查点遍及了中国 31 个省级行政区划单位（不包括港澳台地区）。最终对全国 100 个县（区）、480 个居（村）民委员会、12 000 户家庭中的约 12 000 名个人进行了主体问卷调查，获得 11 785 个有效样本。另外，继续对在 2 月、9 月、11 月及 12 月出生的被访者进行了环境模块的调查。环境模块的最终有效样本量为 3 716 人，其中城市居民与农村居民样本分别为 2 392 人、1 324 人，分别占环境模块样本的 64.4%、35.6%。

（一）城乡居民环境行为的描述性分析

此次调查根据私人领域与公共领域的划分，将环境行为区分为私域环境行为、公域环境行为两种类型，并从分类回收、购买未曾施用化肥与农药的水果与蔬菜、减少开车、减少能源或燃料消耗、节约用水或再利用水、抵制消费某些非环保产品等六个方面对私域环境行为进行测量，从是否加入环保团体、签署环保请愿书、给环保团体捐钱、参加环保抗议或示威游行等四个方面对公域环境行为进行测量。我们对单一类别环境行为的基本情况及是否存在城乡差异进行分析，结果详见表 10 - 1、表 10 - 2。

整体而言，城乡居民在私人领域实施环境行为的比例较低如：因客观

---

① 我国首份《全国生态文明意识调查研究报告》发布 .（2014 - 02 - 20）［2019 - 07 - 22］. http://www. gov. cn/jrzg/2014 - 02/20/content _ 2616364. htm.

条件限制等，四成以上的被访者从不进行垃圾或废品分类以方便回收，近半数的被访者不曾购买没有施用化肥和农药的水果和蔬菜；为了环境保护而经常减少开车的比例仅占 3.5%，除开近八成的被访者没有车或者不能开车之外，总是减少开车的比例更低，仅为 2%；近三成的被访者从不减少居家能源或燃料消耗；16.9% 的被访者从不节约用水或对水进行再利用，仅约半数的被访者经常或总是实施这一行为；三成以上的被访者从不为了环境保护而不去购买某些产品；并且偶尔实施某一行为的比例高于经常或总是实施相应行为的比例。需要注意的是，基础环保设施不足、环保服务缺乏等不利客观条件实则限制或阻碍了环境行为的实施，故进一步完善环保设施及积极提升环保服务则有助于环境行为的培育与激发。

从表 10-1 可以看出，每一具体的私域环境行为均存在显著的城乡差异，城市居民较农村居民实施更多的私域环境行为。城市居民总是或经常实施分类回收、购买未曾施用化肥与农药的水果与蔬菜、减少开车、减少能源或燃料消耗、节约用水或再利用水以及抵制消费某些非环保产品的比例均高于农村居民的相应比例，而从不实施上述行为的比例则较农村居民更低。如 19.6% 的城市居民从不为了保护环境而减少居家的油、气、电等能源或燃料的消耗量，农村居民这一比例为 40.2%；52.0% 的农村居民从不为了环境保护而不去购买某些产品，较城市居民相应比例高出 28 个百分点。

表 10-1　　　　　　单一私域环境行为的基本情况及其城乡差异

题项	样本类型	具体测量（%）					城乡差异的卡方检验值
		总是	经常	有时	从不	客观限制	
E1. 将玻璃、铝罐、塑料或报纸等进行分类以方便回收	总样本	11.9	19.7	23.9	17.3	27.1	$\chi^2=202.46$, $df=4$, $p=0.000$
	城市	14.8	22.5	25.9	16.4	20.3	
	农村	6.6	14.6	20.2	19.1	39.4	
E2. 购买没有施用过化肥和农药的水果和蔬菜	总样本	6.7	16.2	28.4	23.9	24.8	$\chi^2=178.21$, $df=4$, $p=0.000$
	城市	7.9	19.3	32.0	21.0	19.7	
	农村	4.5	10.5	21.7	29.3	33.9	
E3. 为了环境保护而减少开车	总样本	2.0	3.5	9.0	5.8	79.7	$\chi^2=87.503$, $df=4$, $p=0.000$
	城市	2.6	4.4	11.5	5.2	76.4	
	农村	0.8	1.8	4.7	7.0	85.8	

续前表

题项	样本类型	具体测量（%）					城乡差异的卡方检验值
		总是	经常	有时	从不	客观限制	
E4. 为了保护环境而减少居家的油、气、电等能源或燃料的消耗量	总样本	10.0	22.9	40.2	26.9	—	$\chi^2=210.08, df=3, p=0.000$
	城市	12.2	26.6	41.6	19.6	—	
	农村	5.8	16.2	37.8	40.2		
E5. 为了环境保护而节约用水或对水进行再利用	总样本	17.2	31.9	34.0	16.9	—	$\chi^2=252.12, df=3, p=0.000$
	城市	21.2	35.3	33.1	10.4	—	
	农村	10.0	25.8	35.6	28.6		
E6. 为了环境保护而不去购买某些产品	总样本	7.4	16.9	41.7	34.0	—	$\chi^2=324.210, df=3, p=0.000$
	城市	9.7	21.0	45.4	24.0	—	
	农村	3.2	9.6	35.2	52.0		

注：E1、E2、E3 的客观限制分别为被访者居住地没有回收系统、被访者居住地没有提供、被访者没有汽车或不能开车。

从表 10 - 2 可以看出，首先，城乡居民在公共领域实施环境行为的比例非常低，呈现出比私域环境行为更低的参与水平。如仅有 1.9% 的被访者加入了环保社团，在过去 5 年中，高达 98.7%、94.7%、99.6% 的被访者没有为某一环境问题签署请愿书、给环保团体捐过钱以及为某个环境问题参加过抗议或示威游行。其次，在加入环保社团与给环保团体捐钱方面，存在着城乡差异，即相比农村居民而言，城市居民加入环保社团与给环保社团捐钱的比例相对更高如：2.4% 的被访城市居民加入了环保社团，而农村居民的相应比例仅为 1.1%；6.9% 的被访城市居民在过去 5 年中曾给环保团体捐过钱，较农村居民的相应比例高出 4.5 个百分点。此外，城乡居民在是否签署环保请愿书以及是否参加环保抗议或示威游行方面并无显著差异，参与水平都非常低。

表 10 - 2　　　　　　单一公域环境行为的基本情况及其城乡差异

题项	样本类型	具体测量（%）		城乡差异的卡方检验值
		有	没有	
E7. 加入了任何以环境保护为目的的社团	总样本	1.9	98.1	$\chi^2=6.707, df=1, p=0.010$
	城市	2.4	97.6	
	农村	1.1	98.9	

续前表

题项	样本类型	具体测量（%）		城乡差异的卡方检验值
		有	没有	
E8. 在过去 5 年中，就某个环境问题签署过请愿书	总样本	1.3	98.7	$\chi^2=1.128,\ df=1,\ p=0.288$
	城市	1.5	98.5	
	农村	1.1	98.9	
E9. 在过去 5 年中，给环保团体捐过钱	总样本	5.3	94.7	$\chi^2=33.707,\ df=1,\ p=0.000$
	城市	6.9	93.1	
	农村	2.4	97.6	
E10. 在过去 5 年中，为某个环境问题参加过抗议或示威游行	总样本	0.4	99.6	$\chi^2=0.040,\ df=1,\ p=0.842$
	城市	0.4	99.6	
	农村	0.4	99.6	

（二）城乡居民环境行为的综合比较分析

我们已对单一私域环境行为与公域环境行为的基本情况及其城乡差异进行了分析，接下来将具体分析城乡居民私域环境行为与公域环境行为的整体状况以及是否存在显著差异。

首先，我们将私域环境行为的实施频率"从不、有时、经常、总是"相应赋值为"0、1、2、3"，另外由于"居住地没有回收系统""居住的地方没有提供未施用过化肥与农药的水果与蔬菜"致使居民客观上未能实施分类回收或未能实施相应购买行为，其选项相应赋值为"0"，而因"没有汽车或不能开车"致使客观上总是实施保护环境的行为，其选项相应赋值为"3"，然后对私域环境行为量表进行信度分析。信度分析结果表明，剔除第三项"为了环境保护而减少开车"之后，量表的内在一致性较高，alpha 系数由 0.694 升至 0.776，量表中 E1、E2、E4、E5、E6 项目与量表总分的相关系数（R_{i-t}值）分别为 0.500、0.397、0.627、0.614、0.627，且在删除对应项目之后，alpha 系数普遍降低或变化较微弱，故剔除第三项后的修正量表的内部一致性较高，量表信度可以接受。然后采用探索性因子分析对修正后的私人领域环境行为量表的效度进行研究，发现所有项目都聚集在一个因子之上。故本研究将剩下的五项直接相加生成私域环境行为变量，取值在 0～15 分之间，均值为 5.44，标准差为 3.49，且得分越高，意味着私域环境行为的实施水平越高。另外我们将"是、否"实施某一公域环境行为分别赋值为"1、0",由于相应题项仅两分取值且集中偏向负向一极,故将其直接相加生成公域环境行为变量,取值在 0~4 之间,均值为 0.09,标准差为 0.35。

其次,为直观展示城乡居民环境行为实施情况,我们将私域环境行为变量与公域环境行为变量转化为百分制,详见表 10-3。八成左右被访者的私域环境行为得分在 60 分以下,其中 8.3% 的被访者从不实施任何私域环境行为,仅约两成的被访者得分在 60 分以上;而 99.7% 的被访者的公域环境行为得分在 60 分以下,其中高达 92.8% 的被访者从不实施任何公域环境行为。私域环境行为与公域环境行为得分存在显著的城乡差异,城市居民较农村居民实施更多的环境行为。如 24.7% 的城市被访者私域环境行为得分在 60 分以上,而农村被访者的相应比例为 9.0%,从不实施私域环境行为的农村被访者比例为 16.5%,较城市被访者的相应比例高出 12.7 个百分点;96.0% 的农村被访者从不实施任何公域环境行为,比城市被访者高出 5.1 个百分点。

表 10-3　　　　　　　　　　　环境行为变量分值频率

	私域环境行为			公域环境行为		
	总样本	城市样本	农村样本	总样本	城市样本	农村样本
0 分	8.3	3.8	16.5	92.8	90.9	96.0
1~19 分	13.2	10.0	19.0	—	—	—
20~39 分	33.1	31.0	36.9	6.0	7.6	3.0
40~59 分	26.3	30.6	18.6	1.0	1.1	0.8
60~79 分	13.2	16.6	7.0	0.2	0.3	0.2
80 分及以上	5.9	8.1	2.0	0.1	0.1	—
总计	100.0	100.0	100.0	100.0	100.0	100.0
	$\chi^2=370.742, df=5, p=0.000$			$\chi^2=34.461, df=4, p=0.000$		

最后,我们对私域环境行为与公域环境行为的均值检验发现(见表 10-4),城乡居民在私域环境行为与公域环境行为方面均存在显著差异。具体而言,城市居民较农村居民实施更多的私域环境行为与公域环境行为。需要指出的是,这一判断是基于相关分析的初步结果,尚未排除其他因素的影响,是否切实还需借助多元线性回归等统计方法进一步加以判定。

表 10 - 4 城乡居民环境行为均值比较

		均值	标准差	检验值
私域环境行为	城市	6.26	3.42	$F=407.783$ $p=0.000$
	农村	3.93	3.08	
公域环境行为	城市	0.11	0.38	$F=24.820$ $p=0.000$
	农村	0.05	0.27	

二、城乡居民环境行为的影响因素比较分析

(一) 研究设计

城乡二元结构在我国长期持续存在，使得城市与农村在环境状况、经济发展、社会分化、资源分配、基础设施建设、文化素质、信息分布、意识水平与行动能力等方面有着较大的差距。基于这一认识以及学界对环境行为的相关探讨，提出本研究的基本假设：我国城乡居民环境行为存在显著差异，且城市居民较农村居民实施更多环境行为。

学界多从外在制约与内在约束这两个方面对环境行为的影响因素进行探讨。外在制约主要是指环境行为的产生有着相应的客观基础，较具代表性的解释是污染驱动论与结构制约论。污染驱动论认为，环境关心与环境行为由相应的社会存在基础决定，它们的产生与推进往往与环境衰退、环境问题持续恶化联系在一起（彭远春，2013）。而城市居民较农村居民更易遭受污染以及其他类型的环境恶化问题，进而实施更多的环境行为。可见，污染驱动论侧重强调客观环境状况对个体环境行为的影响。由此，提出污染驱动假设：居住地环境问题越严重的居民，实施越多的环境行为。

结构制约论则认为，个体并非孤立存在于社会之中，个体往往嵌入社会结构之中，而社会结构通常外显为社会地位、社会角色、社会群体、社会制度等模式，其对个体社会生活与社会行为有着相应的影响与制约作用。而阶层结构是社会结构的内核，在现代社会通常体现为社会分层体系，社会成员能否通过自身努力占据适切的社会位置并归属于对应的阶层，对其社会行为有着根本性的影响。据此，阶层地位较高的社会成员往往有着较高的受教育程度与较高的收入，自身基本需求亦得以满足，从而较为关注

美好生活环境、良好环境质量等较高层次的需求的满足，且对环境的衰退与恶化尤为敏锐，进而实施更多的环境行为（彭远春，2013）。由此，提出阶层地位假设：阶层地位越高的居民，实施越多的环境行为。

在具体的防治与控制环境污染和生态破坏方面，城乡之间存在着很大的差异，这些差异可以概括为控制体系的二元性，而二元控制体系正是城乡环境问题发展表现出明显差异的重要原因，进而对城乡居民环境行为的实施产生较大影响。如在环境保护方面，存在着重城市、轻农村的倾向，城市环保制度与环境政策较为完善，大众传播媒介对环境保护与环境治理起着较好的舆论监督作用，而农村环境政策与法规体系较不健全，媒介监督作用较薄弱，另外环保机构与民间环境组织较集中于城市（洪大用，2001）。由此，提出环境保护二元体系假设：居住地环境保护力度越大的居民，实施越多的环境行为。

随着信息技术的飞速发展与广泛应用，我国社会正历经着从工业社会向信息社会的转变，电视、手机以及网络等大众传媒日益嵌入人们的日常生活，逐渐成为生活中不可缺少的一部分，对人们的社会认知与行为方式产生深远的影响。如获取环境信息的途径越多样，了解环境议题以及具体环境行为的信息越丰富，就越有可能实施环境行为（Gamba & Oskamp，1994；Fransson & Gärling，1999；彭远春，2013）。而我国城乡之间信息分割较为严重：一方面，大众传播媒介在城市中的普及率更高，部分农村居民在信息获取方面却有着客观的阻碍；另一方面，由于文化素质、工作与生活方式的差异，城市居民较农村居民有着更强的媒介接触意愿与接触机会。实际上，大众传媒对城乡居民环境行为的影响存在差异。由此，提出信息分割假设：接触大众传媒越多的居民，实施越多的环境行为。

心理学取向的研究一直占据环境行为研究领域的主导地位，其侧重揭示实施环境行为的"黑箱"，即复杂的内在过程与心理机制。故环境行为的内在约束主要是指环境行为的产生有着相应的主观动力，较具代表性的观点是意识激发论与社会建构论。意识激发论认为，社会行为的产生往往与内在动力联系在一起，社会成员作为能动的主体，只有对行为的相关问题有一定的认识与理解之后，才能产生促发行为的意识，也就是说意识是行为产生的必要前提。学界多从环境认知、环境关心、环境行为倾向等维度衡量环境意识水平，并提出计划行为理论、环境素养模式、负责任的环境行为模式、价值-信念-规范理论、多因素整合模式等解释模式（彭远春，2013）。基于此，提出环境意识假设：环境意识越高的居民，实施越多的环境行为。

社会建构论则认为，环境问题具有建构性，不仅有其客观存在的一面，也有其主观建构的一面（洪大用，2001）。正是通过国际社会关注、各级政府推动、大众媒介聚焦、专家学者倡导与呼吁、环保组织介入等社会建构过程，特定的环境状况才被认为是"问题"，进而唤醒并激发人们的环境意识与环境行为。当然，若社会成员自身在日常生活中遭遇污染侵害等特定事件，则建构与激发环境意识和环境行为的作用更为强烈。如有研究发现，50%以上的被访者说只有在他们感到受污染之害时，他们才会关心环境（马戎、郭建如，2000），遭受严重污染的农村居民的环境意识更强（胡荣，2007）。基于此，提出事件建构假设：遭遇环境污染事件的居民，实施更多的环境行为。

（二）变量测量

本研究的因变量为私域环境行为与公域环境行为，前面已对相关构筑过程作了说明。自变量包括城乡居住地类型、外在制约与内在约束等因素，外在制约因素具体包括居住地环境状况、阶层地位、居住地环境保护力度、大众传媒接触程度这四类，而内在约束因素则包括环境意识、事件建构这两类。

居住地环境状况：限于资料，加之有研究发现，若客观环境问题超越了个人的直接体验和认知，就不一定会直接促进公众的环境关心，客观问题也许是能被公众直接感知和体验的问题（洪大用、卢春天，2011），故本研究通过公众确切感知的环境问题来测量居住地环境状况，问卷询问了被访者认为哪个问题对其及其家庭影响最大，选择空气污染、化肥和农药污染等九类环境问题之一的则表明被访者确切感知到居住地存在环境污染等问题，将其赋值为1，而回答"以上都不是、无法选择、不知道"则表明被访者未确切感知到对其产生影响的环境问题，将其赋值为0。

阶层地位：结合国内外相关研究成果，遵循学界较为通行的做法，从收入水平、受教育水平、职业这三个指标来测量个体客观阶层地位，从被访者自我归属的社会等级来测量个体主观阶层地位。具体变量的测量，收入水平方面，本研究采用的是个人年收入，即被访者过去一年的总收入。以受教育年限来衡量受教育水平，将被访者受教育程度区分为没有受过任何教育、小学/私塾、初中、高中/职高/中专/技校、大专、本科、研究生及以上等层次，相应赋值为 0、6、9、12、15、16、19 年。职业方面，根据此次调查资料中当前的工作状况，区分为非农工作、务农、没有工作三类，相应赋值为 3、2、1。个体主观阶层地位则通过被访者对目前自己所在社会等级打分来判断，10 分代表最顶层，1 分代表最底层。

居住地环境保护力度：限于资料，我们无法获取被访者居住地环保机构数量、民间环保组织数目、投入的环保资金多少、环保从业人数以及客观的环境治理成效等环境保护力度方面的数据，故仅通过被访者对近 5 年来所在地方政府对地区环境问题解决成效的判断来测量居住地环境保护力度，"片面注重经济发展，忽视环境保护工作""重视不够、环保投入不足""虽尽了努力，但效果不佳"这些回答实则反映出居住地环境保护力度较薄弱，而"无法选择""不知道"则说明被访者难以判断居住地环境保护力度，"尽了很大努力，有一定成效""取得了很大成绩"则反映出居住地环境保护力度尚可，分别赋值为 1、2、3。

大众传媒接触程度：本次调查询问了被访者过去一年内，对报纸、杂志、广播、电视、互联网、手机定制消息的使用情况，"从不""很少""有时""经常""总是"分别赋值为 1、2、3、4、5。统计分析发现，6 项大众传媒接触项目的 alpha 值为 0.702，且在删除对应项目之后，alpha 系数普遍降低，即有着较好的信度和内部一致性，可以看作单一维度的量表。故将上述六个题项直接相加，生成大众传媒接触程度变量，其取值范围为6～30，均值为 13.78，标准差为 4.53。

环境意识：大体是指人们意识到并支持解决涉及生态环境问题的程度以及个人为解决这类问题而做出贡献的意愿（洪大用，2006），本研究从环境保护知识、环境关心、环境行为意向这三个方面对其进行测量。至于环境保护知识，需要被访者对下述 10 项说法作出判断，究竟是正确、错误，还是无法选择，详见表 10-5。依据现有的知识，我们知道 1、3、5、7、9项是错误的说法，2、4、6、8、10 项是正确的说法。我们将每项实际判断正确赋值为 1，实际判断错误（"无法选择""不知道"算回答错误）赋值为 0。表 10-5 表明，城乡居民环境保护知识正确率整体不高，尚有较大的提升空间，环境保护知识每一项目均存在显著的城乡差异，即城市居民较农村居民具有更高的环境保护知识水平。把各项目值累加，就生成环境保护知识水平，均值为 5.15，标准差为 2.76。

表 10 - 5　　　　　　　　城乡居民环境保护知识项目频率及其对比

题项	样本类型	正确	错误	无法选择	检验值
(1) 汽车尾气对人体健康不会造成威胁	总样本	12.4	81.2	6.4	$\chi^2 = 134.288$, $df = 2$，$p = 0.000$
	城市	9.9	86.5	3.6	
	农村	17.0	71.7	11.3	
(2) 过量使用化肥农药会导致环境破坏	总样本	83.8	9.5	6.7	$\chi^2 = 82.498$, $df = 2$, $p = 0.000$
	城市	87.7	7.8	4.4	
	农村	76.8	12.4	10.8	
(3) 含磷洗衣粉的使用不会造成水污染	总样本	13.1	62.0	24.9	$\chi^2 = 157.736$, $df = 2$, $p = 0.000$
	城市	11.4	69.4	19.3	
	农村	16.1	48.7	35.2	
(4) 含氟冰箱的氟排放会成为破坏大气臭氧层的因素	总样本	51.7	9.7	38.6	$\chi^2 = 295.262$, $df = 2$, $p = 0.000$
	城市	62.0	9.1	30.0	
	农村	33.3	10.8	55.9	
(5) 酸雨的产生与烧煤没有关系	总样本	10.8	44.1	45.0	$\chi^2 = 131.519$, $df = 2$, $p = 0.000$
	城市	10.8	50.9	38.4	
	农村	11.0	32.1	57.0	
(6) 物种之间相互依存，一个物种的消失会产生连锁反应	总样本	52.3	5.8	41.9	$\chi^2 = 232.711$, $df = 2$, $p = 0.000$
	城市	61.7	5.1	33.3	
	农村	35.5	7.2	57.4	
(7) 空气质量报告中，三级空气质量意味着比一级空气质量好	总样本	11.0	26.2	62.8	$\chi^2 = 142.915$, $df = 2$, $p = 0.000$
	城市	10.8	32.6	56.6	
	农村	11.4	14.7	73.9	
(8) 单一品种的树林更容易导致病虫害	总样本	44.3	9.3	46.4	$\chi^2 = 49.883$, $df = 2$, $p = 0.000$
	城市	48.6	8.6	42.7	
	农村	36.6	10.4	53.0	

续前表

题项	样本类型	正确	错误	无法选择	检验值
(9) 水体污染报告中，Ⅴ类水质意味着要比Ⅰ类水质好	总样本	7.9	16.4	75.7	$\chi^2=38.928, df=2,$ $p=0.000$
	城市	7.6	19.3	73.1	
	农村	8.4	11.2	80.3	
(10) 大气中二氧化碳成分的增加会成为气候变暖的因素	总样本	53.2	5.0	41.8	$\chi^2=284.712, df=2,$ $p=0.000$
	城市	63.4	4.7	32.0	
	农村	34.9	5.5	59.6	

注：1、3、5、7、9 项为错误的说法，其他为正确的说法。每项判断正确则赋值为 1，其他回答被重新编码为 0。

本研究使用邓拉普等人（Dunlap *et al.*，2000）修订的 NEP 量表来测量环境关心，详见表 10-6。本研究首先对 NEP 修订量表进行赋值，由于第 1、3、5、7、9、11、13、15 项是正向问题，被访者越是赞同，说明其环境关心越强烈，故将回答"完全不同意""比较不同意""无所谓同意不同意""比较同意""完全同意"分别赋值为 1、2、3、4、5；而第 2、4、6、8、10、12、14 项是负向问题，被访者越是赞同，其环境关心的程度则越低，故将回答"完全不同意""比较不同意""无所谓同意不同意""比较同意""完全同意"分别赋值为 5、4、3、2、1；另外各项中的"无法选择""不知道"回答则表示被访者的认识较为含混，与"无所谓同意不同意"接近，于是将其赋值为中间取值 3。表 10-6 表明，城乡居民环境关心整体水平不太高，NEP 修订量表的每一项目均存在显著的城乡差异，即城市居民较农村居民具有更高的环境关心水平。信度检测表明，该量表 alpha 值为 0.753，具有较好的信度，除第 4 项和第 14 项外（R_{i-t} 值分别为 0.022 和 0.197），其他项目与量表总分的相关系数在 0.285~0.482 之间，并且在删除第 4 项或第 14 项之后，量表 alpha 值稍有上升，故需对量表的维度作进一步考察。

而洪大用（2006）曾利用 CGSS2003 数据对 NEP 修订量表在中国的应用效果作了评估，认为对其加以适当改造后，可作为测量我国公众环境关心的重要工具。之后进一步通过应用验证性因子分析发现，第 2、4、6、12、14 等五个负向文字表述项目的因子负载太低，故将其剔除，剩下的十项构筑成一个适合我国公众的、具有较高信度和单一维度的环境关心量表

（肖晨阳、洪大用，2007）。基于上述认识，根据学界通行做法将缺省值重新编码为中间值3，然后利用对上述十项量表加以验证性因子分析①获得的因子负载（详见表10-6）进行加权累加，形成环境关心得分变量，从而得分越高，环境关心越强烈，均值为19.18，标准差为2.92。

表 10-6　　　　　城乡居民 NEP 修订量表项目频率比较及因子负载

题型	样本类型	1=完全不同意；2=比较不同意；3=无所谓同意不同意；4=比较同意；5=完全同意					因子负载与检验值
		1	2	3	4	5	
(1) 目前的人口总量正在接近地球能够承受的极限	总样本	2.5	10.0	31.6	40.9	15.0	0.37
	城市	2.1	10.3	26.2	44.3	17.1	χ^2=101.468
	农村	3.1	9.5	41.3	34.8	11.4	df=4，p=0.000
(2) 人是最重要的，可以为了满足自身的需要而改变自然环境	总样本	12.8	31.0	23.9	24.5	7.9	—
	城市	15.4	34.0	19.9	23.3	7.4	χ^2=102.599
	农村	8.1	25.7	31.0	26.5	8.7	df=4，p=0.000
(3) 人类对于自然的破坏常常导致灾难性后果	总样本	1.6	5.4	19.9	48.1	25.1	0.56
	城市	1.4	4.5	15.2	49.3	29.6	χ^2=139.506
	农村	1.8	6.9	28.4	45.8	17.0	df=4，p=0.000
(4) 由于人类的智慧，地球环境状况的改善是完全可能的	总样本	2.2	11.4	28.3	40.9	17.3	—
	城市	2.3	13.5	24.1	42.6	17.7	χ^2=71.766
	农村	2.0	7.7	35.9	37.9	16.5	df=4，p=0.000
(5) 目前人类正在滥用和破坏环境	总样本	2.8	7.9	18.1	47.7	23.5	0.55
	城市	2.1	6.4	14.0	51.4	26.1	χ^2=129.018
	农村	4.1	10.5	25.5	41.0	18.9	df=4，p=0.000
(6) 只要我们知道如何开发，地球上的自然资源是很充足的	总样本	8.4	26.0	26.6	27.8	11.2	—
	城市	10.1	30.2	21.6	27.4	10.7	χ^2=127.694
	农村	5.4	18.5	35.5	28.5	12.1	df=4，p=0.000

---

① 根据模型的修正建议对误差变项间的相关关系进行了控制，最终模型的卡方值=298.066、df=27、p=0.000，GFI=0.98，NFI=0.96，IFI=0.96，CFI=0.96，RMSEA=0.052。因卡方值易受样本量大小的影响，当样本数较大时，卡方值相对会变大，p值会变小，容易拒绝相应模型，故应采取多指标来衡量模型的拟合度。而本研究虽卡方检验拒绝了该模型，但其他指标均较好，故认为该模型具有较好的拟合度，可被接受。

续前表

题型	样本类型	1＝完全不同意；2＝比较不同意；3＝无所谓同意不同意；4＝比较同意；5＝完全同意					因子负载与检验值
		1	2	3	4	5	
（7）动植物与人类有着一样的生存权	总样本	1.4	4.6	17.2	43.3	33.4	0.49
	城市	1.3	4.2	11.9	46.6	36.0	$\chi^2=143.721$
	农村	1.7	5.3	26.9	37.3	28.7	$df=4$，$p=0.000$
（8）自然界的自我平衡能力足够强，完全可以应付现代工业社会的冲击	总样本	15.0	29.5	38.2	13.1	4.1	0.38
	城市	18.6	34.2	30.8	12.9	3.6	$\chi^2=204.723$
	农村	8.6	21.2	51.6	13.6	5.1	$df=4$，$p=0.000$
（9）人类尽管有着特殊能力，但是仍然受自然规律的支配	总样本	1.5	4.2	25.2	42.4	26.6	0.53
	城市	1.6	4.1	18.2	46.1	29.9	$\chi^2=177.351$
	农村	1.4	4.5	37.8	35.7	20.6	$df=4$，$p=0.000$
（10）所谓人类正在面临"环境危机"，是一种过分夸大的说法	总样本	13.3	33.6	34.7	14.8	3.6	0.42
	城市	16.2	38.6	28.4	13.7	3.2	$\chi^2=172.855$
	农村	8.2	24.7	46.0	16.8	4.3	$df=4$，$p=0.000$
（11）地球就像宇宙飞船，只有很有限的空间和资源	总样本	2.2	7.5	31.1	36.2	22.9	0.63
	城市	1.8	6.8	24.9	39.4	27.1	$\chi^2=158.208$
	农村	2.8	8.8	42.3	30.6	15.5	$df=4$，$p=0.000$
（12）人类生来就是主人，是要统治自然界的其他部分的	总样本	15.6	30.7	30.0	16.5	7.1	—
	城市	18.7	34.9	24.2	15.4	6.8	$\chi^2=155.644$
	农村	10.2	23.2	40.5	18.5	7.5	$df=4$，$p=0.000$
（13）自然界的平衡是很脆弱的，很容易被打乱	总样本	2.0	6.8	29.5	40.3	21.5	0.59
	城市	1.8	6.3	23.2	43.3	25.3	$\chi^2=149.221$
	农村	2.4	7.6	40.6	34.9	14.6	$df=4$，$p=0.000$
（14）人类终将知道更多的自然规律，从而有能力控制自然	总样本	6.9	17.8	35.7	28.0	11.6	—
	城市	7.9	20.9	29.8	29.2	12.2	$\chi^2=111.512$
	农村	5.0	12.4	46.1	25.9	10.5	$df=4$，$p=0.000$
（15）如果一切按照目前的样子继续，我们很快将遭受严重的环境灾难	总样本	2.5	9.1	31.7	33.6	23.2	0.65
	城市	1.8	9.4	24.6	36.7	27.5	$\chi^2=192.769$
	农村	3.7	8.4	44.6	28.1	15.3	$df=4$，$p=0.000$

环境行为意向指的是尽量去执行某一具体环境行为的倾向，通过被访者对"为了保护环境，愿意支付更高价格、愿意缴纳更高的税以及愿意降低生活水平的程度"的回答来具体测量环境行为意向。在分析中，我们将"非常愿意""比较愿意""既非愿意也非不愿意""不太愿意""非常不愿意"的选项相应赋值为5、4、3、2、1，另外各项中的"无法选择""不知道"回答则表示被访者意向不明，与"既非愿意也非不愿意"较为接近，于是将其赋值为中间取值3。将上述三题项直接相加而得环境行为意向变量，取值在3～15之间，分值越大，表示越愿意实施环境行为，均值为8.91，标准差2.81。

事件建构：本研究的社会建构因素主要从被访者及其家庭是否遭遇环境问题进行测量，没有遭遇什么环境问题赋值为0，遭遇环境问题而无论是否采取行动均赋值为1。

为了更清楚地考察环境行为的城乡差异，我们引入了性别、年龄、婚姻状况作为控制变量。综上所述，本研究使用的各种变量描述见表10-7。

表 10-7　　　　　　　　　　研究变量一览表

变量	性质	说明
私域环境行为	连续变量	最小值为0，最大值为15，均值为5.44，标准差为3.49
公域环境行为	连续变量	最小值为0，最大值为4，均值为0.09，标准差为0.35
居住地环境状况	定类变量	确切感知居住地环境问题＝1，未确切感知居住地环境问题＝0
个人年收入	连续变量	均值为19 169.80元，标准差为60 770.698
受教育年限	连续变量	没有受过任何教育＝0、小学＝6、初中＝9、高中/职高/中专/技校＝12、大专＝15、本科＝16、研究生及以上＝19，均值为8.94，标准差为4.60
职业类型	定类变量	非农工作＝3、务农＝2、没有工作＝1
自我归属等级	连续变量	值越大，归属等级越高；均值为4.05，标准差为1.77
居住地环境保护力度	定类变量	尚可＝3、难判断＝2、较薄弱＝1
大众传媒接触程度	连续变量	分值越高，则接触程度越高；均值为13.78，标准差为4.53
环境保护知识	连续变量	最小值为0，最大值为10，均值为5.15，标准差为2.76

续前表

变量	性质	说明
环境关心	连续变量	最小值为 7.68，最大值为 25.85，均值为 19.18，标准差为 2.92
环境行为意向	连续变量	最小值为 3，最大值为 15，均值为 8.91，标准差为 2.81
遭遇环境问题	定类变量	遭遇＝1、未遭遇＝0
性别	定类变量	男＝0；女＝1
年龄	连续变量	均值为 47.33，标准差为 15.73
婚姻状况	定类变量	未婚＝0；已婚＝1

（三）数据分析

将城乡类型、外在制约、内在约束变量逐步纳入模型，以性别、年龄、婚姻状况为控制变量，首先以私域环境行为为因变量进行多元线性回归分析，相应结果详见表 10-8。

表 10-8　　私域环境行为的多元线性回归（OLS）之标准回归系数

	模型 1	模型 2	模型 3	模型 4
城乡类型	0.320***	0.147***	0.193***	0.120***
	(0.149)	(0.116)	(0.155)	(0.114)
居住地环境状况		0.090***		0.032#
		(0.161)		(0.179)
个人年收入		−0.006		−0.009
		(0.000)		(0.000)
受教育年限		0.099***		0.029
		(0.018)		(0.018)
非农职业		−0.006		−0.010
		(0.186)		(0.177)
无工作		0.059**		0.049*
		(0.182)		(0.174)
自我归属等级		0.048**		0.024
		(0.033)		(0.032)
居住地环境保护力度尚可		0.065***		0.063***
		(0.132)		(0.126)
居住地环境保护力度难判断		−0.112***		−0.048**
		(0.181)		(0.180)

续前表

	模型 1	模型 2	模型 3	模型 4
大众传媒接触程度		0.226***		0.176***
		(0.018)		(0.017)
环境保护知识			0.187***	0.126***
			(0.023)	(0.025)
环境关心			0.173***	0.152***
			(0.020)	(0.022)
环境行为意向			0.214***	0.191***
			(0.018)	(0.019)
遭遇环境问题			0.053**	0.032#
			(0.158)	(0.195)
控制变量				
性别	0.016	−0.026	−0.032*	−0.046**
	(0.112)	(0.119)	(0.104)	(0.114)
年龄	−0.035*	0.048*	0.038*	0.048*
	(0.004)	(0.005)	(0.004)	(0.005)
婚姻状况	0.026	0.057***	0.039*	0.062***
	(0.207)	(0.225)	(0.190)	(0.215)
调整后的 R^2	0.102	0.217	0.253	0.295
F	102.879	65.399	150.292	74.688
p	0.000	0.000	0.000	0.000

注：职业类型以务农作为参照组，居住地环境保护力度以较薄弱作为参照组。括号内的数字为标准误；# $p < 0.1$；* $p < 0.05$；** $p < 0.01$；*** $p < 0.001$。

从表 10-8 可以看出，所有模型都通过了 F 检验，具有统计显著性，可被接受。城乡类型在所有模型中均通过了显著性检验，这说明我国城乡居民在私域环境行为方面存在显著差异，城市居民较农村居民实施更多的私域环境行为。另随着外在制约因素、内在约束因素的逐步纳入，模型解释由最初的 10.2% 上升至 21.7%、25.3%，城乡类型、外在制约因素、内在约束因素最终能解释私域环境行为 29.5% 的变异量，这说明除开城乡类型、外在制约因素以及内在约束因素都对私域环境行为有着显著影响。

具体而言，在控制其他变量后，居住地环境状况感知、大众传媒接触程度对私域环境行为有着显著的正向影响，即确切感知到居住地存在环境污染等问题的城乡居民、大众传媒接触更多的城乡居民实施更多的私域环境行为。个人年收入对私域环境行为并无显著影响，受教育年限与自我归属等级则在引入环境意识与社会建构变量后对私域环境行为的正向作用变得不再显著，这意味着受教育水平与主观阶层归属对私域环境行为的实施并无直接影响，可能借助环境保护知识、环境关心等中介变量对私域环境行为起着间接作用。职业类型与居住地环境保护力度对私域环境行为的影响较为复杂，从事非农职业者与务农者在私域环境行为实施方面并无显著差异，但无工作者较务农者实施更多的私域环境行为。相比认为居住地环境保护力度较薄弱的居民而言，认为居住地环境保护力度尚可的居民实施更多的私域环境行为，而认为居住地环境保护力度难判断的居民则实施更少的私域环境行为。故对私域环境行为而言，污染驱动假设与信息分割假设得以证实，而阶层地位假设未获支持，二元体系假设得到部分验证。

在控制其他变量后，环境保护知识、环境关心、环境行为意向、遭遇环境问题均对私域环境行为有着显著的正向作用，即环境保护知识越丰富、环境关心水平越高、环境行为意向越强烈以及个人与家庭曾遭遇环境问题的城乡居民，实施越多的私域环境行为。故对私域环境行为而言，环境意识假设与事件建构假设均得以证实。另外，男性、年龄越大、已婚的城乡居民实施更多的私域环境行为。相对而言，环境行为意向、环境关心、环境保护知识、城乡类型对私域环境行为有着更大的影响。

鉴于公域环境行为偏向没有实施一端，不太符合残差正态分布、残差方差齐性等多元线性回归前提条件，于是将公域环境行为"1~4"的取值赋值为1，0依旧为0进行重新赋值，然后将城乡类型、外在制约、内在约束变量纳入模型，以性别、年龄、婚姻状况为控制变量，以公域环境行为为因变量进行二分 logistic 回归分析，结果详见表 10 - 9。

从表 10 - 9 可以看出，在控制其他变量之后，公域环境行为的城乡差异变得不再显著，即城市居民与农村居民在是否实施公域环境行为方面并无显著差别。居住地环境状况、个人年收入、受教育年限、职业状况对公域环境行为的实施均无显著影响，仅自我归属等级对实施公域环境行为有着显著的正向作用。居住地环境保护力度对公域环境行为的实施有着显著影响，具体而言，相比认为居住地环境保护力度难判断的城乡居民，认为居住地环境保护力度较薄弱或尚可的城乡居民更有可能实施公域环境行为，即对居住地环境保护力度有着明确认识与判断的城乡居民更易实施公域环境行为。大众传媒接触程度对公域环境行为的实施有着显著的正向影响，即大众传媒接触越多的城乡居民，越有可能实施公域环境行为。故对公域环境行为而言，污染驱动假设与阶层地位假设并未获得支持，二元体系假设得到部分证实，信息分割假设得到证实。

在控制其他变量后，环境保护知识、环境关心、遭遇环境问题对公域环境行为的实施均无显著影响，而环境行为意向对实施公域环境行为有着显著的正向作用。故对公域环境行为而言，环境意识假设仅获得部分支持，而事件建构假设未获支持。另外，年龄越小的城乡居民越易实施公域环境行为，性别与婚姻状况对实施公域环境行为与否并无显著影响。

表 10-9　　　公域环境行为的二分 logistic 回归分析结果

	偏回归系数 B	标准误 S. E.	Wald 值	自由度 df	显著水平 Sig	发生比 Exp（B）
Constant	−4.623	0.756	37.362	1	0.000	0.010
城乡类型	0.420	0.232	3.297	1	0.069	1.523
居住地环境状况	0.068	0.302	0.051	1	0.821	1.071
个人年收入	0.000	0.000	0.718	1	0.397	1.000
受教育年限	−0.016	0.027	0.345	1	0.557	0.984
职业状况			1.312	2	0.519	
务农	0.311	0.283	1.207	1	0.272	1.365
没有工作	0.133	0.198	0.449	1	0.503	1.142
自我归属等级	0.119	0.046	6.553	1	0.010	1.126
居住地环境保护力度			7.378	2	0.025	
成效尚可	−0.046	0.171	0.071	1	0.789	0.955
成效难判断	−1.293	0.476	7.366	1	0.007	0.274
大众传媒接触程度	0.101	0.022	22.079	1	0.000	1.107
环境保护知识	0.050	0.037	1.865	1	0.172	1.051
环境关心	−0.051	0.028	3.370	1	0.066	0.950
环境行为意向	0.175	0.030	34.774	1	0.000	1.191
遭遇环境问题	0.095	0.338	0.080	1	0.778	1.100
性别	0.230	0.159	2.083	1	0.149	1.258
年龄	−0.028	0.007	16.748	1	0.000	0.973
婚姻状况	−0.196	0.243	0.650	1	0.420	0.822
−2 对数似然值＝1 302.421、Hosmer-Lemeshow 检验卡方值＝4.595、Hosmer-Lemeshow 检验 p 值＝0.800						

注：职业类型以非农职业作为参照组，居住地环境保护力度以较薄弱作为参照组。

三、总结与讨论

总体而言，我国城乡居民环境行为水平较低，相对公域环境行为而言，城乡居民实施更多的私域环境行为，另有部分居民是非环境行为者，从不实施任何类型的环境行为。环境行为的城乡差异因不同类型而异，私域环境行为存在显著的城乡差异，即城市居民较农村居民实施更多的私域环境行为，且每一具体的私域环境行为均存在显著的城乡差异，城市居民较农村居民实施更多的分类回收、购买未曾施用化肥与农药的水果与蔬菜、减少开车、减少能源或燃料消耗、节约用水或再利用水、抵制消费某些非环保产品等具体私域环境行为；公域环境行为并无显著的城乡差异，加入环保社团、给环保社团捐钱、签署环保请愿书、参加环保抗议或示威游行的城乡居民比例极低。

环境行为的发生机制因类型而异，即不同类型的环境行为有着不同的影响因素。对私域环境行为而言，污染驱动假设、信息分割假设、环境意识假设、事件建构假设均得到证实，但阶层地位假设未获支持，环境保护二元体系假设仅得到部分验证。对公域环境行为而言，信息分割假设得到证实，污染驱动假设、阶层地位假设、事件建构假设并未获得支持，环境保护二元体系假设与环境意识假设仅得到部分证实。

（一）私域环境行为的影响因素

1. 污染驱动与私域环境行为

污染驱动论侧重强调客观环境问题对环境关心与环境行为实施的影响，本研究限于资料，仅证实认为居住地存在环境问题的城乡居民实施更多的私域环境行为，佐证了公众直接感知和体验的环境问题有助于私域环境行为的实施。实际上，客观环境问题作为一种外在社会事实，若个体未将其与自身生活、自身实践对应起来，并非必然产生促发环境行为的紧迫感与责任感。只有个体借助感觉器官、内在体验去认识和理解环境风险与环境问题，并将其与自身生活实践、自我经验紧密关联起来，才会激发主体反思自我、反观自身行为对环境的影响与损害，进而促发环境行为。故在后续研究中，应基于城乡环境问题的差异实际，将个体所在社区或村庄、县市、省份以及区域的相应环境状况指标纳入进来，并结合城乡居民切实感觉与体验的环境状况和问题进行多层模型分析，以切实揭示污染驱动环境行为实施的内在机制。

2. 阶层地位与私域环境行为

与范李尔、邓拉普等人的研究发现不一致（Van Liere & Dunlap，1980），阶层地位对环境行为并无显著影响，这与我们针对城市居民环境行为的研究结果是一致的（彭远春，2013）。我国碎片化的阶层状况使得收入、受教育程度、职业状况难以较好对应，依据单一或综合指标亦不能较为有效地标识个体的阶层地位，且由于社会态度的利益化和个体化发展，阶层地位难以指引个体的社会态度与行为取向，而模糊的阶层认同更不利于阶层意识与阶层共同行动的产生，加之政府主导型的环境保护模式未能与阶层结构变动、中间阶层的培育与壮大有效结合起来，致使环境行为、环境治理等较为欠缺阶层基础。故在着力扩大中间阶层、完善橄榄型阶层结构的同时，应有意识地培育阶层意识与共同行动能力。

3. 环境保护二元体系与私域环境行为

本研究发现，对居住地环境保护力度有着明确判断的城乡居民，实施更多的环境行为。与认为居住地环境保护力度难判断的城乡居民相比，认为居住地环境保护力度较薄弱或者尚可的城乡居民可能对居住地环境保护政策合理程度、环境保护机构与组织数目、环境保护投入多寡及环境保护的成效等有着更多的关注和更清晰的了解，并且对政府、企业与公众等不同主体在环境保护方面的作用及其相互关系有更好的认识与理解，进而有助于反思生活者致害化，并改变置身于环境保护事外或默然处之的态度，促使自身实施更多的环境行为。需要指出的是，本研究限于资料仅涉及环境保护力度的主观面相，可能影响研究的相关结果，故后续研究应将居住地环境保护机构与组织数目、环境保护投入资金、环保从业人数、大众传媒对当地环境议题报道次数等客观指标直接纳入分析。

4. 信息分割与私域环境行为

随着信息社会的到来，大众传播媒介在信息传播、知识传递以及议题聚焦等方面发挥越来越重要的作用。可以这样认为，城乡居民对大众传媒接触越多，越有利于获取更多的环境知识与更丰富的环境信息，且越有助于提升自身的环境认知能力与环境关心水平，进而促使居民实施更多的环境行为。如表 10 - 8 显示，在纳入环境保护知识、环境关心、环境行为意向等环境意识变量之后，大众传媒对环境行为的作用有所减弱，这侧面反映出大众媒介接触程度对环境行为有着直接影响的同时，亦借助环境意识对环境行为起着间接作用。

此外不容忽视的是，大众传播媒介日益嵌入人们的日常生活，经由大众传媒的信息过滤、筛选与选择性呈现，形成影响人们社会观念与行为方式的"拟态环境"。正如传播学家李普曼所言："我们必须注意到一个共同的因素，这就是在人与他的环境之间插入了一个拟态环境，他的行为是对拟态环境的反应。但其结果并不作用于刺激引发了行为的拟态环境，而是作用于行为实际发生的现实环境。"（郭庆光，2011）故应着力缩小城乡间的数字鸿沟，加强大众传媒对环境信息披露、环境知识传播以及环境保护宣传的力度，塑造有利于环境行为实施的拟态环境。

5. 环境意识与私域环境行为

本研究发现环境意识的提高对私域环境行为的实施有着显著的正向作用。这与我们强调知识指导日常生活实践以及推崇"知行合一"的文化有关，即在实施某一行为之前，需要对其相关知识有着较为充分的了解和把握；同时，本研究测量的知识与空气污染、水污染等具体环境问题有关，抽象程度较低且与日常生活联系较为紧密。进而言之，开展形式多样的环境教育，提升公众的环境知识水平，对促进其关心环境和实施环境行为有着重要的意义。

与诸多研究发现环境关心与环境行为仅有着较低程度的相关类似（Dunlap & Van Liere，1978；Hines *et al*.，1987；Axelrod & Lehman，1993；Dunlap *et al*.，2000），环境关心对私域环境行为的影响亦并非预想的那么强烈。这是因为环境关心是一个较为复杂的态度体系，除开涵盖新环境范式，还混杂着自然功利主义、经济增长与科技进步倾向等诸多其他态度，内在交织与隐含矛盾，即使是新环境范式的支持者也不一定完全理解自然平衡、增长极限、生态危机以及人类中心主义等，从而并不一定实施有利于改善环境状况与提升环境质量的行为（Dunlap & Van Liere，1978）。另外，环境关心对私域环境行为的影响还可能受其他因素的干扰或阻碍（Gardner & Stern，1996；Blake，1999；Dunlap *et al*.，2000）。

环境行为意向对私域环境行为和公域环境行为都有着显著的正向影响。

其原因在于,行为意向是连接行为者主体与未来行为的一种陈述,即尽力去实施某种特定行为的倾向,从而诸多研究认为,行为意向与实际行为之间有着较强的直接关联,若能正确测量行为意向,就可以较为精确地预测大部分的实际行为(Fishbein & Ajzen, 1975; Taylor & Todd, 1995)。当然,环境行为意向仅仅是环境行为的影响因素之一。实际上,实施环境行为往往需要克服一定的障碍或承担相应的代价,故行为条件是否具备、社会舆论是否支持、重要他人是否期待、金钱与时间成本是否适宜等因素都可能调节或影响环境行为意向与环境行为之间的关系。

6. 事件建构与私域环境行为

本研究发现个人与家庭曾遭遇环境问题的城乡居民,实施更多的私域环境行为。可能的原因在于,环境问题具有客观事实与主观建构的面相,而社会成员尤其是环境问题的受害者能否认识到环境问题的社会成因、对自身与社会的影响及防范和化解的行动策略,则需历经从问题事实到主观认定的建构过程。这往往需政府部门、大众传媒、专家学者、环保组织等不同社会主体参与介入、相互作用、共同建构。而居民若在日常生活中遭遇污染侵害等特定事件,则这些特定事件更易带给他们更为强烈的负面体验,促使他们有意识关注相关环境信息与环境知识,激发他们环境保护责任,并将其落实到日常生活实践,从而更多地实施分类回收、垃圾减量、绿色消费等私域环境行为。

(二)公域环境行为的影响因素

本研究发现,无论城市居民还是农村居民,实施公域环境行为的比例极低,并且除开大众传媒接触程度、居住地环境保护力度、环境行为意向对公域环境行为有一定影响,居住地环境状况、阶层地位、环境保护知识、环境关心、是否遭遇环境问题对公域环境行为均无显著影响。其原因可能一方面在于长期以来政府主导的社会管理模式使得政府嵌入社会生活的各个方面,形成"大政府、小社会"的格局,社会未能很好地发育起来,致使公众参与公共事务的机会与渠道有限、参与公共事务的意识与能力较欠缺,进而影响公域环境行为的实施。

另一方面可能与环境保护的主导模式有关。在西方社会,公共领域较为发达,政府、企业、组织以及公众等多元主体有意识地参与环境保护,故公众对环境状况与环境议题有更多的感知与体验，能激发相应主体的参与意识，从而更为关心环境，并参与更多的环境保护活动。但长期以来我国的环境保护工作具有政府主导的特征，政府是环境保护的发起者和主要促进者，亦是环境保护的主要协调者和仲裁者，导致未能有效营造公众参与环境保护的社会氛围以及有效构建公众参与环境保护的多元化渠道，从而使得公众缺乏自觉参与环境保护活动的意识与行动力。或许可以这样理解，我国公众实施公域环境行为较少出于关心环境与改善环境的目的，而更多是出于响应政府号召以及遵从政府指引等原因。

第 11 章   经济增长与环境行为

第 9 章分析了中国经济增长与公众环境关心之间的复杂关系。在此环境行为研究部分，我们继续探讨经济增长对环境行为的影响。一方面，在理论层面，现有的公众环境保护运动的研究对环保运动的兴起和变化发展存在诸多争议（Hadler & Haller, 2011, 2013）。另一方面，现有对公众环保行为的研究主要基于跨国数据或者国别的数据，针对中国公众的研究还非常有限，并且多集中于环保意识（洪大用、卢春天，2011；Xiao et al., 2013），而对公众个人环保行为的研究还相对薄弱。与此同时，以往研究主要关注微观层面因素，或只是控制宏观因素，而忽视了宏观因素，特别是经济发展水平和客观环境污染如何交织作用从而对个人环保行为产生影响。因此，从宏观因素入手分析中国公众环境保护行为的实证研究，不仅可以了解中国公众环保行为的影响因素，还可以在理论层面对现有公众环保行为进行实证检验以厘清相关争论。斯特恩（Stern, 2000）就曾指出，在环境观念和行为的调查研究上发展中国家还需要进一步开展和深化。本章主要关注宏观层面的因素如何影响公众环境行为，试图从理论上厘清经济发展和环境衰退对环境行为的影响及其影响方式，在经验层面上分析经济发展和环境污染如何交织作用于个人环保行为。

一、环保行为研究回顾与假设

公众的环保行为是多元和复杂的。较早的研究将环保行为和态度相提并论（Barkan，2004；Blocker & Eckberg，1997）。然而，社会心理学家认为，个人的态度、意图和行为之间存在明显区别，三者之间还存在距离，如哈里斯（Harris，2008）研究发现中国人更倾向于表达保护环境的意愿，但在实际行动上往往畏葸不前。在对环保行为进行区分方面，斯特恩（Stern，2000）最先区分了三种类型：（1）激进环境行为，比如踊跃地参与社会运动等；（2）公共领域中的非激进环境行为，如为环境问题签署请愿书、参加游行等；（3）私人领域中的环保行为，如绿色消费、节能住宅等。后来不少学者合并前两项行为，进一步将其划分为私人和公共环保行为两个维度（Hunter et al.，2004；Hadler & Haller，2011；Xiao & McCright，2014）。此外，还有其他分类方式，如廷德尔等人（Tindall et al.，2003）提出的环境激进行为和环境友好行为分类，道尔顿（Dalton，2015）的政治性行为和保护性行为分类。不同的分类方法，导致关于环境行为一般模式的研究结论也不尽相同（Xiao & McCrgiht，2014）。本研究将借鉴亨特等人（Hunter et al.，2004）的分类方法，分析公共环保行为和私人环保行为在中国的现状。

（一）宏观层面影响环保行为的因素

1. 经济发展的繁荣/富裕假说

繁荣或富裕假说（Diekmann & Franzen，1999）认为经济发展将会促进公众的环保意识和环保行为。该观点认为，环境的质量不仅是公共产品，同时也是收入增长后人群的要求（Baumol et al.，1979），因此，经济增长导致公众对环境质量的要求提高。而且，只有个人财富增加，才能使预算约束上移，从而使得为改善环境质量而投放更多资源成为可能。总之，随着经济发展，公众变得更加富裕，改善环境质量的需求和能力也应该会随之上升。因此，繁荣假说认为：一个社会的财富与其公众对环境的关注水平和环保行为成正相关关系。

相关研究对此也提供了支持性证据。例如，经济发展与公众的环保行为无论是在政治性行为还是保护性行为间都存在明显的关系（Dalton，2015）。另外，对环保组织的研究发现，经济发展与一个国家的环保组织发展水平之间存在强相关关系（Dalton，2005；Smith & Wiest，2005）。

然而，对繁荣假说的质疑也一直存在。有学者认为，环保意识和环保行为已经成为全球性现象，并不受国家经济发展水平的影响（Dunlap & Mertig，1995）。直接的证据就是发展中国家的公众与发达国家的公众一样，也有很强的环保意识。如盖洛普1992年全球健康调查数据显示，从平均水平来看，贫穷国家的公民比发达国家的民众更关心以及支持解决环境问题（Dunlap & York，2008）。甚至1995—1998年的"世界价值观调查"显示，富裕国家的民众比贫穷国家的人们更抵制参与绿色消费和环保运动（Dunlap & York，2008）。因此，一些学者认为对国家繁荣和公众环保行为之间存在强正相关关系的结论要保持一定的警惕（Dunlap & York，2008）。

2. 环境污染驱动假说

环境污染与公众的环保意识和环保行为存在正相关的关系。其逻辑非常简单：环境污染严重，导致公众环保意识觉醒，从而采用各种环保行为来保护环境。英格尔哈特（Inglehart，1996）对世界价值观调查跨国数据的研究发现，污染相对严重的国家其民众对环境保护的支持表现得更为强烈，而其他跨国调查也得出类似结论（Marquart-Pyatt，2007）。

环境污染驱动假说也部分地得到了实证的支持，即环境污染严重的地区往往其公众具有较高的环境保护意识和行动，例如美国、俄罗斯、土耳其和捷克。然而，之后的研究显示了更复杂的关系：一方面，ISSP2000年数据表明，环境质量（基于环境可持续发展指数ESI指标）会对公众的公共环保活动产生影响（Freymeyer & Johnson，2010）。另一方面，同样基于ISSP数据（1993年和2000年），弗兰岑和迈耶（Franzen & Meyer，2009）发现，环境质量并不会对个人的环境观念产生影响。而道尔顿（Dalton，2005）基于世界价值观调查1999—2002年数据进行的研究发现，环境污染状况在预测国家环保组织成员发展水平上作用有限。总之，在国家层面上，环境污染与公众环保行为的关系并没有一致的结论。

有学者指出，环境污染驱动假说必须考虑公众的感知，即只有公众感知到当地污染的严重程度才能够激发其环境保护行为（Franzen & Meyer，2009）。现实的情况是许多污染物往往难以被公众直接感知，因此也难以对其行为产生影响。或者，公众感知的污染受到一系列其他因素的影响，与真实的污染不一致（Hyslop，2009；Brody *et al.*，2004）。其结果是真实环境污染程度的变化与公众和环境有关的态度及行为并不一致。以空气污染为例，美国 20 世纪 60 年代以后空气质量有了显著的改善，但是公众对环境污染的担心却不断上升（Bickerstaff & Walker，2001）。

3. 经济发展与环境污染的复杂关系

经济发展会影响环境污染水平。实证研究发现人均国民收入和环境污染之间存在倒 U 形关系，即存在"环境库兹涅茨曲线"关系（Grossman & Krueger，1995）。该理论认为，随着人均收入的增加，一个国家的污染水平将会先增加而后减少。其机制是，由于经济发展导致的个人和政府的收入提高，从而能够负担起环境保护的开支。然而，对中国是否存在"环境库兹涅茨曲线"学者一直有争议。虞依娜和陈丽丽（2012）对该曲线的国内研究文献进行了文本分析，发现关于工业"三废"的实证研究中，倒 U 形曲线的研究结论大约占了 35%，而关于"三废"和其他环境指标的实证研究中倒 U 形曲线占大部分。此外，还有倒 N 形等曲线的研究发现。基于省级面板数据的分析显示，废气和二氧化硫的排放量数据均与"环境库兹涅茨曲线"吻合，呈现为倒 U 形曲线关系，而烟粉尘的曲线不符合（高宏霞等，2012）。显然，中国的经济发展和环境污染的关系更加复杂。

鉴于经济发展和环境污染的复杂关系，我们认为经济发展和环境污染不仅会独立对公众环境保护行为产生影响，而且会相互作用交织影响环境保护行为，这也是本章的研究重心，而以往研究往往忽略了两者之间的复杂关系可能对个人环保行为产生的影响。基于以上对经济发展、环境污染和环保行为的文献回顾，我们假设：在宏观层面上，地方经济发展水平和环境污染都与公众的环保行为，无论是公共领域还是私人领域的环保行为，呈现相关关系。而且，地方环境污染和经济发展水平存在交互作用，共同对公众公共领域和私人领域的环保行为参与产生影响。

（二）个体层面影响环保行为的因素

在个体层面，收入、教育、环境知识都是经济发展的产物。经济的发展提高了个人的收入和受教育水平，进一步提升了个人的环境知识水平，并且使个人的价值观发生了变化。因此，分析经济发展和环境污染对个人环保行为的影响，必须同时分析个人收入、教育、环境知识和后物质主义价值观[①]的影响，进而做出假设。

（1）收入。经济发展带来个人收入水平的提高。哈德勒和哈勒（Hadler & Haller，2011）的跨国研究发现，家庭收入与私人环保行为正相关，而与公共环保行为负相关。在加拿大，收入对保护性环境行为影响显著，但对激进性环境行为影响不明显（Tindall et al.，2003）。在中国，以CGSS2003数据为样本分析收入和民众的环保观念得到不一致的结果（洪大用、卢春天，2011；Xiao et al.，2013）。

（2）教育。教育对环保行为的影响具有叠加效应。一方面，教育承载着价值观的社会化功能，促进人们的环保意识，从而唤起人们积极投入环保行动。另一方面，拥有更高受教育程度的个体往往有更高的收入，而高收入群体往往更加关心环境问题。实证研究发现，在美国甚至全球范围内，教育都是预测各种环保行为的显著指标（Xiao & McCright，2014）。在埃及，教育与公共行为、激进运动显著相关，而对私人行为影响不明显（Rice，2006）。相反，在加拿大，教育对保护性环境行为有显著的影响，但与环境激进主义的相关性则不明显（Tindall et al.，2003）。之前对中国的数据分析也发现了基本一致的结果。基于CGSS2003数据研究发现，教育显然是最重要的预测中国民众环境关切的因素，并与民众环境关切高度相关（Xiao et al.，2013）。

（3）环境知识。环境知识包括关于自然环境及其主要生态系统的普遍性知识、概念和关系。从政治参与的角度看，个人如果没有具备相应的信息与知识，就没有办法参与各种公共活动特别是公共抗争（Putnam，2001）。以往研究发现，环境问题认知对公共行为有着积极的影响，而在私人行为上影响不明显（Hadler & Haller，2011）。

前文我们讨论了宏观层面环境污染对公众环保行为的影响，但在个体层面，个人只有感知到这些污染的存在，才会对其产生影响。因此，根据经济发展和环境污染的关系，本研究假设：在个体层面，个人的环境污染

---

① 后物质主义价值观也会影响环保行为，但很难得到验证，在中国也未获得实证数据的支持（洪大用、卢春天，2011）。此外，2013年CGSS调查问卷中没有直接测量后物质主义价值观，所以本章并未考虑其对环保行为的影响。

感知、环境知识、教育和收入水平都与公众的环保行为相关。

二、研究设计

（一）数据来源

本章采用的微观数据来自中国人民大学中国调查与数据中心负责实施的 2013 年中国综合社会调查（CGSS）。该调查采取四级分层抽样方案，调查对象为中国 18 岁及以上的成年人（不含港澳台地区）；CGSS2013 的样本量为 11 438 人，去除相应信息缺失的观测值，得到的有效样本为 10 178人。本章还使用了被访者所在区县 2013 年的宏观社会经济和环境污染指标，其数据来源于 2014 年《中国城市统计年鉴》。[①]

（二）变量

1. 因变量

本研究的因变量是公众个人的环保行为。2013 年 CGSS 使用了 10 道题对公众的环保行为进行了测量（见表 11 - 1）。首先，我们对这 10 个问题进行了探索性因子分析，发现它们具有 2 个不同的环境行为组成部分：第一部分（第 1～4 项和第 6 项）显示在同一个维度，根据之前的研究和选项内容，我们将其定义为私人环保行为因子，包括垃圾分类投放和对塑料包装袋进行重复利用等；第二部分（第 5 项和第 7～10 项）在另一维度上，我们将之定义为公共领域环保行为因子，包括从为环境保护捐款到要求解决环境问题的投诉、上诉等。此测量与之前的研究（Hunter *et al.*，2004；Hadler & Haller，2011；龚文娟，2008）一致。我们考察了这两个因子测量的信度，发现其克隆巴赫系数分别为 0.669 和 0.748，所以可以对这些选项进行累加分析。参考哈德勒和哈勒（Hadler & Haller，2011）的研究，

---

① 虽然我们使用了《中国城市统计年鉴》的资料，但样本中我们包括全部城乡居民。这是因为随着产业发展的梯度转移，我国工业污染源在相对集中于城市的基础上加速向广大农村扩散、转移。如 2010 年《中国环境状况公报》指出的，城市污染向农村转移有加速趋势。另外，只包括城市样本的模型结果结论不变。

我们对环保行为测量分类进行了指数化处理。①

表 11 - 1 公众环境保护行为统计 单位：%

环保活动或行为	从不	偶尔	经常
1. 垃圾分类投放	55.9	31.8	12.3
2. 与自己的亲戚朋友讨论环保问题	51.1	41.0	7.9
3. 采购日常用品时自己带购物篮或购物袋	24.1	35.5	40.4
4. 对塑料包装袋进行重复利用	18.7	31.0	50.2
5. 为环境保护捐款	83.1	15.1	1.8
6. 主动关注广播、电视和报刊中报道的环境问题和环保信息	50.0	36.9	13.1
7. 积极参加政府和单位组织的环境宣传教育活动	77.8	18.3	3.9
8. 积极参加民间环保团体举办的环保活动	84.0	13.7	2.4
9. 自费养护树林或绿地	85.5	10.7	3.8
10. 积极参加要求解决环境问题的投诉和上诉	91.3	7.4	1.4

2. 自变量

（1）宏观层面。

经济发展水平。前面的讨论表明了财富对个人环保行为的重要性，为了评估当地经济发展水平的影响，本研究采用 2013 年各县级辖区人均国内生产总值（GDP）作为经济发展的衡量指标。

环境质量。本研究选取了三个宏观层面的环境污染指标变量，用以表现不同地区居民所面临的客观性环境压力。它们分别是工业二氧化硫排放量、工业烟粉尘排放量和工业废水排放量，反映了空气污染和水质污染状况，数值越高意味着环境质量越差。

（2）微观层面。

本研究采用的基本模型包括个人的收入、教育、对环境污染的感知、环境知识、性别、年龄、就业状况、城乡地域和中共党员。自变量中，收入的数据来源于问卷中关于 2012 年个人总收入（包括工资、奖金、津贴、分红等各项收入）的问题，因其存在严重右偏，我们在建模时，将收入从

---

① 以私人环保行为指数为例：首先，将每一项值累加并且除以 5，得到均值 X，然后进行百分化处理（$X-1$）* （100/2），最后得到 0～100 的私人环保行为指数。0 代表最低限度的私人环保行为，而 100 代表最高限度的行为。公共环保行为也进行同样处理。

低到高分成五分位组。教育采用线性测量方法，测量其接受学校教育的总年数。

环境知识采用一系列对环境问题认知的指标[①]，如果受访者回答正确计1 分，回答错误计 0 分，然后将每个指标的分值累加，从而获得环境知识的分值（0～10），高分值意味着受访者具有更高的环境知识水平。其克隆巴赫系数为 0.821，表明环境知识是一个可靠指标。

个人层面的环境污染变量采用受访者对当地环境污染程度的感知测量。根据受访者对所在地区空气、水、噪声、工业垃圾、生活垃圾和食品污染等 6 种污染感知的严重程度赋值，参考之前因变量的指数化处理方法进行处理，结果为 0～100 的环境污染感知指数。其克隆巴赫系数为 0.847，表明环境污染感知指数是一个可靠指标。

此外，本研究还控制了年龄、性别、调查时居住地、就业状况和政党归属等变量。

（三）模型与分析策略

考虑到 CGSS 调查多阶段抽样设计导致的数据嵌套结构，同时更是为了探讨区县宏观经济特征和环境状况对个体环境保护行为的影响，本章采用了分层线性模型[②]中的随机截距模型对数据进行分析。我们分别对公众私人领域和公共领域的环保行为进行建模。以私人环保行为为例，步骤如下：首先，我们估计不包括任何解释变量的零模型，将环保行为的差异来源分解为区县内部和区县之间的方差，在考察其组内相关系数显著不为 0 的基础上，进一步在基准模型中加入个人层次的解释变量。其次，我们分批纳入区县层面的宏观社会经济变量与环境变量：GDP 模型在基准模型基础上

---

　　① 这些题目包括：（1）汽车尾气对人体健康不会造成威胁；（2）过量使用化肥农药会导致环境破坏；（3）含磷洗衣粉的使用不会造成水污染；（4）含氟冰箱的氟排放会成为破坏大气臭氧层的因素；（5）酸雨的产生与烧煤没有关系；（6）物种之间相互依存，一个物种的消失会产生连锁反应；（7）空气质量报告中，三级空气质量意味着比一级空气质量好；（8）单一品种的树林更容易导致病虫害；（9）水体污染报告中，Ⅴ类水质意味着要比Ⅰ类水质好；（10）大气中二氧化碳成分的增加会成为气候变暖的因素。

　　② 分层模型放松了单层 OLS 模型的独立性假设，允许误差项之间的相关结构，不仅可以对各层次之间的效应建立模型并进行假设检验，而且还能分解各层次间的方差和协方差（Raudenbush & Bryk，2002）。

加入区县人均 GDP 指标。由于三个宏观环境污染变量之间存在高度相关关系[①]，为避免多重共线性问题，我们在 GDP 模型基础上分别加入一个环境污染指标，单独考察区县层面的工业二氧化硫排放量、工业废水排放量和工业粉尘排放量对个人私人环保行为的影响。最后，为了探讨经济发展与环境污染两者如何交织对公众环保行为产生影响，我们进一步加入两者的交互项，形成最终的交互模型。为了防止交互项和原始变量的多重共线性，我们对区县层面的经济变量和环境污染指标进行了中心化处理；同时为了模型展示和解释的方便，我们也对这些宏观变量做了单位转换处理。

三、分析与结果

（一）描述性统计

表 11-2 提供了描述性统计结果。公众私人环保行为指数均值为 42.32，而公共环保行为指数均值为 9.15，前者远高于后者。这一结果与之前基于 2003 年 CGSS 数据的研究（龚文娟，2008）类似。与 2003 年的 CGSS 数据对比，私人的环保行为明显提升，例如，"从不"进行"垃圾分类回收"的比例从 63.1% 下降为 55.9%，"经常""采购日常用品时自己带购物袋"的比例从 22.7% 上升为 40.4%。相反，公共的环保行为却有下降的趋势，"从不""关注环境问题和环保信息"的比例从 23% 上升为 50%。特别是公众抗争性的公共环保行为有小幅下降，"从不""参加要求解决环境问题的投诉和上诉"的比例从 82.3% 变为 91.3%。

总体上看，中国的环保行为与国际环保行为的发展趋势基本一致，即私人环保行为不断上升，但是公共环保行为不断下降。根据道尔顿（Dalton，2015）的研究，世界范围内的政治性环保行为不断减少，而保护性环保行为不断增加。例如，从 1993 年到 2010 年，在参与调查的 8 个成熟的民主国家中，经常进行垃圾分类回收的比例从 62% 上升为 83%；而"经常"签署抗议信的比例从 33% 下降到 20%，给环保组织捐款的比例从 28%

[①] 如工业二氧化硫排放量与工业废水排放量以及与工业烟粉尘排放量的相关系数分别为 0.58 和 0.68。

下降到 15%。

表 11 - 2 同时显示，大部分的受访者年收入并不高，平均为 2.39 万元。受访者的受教育程度较低，平均为 8.73 年，低于高中毕业水平。受访者的平均年龄约为 49 岁，环境污染的感知指数为 42.57，而环境知识的平均分为 4.70。县级辖区的人均 GDP 平均值为 7.52 万元，工业二氧化硫、工业废水和工业烟粉尘的排放量平均值分别为 8.396 万吨、1.242 亿吨和 4.237 万吨，这些污染排放对环境保护造成了巨大的压力。

表 11 - 2 个体层次变量和区县统计指标的描述性统计

变量	变量描述	均值	标准差	最小值	最大值
个体层次变量（$n=10\ 178$）					
私人环保行为指数	连续变量	42.32	23.65	0.0	100
公共环保行为指数	连续变量	9.15	15.75	0.0	100
年龄	连续变量	49.02	16.11	17	97
性别	男=0，女=1	0.49	0.50	0	1
受教育年限	连续变量	8.73	4.68	0.0	19
年收入	连续变量（万元）	2.39	3.68	0.0	100
党员	非中共党员=0，中共党员=1	0.11	0.31	0	1
工作状况	目前无工作=0，目前有工作=1	0.64	0.48	0	1
居住地类型	农村=0，城镇=1	0.60	0.49	0	1
环境污染感知指数	连续变量	42.57	26.68	0	100
环境知识	连续变量	4.70	2.84	0	10
区县层次变量（$n=125$）					
人均 GDP	连续变量（万元/人）	7.52	6.16	0.79	20.59
工业二氧化硫排放量	连续变量（万吨）	8.396	8.655	0.318	49.442
工业废水排放量	连续变量（亿吨）	1.242	1.214	0.033	4.540
工业烟粉尘排放量	连续变量（万吨）	4.237	5.413	0.135	47.857

（二）分层模型结果

1. 私人环保行为的分层模型结果

表 11 - 3 展示了影响公众私人环保行为的多个模型。我们先对这些模型做简短说明，然后以最终的交互模型来解释结果。零模型，亦即随机效应的单因素方差分析模型，其组内相关系数结果（$\rho=0.237$，$p<0.001$）

表明在不考虑任何解释变量的情况下，被访者私人环保行为的差异中约有23.7%是来自区县之间的差异。[①] 这说明我们在研究私人环保行为时不能忽视群组现象，不能忽略区县层次上的差异，亦即说明了采用分层模型的必要性。相比零模型，在加入个体层次变量后的基准模型中，个人层面和区县层面的方差分别减少到373.7和55.8，表明个体层次变量也能解释私人环保行为在区县之间的差异，这也正是格里森（Gelissen，2007）提出的复合效应。加入区县人均GDP变量后，其效应显著，表明其对个人私人环保行为确实有促进作用，符合繁荣/富裕假说；同时区县层面的方差进一步降低为44.5。污染指标模型中，三个分别加入的客观环境污染指标对私人环保行为没有统计上显著的影响（区县层面方差几乎未变），似乎否定了环境污染驱动假说。但进一步考察人均GDP变量与环境污染指标的交互作用对私人环保行为的影响，我们发现除了工业废水排放量与区县人均GDP的交互作用不显著，工业二氧化硫以及烟粉尘排放量分别与人均GDP的交互项效应显著。为更好地理解经济发展水平和环境污染如何交织对私人环保行为产生影响，我们分别作了不同经济发展水平上二氧化硫和烟粉尘排放环境指标对公众私人环保行为的平均边际效应（见图11-1）和斜率展示（见图11-2）。

下面我们以最终二氧化硫与人均GDP的交互模型为例来具体解释。

首先，个人层面上，我们发现，与经济发展和环境污染有关的变量，如教育、收入、环保知识和环境污染感知指数，对公众私人环保行为都具有显著性效应（见表11-3）。与以往研究一致，我们发现受教育年限越长，其私人环保行为指数越高，如本科毕业生（16年）比小学毕业生（6年）私人环保行为指数高出值约6.76。相对于最低收入五分位组，中等收入及以上分组均有更多的私人环保行为，个人财富与公众的私人环保行为正相关。被访者每多答对一道环保知识题，其私人环保行为指数增加1.825点。另外，被访者所感知到的环境污染指数确实促使其有更多的私人环保行为，即如果他们所感知的环境污染越严重，比如感知到的环境污染指数增加一个标准差分值（26.68），其私人环保行为指数增加约2.16点，这也证实了

[①]　组内相关系数越高，就越表明我们不能忽视独立性假设，就越可能导致犯弃真的错误（Type I error），即对某一变量效应的估计标准误会偏小，从而使得原来统计上不显著的变量其效应变得显著（Randenbush & Bryk，2002）。

环境污染驱动假说。

　　控制变量中，个人年龄变量与私人环保行为呈现出倒 U 形曲线关系（其年龄系数为正，而平方项系数为负）。随着年龄的增长，私人环保行为指数增加，并在约 72 岁时达到最高值，随后私人环保行为指数降低。更年长者如 72 岁以上人士，因体力因素，私人领域的环保行为会有所下降。而其他研究发现的线性关系可能与其数据中的年龄分布有关，如其样本中未含拐点，则会呈现曲线关系中的直线部分。本样本中，年龄超过 72 岁的被访者约为 8%。[①] 而女性相对于男性，其私人环保行为指数更高，在控制其他变量时，高出约 5 个点。相对于非中共党员，中共党员私人环保行为指数略高出 4 个点。居住在城市社区比居住在农村社区私人环保行为指数更高。是否有工作对私人环保行为没有显著影响。

　　其次，在区县层面上，区县人均 GDP 与工业二氧化硫排放存在交互作用（$\beta=0.038$，$p<0.01$），在解释两者对公众私人环保行为的影响时需要结合两者的交互项。人均 GDP 指标在考虑交互作用后对私人环保行为仍有积极影响（见表 11 - 3）。而原先在未考虑交互项的污染指标模型中，二氧化硫排放量的效应不显著；但在最终交互模型中，在区县经济发展水平达到一定程度之后（此时经过中心化处理的区县人均 GDP 超过均值 0），二氧化硫排放对公众私人环保行为产生积极影响，并且这种积极影响会随着人均 GDP 的增长而增加（见图 11 - 1 和图 11 - 2）。显然，这里人均 GDP 在二氧化硫排放对公众私人环保行为的影响中具有调节作用。图 11 - 1 展示了经济发展对二氧化硫排放指标效应的调节作用。在区县人均 GDP 较低（如取最小值）时，二氧化硫排放对公众私人环保行为的影响为负，但统计上并不显著（见图 11 - 1）。随着区县人均 GDP 的增长，二氧化硫排放对公众私人环保行为转为正面影响，并且效应变得越来越大且统计上显著。区县工业烟粉尘排放指标的交互模型也显示出同样的趋势（见图 11 - 1 和图 11 - 2）。[②]

---

　　① 我们另外将年龄进行分组（24 及以下，25～34，35～44，45～54，55～64，65～74，75～84，85 及以上）进行建模，发现相对于参照组 24 岁及以下的年轻人，一直到 74 岁组，年龄组与私人环保行为成线性增长关系。但年长者（85 岁及以上）可能因身体因素，与参照组一样，在私人环保行为指数上未有统计上显著的差异。

　　② 烟粉尘排放量的主效应虽然不显著，但这只是表明在经过中心化处理后的区县人均 GDP 取值为 0 时，烟粉尘排放量对私人环保行为没有显著效应。但因为交互作用的存在，如果人均 GPD 取值发生变化，烟粉尘排放量对私人环保行为的效应就会发生变化。

表11-3 私人环保行为影响因素的多层线性模型

	零模型	基准模型	GDP模型	污染指标模型			交互模型		
				二氧化硫	废水	烟粉尘	人均GDP×二氧化硫	人均GDP×废水	人均GDP×烟粉尘
固定效应									
截距	43.25***	12.66***	13.30***	13.28***	13.30***	13.31***	12.84***	13.30***	13.18***
个人层次变量									
年龄/10		2.076**	2.067**	2.071**	2.069**	2.066**	2.074**	2.069**	2.075**
(年龄/10)²		−0.142*	−0.143*	−0.143*	−0.143*	−0.143*	−0.144*	−0.143*	−0.144*
女性		4.900***	4.838***	4.838***	4.836***	4.839***	4.838***	4.836***	4.833***
受教育年限		0.688***	0.682***	0.681***	0.681***	0.682***	0.676***	0.681***	0.677***
个人收入（第1组为参照组）									
第2组		0.242	0.211	0.219	0.213	0.209	0.227	0.213	0.207
第3组		1.662*	1.557*	1.569*	1.561*	1.555*	1.577*	1.561*	1.544*
第4组		1.626*	1.376†	1.385*	1.379†	1.374†	1.374†	1.379†	1.358†
第5组		2.481**	1.986*	2.007*	1.987*	1.980*	2.065*	1.987*	2.024*
党员		3.904***	4.034***	4.029***	4.030***	4.035***	4.012***	4.030***	4.023***
有工作		−0.800	−0.741	−0.742	−0.741	−0.742	−0.743	−0.741	−0.741
城市社区		3.348***	3.118***	3.122***	3.119***	3.115***	3.122***	3.118***	3.113***
污染感知指数		0.084*	0.081***	0.081***	0.081***	0.081***	0.081***	0.081***	0.081***
环保知识		1.822***	1.824***	1.825***	1.824***	1.824***	1.825***	1.824***	1.821***
区县层次变量									
人均GDP			0.589***	0.560***	0.550***	0.591***	0.504***	0.550***	0.654***
二氧化硫排放				0.083			0.162*		

续前表

	零模型	基准模型	GDP模型	污染指标模型			交互模型		
				二氧化硫	废水	烟粉尘	人均GDP×二氧化硫	人均GDP×废水	人均GDP×烟粉尘
废水排放					0.318			0.325	
烟粉尘排放						−0.027			0.037
人均GDP×二氧化硫							0.038**		
人均GDP×废水								−0.002	
人均GDP×烟粉尘									0.089**
随机效应									
区县层面	135.5***	55.8***	44.5***	44.1***	44.4***	44.5***	41.4***	44.4***	42.1***
个体层面	435.8***	373.7***	373.6***	373.6***	373.6***	373.6***	373.6***	373.6***	373.6***
组内相关系数 ρ	0.237***	0.130***	0.106***	0.106***	0.106***	0.106***	0.100***	0.106***	0.101***
对数似然值	−45 571	−44 745	−44 731	−44 730	−44 731	−44 731	−44 727	−44 731	−44 728
自由度	3	16	17	18	18	18	19	19	19

注：(1) 区县经济变量和环境污染指标进行了中心化处理。(2) 个体层次的样本量为10 178，区县级层次的样本量为125。(3) † $p<0.10$，* $p<0.05$，** $p<0.01$，*** $p<0.001$。

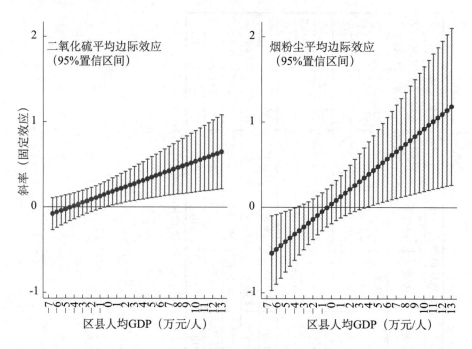

图 11-1　不同经济发展水平上二氧化硫和烟粉尘排放对公众私人环保行为的平均边际效应

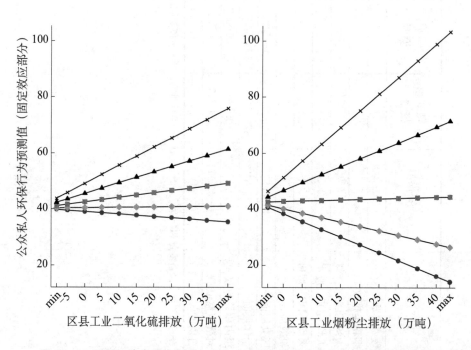

图 11-2　不同经济发展水平上二氧化硫和烟粉尘对公众私人环保行为的效应

　　这些模型结果表明，经济发展水平对公众环保行为具有促进作用。而虽然如英格尔哈特（Inglehart，1996）所提出的，污染相对严重的国家的民众也有较高的公众环保意识，但落实到行动时，经济发展水平在客观环境污染对公众私人环保行为的驱动作用中起调节效应：国家和民众越富裕，越有能力采取措施，私人环保行为才会真正增加。

　　值得一提的是，在加入区县层面的变量之后，区县层面的方差进一步减小，但个体层面上的方差几乎没有变化（见表 11-3）。

　　2. 公共环保行为的分层模型结果

　　表 11-4 展示了影响公众公共环保行为的多个模型。零模型的组内相关系数表明，被访者公共环保行为的差异中约四分之一可由区县之间的差异解释。在加入个体层次变量后的基准模型中，个人层面和区县层面的方差分别减少到 188.3 和 53.0。加入区县人均 GDP 变量后，区县层面的方差进一步降低到 38.4，表明其对个人公共环保行为也有促进作用，仍然符合繁荣/富裕假说。污染指标模型中，只有工业废水排放量对个人公共环保行为有影响，但效应显著为负。进一步分别加入人均 GDP 变量与环境污染指标的交互作用项后，我们只发现工业烟粉尘排放量与人均 GDP 的交互项效应显著。以下解释基于该交互模型。

　　在个体层面，与私人环保行为类似，与经济发展和环境污染相关的变量如教育、收入、环境知识和个人的环境污染感知指数在模型中仍然具有显著性，这里不再赘述。控制变量中，年龄对公共环保行为的影响不再显著，女性相对男性，仍有微弱优势。而党员的系数较高，相比非党员其公共环保指数高出约 4.3 点，这可能与党员组织化程度较高，有更多参与组织活动的经验有关。相对于无工作，有工作的被访者也有更多的公共环保行为。而居住在城市还是农村社区对公共环保行为不再有影响。

　　在宏观层面，区县的人均 GDP 变量主效应仍对公共环保行为有促进作用，但其与工业烟粉尘排放量的交互作用显著为负。人均经济发展水平在烟粉尘排放对公众公共环保行为的影响中仍起调节作用，但此时人均 GDP 越高，烟粉尘对公共环保行为的负面影响越大（见图 11-3）。这样的结果可有多方面的解释：一方面，我们的研究没有考虑制度性因素，例如政治机会结构、环境保护体制及政治权力分配等，而这些因素与公众的公共行为有密切的关系（Hadler & Haller，2011）。之前的研究发现，全世界范围

表 11 - 4　公共环保行为影响因素的多层线性模型

固定效应		零模型	基准模型	GDP模型	污染指标模型			交互模型		
					二氧化硫	废水	烟粉尘	人均GDP×二氧化硫	人均GDP×废水	人均GDP×烟粉尘
截距		10.38***	1.105	1.591	1.593	1.612	1.605	1.739	1.409	1.742
个人层次变量										
年龄/10			0.079	0.078	0.078	0.072	0.077	0.077	0.073	0.071
(年龄/10)²			−0.005	−0.007	−0.007	−0.006	−0.007	−0.007	−0.006	−0.006
女性			0.574†	0.520†	0.520†	0.524†	0.520†	0.520†	0.524†	0.522†
受教育年限			0.408***	0.401***	0.401***	0.402***	0.401***	0.402***	0.402***	0.404***
个人收入（第1组为参照组）										
第2组			−0.142	−0.170	−0.171	−0.177	−0.177	−0.173	−0.178	−0.179
第3组			0.574	0.488	0.487	0.471	0.479	0.484	0.471	0.478
第4组			−0.021	−0.213	−0.214	−0.223	−0.222	−0.210	−0.225	−0.212
第5组			1.444*	1.134†	1.132†	1.134†	1.118†	1.121†	1.131†	1.092†
党员			4.194***	4.278***	4.279***	4.290***	4.281***	4.282***	4.289***	4.288***
有工作			0.919*	0.963***	0.963***	0.963***	0.962***	0.964***	0.964***	0.964***
城市社区			−0.046	−0.206	−0.206	−0.210	−0.214	−0.206	−0.208	−0.213
污染感知指数			0.016*	0.014*	0.014*	0.014*	0.014*	0.014*	0.014*	0.014*
环保知识			0.621***	0.617***	0.617***	0.616***	0.617***	0.617***	0.616***	0.617***

续前表

	零模型	基准模型	GDP模型	污染指标模型			交互模型		
				二氧化硫	废水	烟粉尘	人均GDP×二氧化硫	人均GDP×废水	人均GDP×烟粉尘
区县层次变量									
人均GDP			0.655***	0.660***	0.845***	0.663***	0.678***	0.841***	0.597***
二氧化硫排放				−0.015			−0.040		
废水排放					−1.539**			−1.705*	
烟粉尘排放						−0.137			−0.199†
人均GDP×二氧化硫							−0.013		
人均GDP×废水								0.045	
人均GDP×烟粉尘									−0.088***
随机效应									
区县层面	66.9***	53.0***	38.4***	38.4***	36.3***	37.9***	38.2***	36.3***	35.4***
个体层面	201.4***	188.3***	188.3***	188.3***	188.3***	188.3***	188.2***	188.2***	188.2***
组内相关系数ρ	0.249***	0.220***	0.170***	0.170***	0.162***	0.168***	0.169***	0.162***	0.158***
对数似然值	−41 647	−41 294	−41 274	−41 274	−41 271	−41 273	−41 273	−41 270	−41 269
自由度	3	16	17	18	18	19	19	19	19

注：（1）区县经济变量和环境污染指标进行了中心化处理。（2）个体层次的样本量为 10 178，区县级层次的样本量为 125。（3）† $p<0.10$，* $p<0.05$，** $p<0.01$，*** $p<0.001$。

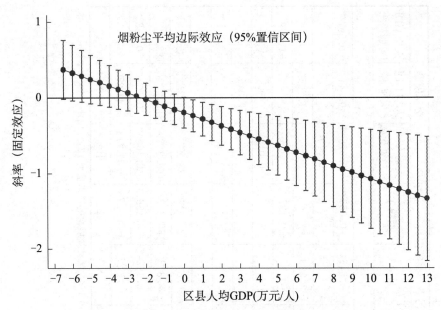

图 11 - 3   不同经济发展水平上工业烟粉尘对公众公共环保行为的平均边际效应

的公共环保行为下降，是由于许多国家体制的吸纳导致的，公众不需要通过"街头政治"的方式来改变政府的环保政策（Dalton，2015）。而对中国地方治理的研究发现，经济发展水平会对基层民主治理及其绩效具有正面的影响（肖唐镖、孔卫拿，2013）。因此，有可能经济发展水平高的地区，其良好的地方治理机制存在高度的吸纳能力，公众可以通过体制内的渠道而不是通过环保行为量表中测量的公共行为来反映自己的诉求。这也与冯仕政（2007）所发现的环境抗争具有"体制内行为"的特征相一致。另一方面，公众的公共环保行为方式也可能发生变化，而问卷中关于公共环保行为的测量有些滞后，未能抓取到这些变化。当然，也可能存在另外的解释，例如抗争性的公共环保行为存在成本和风险（Wiltfang & McAdam，1991），而这些成本和风险在环境污染严重的地区更大，导致公众不愿意参与其中。

四、结论与讨论

本章基于 CGSS2013 数据，分析了经济发展和环境污染如何交织作用从而对公众的环保行为产生影响。本章根据已有的研究，区分了私人领域和公共领域两种不同的环保行为，实证数据的结果确认存在这两个维度的环保行为。简单的描述性统计发现 2013 年中国公众的环保行为总体较少，并且私人环保行为参与远高于公共环保行为参与，即多集中在日常生活实践领域，这与彭远春（2013）对中国城市居民环境行为的研究发现一致。另外，这一结果与世界范围的公众环保行为发展趋势基本一致。进一步的多层回归模型分析发现，影响私人环保行为和公共环保行为的因素存在差别，因此必须对私人环保行为和公共环保行为进行区分，具体探讨其影响因素和内在作用机制。当然，进一步的研究需要分析私人环保行为和公共环保行为的变化趋势，现有的研究发现私人和公共的环保行为有趋同趋势，表现为宏观的因素影响越来越小（Hadler & Haller，2013）。这样的结论在中国是否成立，还需要进一步研究。

横截面的回归分析研究发现，在个人层面，与经济发展有关的收入、教育及环境知识和个人的环境污染感知指数等变量都对个人的环境保护行为有正面影响。在宏观层面，经济发展和环境污染交织作用对公众环保行为产生影响。经济发展（体现为地方人均 GDP）对个人环保行为有促进作用，而环境污染变量对个人环保行为的影响受到经济发展水平的调节。因此，总体上看，繁荣/富裕假说得到验证[①]。而环境污染驱动假说，体现为污染物排放的"硬指标"对个人的环保行为影响时，受到经济发展水平的调节作用，在特定条件下成立；体现为个人对环境污染的主观感知时，对个人的环保行为有促进作用。当然，个人的主观污染感知可能存在内生性问题，需要进一步研究其与客观环境污染的关系，探讨其形成的机制。

本研究在理论上有助于厘清经济发展、环境衰退对于环境行为的影响及其影响方式。一个特别的意义在于公众对于环境问题的认知和行为应对是具有选择性的。当然，个人感知的污染未必等同于真实的污染。

本章对洪大用和卢春天的研究（2011）做了进一步推进，探讨了宏观经济变量和宏观环境污染指标变量之间的交互作用。宏观变量是不是对微观层面变量也存在调节作用，将来可以进一步探讨。进一步的研究还需要探讨公众的公共和私人环保行为差别的内在原因和行为机制，这两类行为可能存在不同的行动逻辑，特别是公共环保行为，本质上是"私人环保"

[①]　该发现与第 9 章环境关心研究的发现有一定差异，可能由于环境关心与环境行为是不同的因变量，也有可能存在其他原因，值得进一步开展研究。

加"集体行动",而是否形成集体行动可能受到环保之外的其他因素的影响,特别是需要考虑社会制度安排对公共行为的影响。不同地区公众环保行为的差异有可能受到社会治理框架、效能的影响。此外,还应考虑文化的因素,也即中国文化对公众环保行为会具有什么样的影响。

本章的研究发现,经济增长对环境保护具有特别重要的意义。一方面,经济增长带来公众环保行为的增加。另一方面,经济增长自身又会引起环境质量的变化,从而调节环境衰退对公众环保行为的影响。正如生态现代化理论学派所指出的,经济增长不仅与生态环境的可持续性具有潜在兼容性,而且也会成为推动环境治理的重要因素和机制(洪大用,2012)。在环境危机的压力下,经济发展的逻辑也发生变化,绿色、可持续的经济增长是建设节约资源、环境友好型社会的重要前提,也是拓宽公众环保行为的基础。

在生态文明建设中,离不开绿色教育和生态文化的建设。具体到政策层面,生态文明建设中需要不断完善制度性因素,理顺经济发展与环境质量、环境保护之间的关系,让公众的环境知情权、参与权和监督权得到更全面的实现和保障;强化生态文化的宣传教育,在积极发挥政府效能的同时让公众充分认识到自己的责任和义务,为推动全社会的环境保护行为奠定坚实的基础。

第12章 城市空气污染与居民迁出意向

　　相比关于环境关心与环境行为的一般研究而言，针对特定情境下人们的行为选择进行专题调查研究有着更为重要和直接的意义。本章基于北京市的调查资料，探讨在以雾霾为表征的空气污染背景下，居民迁出意向的表现及其影响因素。生态环境状况对人的约束作用除了可以在生产方式、生活方式、健康状况和认知体验等多个维度被观察到外，还可能改变一定时空范围内的人口分布情况，形成"环境移民"（environmental migration），即"因为生态环境恶化或为了改善和保护生态环境所发生的迁移活动，以及由此活动而产生的迁移人口"（包智明，2006）。从社会学的角度看，对于选择迁移行动的个人而言，这通常不仅意味着居住环境的改变，还会带来生产生活方式的转换和社会适应等移民安置问题；在宏观层面，人口的大规模外迁必定会对迁入地和迁出地的人口、经济、社会和生态等诸多方面产生重大影响。

　　一段时间以来，中国城镇地区普遍面临以雾霾为表征的严重空气污染问题。政府监测数据显示，2018 年，全国 338 个地级及以上城市中仅 121 个城市环境空气质量达标，尽管较 2017 年已经有较大改善，但仍然有超过六成（64.2%）的城市空气质量不达标。[①] 由于雾霾的形成在很大程度上受人类活动的影响，像"北上广"（北京、上海、广州）这样人口集中的城市因此沦为了雾霾"重灾区"。受雾霾问题驱动，"逃离北上广"近年来迅速

---

① 生态环境部. 2018 年中国生态环境状况公报. （2019 - 05 - 29）［2019 - 07 - 22］. http：//www. mee. gov. cn/hjzl/zghjzkgb/lnzghjzkgb/201905/P020190619587632630618. pdf.

成为热议的社会话题之一，环境移民意向和行为也因此受到广泛关注。① 据媒体报道，在当代中国，确有一小部分精英人士迁出一线城市移居乡村或移民国外，除了对交通堵塞、生活成本高等现代"城市病"的厌弃外，对大都市如影随形的环境污染问题的忧惧和失望也构成了这些人"背井离乡"的初衷。由此，本章的核心研究问题如下：以雾霾为表征的空气污染在多大程度上会催生居民的迁出意向？居民外迁倾向分异的影响因素有哪些？其理论与政策意涵又是什么？

一、文献回顾

（一）环境因素对于迁移决策的影响

在人口迁移的相关研究中，与经济、政治和社会因素一样，生态环境因素也是研究者们关注的重要情境变量。② 社会学家彼得森（Petersen，1958）曾将迁移划分成四种类型：由生态推力引发的迁移、由迁移政策引发的迁移、由个人更高抱负引发的迁移和社会动量引起的迁移。其中，由生态推力引发的迁移是一种对人与自然关系做出反应的最初级的迁移，其表现形式又可分为往返迁移（wandering）、拓疆迁移（ranging）和逃离故土（flight from the land）。那些因为环境因素而发生迁移的人则被冠以"环境移民"、"环境难民"（environmental refugee）、"归园田居者"（back to the wilderness）等标签（Hunter，1998；Myers，2005）。

传统移民研究中的推拉理论认为，迁出地与迁入地（sending and receiving societies）在社会经济条件优越性和政治社会环境稳定性方面存在的差距，形成了相对应的推力和拉力，在这两股力量的共同作用下发生了人口迁移（Lee，1966；Portes & Böröcz，1989；李强，2003）。在将推拉理

---

① 纽约时报：雾霾催生中国新"环境移民"．（2013-11-25）［2019-07-22］．http：//china. cankaoxiaoxi. com/2013/1125/306938. shtml. 雾霾正在促成"环境移民"．深圳特区报，2014-10-29 (C6)．再如，影星宋丹丹曾于2013年1月在个人微博中上传了一张雾霾天气的图片并配文写道："在北京出生长大生活了五十年，出国潮及各种诱惑都没能让我离开这个可爱的城市。今天，我脑子里一直在转：'我该去哪里度晚年呢？'"该条微博共获得网友36 000多条转发和21 000多条评论。

② 这里的生态环境因素既包括原生性的生态环境变化（如自然灾害），也包括由于人类活动引起的次生性环境问题。

论应用于环境迁移的研究中，研究者们认为，迁出地的环境退化和生态系统服务的恶化会形成一股环境推力，而迁入地较高的环境质量与和谐的生态系统构成了环境拉力，自发性的环境移民随后发生了（Bogardi & Renaud，2006）。修正过的推拉理论对于环境移民现象的解释在一些经验研究中也得到了支持。谢长哲和刘本杰（Hsieh & Liu，1983）基于美国 65 个大都市的迁移调查数据研究发现，相较经济因素的影响，对于更高环境质量的追求能够更好地解释美国短途的州际迁移。鲁文尼和穆尔（Reuveny & Moore，2009）对跨国数据的分析表明，用耕地退化、人口增加和自然灾害测量的环境退化在解释人口外迁的模型中影响十分显著，是不同国家居民选择外迁和移居他国的重要推力。马瑟等人（Massey *et al.*，2010）基于尼泊尔的数据研究也发现，陆地面积退化、柴木和材料获取难度提高、人口密度增加和农业生产力水平下降等环境状况退化指标与当地居民选择短途外迁确实存在强相关关系。

推拉理论只考虑到迁出地和迁入地的客观社会经济属性差别，却忽视了人的主观能动性以及影响迁移主体做出迁移决策的中间因素。例如，在一些环境迁移案例中，移民往往是从社会经济发展程度较高的大都市迁往环境质量好但经济欠发达的小城镇，这与经典推拉理论描述的迁移方向完全相反，这种方向的倒置需要更加合理的解释。更为突出的问题是，即使推拉理论能够解释人们为什么会迁移，但却不能回答在同一时空情境中、面对相同环境危机的有些人为什么不选择迁移（Richmond，1993）。换言之，为什么环境推力对同一社会的人群做出迁移决定存在截然不同的影响呢？可见，用推拉理论来解释自发性环境移民存在明显的理论短板。

针对以上问题，沃尔波特和斯皮尔（Wolpert，1966；Speare，1974）等人提出的压力门槛理论（stress-threshold theory）给出了一种解释。该理论的核心观点认为，迁移决策是对"压力"的一种应激反应；个体在居住地体验到的压力程度都存在一定的临界值（即"门槛"），当体验到的压力超过这一标准时迁移行动就可能发生了。其中，环境压力（如交通堵塞、空气污染、水污染和噪声污染等）是个体体验到的最重要的居住地压力之一，是个体做出迁移决策的重要参照标准。具体来说，个体在面对环境风险时会基于自己对风险的认知建立相对简化的事实模型（simplified models of reality）：当感受到的环境风险在阈限之内时，并不会做出迁移决策；相反，当环境压力超过能够承受的极限时，环境迁移就发生了。基格特和尼格（Kiecolt & Nigg，1982）基于在美国洛杉矶 1 450 个样本的问卷调查数据，发现居民对居住地环境问题危害的评价程度以及环境风险认知水平与他们的迁移意向成正比。在较近的一项研究中，湛东升等（2014）分析了北京居民对于居住地环境的满意度与其流动性意向之间的关系，发现居住地环境质量有助于促进居民对于居住地的总体满意度，进而抑制流动意向，从另一个侧面为压力门槛理论提供了经验支持。

与推拉理论相比，压力门槛理论区分了迁移者和不迁移者两种人群，将人们的迁移意向视为他们对于环境危害认知水平突破忍耐极限的应激反应，因而较好地回答了一些人为什么会考虑迁移。但这一理论对于"不迁移"（non-migration/stay up；Fuguitt & Zuiches，1975）这一现象的解释还不充分。概括起来，压力门槛理论至少存在如下三个问题：一是没能考虑到迁移成本对个体迁移决策的影响；二是窄化了个体面对环境风险的行为选择类型；三是忽视了环境状况的动态演化特征。以上问题除了说明迁移决策的社会复杂性，也提示我们应该关注居民环境迁移意向的分异。所谓环境迁移意向的分异，不仅可以体现在是否考虑迁移，还表现为迁移类型上的差别。例如有研究发现，虽然与其他地区相比，那些具有更严重环境危害的区域对新移民的吸引力显然有所降低，但人口外迁情况却没有同等突出；尽管从常理上推断，老居民因为更加邻近风险源而较新移民感受到更多的环境压力（Hunter，1998）。事实上，居民环境迁移意向的分异并不能完全为环境因素所解释，要想更好地理解这一分异产生的原因，则需要探寻环境迁移意向的其他影响因素。

（二）环境迁移意向分异的影响因素

首先，环境迁移意向会受到个人社会经济地位的影响。环境公正理论（environmental justice theory）认为，社会经济地位的差别造成了不同人群面对环境风险时其应对能力的相应差别。尽管著名社会学家贝克曾言道"贫困是等级制的，而化学烟雾是民主的"（贝克，2004：38），但在遭受环境污染时，社会经济地位较高的人因具备更强的风险规避能力，可以选择通过"用脚投票"的方式搬离现居住地，迁入环境质量较高的社区；在规避雾霾之类的污染问题给自身和家庭所带来的风险时，社会经济地位较高的人往往具备更强的能力和更多的机遇，从而更有可能会选择迁出现居住地或进行更好的自我防护（Brulle & Pellow，2006；洪大用、龚文娟，2008）。这是因为，迁移或是防护本身会带来经济和社会成本（如迁移后重新置业和社会适应的成本），个人或家庭的社会经济地位决定了其是否具有承担这一成本的可能性（Ritchey，1976；Fakiolas，1999）。例如，霍根（Hogan，1987）利用美国人口普查局发布的"老年人季节性迁移"（seasoning migration of the elderly）数据分析发现，阳光地带（Sunbelt Area）适宜的气候环境条件对于美国老年人选择迁移具有普遍的吸引力，但他们最终能否迁移到阳光地带过冬在很大程度上是由其经济能力决定的，即"迁移者较不迁移者往往具有更高的收入或更加富裕"。再如，葛雷和缪勒（Gray & Mueller，2012）在孟加拉国的调查发现，尽管身处洪灾带来的恶劣环境，贫困因素却限制了当地居民的外迁意向和实际外迁行为。可见，在分析环境迁移意向时，社会经济地位仍然是需要重点控制的变量。

其次，环境迁移意向还会受到个人行为适应的影响。当环境风险来临时，迁移是应对风险的一种个体选择，但并不是唯一选择。实际上，除了"逃离"，"坚守"的人还可以通过调整自己的行为来抵御（prevent）和减缓（mitigate）环境风险的影响，实现自我救济（Wohlwill，1974；Vaughan，1993；Collins，2013）。埃文斯等（Evans & Jacobs，1981；Evans et al.，1982）对 20 世纪同样面临雾霾问题的洛杉矶地区居民的调查表明，与新居民相比，老居民虽然感受到了同样等级的雾霾严重性，但由于适时调整了自身的日常行为，实现了对雾霾问题的"习惯化"或"去敏感化"（habituation or desensitization），因此倾向于认为雾霾对自身的健康影响不大。也有研究表明，居民对居住地是否宜居的界定过程并不仅仅取决于对环境压力或风险的感知，在这一过程中，个人的行为适应能力也会产生影响：通过采取行动去控制风险，可以缓解环境因素造成的心理压力，有助于促进居民对居住地作出适宜居住的判断（Russell & Lanius，1984；Rishi & Khuntia，2012）。尹仑（2011）在云南藏民地区的调查发现，在气候变化带来的负面效益已经严重影响到了当地藏民传统生计方式的情况下，他们通过调整自身行为去应对环境变化，有效减少了气候变化的不利影响，甚至抓住气候变化带来的机遇实现了生计方式的转型和可持续。我们从中得到的启示是，如果个体能够调整行为有效抵御风险对自身的影响，或者积极采取行动去减缓风险，则很可能不会考虑环境迁移。

此外，公众对政府环保工作的信心或预期也是影响环境迁移意向的重要因素。自 20 世纪 90 年代以来，越来越多的移民研究者开始倡导将迁移决策置于一个动态的过程中加以考察，即关注经济、社会和环境等情境因素在时间维度上的变化，强调要关注个体对现居住地（或迁入地）的未来预期；研究表明，对于现居住地未来状况的积极预期有助于居民做出留守而非迁出的决策（Fischer *et al.*，1997；De Jong，2000；Sabates-Wheeler *et al.*，2009）。具体到环境移民问题，我们认为，环境问题（或感受到的环境问题）是随着时间推移动态演化的，其既有可能像压力门槛理论描述的那样不断恶化，也有可能在积极的人为干预下逐渐朝改善的方向转化。因此，即使居民感知到了严重的环境风险，但是其对环境治理技术的信任和对环境治理的信心也可能使他们对居住地的未来环境状况做出积极预期，从而构成他们坚守家园的重要原因（Mileti，1980；Hunter，2005）。研究表明，在当代全球范围内，公众都倾向于将环境治理的主要责任归因给政府，中国的情况也是如此（Dunlap，2002；Konisky，2011；洪大用，2014）。环境问题的可治理性和公众对政府承担环保责任的路径依赖，使我们有理由相信，公众对政府环境治理的不同预期也会影响环境迁移意向。

在城市雾霾问题仍未得到有效缓解并引起中国社会各界普遍关注的今天，有研究认为，从长期来看，雾霾问题可能会反作用于城市人口，引领一波新的都市外迁浪潮（童玉芬、王莹莹，2014）。鉴于此，接下来我们将基于北京市随机电话访谈数据考察在雾霾背景下居民由空气污染诱致的迁出意向现状，结合相关理论视角重点分析居民环境迁出意向的分异，并期待能够带来一些政策启示。

二、研究设计

（一）数据介绍

本研究所使用的数据来自 2014 年 3 月下旬中国人民大学环境社会学研究所在北京全市范围内实施的一项名为"北京居民雾霾认知与行为反应"的问卷调查。本次调查采用电话调查的方式，依据工信部所提供的全国手机号段数据库为抽样框，对机主登记为北京市范围内的所有移动电话按号段（前三位号码）进行 PPS 抽样，直接抽取到手机号。抽出有效号码 600个，实际完成 308 个有效访问，应答率为 51.33％。[①]

在有效样本中，男性占 60.7％，女性占 39.3％；年龄在 20 岁及以下、21～30 岁、31～40 岁、41～50 岁及 50 岁以上的人所占比例分别为 5.2％、39.3％、29.9％、16.2％和 9.4％；文化程度在小学及以下、初中、高中/职高/技校/中专、大学专科、大学本科和研究生及以上的人所占比例分别为 3.6％、10.7％、18.5％、17.5％、35.4％和 14.3％；拥有北京户口的人占 46.4％，53.6％的受访者持外地户口。

（二）变量测量

1. 雾霾迁出意向

由于环境移民客观数据难以获得，本研究主要考察环境移民意向。更具体地来说，本研究要考察的是环境移民意向中的环境迁出意向，即由居住地环境状况因素诱致的居民外迁倾向，重点是寻求迁出意向分异的解释因素。考虑到前文所述的既有研究，我们假定了环境污染是影响人们迁出意向的重要原因。在电话访谈调查中，我们依次询问了受访者如下两个问题：（1）您是否由于空气污染而有想迁出北京的打算；（2）您是否由于空气污染而考虑让子女迁出北京。答案设置及全部样本的原始回答情况见图 12-1。

如此的问题设计表明，讨论环境因素对人们外迁意向的影响已经不是本研究的重点。本研究的因变量是假定了环境影响的迁出意向，即"由空气污染诱致的迁出意向"（为行文方便，以下简称"雾霾迁出意向"）。为了更准确地描述该变量，我们将雾霾迁出意向做了进一步分类（见表 12-1）。我们首先将迁出意向分为不迁出（自己和让子女迁出都未考虑过）和迁出（至少考虑过自己或让子女一方迁出）两个大类。在迁出组中，又细分了个体迁出（只考虑过自己或让子女一方迁出）和举家迁出（既考虑过自己又

---

① 感谢王卫东博士和中国人民大学中国调查与数据中心（NSRC）对本次调查的协助。由于电话调查固有的高拒访率，通过这种方式收集的数据很可能产生样本偏误。一般认为，当前电话访谈可接受的应答率标准应为 50％（Chambliss & Schutt, 2013: 139），因此本研究获得的样本具有一定的代表性，可以尝试作总体推论。

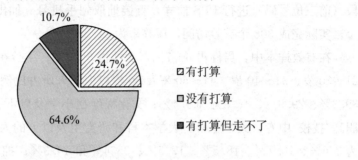

是否由于空气污染而有想迁出北京的打算

- 有打算
- 没有打算
- 有打算但走不了

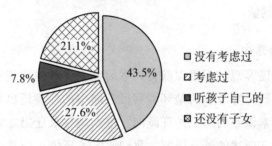

是否由于空气污染而考虑让子女迁出北京

- 没有考虑过
- 考虑过
- 听孩子自己的
- 还没有子女

图 12 - 1　北京居民由空气污染诱致的迁出意向

考虑过让子女迁出）两个类别。①

表 12 - 1　　　　　　　　对雾霾迁出意向的分类

		明确考虑过让子女迁出	
		否	是
明确考虑过自己迁出	否	不迁出	个体迁出
	是	个体迁出	举家迁出

　　对雾霾迁出意向进行分类还考虑到：既有研究表明，迁移行为具有个体、家庭和社区三个不同层次，其社会影响大小也是层层递进的。社区层次上的迁移一般发生于强制性移民活动中，不属于本研究的范畴。在我们关注的自发性移民中，个体迁移因为成本较低而容易达成，具有相对的灵活性和暂时性，对于北京这样人口快速流动的现代大城市而言是一种十分

---

　　① 由于问卷的限制，我们对于举家迁出的测量是有局限的，没能包括成年子女携父母迁出的类型。简单说，即只考虑到了"下有小"的情况，而未能考虑到"上有老"的情况。

常见的流动模式；相较之下，家庭层次的迁移则因成本更高而更加依赖个体的社会经济地位，更能够代表一种永久性的迁移意向（Sandefur & Scott，1981）。我们认为，就北京居民的雾霾迁出意向而言，个体迁出很可能只是居民不得已采取的"缓兵之计"（如暂时赴外地工作或送子女出国留学），举家迁出更能够真实代表居民永久性"逃离"这座城市的强烈意向。因此，前述社会经济地位、行为适应性和对政府治霾的信心等几种机制对雾霾迁出意向的影响除了体现在催生迁出意向方面，也可以体现为对居民选择举家迁出的促进作用。

2. 其他变量

雾霾危害感知。我们引入这个变量并不是要分析雾霾迁出意向的原因，也不是将其作为本章分析的重点内容，只是为了从一个角度检验一下前述环境因素影响迁出意向的一般性假定。我们通过以下几个问题测量了市民个人的雾霾危害感知：（1）"您觉得雾霾对您日常工作和生活造成的负面影响有多大？"（2）"您觉得雾霾对您身体健康造成的负面影响有多大？"（3）"您觉得雾霾对您心理健康造成的负面影响有多大？"这三个问题提供的选项均为"没有影响""影响不大""说不清""影响较大""影响很大"，分别赋值为 0～4 分，其 alpha 系数为 0.788。将这三个问题的得分累加，获得雾霾危害感知变量，得分越高表示居民感受到的雾霾危害等级越高。如果环境因素影响迁出意向的假定成立，那么在理论上讲，雾霾危害感知水平与迁出意向之间应是高度相关的。

个人社会经济地位。在本研究中，社会经济地位变量由文化程度和收入两个变量构成。文化程度是包含"未受过高等教育"（赋值为 0）和"受过高等教育"（赋值为 1）的二分变量；收入是询问受访者上个月收入金额。文化程度和月收入水平越高的居民，其对应的社会经济地位也相应越高。我们引入这个变量是为了探索因变量的影响因素。

对雾霾的日常行为适应。此变量也是为了探索因变量的影响因素。根据既有研究，我们将居民对雾霾的行为适应细分为防护行为和减缓行为两类，并在电话访谈中分别设计题项加以测量，询问受访者为了应对空气污染是否采取过所列的行为，回答"是"和"否"分别计分为 1 分和 0 分。为了确保测量项目的内部一致性，我们根据删除每项后相应的 alpha 系数变化来确定相应的测量项目，防护行为的测量最终包括"放弃户外运动""尽量不外出""外出时佩戴口罩""减少开窗通风"等 4 个项目，减缓行为的测量最终包括"不去露天焚烧垃圾""不去吃露天烧烤""不去市区燃放烟花爆竹""家里不做过度装修""减少居家的油、气、电能源或燃料的消耗量""出行时选择公共交通工具（地铁、公交车）或自行车""不买排量大的汽车""自己开车尽量购买高品质的燃油""自愿选择过简单绿色生活"等 9 个项目，alpha 系数分别为 0.625 和 0.721。我们将以上项目的得分分别累加，从而获得了"雾霾防护行为"和"雾霾减缓行为"两个变量，得分越高表示采取的相应适应行为越多。

对政府治霾的信心。引入这个变量，既是对已有相关研究观点予以进一步的实证检验，也是尝试丰富和拓展环境移民研究的新视角。对政府治霾的信心通过以下三个项目测量：（1）"您觉得北京市政府在雾霾监测预报和防治方面的信息公开工作做得如何？"（2）"您是否相信北京市政府真的是在下大力气解决雾霾问题？"（3）"您对北京市政府治理雾霾政策的成效是否有信心？"第一题的选项有"很不好""不太好""说不上好不好""比较好""很好"，第二题选项有"不相信""不太相信""说不上相不相信""比较相信""很相信"，第三题选项有"没有信心""信心不大""说不清楚""有些信心""很有信心"，我们按以上选项顺序将这三题的相应回答全部依次赋值为 1～5 分，其 alpha 系数为 0.617。将这三题得分累加，从而建构出新变量——对政府治霾的信心，得分越高表示对政府治霾的信心越强。

此外，为了更好地探索预测变量与因变量之间的关系，我们还在模型分析中引入了性别、年龄和户口三个控制变量（见表 12 - 2）。

表 12 - 2 研究变量的统计描述

变量名	类型	样本数	均值	标准差	说明
是否因为空气污染考虑过自己迁出	定类	308	0.25	0.432	0＝否，1＝是
是否因为空气污染考虑过让子女迁出	定类	243	0.35	0.478	仅限有子女的受访者：0＝否，1＝是
雾霾迁出意向	定类	243	0.59	0.795	仅限有子女的受访者：0＝不迁出，1＝个体迁出，2＝举家迁出

续前表

变量名	类型	样本数	均值	标准差	说明
雾霾危害感知	连续	308	7.86	3.193	累加得分：0～12 分
雾霾防护行为	连续	308	2.50	1.327	累加得分：0～4 分
雾霾减缓行为	连续	308	6.68	2.038	累加得分：0～9 分
文化程度	定类	308	0.67	0.470	0＝未受过高等教育，1＝受过高等教育
月收入	连续	308	8.86	16.798	单位：千元
对政府治霾的信心	连续	308	9.06	2.872	累加得分：3～15 分
性别	定类	308	0.61	0.489	0＝女性，1＝男性
年龄	连续	308	35.47	12.019	单位：岁
户口	定类	308	0.46	0.500	0＝外地户口，1＝北京户口

（三）分析框架与研究假设

在文献回顾的基础上，本研究确立了图 12-2 的分析框架。如图所示，本研究大体上可拆解为描述性分析和解释性分析两个部分。描述性部分旨在一般性地检验压力门槛理论，考察居民对空气污染危害的认知以及与此相关的雾霾迁出意向分异（虚线圈示部分）；解释性部分旨在考察居民雾霾迁出意向分异的影响机制，包括分析社会经济地位、雾霾行为适应和对政府治霾的信心三组预测变量对居民考虑是否环境迁出以及选择何种迁出类型的影响。空气污染作为既定的客观背景，迁出行为在本研究中没有涉及。

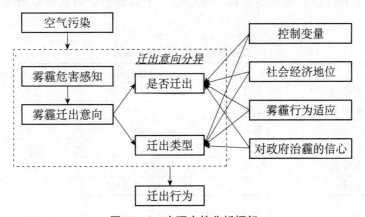

图 12-2　本研究的分析框架

解释性部分是本研究的重点。根据分析路径和既有研究发现对三组预测变量与环境迁出意向关系的描述,我们确定了以下几条研究假设,待进一步检验。

假设1:与未受过高等教育的居民相比,受过高等教育的居民越可能萌生雾霾迁出意向,且更可能考虑举家迁出。

假设2:月收入水平越高的居民越可能萌生雾霾迁出意向,且更可能考虑举家迁出。

假设3:采取雾霾防护行为越多的居民越不可能萌生迁出意向,且倾向于不考虑举家迁出。

假设4:采取雾霾减缓行为越多的居民越不可能萌生迁出意向,且倾向于不考虑举家迁出。

假设5:对政府治霾信心越强的居民越不可能萌生迁出意向,且倾向于不考虑举家迁出。

三、空气污染诱致的迁出意向分异

压力门槛理论中环境迁移意向的萌生需要两个必要条件:一是客观环境状况不断恶化的事实,二是超过自身承受能力的环境风险(或"压力")被社会成员普遍感受到。因此,在分析北京居民雾霾迁出意向分异之前,我们拟先考察他们的雾霾危害感知情况与迁出意向的相关性,这也是对基于已有研究的问卷问题设计的一般性检验。表12-3是受访者自我报告的在日常工作生活、身体健康和心理健康三个方面感受到的雾霾所带来的负面影响。

表12-3　　　　　　　北京居民感知到的雾霾危害　　　　　　单位:%

	日常工作生活	身体健康	心理健康
没有影响	5.2	6.5	13.3
影响不大	17.9	13.6	17.5
说不清	8.8	9.1	8.8
影响较大	39.3	37.0	37.0
影响很大	28.9	33.8	23.4
合计	100.0 (308)	100.0 (308)	100.0 (308)

由表12-3结果可知,整体上,雾霾在不同方面的危害都被大多数居

民感受到，且相对强烈。认为雾霾对日常工作生活、身体健康和心理健康"影响较大"和"影响很大"的受访者比例分别为 68.2％、70.8％ 和 60.4％，应当说体现了多数居民对雾霾危害的担忧；相较心理健康方面的危害而言，北京居民对雾霾对身体健康和日常工作生活方面造成负面影响的感受要更强烈一些。与此同时，仍有 23.1％、20.1％ 和 30.8％ 的人认为"没有影响"或"影响不大"，说明北京居民关于雾霾危害的认知还存在一些分歧，仍有部分人感受到的"环境压力"并不大。进一步，我们使用 ANOVA 双变量分析比较了不同性别、年龄、户口、教育和收入的居民的雾霾危害感知得分差异（结果见表 12－4）。

表 12－4　　　　　　　不同社会人口特征北京居民的雾霾危害感知

		样本数	平均值	标准差	F 值/df
性别	男性	187	7.82	3.269	0.07/1
	女性	121	7.93	3.085	
年龄	20 岁及以下	16	4.88	3.775	5.18/4***
	21～30 岁	121	7.74	3.121	
	31～40 岁	92	8.26	2.832	
	41～50 岁	50	7.70	3.536	
	50 岁以上	29	9.03	2.706	
户口	北京户口	143	8.04	3.092	0.83/1
	外地户口	165	7.71	3.280	
教育	受过高等教育	207	8.33	2.881	14.25/1***
	未受过高等教育	101	6.90	3.579	
收入	最低 20％组	61	7.39	3.451	3.69/4**
	次低 20％组	38	6.34	3.961	
	中间 20％组	71	8.15	2.926	
	次高 20％组	52	8.06	2.933	
	最高 20％组	86	8.51	2.768	

＊ $p \leqslant 0.05$；＊＊ $p \leqslant 0.01$；＊＊＊ $p \leqslant 0.001$。

由上表的显著性结果可知，不同性别和户口类型的北京居民在雾霾危害感知得分方面并不存在显著差异，而不同年龄、教育和收入的居民的雾霾危害感知存在显著差异。年龄在 50 岁以上、收入最高的 20％组和受过高等教育的居民感受到的雾霾危害等级最高，而年龄在 20 岁及以下、收入次低的 20％组和未受过高等教育的居民感受到的雾霾危害等级最低。但除了 20 岁及以下组的得分明显偏低外，其他各组的雾霾危害感知得分基本上在 6～9 分（满分 12 分），整体偏高，说明雾霾危害确实已经被不同社会背景的成员普遍感受到。

根据前文所述环境因素在人口迁移中的作用以及压力门槛理论，社会成员感受到的"环境压力"等级不同会导致他们在是否考虑迁出以及意向强烈程度上存在差异。从百分比来看，虽然感受到的雾霾危害等级不同，但担忧雾霾危害的北京市居民仍然占绝大多数。因此，理论上讲，应该有相当高比例的人具有迁出意向。但是，问卷调查表明，当被问及是否会因为空气污染迁出北京时，在 308 个有效样本中，明确表达迁出意向的居民（考虑过自己或让子女迁出）只有 114 个（占 37.0％），而没有明确考虑过迁出的居民有 194 个（占 63.0％）。由此可以看出，即便问卷中明确提示了污染问题，即便大多数人感受到了污染危害，但是回答不迁出的北京居民仍然占大多数。这与理论上的假定有很大的不一致，从而提示我们空气污染或感受到的空气污染危害并不能完全解释北京居民雾霾迁出意向的分异，需要进一步探索在此背景下影响居民迁出意向的其他社会因素。

事实上，在明确表达考虑迁出的北京居民中，其在迁出类型方面也是存在较大分异的，选择个体迁出的居民比例整体上要高于举家迁出。调查结果表明，在明确考虑过迁出的 114 个居民样本中，符合个体迁出（考虑过自己或让子女一方迁出）特征的居民有 67 个（占 58.8％），符合举家迁出（考虑过自己且让子女迁出）特征的居民有 47 个（占 41.2％）。对此，只将迁移进行简单二项划分的压力门槛理论显然也无法提供令人信服的解释。

总而言之，基于以上初步分析，我们认为在客观污染状况和主观污染感知的基础上，仍然存在着导致北京居民雾霾迁出意向分异的其他因素。为此，我们拟建立多元回归模型以寻求进一步的理论解释。

四、居民雾霾迁出意向分异的影响因素

（一）迁出与否的影响因素

依据分析路径，我们首先建立了如下的二项 logistic 回归模型：

$$\ln\left(\frac{P}{1-P}\right) = \beta_0 + \beta_1 X_1 + \cdots + \beta_k X_k,\ k = 1, 2, \cdots, j \quad\quad\text{(A)}$$

模型 A 的建立主要是考察居民是否萌生雾霾迁出意向（考虑过自己或让子女迁出）的影响因素。其中，P 表示居民分别考虑自己或让子女迁出的概率，$X_1 \sim X_k$ 表示 k 个自变量，β_k 表示每个自变量在某种迁出意向发生时的回归系数，β_0 为截距。为了方便模型解释，我们将回归系数转化为几率比（odds ratio）。模型的数据估计结果见表 12-5。

表 12-5 是基于受访者是否考虑过自己迁出以及是否考虑过让子女迁出两个自变量建立的二项 logistic 模型。从模型 A1 和 A2 的相关拟合指标来看，两个模型对我们所要解释的因变量都具有一定的解释力（从伪决定系数来看分别解释了 8.6% 和 12.9% 的变异），模型中都具有影响显著的自变量，据此我们判定两个模型都成立。以下对各自变量的影响进行具体的分析。

表 12-5　北京居民萌生雾霾迁出意向的影响因素：二项 logistic 回归

	模型 A1		模型 A2	
	是否考虑过自己迁出		是否考虑过让子女迁出	
	几率比	标准误	几率比	标准误
自变量				
男性（参照=女性）	1.389	0.409	1.062	0.329
年龄	1.007	0.014	1.026	0.015
北京户口（参照组=外地户口）	0.470*	0.147	0.553	0.184
受过高等教育（参照组=未受过高等教育）	2.422**	0.850	1.862	0.654
月收入（千元）	0.997	0.008	1.015	0.011
对雾霾的行为适应				
防护行为	1.492***	0.179	1.374*	0.172
减缓行为	1.003	0.071	1.036	0.084
对政府治霾的信心	0.906*	0.046	0.785***	0.046
常数项	0.130*	0.116	0.435	0.420
样本数	308		243	
Pseudo R^2	0.086		0.129	
χ^2/df	29.42/8***		40.45/8***	
Log likehood	−157.382		−137.075	

　* $p \leqslant 0.05$；** $p \leqslant 0.01$；*** $p \leqslant 0.001$。

性别、年龄、户口与是否考虑雾霾迁出。在控制其他自变量不变的情况下：首先，男性受访者考虑过自己或让子女迁出的几率要比女性分别高出 38.9% 和 6.2%；其次，年龄对迁出意向的萌生具有正向的影响，年龄每增长一岁，受访者自己或让子女迁出的几率要分别高出 0.7% 和 2.6%；再次，户口对于受访者的迁出意向具有抑制作用，持有北京户口的受访者自己或让子女迁出的几率要比持有外地户口的受访者低 53.0% 和 44.7%。但是，在以上结果中，只有户口对受访者是否考虑自己迁出的影响具有统计显著性，因此以上其他结论不能推论到总体。也就是说，北京居民是否考虑迁出几乎不受性别和年龄因素的影响，北京户口制约了居民考虑自己外迁的相关意向，但却不能决定他们是否考虑让子女外迁。①

文化程度、月收入与是否考虑雾霾迁出。在控制其他自变量不变的情况下，与未受过高等教育的受访者相比，受过高等教育的受访者考虑过自己或让子女迁出的几率分别要高出 142.2% 和 86.2%；月收入对于受访者迁出意向的影响方向是不一致的，月收入每增加 1 000 元，受访者考虑过自己迁出的几率要低 0.3%，考虑过让子女迁出的几率要高 1.5%。但从检验结果来看，只有教育与受访者是否考虑过自己迁出之间的关系是显著的，其他结果均不能推论到总体。也就是说，收入因素对于北京居民是否考虑迁出没有显著影响，受过高等教育的居民更可能考虑过自己迁出，但是否考虑过让子女迁出却几乎不受教育因素的影响。

对雾霾的行为适应与是否考虑雾霾迁出。从显著性结果来看，雾霾防护行为对居民萌生雾霾迁出意向具有显著的正向影响，雾霾减缓行为的影响均不显著。也就是说，居民采取的雾霾防护行为越多，则越有可能会萌生出雾霾迁出意向；居民是否萌生雾霾迁出意向与他们采取的相应减缓行为无关。在控制其他自变量不变的情况下，雾霾防护行为每增加 1 分，受访者考虑过自己或让子女迁出的几率分别要高 49.2% 和 37.4%。更具体来说，与从未采取任何所列雾霾防护行为的人相比，采取了所有防护行为的居民考虑过自己或让子女迁出的几率要分别高出近 5 倍（$1.492^{(4-0)} \approx$

---

① 限于篇幅，本章在结论部分未能对户口与迁移意向之间的关系展开讨论。我们认为，北京户口对居民迁出意向的抑制作用似可从两方面来理解：一是北京户口可以被视为较高社会经济地位的表征，如此，以上发现则进一步挑战了环境公正理论；第二，是否拥有本地户口在某种程度上代表了居住时间的长短，居住时间长的居民可能会形成更强的社区认同，这也可能会削弱其外迁意向。此外，我们还分户口对本研究涉及的所有模型进行重新估计以期揭示户口与模型中其他自变量之间的交互效应，但并未有新的发现。有兴趣的读者，可以向我们索要相关数据结果。

4.955) 和 4 倍 ($1.374^{(4-0)} \approx 3.564$)。

对政府治霾的信心与是否考虑雾霾迁出。在控制其他自变量不变的情况下，受访者对政府治霾信心的得分对于他们考虑迁出的几率具有抑制作用；对政府治霾的信心每增加一分，受访者考虑过自己或让子女迁出的几率要相应降低 9.4% 和 21.5%。因此，政府治霾信心得分最高的受访者要比得分最低的人考虑过自己或让子女迁出的几率分别低 69.4% （$1-0.906^{(15-3)} \approx 0.694$）和 94.5% （$1-0.785^{(15-3)} \approx 0.945$）。同样，这两个结果都具有统计显著性。因此可以推论，北京居民对于政府治霾的信心会抑制他们萌生雾霾迁出意向，对政府治霾信心水平越高的人考虑迁出的可能性越低。

（二）不同迁出意向类型的影响因素

以上我们对影响北京居民是否考虑雾霾迁出的因素进行了讨论。那么，对于考虑雾霾迁出的那些人而言，又是什么因素决定他们在意向上是选择个体迁出还是举家迁出呢？为回答这一问题，我们基于前述的雾霾迁出意向分类，建立了以雾霾迁出意向类型为因变量的 mlogit 回归模型。

$$P_{ij} = \frac{e^{\sum_{1}^{n} \beta_{nk} X_{ni}}}{\sum_{k=1}^{j} e^{\sum_{1}^{n} \beta_{nk} X_{ni}}}, \; i=1, 2, \cdots, n; \; k=1, 2, \cdots, j \quad \text{(B)}$$

建立模型 B 是为了考察居民产生不同类型雾霾迁出意向的原因。我们将有明确迁出意向的居民进一步区分为个人迁出和家庭迁出，于是共有三种不同的迁出意向（包括明确"不迁出"）。模型中，i 表示每个个体，k 表示迁出意向的类型，X_{ni} 表示各自变量。因此我们采取了潜变量模型，利用 mlogit 模型进行回归（以无迁出意向作为参照类别）。模型的样本估计结果见表 12-6。同样，为了方便模型解释，呈现的是几率比结果。从模型的各个拟合指标来看，模型基本成立，对于因变量具有一定的解释力。以下分析各自变量对因变量的影响。

表 12-6　　北京居民雾霾迁出意向类型的影响因素：mlogit 回归

	个体迁出/不迁出		举家迁出/不迁出	
	几率比	标准误	几率比	标准误
自变量				
男性（参照＝女性）	0.783	0.282	1.392	0.543
年龄	1.015	0.018	1.027	0.018

续前表

自变量	个体迁出/不迁出		举家迁出/不迁出	
	几率比	标准误	几率比	标准误
北京户口（参照组＝外地户口）	0.476	0.185	0.459	0.190
受过高等教育（参照组＝未受过高等教育）	2.261*	0.952	1.812	0.792
月收入（千元）	1.013	0.011	1.010	0.012
对雾霾的行为适应				
防护行为	1.149	0.163	1.772***	0.309
减缓行为	0.972	0.091	1.020	0.104
对政府治霾的信心	0.836**	0.058	0.786***	0.055
常数项	0.707	0.789	0.125	0.157
样本数	243			
Pseudo R²	0.103			
χ^2/df	47.08/16***			
Log likehood	−206.022			

* $p \leqslant 0.05$；** $p \leqslant 0.01$；*** $p \leqslant 0.001$。

性别、年龄、户口与雾霾迁出意向类型。在控制其他自变量不变的情况下，相较于女性，男性考虑过个体迁出（相对于不迁出，下同）的几率要低21.7%，考虑过举家迁出（相对于不迁出，下同）的几率要高39.2%；年龄每增长一岁，受访者考虑过个体迁出和举家迁出的几率要相应高出1.5%和2.7%；与外地户口的受访者相比，持有北京户口的受访者考虑过个体迁出和举家迁出的几率要相应低52.4%和54.1%。但是，以上结果均未通过统计显著性检验，即北京居民所属的雾霾迁出意向类型与性别、年龄和户口等因素无关。

教育、收入与雾霾迁出意向类型。在控制其他自变量不变的情况下，相较于未受过高等教育的受访者，受过高等教育的人考虑过个体迁出和举家迁出的几率分别要高出126.1%和81.2%；而月收入每增加1 000元，受访者考虑过个体迁出和举家迁出的几率也要相应提高1.3%和1.0%。但是，在所有关系中，只有教育对个体迁出的影响是显著的。由此可知，教育背景对北京居民考虑个体迁出具有重要影响，受教育程度越高的人越倾向于选择个体迁出，但教育对是否考虑举家迁出没有影响；北京居民倾向于何种雾霾迁出意向类型和他们的收入水平也没有关系。

对雾霾的行为适应与雾霾迁出意向类型。从显著性检验结果来看，对雾霾的行为适应对受访者考虑个体迁出没有显著影响，雾霾减缓行为对选择举家迁出也无显著影响，但雾霾防护行为对受访者考虑举家迁出却有正向的显著影响。在控制其他自变量不变的情况下，雾霾防护行为每增加一分，考虑举家迁出的几率也会相应提高77.2%；与从未采取任何防护措施的居民相比，所有防护措施都采取过的居民考虑举家迁出的几率要高出近10倍（$1.772^{(4-0)} \approx 9.859$）。

对政府治霾的信心与雾霾迁出意向类型。在控制其他自变量不变的情况下，对政府治霾的信心对受访者考虑个体迁出和举家迁出都具有显著的负向作用：对政府治霾的信心每增加一分，受访者考虑个体迁出和举家迁出的几率都要相应降低16.4%和21.4%；与对政府治霾信心得分最低的人相比，得分最高的人考虑个体迁出和举家迁出的几率要分别低88.3%（$1-0.836^{(15-3)} \approx 0.883$）和94.4%（$1-0.786^{(15-3)} \approx 0.944$）。也就是说，北京居民对政府治霾的信心对他们因雾霾而考虑个体迁出和举家迁出都具有明显的抑制作用。

五、总结与讨论

基于对调查数据的分析，我们可以得出以下四点基本结论：第一，以雾霾为表征的空气污染问题确实引起了北京市居民的普遍担忧，一部分居民也因此萌生了迁出意向，但居民雾霾迁出意向的明显分异表明，环境因素的解释力是非常有限的；第二，居民的雾霾迁出意向较少受到社会经济地位因素的影响；第三，居民的雾霾防护行为会催生雾霾迁出意向并促进他们考虑举家迁出，而雾霾减缓行为对雾霾迁出意向没有影响；第四，居民对政府治霾的信心对雾霾迁出意向具有显著的抑制作用。以下作具体讨论。

前文描述性分析结果显示，北京居民普遍感受到了雾霾危害的严重性，但与之相对应的雾霾迁出意向却并不十分明显，居民的雾霾迁出意向的分异并不能被环境因素及压力门槛理论完全解释。一方面，确有一部分居民受雾霾问题影响萌生了迁出意向，但坚持不迁出的居民占大多数；另一方面，即使考虑过因为雾霾而迁出，计划举家迁出的居民仍然是少数，相当一部分居民更倾向于只是选择自身或让子女迁出的"缓兵之计",更接近前述移民类型中的"往返迁移"而非"逃离故土"。前人的研究也表明,大规模的、整体性的自发性"环境移民"现象很少能够被观察到,更多的人选择了"坚守"而非"逃离"(例如,Irwin *et al.*,2004;Hunter *et al.*,2015)。可见,环境因素诱致的迁出意向存在明显的"动力不足"问题。[①]环境决定论(environmental determinism)在经验上的明显缺陷提示我们思考迁移决策的社会复杂性。对于个体而言,迁移的最初动力可能来自经济、政治、社会和环境等其中的单一要素,但最终的迁移决策往往是受诸多因素共同形塑的(Goldhaber *et al.*,1983)。由生态环境因素驱动的迁移亦然。因此,在研究居民的环境迁移意向时,应当摒弃只考虑环境要素的简单思维,将其置于经济、政治、社会和环境等多因素交互作用的动态过程中加以考察,并重点关注环境迁移意向的分异机制。

本研究的另一个重要发现是,社会经济地位对北京居民雾霾迁出意向的影响十分有限。依据环境公正理论,社会经济地位对雾霾迁出意向具有重要影响,较低社会经济地位的人很可能会因为无法承担迁移的成本而放弃迁移或选择成本较低的迁移(如相对于举家迁移的个体迁移)。这是我们提出假设1和假设2的依据。但数据结果显示,教育变量仅对考虑自己迁出和个体层次的迁出有显著影响,而对考虑让子女迁出和举家迁移没有显著影响;收入因素在全部雾霾迁出意向模型中都没有显著影响。由此,假设1仅得到数据的部分支持,假设2则被证伪。综合来看,北京居民的雾霾迁出意向较少受到个人社会经济地位的影响。如果我们将环境迁移作为个人规避环境风险的一种选择,那么社会经济地位对于该选择有限的预测力,说明环境风险的影响是跨越社会阶层的,不同阶层对于风险的担忧是一样的,规避风险的选择也具有趋同性:即便具备了迁移的能力或能够负担迁移产生的成本,居民仍然倾向于不考虑环境移民。

研究还发现,北京居民适应雾霾的不同行为模式对雾霾迁出意向具有不同的影响。我们受到既有研究的启发,认为如果个体能够调整行为有效抵御风险对自身的影响,或者积极采取行动去减缓风险,则很可能不会考

---

① 电话访谈调查中设计的另一个项目确认了这一结果的可靠性。受访者在被询问是否为了减轻雾霾危害而采取措施时,308个有效回答中,明确表示"去外地躲避"过的人(可以视作"往返迁移")只有52个(占16.9%),超过八成(83.1%)的人明确表示从未这样做过。

虑环境迁移，由此提出了假设 3 和假设 4。但数据结果却并不支持这两个假设，居民面对雾霾的自我救济行为并没能抑制他们的迁出意向。一方面，雾霾减缓行为在所有的模型中都没有呈现出显著影响。另一方面，居民的雾霾防护行为不仅没能如预期那样抑制雾霾迁出意向，反而会促进居民萌生个体迁出和考虑举家迁出的意向。我们认为，这种与理论预期相反的结果一定程度上反映了北京居民面对雾霾问题的无奈和忧惧。尽管面对雾霾问题，居民们没有放弃自我救济，但感知到的环境风险并没有因此得到有效疏导。整体上看，居民对雾霾的行为适应具有消极性、权宜性，对于抑制迁出意向来说是近乎失败的。

此外，本研究发现居民对政府环境治理的积极预期会抑制环境迁移意向。环境迁移意向不仅取决于当下对环境风险的敏感和适应程度，而且还会受到人们对环境风险未来预期的影响。数据表明，对政府治霾的信心既对北京居民萌生雾霾迁出意向具有抑制作用，也决定了他们不会去考虑个人迁出或举家迁出。假设 5 得到了数据支持。北京居民对政府治霾工作的信心越强越有可能选择"坚守"，这提示我们在考察居民环境迁移意向时不能简单假定环境状况的不变性。事实上，类似环境状况恶化之类的社会问题一旦出现就会激起社会反应并由此导致问题呈现随时间发生的动态变化，居民对于动态变化的未来预期也会影响当下的迁移决策。因此，在考察环境迁移问题时，需要特别关注人的主体性和能动性，关注环境风险随时间变化的动态性。

为进一步探索环境迁移的其他理论解释，在既有研究和本研究经验发现的基础上，我们提出了一个新的研究视角——绩效期待理论。所谓绩效期待，是指要做迁移决策的人对于迁出地政府社会治理绩效的一种信心和未来预期。如果说居民做出迁移决策主要是出于对某种社会问题的一种应对，那么假设该问题在进一步恶化之前已经被政府关注到并积极进行制度安排以推动该问题的解决，人们则会倾向于相信该问题正在向良性的方向转化乃至对未来该问题可以得到解决具有信心，进而会抑制相关的迁移意向。具体到环境移民问题，民众对于政府环境治理的绩效评价越高，则越有可能相信环境问题正在或未来会得到有效解决，这很可能有助于压力门槛理论中所谓"环境压力"的疏导，从而对环境迁出意向产生抑制作用。之前的研究虽然在理论上暗示了政策干预对移民意向的理论影响（Mileti，

1980；Hunter，2005），却鲜有经验支持。本研究的发现表明，民众对政府环境治理绩效的积极期待确实会抑制他们的迁出意向。我们认为，相对于传统的环境移民研究和一般的迁移研究而言，绩效期待理论考虑到了人与情境因素（环境、经济、政治和文化等）的互动对迁移决策的影响，具有动态性。在人与情境的互动中理解迁移意向更为接近经验现实，也更加科学。

考虑到迁移需要付出较大成本，也不利于社会稳定和城市形象建设，未来的制度安排应当给予环境移民问题足够的重视。本研究的政策启示可以表述为三点：一是多数居民已经感受到了严重的环境风险，提示政府需要采取更加积极的政策干预，引导居民积极应对风险；二是多数居民面对环境风险并没有自发逃离、自我救济的意向，而是在期待改变中坚守，这就更加彰显了政策干预和改善环境质量的必要性和紧迫性，否则会激发更多的社会问题；三是居民对政策干预的信心和预期对其迁出意向有重要影响，信心越强的人越倾向于选择坚守并期待改变。整体上看，选择不迁移的是多数，因此可以说居民对政府和政策还是信任的和有信心的，这可以引导成为环境改善的重要支持力量。

最后需要指出的是，本研究在数据和测量方面的局限性使得我们在做推论时还存在一些不足，缺乏足够的信心。但作为一项探索性研究，本研究的发现对于揭示污染与居民迁出意向之间的复杂关系具有重要价值，特别是本章初步提出的绩效期待视角，可以作为我们接下来努力考察和完善的方向。另外，由于调查范围局限在北京，本研究只考察了环境迁移的一个侧面——迁出意向。事实上，环境因素对迁入意向的影响也是可以作为课题进行研究的。

第13章　气候变化认知与行为倾向

　　气候变化是当今世界面临的重要环境问题之一，全球各国对气候变化的关注和行动也影响着公众对气候变化的认知和行为倾向。参照《联合国气候变化框架公约》的定义，气候变化是指"除在类似时期内所观测的气候的自然变异之外，由于直接或间接的人类活动改变了地球大气的组成而造成的气候变化"①。

　　自20世纪70年代以来，越来越多的科学家关注全球气候变暖的趋势及其人为影响因素。1979年主要由科学家参加的第一次世界气候大会发布的宣言明确指出：如果大气中的二氧化碳含量仍然不断增加，则气温的上升到20世纪末会达到可测的程度，到21世纪中叶将会出现显著的增温现象。1988年11月，世界气象组织和联合国环境规划署联合成立了政府间气候变化专业委员会（IPCC），其任务是评估气候与气候变化科学知识的现状，分析气候变化对社会、经济的潜在影响，并提出减缓、适应气候变化的可能对策。IPCC成立后，先后组织了世界范围内的数千名专家，完成了五次气候变化评估报告，其中第五次评估报告在2014年完成。该报告认为全球气候系统的变暖趋势是毋庸置疑的，这可以从全球平均气温和海温升高、大范围积雪和冰融化、全球平均海平面上升的观测数据中看出。自工业化以来人类燃烧化石燃料大量排放二氧化碳等温室气体是造成这一显著变暖趋势的主要原因。②

　　从大量的媒体报道和研究著作来看，气候变化由于其可能产生的和无法预计的广泛影响，似乎已经成为当今世界广为关注的重要议题之一，是

---

　　① 联合国气候变化框架公约.（1992-05-09）［2019-07-22］. http：//unfccc. int/resource/docs/convkp/convchin. pdf.

　　② IPCC第五次全球气候评估报告.（2014-11-01）［2019-07-22］. https：//archive. ipcc. ch/report/ar5/syr/.

全球环境问题的重要方面，也是我国推进生态现代化、开展生态文明建设不得不面对的重要背景。联合国在 1992 年发起制定了《联合国气候变化框架公约》，后续又制定了《京都议定书》（1997 年）、《巴厘岛行动计划》（2007 年）等重要文件。目前，世界上已有 190 多个国家和地区批准了《联合国气候变化框架公约》，156 个国家和地区批准了《京都议定书》。中国政府除了批准这两个重要文件之外，还在 2007 年成立了"国家应对气候变化及节能减排工作领导小组"，并制定了《中国应对气候变化国家方案》。自 2008 年始，中国政府连续发布"中国应对气候变化的政策与行动"国家报告。

在联合国以及中国政府的文件中，除了对政府和企业在应对气候变化问题中的作用予以强调之外，也都高度关注提升公众的气候变化意识，促进公众参与。例如，《联合国气候变化框架公约》第四条第一款第（i）项要求所有缔约方"促进和合作进行与气候变化有关的教育、培训和提高公众意识的工作，并鼓励人们对这个过程最广泛参与，包括鼓励各种非政府组织的参与"，第六条又规定了各缔约国从国家层面和国际层面进行公众气候变化意识相关教育和培训的六个方面。① 在《中国应对气候变化国家方案》中，也将提高公众意识与管理水平作为四个子目标之一："通过利用现代信息传播技术，加强气候变化方面的宣传、教育和培训、鼓励公众参与等措施，到 2010 年，力争基本普及气候变化方面的相关知识，提高全社会的意识，为有效应对气候变化创造良好的社会氛围。"② 2018 年发布的《中国应对气候变化的政策与行动 2018 年度报告》继续明确"发挥媒体的传播作用，提升公众（气候变化）意识，鼓励企业和公民积极行动，形成多方参与的绿色低碳发展格局"③ 是政府工作的重要内容。

公众对气候变化问题的认知和参与，至少具有以下三个方面的重要意义：一是气候变化最终与每个人的利益直接相关，公众有权获得更加充分、准确的信息；二是公众对气候变化的认知和评价，从另外的层面呈现出气

---

① 联合国气候变化框架公约．（1992 - 05 - 09）［2019 - 07 - 22］. http：//unfccc. int/resource/docs/convkp/convchin. pdf.

② 中国应对气候变化国家方案．（2007 - 06 - 04）［2019 - 07 - 22］. http：//www. china. com. cn/policy/txt/2007 - 06/04/content_ 8340931. htm.

③ 中国应对气候变化的政策与行动 2018 年度报告．（2018 - 11 - 26）［2019 - 07 - 22］. http：//www. huanjing100. com/p - 4774. html.

候变化的"客观性"，即其在多大程度上是一种"社会事实"，是一个急需
解决的社会问题；三是公众对气候变化的必要认知和积极应对不仅有助于
直接促进问题的解决，而且为解决问题的各项制度与政策的落实提供了良
好的社会基础。

　　鉴于此，本章试图基于权威的跨国调查数据，就一些国家公众对气候
变化的认知和行为倾向进行国际比较，从技术之外的层面揭示气候变化作
为一种"社会事实"的基本属性，以便促进读者对于气候变化议题作出更
加全面的了解和更为深入的思考。

一、研究问题和数据来源

　　20 世纪 90 年代，一些国家的全国性调查（如美国的盖洛普民意调查、
1993 年美国社会综合调查）和大型的跨国调查（如星球健康调查、1993 年
和 2000 年的国际社会调查）中开始涉及气候变化议题，有一些项目专门询
问受访者对气候变化重要性的评价以及气候变化相关知识的掌握情况。一
些学者基于这些调查数据，围绕公众对气候变化的认知和行动进行了初步
研究，议题涉及公众气候变化认知和应对气候变化行动意愿的国际比较、
气候变化的信息传播、否认气候变化的主张及其原因等方面。研究表明：
公众气候变化认知和行动意愿存在区域和国别差异，但是国家教育和经济发
展水平并不能完全解释这些差异（Dunlap，1998；Bord *et al.*，1998；Brechin，
2003，2010）；公众气候变化认知依赖于媒体的信息传播（Boykoff & Boykoff，
2004；Boykoff，2007；Boykoff & Roberts，2007）；随着气候科学和政治情境
的不断发展，气候变化的真实性、人为性及严重性面临越来越多的质疑，
世界范围内右倾的智库、科学家、政治家和媒体构成了否认和反对气候变
化的主体（McCright & Dunlap，2000，2010，2011）。这些研究和发现有助
于人们深入了解气候变化问题，也是本研究的一个基础。但是他们没有机
会利用最新数据，特别是将中国纳入比较视野，同时在对数据发现的理论
意义分析方面也还有拓展空间。另外，少数研究虽然涉及中国（Brechin，
2010），但是无论就调查范围、样本数量还是抽样的科学性而言，其数据基
础都还存在很大不足。

　　相较之下，由于缺乏大规模的科学的社会调查数据，国内学者关于公

众气候变化认知和行为的研究起步较晚，目前为数不多的研究成果主要是基于小范围的调查研究（吕亚荣、陈淑芬，2010；谭智心，2011；尹仑，2011；周景博、冯相昭，2011）。例如，周景博等（2011）在宁夏银川市采用立意抽样方法对 45 名政府工作人员和 86 名公众进行问卷调查，核心研究问题是从政府部门和公众两个层次出发，讨论和比较他们对气候变化的认知程度与适应措施的评价。目前可以查阅到的较大范围的调查是零点研究咨询集团于 2009 年 8—9 月完成的。该调查选取了全国 7 大城市和 7 个小城镇及其周边农村地区进行了问卷调查，并发布了初步的分析结果（何帆，2010）。严格来讲，这次调查也不是全国范围内的科学的随机抽样，而且没有进行国际比较。

本研究主要是一项描述性研究。我们想着重分析的问题如下：世界各国公众在气候变化认知和行为倾向上的总体特征是什么？各国之间又有何差异以及可能的原因是什么？研究发现具有什么样的理论意义和政策启示？

使得本研究成为可能的是两项最近的权威社会调查：一是 2010 年国际社会调查（ISSP2010），二是 2010 年中国综合社会调查（CGSS2010）。国际社会调查项目在全球 48 个国家和地区都有合作调查机构，自 1993 年开始，已经在全球范围内开展了三次以环境为主题的调查。2010 年调查在 1993 年、2000 年的基础上进一步增加了调查国家的数量和关于气候变化认知的一些项目，部分国家的调查数据已于 2012 年开始在 ISSP 官网上发布。① 中国综合社会调查自 2003 年开始，是国内第一个全国性、综合性、连续性的大型社会调查项目，目的是通过定期、系统地收集中国人与中国社会的各个方面的数据，总结社会变迁的长期趋势，探讨具有重大理论和现实意义的社会议题，推动国内社会科学研究的开放性与共享性，为政府政策制定与国际比较研究提供数据资料。

CGSS 第二期（2010—2019）的抽样设计采用多阶分层概率抽样设计，其调查范围覆盖了中国 31 个省级行政区划单位（不包括港澳台地区），调查对象为 16 周岁及以上的居民，在城乡地区都有进行样本的随机收集。CGSS2010 纳入了 ISSP2010 的全部环境项目，并与 ISSP 同步实施，在此意义上它是 ISSP2010 的一个组成部分。对于 CGSS2010 调查问卷中环境模

---

① 澳大利亚、匈牙利、中国等国家和地区的数据尚未发布。

块及与环境模块并列的共 3 个模块，调查员通过随机数来决定是否提问环
境模块。CGSS2010 最终的有效样本量为 11 785 个，应答率为 71.32%，其
中环境模块的样本量为 3 716 个。

　　本研究还申请了 2012 年 8 月 28 日发布的 ISSP2010 数据，该数据覆盖
了 30 个国家：阿根廷、奥地利、保加利亚、加拿大、智利、克罗地亚、捷
克、丹麦、芬兰、法国、德国、英国、以色列、日本、韩国、拉脱维亚、
立陶宛、墨西哥、新西兰、挪威、菲律宾、俄罗斯、斯洛伐克、斯洛文尼
亚、南非、西班牙、瑞典、瑞士、土耳其和美国。[①] 调查对象为 16 岁以上
的各国公众，在各国乡村地区和城镇地区均有进行样本的随机收集（以多
阶层概率抽样为主）。各国的样本量均在 1 000～3 000 个，30 个国家的总
样本为 41 848 个。依据 2010 年世界银行以人均国民总收入水平（GNI）对
各国收入水平的相关分类，将 ISSP2010 数据中的 30 个国家划分为中等收
入国家和高收入国家两类，前者包括 10 个国家[②]，后者包括其余的 20 个国
家。为了更加直观地进行国际比较，我们将中国单独作为一个国家类别进
行分析。

二、公众对气候变化问题重要性的认知

　　气候变化与传统意义上的环境问题有所不同，特别是其可能的影响深
度、广度以及应对它的复杂性等方面，是一般环境问题无法相比的。但是，
就气候也是影响人类社会运行和发展的环境因素而言，气候变化问题仍然
是环境问题的一种类型。与此同时，社会所面临的问题也是多种多样的，
环境问题是其中的一个选项。因此，要分析公众对气候变化问题之重要性
的认识，我们需要从两个方面入手：一方面要看公众在各种环境问题中对
气候变化问题的评价；另一方面也要看公众在各种社会问题中对环境问题
的评价。

---

　　① 本研究选取的都是在全国范围内随机抽样调查获得数据的国家，故将"比利时佛兰德斯地
区"和"中国台湾地区"的相关数据在分析时予以剔除。

　　② 这 10 个国家为阿根廷、保加利亚、智利、拉脱维亚、墨西哥、菲律宾、俄罗斯、南非、
土耳其和立陶宛。世界银行对各国收入水平的相关分类可以参见 http://data.worldbank.org/
country。

（一）公众对气候变化问题重要性的认知

ISSP2010 和 CGSS2010 调查问卷中列举了包括空气污染等在内的 10 个环境问题选项，询问受访者认为哪个问题是当前本国最重要的环境问题（见表 13-1）。

表 13-1　　　当前本国最重要的环境问题（百分比＋样本数）

项目	中等收入国家	高收入国家	中国	合计
空气污染	27.2 (3 884)	17.1 (4 380)	34.7 (1 138)	21.8 (9 402)
化学和农药污染	8.0 (1 148)	11.3 (2 904)	10.1 (330)	10.2 (4 382)
水资源短缺	12.2 (1 746)	7.2 (1 854)	5.2 (170)	8.7 (3 770)
水污染	14.2 (2 025)	11.4 (2 915)	20.0 (654)	13.0 (5 594)
核废料	4.5 (639)	8.2 (2 107)	0.5 (18)	6.4 (2 764)
生活垃圾处理	9.0 (1 285)	8.3 (2 136)	17.7 (581)	9.3 (4 002)
气候变化	8.0 (1 139)	18.1 (4 643)	5.7 (188)	13.8 (5 970)
转基因食品	6.9 (991)	4.5 (1 139)	1.0 (32)	5.0 (2 162)
自然资源枯竭	8.0 (1 145)	12.4 (3 164)	4.0 (131)	10.3 (4 440)
以上都不是	1.8 (259)	1.4 (348)	1.1 (35)	1.5 (642)
合计	100.0 (14 261)	100.0 (25 590)	100.0 (3 277)	100.0 (43 128)

注：总样本量应是 45 564 个，部分样本没有选择，作为缺失值删除。

由表 13-1可知，整体而言，按照数据汇总的结果，可以说气候变化（13.8%）被各国公众认为是除空气污染（21.8%）之外的第二重要的环境问题，接下来是水污染（13.0%）等。但是，不同收入水平国家公众对气候变化问题的重视程度存在较大差异。中等收入国家公众选择比例最高的前三位环境问题依次是空气污染（27.2%）、水污染（14.2%）和水资源短缺（12.2%），选择气候变化的公众数居第七位（样本数 1 139 个）；而高收入国家公众将气候变化看作当前本国最重要环境问题的比例最高（18.1%）。相比而言，中国公众认为当前中国最重要的环境问题依次是空气污染（34.7%）、水污染（20.0%）和生活垃圾处理（17.7%）等，选择气候变化的公众比例位列第五（5.7%），比一般中等收入国家位次略高，但明显低于高收入国家。

分国别的比较分析表明，在包括中国在内的所有 31 个国家中，认为气候变化是当前本国最重要环境问题的公众比例最高的前三个国家分别是日本（51.7%）、挪威（26.9%）和德国（26.6%），比例最低的后三个国家分别是智利（5.6%）、立陶宛（5.0%）和以色列（2.4%）。其中，以色列公众认为水资源短缺（31.5%）是本国最重要的环境问题。

（二）公众对环境问题重要性的认知

如果我们将气候变化问题作为环境问题的组成部分置于更为广泛的社会问题背景下，那么，环境问题的重要程度则明显降低，无论高收入国家还是中等收入国家，都只有不多的公众认为环境问题是本国最重要的问题，这从另外一个层面可以推测公众对气候变化重要性的认知是有限的。在 ISSP2010 和 CGSS2010 所提供的包括医疗保健等在内的 9 个选项中，整体而言，选择医疗保健的比例（23.7%）最高，接下来依次是经济（23.3%）、教育（17.1%）等，环境位于第六位（5.2%）。从表 13 - 2 可以看出，中等收入国家与高收入国家相比有部分的差异。中等收入国家认为当前本国最重要问题的公众比例依次是医疗保健（21.8%）、贫困（19.2%）和教育（18.5%）等，环境位列第七（2.5%）；高收入国家认为当前本国最重要问题的公众比例依次是经济（29.7%）、医疗保健（23.9%）和教育（15.4%）等，环境位列第六（6.6%）。中国既有中等收入国家的特征，同时在环境问题重要性的认知上又接近高收入国家，认为当前中国最重要问题的公众比例依次是医疗保健（30.7%）、教育（23.5%）和贫困（16.3%）等，环境位列第六（5.5%）。

表 13 - 2　　　　公众对环境问题重要性的认知（百分比＋样本数）

项目	中等收入国家	高收入国家	中国	合计
医疗保健	21.8 (3 196)	23.9 (6 247)	30.7 (1 064)	23.7 (10 507)
教育	18.5 (2 715)	15.4 (4 038)	23.5 (814)	17.1 (7 567)
犯罪	16.1 (2 362)	8.5 (2 225)	6.1 (210)	10.8 (4 797)
环境	2.5 (360)	6.6 (1 736)	5.5 (190)	5.2 (2 286)
移民	2.4 (355)	4.8 (1 251)	0.3 (11)	3.7 (1 617)
经济	13.8 (2 029)	29.7 (7 770)	15.0 (520)	23.3 (10 319)
恐怖主义	5.3 (777)	2.0 (526)	1.1 (38)	3.0 (1 341)
贫困	19.2 (2 820)	8.1 (2 130)	16.3 (565)	12.5 (5 515)
以上都不是	0.4 (56)	0.9 (240)	1.4 (50)	0.8 (346)
合计	100.0 (14 670)	100.0 (26 163)	100.0 (3 462)	100.0 (44 295)

注：总样本量应是 45 564 个，部分样本没有选择，作为缺失值删除。

在包括中国在内的所有 31 个国家中，认为"环境"是当前本国最重要问题的公众比例最多的前三位国家分别是挪威（15.6%）、瑞士（13.5%）和加拿大（13.4%），但是，整体来看，即使在这些国家，环境问题也不是最重要的问题，选择比例最高的都是医疗保健问题，公众比例最多的前三位国家依次是加拿大（42.9%）、挪威（40.6%）和瑞士（19.0%）。

三、公众对气候变化成因和后果的认知

进一步分析公众对气候变化原因和后果的了解情况，有助于我们更加深入和准确地判断公众对气候变化的实际认知程度。

（一）公众对气候变化成因的了解

ISSP2010 和 CGSS2010 设计了两个与气候变化成因有关的陈述让受访者判断正误：（1）气候变化是由地球大气中的一个空洞引起的；（2）我们每次使用煤、油或天然气的时候都在影响着气候变化。受访者可以选择"完全属实""可能属实""可能不属实""完全不属实""无法选择"。第一个问题实际上是反向问题，选择"可能不属实"和"完全不属实"视为回答正确，选择"完全属实"和"可能属实"视为回答错误；第二个问题是正向问题，选择"完全属实"和"可能属实"视为回答正确，选择"可能不属实"和"完全不属实"视为回答错误。由于各国的调查实施存在一定的差异，以上两个关于气候变化成因的项目只在以下 18 个国家进行过询问：奥地利、捷克、丹麦、芬兰、德国、韩国、拉脱维亚、立陶宛、墨西哥、新西兰、菲律宾、俄罗斯、斯洛伐克、西班牙、瑞士、土耳其、英国和中国，所以此处比较局限于这些国家。

由表 13-3 可以看出，整体而言，公众对于气候变化成因的了解还是比较有限的。在全部样本中，公众对第一题回答正确的比例为 23.0%，回答错误的比例为 57.9%；第二题公众回答正确的比例为 74.5%，回答错误的比例为 14.0%。中国公众对两个问题的回答结果都不理想，38.4% 和 22.3% 的公众无法选择第一、二题的答案，回答正确的比例分别是 16.3% 和 65.4%，低于调查国家的平均水平。

表 13 - 3　　　　　　　对气候变化成因的认知（百分比＋样本数）

	回答错误	回答正确	无法选择	合计
气候变化是由地球大气中的一个空洞引起的？				
中等收入国家	66.1 (5 369)	16.8 (1 368)	17.0 (1 382)	100.0 (8 119)
高收入国家	56.5 (8 344)	28.1 (4 151)	15.4 (2 270)	100.0 (14 765)
中国	45.3 (1 659)	16.3 (595)	38.4 (1 405)	100.0 (3 659)
合计	57.9 (15 372)	23.0 (6 114)	19.1 (5 057)	100.0 (26 543)
我们每次使用煤、油或天然气的时候都在影响着气候变化？				
中等收入国家	13.2 (1 075)	76.5 (6 208)	10.3 (834)	100.0 (8 117)
高收入国家	14.8 (2 191)	75.7 (11 223)	9.5 (1 409)	100.0 (14 823)
中国	12.3 (451)	65.4 (2 398)	22.3 (816)	100.0 (3 665)
合计	14.0 (3 717)	74.5 (19 829)	11.5 (3 059)	100.0 (26 605)

注：总样本量应是 26 837 个，部分样本没有选择，作为缺失值删除。

比较分析表明，高收入国家公众对第一题回答正确的比例（28.1%）明显高于中等收入国家（16.8%），但对第二题回答正确的比例很接近。国别分析可知，公众对两题都回答正确的比例最高的前几位国家依次是芬兰（31.3%）、丹麦（26.9%）、瑞士（23.7%）和英国（23.7%）等。

（二）公众对气候变化后果的了解

ISSP2010 和 CGSS2010 分别询问了气候变化对公众及其家庭的影响，以及公众如何认识气候变化引发全球气温升高的危害性程度。询问受访者："您认为哪个环境问题对您和您的家庭影响最大？"受访者可以从所列举的 9 个环境问题选项中选择一项，也可以选择"以上都不是"。

由表 13 - 4 可知，在全部样本中，公众选择对个人和家庭影响最大的环境问题依次是空气污染（19.2%）、生活垃圾处理（12.5%）和水污染（12.2%），气候变化位列第四（11.2%）。中等收入国家公众的选择依次是空气污染（18.6%）、水污染（15.6%）和水资源短缺（12.6%）等，气候变化位列第五（10.0%）；高收入国家公众选择的顺序则依次是空气污染（18.7%）、气候变化（12.9%）、化肥和农药污染（12.3%）等，两者有明显差异。相比而言，中国公众更为看轻气候变化对自身和家庭的影响，其选择依次是空气污染（25.6%）、生活垃圾处理（20.9%）和水污染（18.6%）等，气候变化仅位列第七（3.8%）。

表 13-4　　对个人和家庭影响最大的环境问题（百分比＋样本数）

项目	中等收入国家	高收入国家	中国	合计
空气污染	18.6（2 621）	18.7（4 607）	25.6（852）	19.2（8 080）
化肥和农药污染	7.6（1 077）	12.3（3 025）	15.4（513）	11.0（4 615）
水资源短缺	12.4（1 753）	5.3（1 296）	5.3（176）	7.7（3 225）
水污染	15.6（2 196）	9.5（2 339）	18.6（617）	12.2（5 152）
核废料	4.0（569）	3.5（855）	0.1（3）	3.4（1 427）
生活垃圾处理	11.4（1 600）	12.1（2 983）	20.9（696）	12.5（5 279）
气候变化	10.0（1 408）	12.9（3 176）	3.8（126）	11.2（4 710）
转基因食品	9.6（1 358）	9.0（2 221）	1.8（59）	8.6（3 638）
自然资源枯竭	5.6（783）	8.0（1 974）	0.9（29）	6.6（2 786）
以上都不是	5.1（717）	8.9（2 207）	7.6（252）	7.5（3 176）
合计	100.0（14 082）	100.0（24 683）	100.0（3 323）	100.0（42 088）

注：总样本量应是 45 564 个，部分样本没有选择，作为缺失值删除。

　　在包括中国在内的 31 个国家中，认为"气候变化"对其个人和家庭影响最大的公众比例最高的前几位国家依次是日本（28.0%）、奥地利（20.7%）、德国（20.3%）和菲律宾（20.2%）等。同时，在整体上，气候变化也被这几个国家的公众认为是对个人和家庭影响最大的环境问题。而认为"气候变化"对其个人和家庭影响最大的公众比例最少的几位国家则依次是美国（6.9%）、拉脱维亚（6.6%）、以色列（5.5%）和中国（3.8%），其中美国（24.5%）、以色列（24.9%）和中国（25.6%）都更为关注空气污染的影响，拉脱维亚则关注转基因食品（22.4%）。结合前面关于各国最重要的环境问题的分析，我们可以看出，尽管一些国家的公众认为气候变化是本国最重要的环境问题，但是具体到对个人和家庭层面的影响，几乎各国公众的评估都有所下降，例如日本从 51.7% 下降到 28.0%，中国从 5.7% 下降到 3.8%。

　　按照自然科学家的分析，气候变化的一个最直接也是最重要的标志和后果是全球气温升高，由此进一步导致冰层融化、海平面上升、高温干旱和生物多样性减少等一系列具有危害性的后果（孙家驹，2006）。ISSP2010 和 CGSS2010 询问各国公众："大体上，您认为由气候变化引起的全球气温升高对环境的危害程度是？"，选项有"对环境极其有害""非常有害""有些危害""不是很有危害""完全没有危害""无法选择"。由表13-5可知，在全部样本中，85.0% 的公众认为气候变暖有害，其中认为"对环境极其有害"的公众比例为 25.3%，表明各国公众对全球变暖的危害性有着比较

表 13 - 5　对气候变化引发全球气温升高的危害性的认识（百分比＋样本数）

	中等收入国家	高收入国家	中国	合计
对环境极其有害	33.7 (4 981)	22.4 (5 973)	13.2 (484)	25.3 (11 438)
非常有害	34.4 (5 075)	34.2 (9 128)	36.0 (1 321)	34.4 (15 524)
有些危害	19.7 (2 904)	28.1 (7 508)	27.4 (1 004)	25.3 (11 416)
不是很有危害	6.1 (901)	9.0 (2 412)	3.9 (142)	7.7 (3 455)
完全没有危害	1.6 (230)	1.7 (466)	0.5 (20)	1.6 (716)
无法选择	4.6 (677)	4.6 (1 236)	19.0 (699)	5.8 (2 612)
合计	100.0 (14 768)	100.0 (26 723)	100.0 (3 670)	100.0 (45 161)

注：总样本量应是 45 564 个，部分样本没有选择，作为缺失值删除。

清醒的认识。

　　但是，不同收入水平的国家之间存在差异。中等收入国家公众对危害性的感知更为强烈，认为气候变暖"对环境极其有害"的比例达到 33.7%，明显高出高收入国家（22.4%）。如果将"对环境极其有害""非常有害""有些危害"的比例进行累加，可以发现中等收入国家公众认为气候变暖有害的比例为 87.8%，而高收入国家公众的相应比例为 84.7%。值得注意的是，在中国，尽管有 76.6% 的公众认为全球气候变暖有害，但接近五分之一（19.0%）的公众对全球气候变暖究竟是有害还是有益表示"无法选择"。

　　国别分析表明，有 11 个国家超过 90% 的公众认为气候变化引起的全球气温上升有害，它们是阿根廷（95.4%）、智利（95.3%）、日本（93.4%）、韩国（93.3%）、菲律宾（92.9%）、克罗地亚（92.7%）、瑞士（92.3%）、以色列（91.1%）、西班牙（90.7%）、墨西哥（90.5%）和土耳其（90.4%）。其中，认为全球变暖"对环境极其有害"的公众比例最多的几个国家是智利（45.5%）、土耳其（43.8%）、墨西哥（42.7%）、日本（38.3%）和菲律宾（38.1%），这可能与这些国家的地理环境禀赋有关系。

四、公众应对气候变化的行为表现

　　除了生产领域之外，公众日常生活行为也与气候变化密切相关，特别是与交通和家庭生活相关的能源消费行为。ISSP2010 和 CGSS2010 包含了垃圾分类、汽车消费和居家消费三个方面的调查项目。

　　由表 13 - 6 可知，就日常生活垃圾分类回收而言，在全部样本中，有

59.7%的人报告"总是"或"经常"做，其中39.6%的人表示"总是"做。但是，不同收入水平国家公众之间存在巨大差异。高收入国家公众表示"总是"会特意进行日常生活垃圾分类回收的比例为58.3%，远远高出中等收入国家公众的12.6%，而中国只有11.9%。当然，高收入国家的垃圾分类回收设施比中等收入国家更为普及，17.8%的公众报告其居住地没有垃圾分类回收的设施，中国的这一比例是27.1%。但是，在排除没有垃圾回收设施的情况下，中等收入国家甚至有35.6%的公众表示"从不"进行日常生活垃圾的分类回收，高收入国家和中国的这一比例分别是4.9%、23.8%。很明显，高收入国家垃圾分类回收已经是高度制度化、普及化了。

就汽车使用而言，当受访者被问及"您经常会特意为了环境保护而减少开车吗"，报告"总是"和"经常"的人只占16.3%，而且无论中等收入国家还是高收入国家，公众报告的情况都不乐观。在汽车较为普及的高收

表 13-6　　　　公众应对气候变化的行为调整（百分比＋样本数）

	总是	经常	有时	从不	不适用	合计
您经常会特意将玻璃瓶、铝罐、塑料或报纸等进行分类以方便回收吗?						
中等收入国家	12.6(1 863)	14.9(2 196)	25.4(3 742)	29.3(4 314)	17.8(2 630)	100.0(14 745)
高收入国家	58.3(15 640)	22.9(6 156)	12.1(3 238)	4.8(1 295)	1.9(511)	100.0(26 840)
中国	11.9(441)	19.7(725)	23.9(880)	17.3(638)	27.1(998)	100.0(3 682)
合计	39.6(17 944)	20.1(9 077)	17.4(7 860)	13.8(6 247)	9.1(4 139)	100.0(45 267)
您经常会特意为了环境保护而减少开车吗?						
中等收入国家	3.3(481)	7.9(1 157)	17.6(2 577)	25.4(3 713)	45.8(6 699)	100.0(14 627)
高收入国家	4.6(1 234)	16.0(4 263)	31.9(8 517)	32.4(8 651)	15.0(3 997)	100.0(26 662)
中国	2.0(72)	3.5(127)	9.0(330)	5.8(212)	79.7(2 913)	100.0(3 654)
合计	4.0(1 787)	12.3(5 547)	25.4(11 424)	28.0(12 576)	30.3(13 609)	100.0(44 943)
您经常会特意为了保护环境而减少居家的油、气、电等能源或燃料的消耗量吗?						
中等收入国家	13.4(1 940)	20.0(2 891)	31.8(4 597)	34.8(5 039)	—	100.0(14 467)
高收入国家	13.5(3 582)	33.1(8 788)	34.2(9 095)	19.2(5 105)	—	100.0(26 570)
中国	10.0(363)	22.9(836)	40.2(1 467)	26.9(981)	—	100.0(3 647)
合计	13.2(5 885)	28.0(12 515)	33.9(15 159)	24.9(11 125)	—	100.0(44 684)

注：日常生活垃圾分类回收不适用的情况为"居住的地方没有垃圾分类回收设施"；减少汽车出行不适用的情况为"没有汽车"或"不会开车"。总样本量应是 45 564 个，部分样本没有选择，作为缺失值删除。

入国家，公众表示"总是"为了环境保护而减少开车的比例仅为 4.6%，"经常"减少开车的比例为 16.0%。中等收入国家和中国的汽车普及程度不高，特别是中国，79.7% 的人报告"没有汽车"或"不会开车"。但是，在有汽车可用的受访者中，中等收入国家和中国分别有 46.8% 和 28.6% 的人也报告"从不"为了环境保护而减少开车，高收入国家的这一比例为 38.2%。

就居家生活能源消费而言，数据分析显示，41.2% 的公众报告会"总是"或"经常"特意为了保护环境而减少居家的油、气、电等能源或燃料的消耗量，报告"从不"减少的有 24.9% 的公众。不同类型国家之间有比较明显的差异。超过 80% 的高收入国家公众曾经为了保护环境而特意减少居家的油、气、电等能源或燃料的消耗量，中等收入国家报告如此做的公众比例占 65.2%，中国的相应比例为 73.1%，介于两类国家之间。

国别分析表明，在包括中国在内的 31 个国家中，公众报告对日常生活垃圾分类回收践行比例最高的前 18 位国家均为高收入国家，践行比例均在 84.7% 以上。俄罗斯公众垃圾分类回收的比例最低，仅为 26.5%。在为了环境保护减少汽车出行方面，除了墨西哥之外，公众报告践行比例最高的国家也全部是高收入国家，中国公众的相应比例最低（14.5%）。在为了保护环境减少居家能源或燃料使用方面，公众报告践行比例最高的前 11 位国家同样均为高收入国家，墨西哥为第 12 位（83.2%），以色列公众的相应比例最低（39.3%）。

五、总结与讨论

本研究为公众从比较的角度了解各国公众对气候变化的认知以及行为表现提供了更为新鲜、更加权威的信息。基于以上分析和以往的调查研究，我们大体上可以总结出以下几点认识：

第一，整体而言，气候变化确实是当今世界的一个重要议题，但是远远没有成为最重要的议题。各种媒体的宣传报道是有影响的，但是影响程度是有限的。虽然有 13.8% 的受访者认为气候变化是本国面临的最重要的环境问题，但是有 21.8% 的受访者认为空气污染是最重要的，排在第一位，与占据第二位的气候变化有明显差距，而接下来有 13.0% 受访者认为是水污染，与支持气候变化是最重要问题的比例相差无几。特别是在调查的各种社会问题中，无论高收入国家还是中等收入国家，都只有不多的公众认为环境问题是本国最重要的问题，各国公众非常关注医疗保健、经济、教育等，环境仅位居第六位。

第二，尽管公众对于气候变化成因的了解还比较有限，但是多数公众认为气候变化导致的全球变暖对环境有害。前文分析表明，即使是在高收入国家，也只有28.1%的受访者对气候变化是否由地球大气空洞引起的这一知识性问题作出正确判断。[①] 与此同时，调查各国却有85.0%的受访者认为气候变暖有害，而且中等收入国家公众对危害性的感知更为强烈，认为气候变暖"对环境极其有害"的比例达到33.7%，明显高出高收入国家（22.4%）。这一点很可能是与大众传媒对全球变暖及其危害的突出强调密切相关的。

第三，虽然气候变化被调查各国公众认为是其本国第二位重要的环境问题，但并不是对其个人和家庭影响最大的环境问题。具体到对个人和家庭层面的影响，几乎各国公众对气候变化的重要性的评估都有所下降。例如，在日本，有51.7%的人认为气候变化是其国内面临的最重要的环境问题，但是只有28.0%的人认为该问题对个人和家庭影响最大。在全部样本中，选择对个人和家庭影响最大的环境问题的公众比例依次是空气污染（19.2%）、生活垃圾处理（12.5%）和水污染（12.2%），气候变化位列第四（11.2%）。可见，日常生活可以直接感知的问题容易被评估为有更大影响。

第四，在公众自身的行为应对方面，虽然从整体上可以看出积极的信息，但是行为的自觉性依然不容乐观。在全部样本中，有接近六成（59.7%）的受访者表示"总是"和"经常"从事垃圾回收，这显示出垃圾回收的高度制度化，特别是在高收入国家。但是，表示为了环保而"总是"和"经常"减少开车的人只占16.3%，减少居家能源消耗的只占41.2%。特别是在高收入国家，相对于其对气候变化问题的关注而言，其自觉减少开车的行为是不太相称的，超过三成（32.4%）的人表示从不为了环保而减少开车。由此可见，涉及生活方式核心方面的调整是有很大难度的，即

---

① 相比以往的调查发现（Dunlap，1998；Berchin，2003），这一比例在逐步提高，从一个方面反映公众气候变化知识的增长。

使大家认为应对气候变化之类的环境问题很重要。

第五，比较分析表明，各国公众对气候变化的认知和行为调整是有差别的。大致来说，高收入国家更为关注气候变化，更倾向于认为其是当前本国最重要的环境问题。例如，日本、挪威和德国分别有 51.7％、26.9％和 26.6％的受访者持此观点（见图 13 - 1）。与此同时，高收入国家公众也具有相对更多的气候变化方面的知识，在其行为调整方面也相对更为积极些。这些数据似乎支持后物质主义假设①。

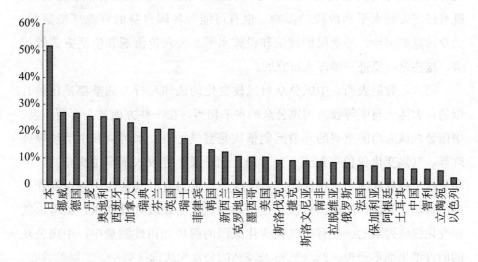

图 13 - 1　您认为哪个问题是当前本国最重要的环境问题（选择"气候变化"的比例）

但是，进一步分析表明，正如前文提到的已有研究所指出的：国家经济发展水平并不能完全解释各国公众对气候变化的认知和行为调整的差异（Dunlap, 1998；Bord *et al.*, 1998；Berchin, 2003, 2010）。在本研究中，像美国这样的发达国家，只有很少的公众认为气候变化是对其个人和家庭影响最大的环境问题，而像智利、墨西哥、菲律宾这样的国家，受访者中有很高的比例认为气候变暖对环境极其有害。在认识到人们每次使用煤、油或天然气的时候都在影响着气候变化这一点上，高收入国家与中等收入国家之间几乎没有差异，而高收入国家在为了环境保护而减少开车方面也

---

① 根据英格尔哈特（Inglehart, 1990：66）的后物质主义理论，自 20 世纪 60 年代起，发达国家公众的价值观存在一个明显的文化转向："从最优先考虑生理和安全的需求转向更强调归属感、自我表达和生活质量"，最突出的表现为公众对环境的关心持续增长。

没有表现出特别的积极行为。有关研究已经表明，国内舆论导向对公众有着重要的影响。以美国为例，20世纪80年代末90年代初，伴随着铺天盖地的媒体报道，美国公众对气候变化引起的全球变暖的关注达到顶峰（McCright & Dunlap, 2000）。近年来，随着媒体报道气候变化方式的变化以及金融危机事件的影响，美国公众对气候变化的关心水平停滞甚至有所下降（Boykoff & Boykoff, 2004；Scruggs & Benegal, 2012）。因此，应该说各国公众对气候变化的认知和行为调整的差异，其原因是非常复杂的，既有经济发展水平和阶段的影响，也有可能与各国自身的资源环境禀赋、大众传媒的引导、环境保护政策和设施水平、公众价值观和生活方式等相关，这些是需要进一步深入研究的。

第六，数据表明，中国公众对气候变化的认知和行为调整都是比较有限的，大体上与中等收入国家公众的水平相当，在一些方面甚至有所不及。中国公众认为当前重要的环境问题依次是空气污染、水污染和生活垃圾处理等，气候变化仅位列第五（5.7%），比一般中等收入国家位次略高，但明显低于高收入国家。相比而言，中国公众更为看轻气候变化对自身和家庭的影响，其选择的比例依次是空气污染、生活垃圾处理和水污染等，气候变化仅位列第七。在有关气候变化成因的两项知识性测量中，中国公众的回答结果都不理想，38.4%和22.3%的公众无法选择第一、二题的答案，回答正确的比例低于调查国家的平均水平。与此同时，尽管有76.6%的中国公众认为全球气候变暖有害，但接近五分之一的公众对全球气候变暖究竟是有害还是有益表示"无法选择"。在为了保护环境而特意减少居家的油、气、电等能源或燃料的消耗量方面，中国公众的表现比中等收入国家的略好，但差于高收入国家。整体上看，前文提到的《中国应对气候变化国家方案》所规划的"到2010年，力争基本普及气候变化方面的相关知识，提高全社会的意识"的工作目标，其实现程度是有限的。而2012年发布的《中国应对气候变化的政策与行动2012年度报告》对"推进应对气候变化科学知识的宣传和普及工作，引导全民广泛参与应对气候变化行动"的强调则是具有合理性的，未来的任务还很艰巨。

在理论上，本研究似乎还可以进一步表明，有关气候变化的研究以及相关的政策行动，必须高度关注气候变化作为社会事实的面相，以及气候变化之社会反应的差异性和应对气候变化行动的复杂性。

首先，气候变化应被理解为具有自然事实和社会事实双重面相。但实际上，它往往被一些人界定为自然科学家的研究所测定的事实，而且被想当然地认为要予以重视并加以解决，尽管已有证据表明科学家们自身并没有完全达成一致的意见。从社会学的角度看，即便是科学家们一致地、准确地测定了气候变化，也不过是揭示了其自然事实的面相。而要引发社会行动来应对气候变化，就必须关注气候变化的社会事实面相，即社会成员对其认知和定义的一般状况。人们采取行动，取决于其对行动目标、手段和环境等的定义。我们研究公众对气候变化的认知，实际上就是揭示气候变化在多大程度上为公众所认可，成为影响人们行动的一种"客观"事实。只有对气候变化的社会事实面相作出充分的研究，才能更加全面地认识气候变化现象，才能更加清楚地判断气候变化可能导致的社会行动和社会变革。本研究的结果表明，气候变化的社会事实面相正在显现，但是其普遍性和约束性还是比较有限的。在一定程度上，公众对气候变化的认知可能与传媒的社会建构有关，而与其日常生活经验的实证关联不强，因此其认知对行为的直接的、持续的约束力有限，正如前文研究总结第二、三、四点所可能揭示的那样。

其次，气候变化研究应当更多地关注气候变化之社会反应的差异性，并对公众关于气候变化的不同认知给予充分的理解。一些过于技术取向的研究想当然地认为公众应对气候变化会作出某种一致性的反应，甚至由此推出过于武断的政策选择。事实上，不同国家和地区，由于其地理环境和资源禀赋的差异性，由于社会经济发展阶段的差异性以及由此而来的适应与减缓气候变化能力的差异性，由于其传播气候变化知识与信息的方式、内容和目标的差异性，由于社会结构和社会组织方式的差异性，由于成员社会价值观和生活方式的差异性，由于社会议题类型的差异，等等，公众对气候变化的认知和行为选择存在差异几乎是必然的。正视并协调这些差异，而不是忽略或压制它们，是避免简单化的政策行动，制定更为妥当、更为有效的政策的重要前提。本研究的一个重要目标正是增进人们对各国公众认知气候变化的差异性的理解。

最后，鉴于本研究所揭示的气候变化作为一种社会事实的局限性和客观存在的公众反应的差异性，我们在进一步的研究和政策行动过程中，必须高度关注应对气候变化行动的复杂性。假定气候变化是具有充分依据的自然事实，它就需要动员全球各国共同行动。但是，促成这样的行动，不能靠简单化的强制和威胁，而是需要更加广泛、有效的信息传播和沟通协商，需要进一步"建构"气候变化的社会事实面相，更加广泛而有力地促进气候变化的集体意识。与此同时，应对气候变化需要根据不同国家和地区的实际情况，切实贯彻"共同但有区别的责任"原则，制定更加合理的政策组合，以凝聚全球各国的合力。就此而言，应对气候变化注定是一个艰难的、长期的行动进程。

下篇 治理转型与绿色社会

本篇包括第 14～19 章，以应对气候变化和治理空气污染为例，侧重分析中国环境政策发展过程中所体现的治理转型倾向，以及中国社会绿色化的宏观趋势与挑战。

第 14 章　中国应对气候变化的实践

　　每一次全球合作应对气候变化的谈判都会引起广泛的关注，每一次谈判的点滴进展都会让人欢欣鼓舞，而无法达成协议的谈判总是令人沮丧。随着全球政治气候的明显转向，达成不久的《巴黎协定》就面临执行难题。本章关注中国政府应对气候变化的努力及其所面临的主要挑战，进而分析应对气候变化实践的社会学意义，以期促进包括社会学在内的社会科学更多地围绕应对气候变化开展有价值的研究，关注气候变化背景下的社会转型新趋势。

一、不平衡的气候变化认知

在科学社区内，气候变化可能被很多人认为是自工业革命以来人类社会所面临的最大的环境风险，这种风险表现为大气层中温室气体的不断增加（见图14-1），其根源内在于现代社会之中，并需要通过现代社会自身的变革予以积极的回应。这种科学社区的基本共识也越来越为全球各国的领导者所认知，很多国家都在努力推动气候变化的全球治理。1992年，联合国政府间谈判委员会就气候变化问题达成《联合国气候变化框架公约》（UNFCCC），这是一个标志性事件。2016年11月4日，经过国际艰苦谈判而达成的《巴黎协定》（The Paris Agreement）终于生效。该协定已获得74个国家正式批准，这些国家的温室气体排放量占全球总量的58.82%。该协定为2020年后全球应对气候变化行动作出了安排，是气候变化全球治理的又一个重要的里程碑。

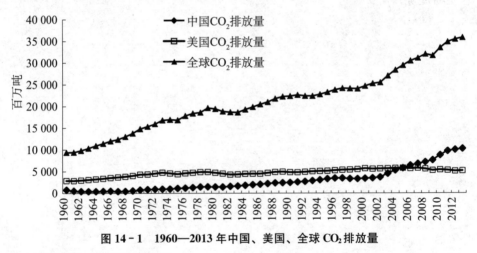

图14-1　1960—2013年中国、美国、全球 CO_2 排放量

资料来源：世界银行统计年鉴。

但是，在科学社区内，自然科学与社会科学关于气候变化的讨论并不平衡，社会科学特别是社会学介入气候变化的讨论非常有限。比如说，在中国著名的期刊全文数据库（中国知网）中，检索篇名中包含"气候变化"字眼的文献，总共可以找到11 626篇（截至2016年11月8日），但如果排除自然科学期刊，则只剩下1 844篇。也就是说，在人文社会科学期刊上讨

论气候变化的文献只占 15.9%。其中,社会学者研究气候变化的文献可以说非常之少。在检索到的中国最好的社会学专业期刊《社会学研究》上所发表的 2 889 篇文献中,篇名中含有"气候变化"的文献只有 1 篇(张倩,2011)。可以说,中国社会学者对于气候变化的社会原因、社会影响以及社会应对之策的关注非常之少,很多人想当然地认为这是自然科学家的事情。

就公众而言,如果你随机地采访一个人,问他是否了解气候变化,那么很有可能他仅是听说过,但并不了解,或者只能跟你讨论一下"天气变化"。根据中国人民大学 2010 年度中国综合社会调查(CGSS)的数据,仅有 5.7% 的被访者认为中国最重要的环境问题是"气候变化"(见表 13 - 1)。尽管最近的一项研究表明,约有 63% 的被访者听说过"全球气候变化",另有 23.6% 的人表示"没听说过",13.4% 的人表示"不知道",但研究者们在分析中也指出:中国公民对全球气候变化的知识"具有程度浅、不够准确的特点"(黄乐乐等,2016)。

事实上,与世界上很多国家一样,中国公众正在为社会转型中的诸多问题所困扰,并非仅仅关注环境问题。例如,根据 2010 年中国综合社会调查(CGSS)数据,在医疗保健、教育、犯罪、环境、移民、经济、恐怖主义和贫困等诸项社会议题中,认为中国当前最重要环境问题的被访者比例从高到低依次是医疗保健(30.7%)、教育(23.5%)、贫困(16.3%)、经济(15.0%)和犯罪(6.1%)等,环境位列第六(5.5%)。即使是发达国家,环境问题在公众心目中的位置也都不在前列[①]。如果单就环境议题而言,中国的被访者更为关注的则是与其日常生活密切相关的空气污染(34.7%)、水污染(20.0%)和生活垃圾处理(17.7%)等问题,气候变化的重要性被排在后面。这一点则与发达国家有着明显的差别(见表 13 - 1)。

二、中国应对气候变化的努力

尽管存在着以上对气候变化的研究与认知不平衡问题,但是中国政府一直确认全球气候变化的严重性,并积极采取各种应对措施。中国不仅批

---

① 根据 2010 年国际社会调查(ISSP2010)数据,高收入国家认为最重要问题的公众比例依次是经济(29.7%)、医疗保健(23.9%)和教育(15.4%)等,环境位列第六(6.6%)。

准了《联合国气候变化框架公约》《京都议定书》《巴黎协定》等一系列应对气候变化的重要文件，而且采取了切实的自主减缓和适应气候变化的各种行动。自 1992 年联合国环境与发展大会以后，中国政府率先组织制定了《中国 21 世纪议程——中国 21 世纪人口、环境与发展白皮书》，并较早成立了多个政府部门组成的国家气候变化对策协调机构，在研究、制定和协调有关气候变化的政策等领域开展了多方面的工作。从 2001 年开始，国家气候变化对策协调机构组织了《中华人民共和国气候变化初始国家信息通报》的编写工作，并于 2004 年底向《联合国气候变化框架公约》第十次缔约方大会正式提交了该报告。2007 年，中国成立了"国家应对气候变化及节能减排工作领导小组"，并制定发布了《中国应对气候变化国家方案》。自 2008 年始，中国政府连续发布"中国应对气候变化的政策与行动"国家报告，向国内外公开中国应对气候变化的进程。

在中国，中国共产党的全国代表大会对国家的内政和外交有着巨大影响。2007 年的中共十七大报告第一次列入了气候变化议题，指出要"加强应对气候变化能力建设，为保护全球气候作出新贡献"。2012 年，中共十八大报告进一步指出要"坚持共同但有区别的责任原则、公平原则、各自能力原则，同国际社会一道积极应对全球气候变化"，更加明确了中国应对气候变化的基本路径。应该强调的是，中国政府在实践中认识到保护环境和应对气候变化需要与更好的发展结合起来，与推动整个社会的全面变革结合起来。2003 年，中国提出要树立科学发展观。2007 年，中共十七大报告中提出了要建设"生态文明"：基本形成节约能源资源和保护生态环境的产业结构、增长方式、消费模式。2012 年，在中共十八大报告中，进一步提出要把生态文明建设放在突出地位，融入经济建设、政治建设、文化建设、社会建设各方面和全过程，努力建设美丽中国，实现中华民族永续发展，为全球生态安全做出贡献。自十八届三中全会以来，中国生态文明制度建设进程持续加快，一个系统完整的生态文明制度体系正在形成。特别是 2015 年以来，中国密集出台了一系列重要政策，其中包括被称为"史上最严"的新环保法和《生态文明体制改革总体方案》。2015 年底召开的十八届五中全会提出了指导中国未来发展的五大理念，其中明确强调了坚持"绿色发展"理念：坚持节约资源和保护环境的基本国策，坚定走生产发展、生活富裕、生态良好的文明发展道路，加快建设资源节约型、环境友好型社会，形成人与自然和谐发展现代化建设新格局。

作为落实中央精神的国家"五年规划"，在推动绿色发展、应对气候变化方面发挥着直接作用。自从"十一五"规划（2006—2010 年）将单位国内生产总值能源消耗、主要污染物排放总量、森林覆盖率等环境指标作为约束性指标①以来，该类指标在"十二五"规划（2011—2015 年）、"十三五"规划（2016—2020 年）中的范围不断扩大，内容不断丰富，要求更趋具体。在"十三五"规划的 25 类主要指标中，资源环境类指标占到 10 个，全部为约束性指标，其中包括了与 2015 年相比单位 GDP 能源消耗降低15％、非化石能源占一次能源消费比重增加 3％、单位 GDP 二氧化碳排放量降低 18％。该规划还设立了专章部署"积极应对全球气候变化"。从实际的统计数据看，中国应对气候变化的努力在一些方面已经取得一定成效。例如，从 2008 年之后，中国 GDP 的增速明显快于能源消耗总量的增速。而自改革开放以来，中国万元 GDP 的能源消耗量持续下降，到 2014 年已降至 0.7 吨标准煤（见图 14 - 2）。在"十二五"规划实施期间，碳强度累计下降了 20％，超额完成了"十二五"规划确定的 17％的目标任务。②

图 14 - 2　1952—2014 年中国万元 GDP 能源消耗以及万元 GDP 煤炭消耗
资料来源：国家统计局官网。

---

①　约束性指标是在预期性基础上进一步明确并强化了政府责任的指标，是中央政府在公共服务和涉及公众利益领域对地方政府和中央政府有关部门提出的工作要求。政府要通过合理配置公共资源和有效运用行政力量确保实现。

②　新闻办介绍中国应对气候变化的政策与行动 2016 年度报告有关情况．（2016 - 11 - 01）[2019 - 07 - 22]. http：//www.gov.cn/xinwen/2016 - 11/01/content_5127079.htm.

与此同时，中国能源结构不断改善，在 2014 年的能源消费总量中，煤炭、石油、天然气和非化石能源分别占 66.0%、17.1%、5.7% 和 11.2%（见图 14-3）。2015 年非化石能源占能源消费比重达到了 12%，超额完成了"十二五"规划所提出的目标，非化石能源消费占比持续增长。

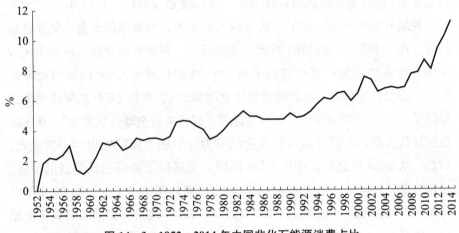

图 14-3　1952—2014 年中国非化石能源消费占比

资料来源：国家统计局官网。

我国 2008 年发布的首份"中国应对气候变化的政策与行动"白皮书曾经指出，"中国把应对气候变化与实施可持续发展战略，加快建设资源节约型、环境友好型社会，建设创新型国家结合起来，以发展经济为核心，以节约能源、优化能源结构、加强生态保护和建设为重点，以科技进步为支撑，努力控制和减缓温室气体排放，不断提高适应气候变化能力"[1]，阐明了中国应对气候变化的基本路径。沿着这条路径，中国在调整经济结构，推进技术进步，提高能源利用效率，发展低碳能源和可再生能源，开展植树造林，控制人口增长，加强法律法规和政策措施的制定，完善相关体制和机构建设，提高气候变化相关科研支撑能力，开展气候变化教育与宣传等方面，持续地开展工作。应该说，中国应对气候变化的路径是符合其实际情况的，走在了正确的道路上，充分考虑了促进经济、政治、文化、社会和环境的协调联动、协同变革，充分体现了中国应对气候变化的自主性。

---

[1]　中华人民共和国国务院新闻办公室．中国应对气候变化的政策与行动．(2018-10-29)[2019-07-22]．http：//www.gov.cn/zwgk/2008-10/29/content_1134378.htm.

三、中国应对气候变化的挑战

中国之所以能够在应对气候变化方面走在正确的道路上并取得一定的成效,主要是因为中国的政治体制具有很强的应对危机的能力,可以"集中力量办大事"。中国的执政党中国共产党具有广泛的群众基础、健全的组织体系和丰富的政治经验,有着很强的凝聚气候变化共识的能力,并且通过其有效的社会动员,将应对气候变化工作整合进各项社会经济工作之中,谋求环境保护与经济发展的统一、国家短期利益与长期利益的统一,提出了整体性的社会转型构想和策略。事实上,目前中国正在推行的以经济供给侧改革为主体的系列改革,包括价值观的建设,也在引导公众的合理预期方面发挥着重要作用,影响着中国人对于什么样的生活才是好生活的理解,而生活的绿色化、生态化就是其重要内涵。当然,中国幅员辽阔、人口众多,气候条件复杂、生态环境脆弱,所处的国际环境也复杂多变,因而其应对气候变化的工作仍然面临着巨大挑战。

就国内层面的挑战而言,首先,中国政府需要将其对气候变化的认知与确认传导给广大的地区、复杂的行业和多样化的人群,从而获得广泛而有力的社会支持,培育来自社会内部的应对气候变化的动力。如前所述,这一工作是非常具有挑战性的,中国公众对气候变化的认知还很有限。特别是中国城乡之间、地区之间、行业之间以及不同人群之间存在着明显的发展差距,这种差距的存在影响了各方利益诉求的一致性。例如,按照国家统计局发布的数据,2015 年,中国居民收入基尼系数为 0.462,虽然延续了 2008 年之后逐步回落的趋势,但仍然高居"警戒线"之上,也高于全球平均 0.44 的水平。按照年人均收入 2 300 元(2010 年不变价)的农村扶贫标准计算,2014 年中国农村贫困人口为 7 017 万人。与此同时,城镇地区也有将近 2 000 万人的最低生活保障对象。

其次,中国需要平衡应对气候变化和促进当下发展的工作。毫无疑问,中国依然是一个发展中国家,经济发展水平低,发展经济、消除贫困与保护环境之间的矛盾还很突出。考虑到国内发展的人均水平和广泛差距,以及中国与发达国家的差距,继续推动国家发展,符合国家的整体利益和长远利益。

再次，中国需要平衡其应对气候变化的雄心与可以利用的资源（特别是技术资源）之间的张力。无论减缓还是适应气候变化，都需要大量的资源保障，特别是需要先进的技术手段。尽管中国高度重视气候变化研究及能力建设，不断提高气候变化相关科研支撑能力，但是中国已经掌握的技术手段并不是很充分、很先进，很多技术实际上依赖于发达国家，而发达国家转让技术的工作做得并不好。与此同时，中国也需要筹集用于应对气候变化的大量资金，这也同样存在困难。

最后，中国需要平衡其应对气候变化的政策目标与政策执行体系之间的张力。过度分化、过多层级的行政体系看上去很庞大，但是也存在着制度性的低效率问题。中国不断推进的政治和行政体系改革，其重要目标之一就是提升行政体系的效能。比如说，中国正在推行的省以下环保机构监测监察执法垂直管理制度改革就是试图打破地方保护主义，提升环保工作质量和效率。但是，其效果仍然需要进一步观察。

就国际层面的挑战而言，首先，共同但有区别的责任原则远远没有得到有效的落实，发达国家对于其历史排放没有履行到应尽的责任。即使是就当前的情况而言，中国的人均排放依然低于美国的水平（见图 14-4）。与此同时，全球范围内财富的两极分化趋势并未缓解。瑞士信贷发布的2014 年《全球财富报告》显示，全球财富比 2008 年金融危机前的峰值还要高出 20%。其中，北美财富增加最多，占到全球的 34.7%；欧洲位居第二，占全球财富的 32.4%。全球资产至少为 5 000 万美元的富人约有 12.8万人，这些人近半在美国，欧洲占近四分之一。考虑到这一点，发达国家未能有效履行其应尽之责，也是不公平的，中国需要为更加公平的责任分担而努力，需要与不平等的世界政治经济体系作斗争。

其次，随着中国经济规模的不断扩大，中国温室气体排放的总量持续增加（见图 14-1），在全球目前的排放总量中占有越来越多的份额。所以，中国不仅被发达国家要求承担更多的责任，同时也被一些发展中国家和对气候变化具有更大脆弱性的国家寄予更多的期待，从而承担了更大的履行责任的压力。对于这些责任的承担情况甚至与国家之间关系的处理密切相关。因此，中国不得不考虑对国际社会做出更多的承诺和贡献。

最后，按照各种国际条约的规定，发达国家承诺要给发展中国家转让先进技术和提供资金支持，帮助发展中国家提高应对气候变化的能力。但是，

第 14 章　中国应对气候变化的实践　│297

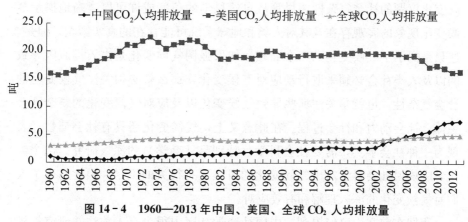

图 14-4　1960—2013 年中国、美国、全球 CO_2 人均排放量

资料来源：世界银行统计年鉴。

这些承诺往往是口惠而实不至的，不能有效地满足发展中国家的需求。中国需要就此开展更多的督促和推进工作，同时要更加努力地推进自主创新。顺便提到的是，中国作为一个发展中国家，其参与全球治理、应对全球危机的经验也在不断地积累之中，这里有一个持续学习和不断创造的过程。

面对国内国际的复杂挑战，中国应对气候变化的努力只能是现实主义的，只能嵌入其自身的发展进程之中，脱离中国发展实践的任何努力都难以取得扎实的、持续的效果。减缓温室气体排放固然很重要，中国也一直在为此而努力，但是，适应气候变化同样重要，中国需要在创新和建设中持续加强其适应气候变化的能力。在减少碳排放方面，中国具有自己的立场和进程，无论其他国家是否有所作为，中国都在积极地推进自主减排。我们还可以看到，在中国发展战略的转型中，绿色发展已经被确定为一个基本方向。中国试图在应对环境危机（包括气候变化）的进程中发现新的发展机会，创造新的发展路径和模式，重塑新的社会生活，建设新的绿色社会形态。当然，我们还要提到，中国越来越希望更加密切有效的国际交流与合作，越来越希望借助人类命运共同体的力量，应对诸如气候变化之类的全球性危机。

四、应对气候变化实践的社会学意义

我们在前文所分析的中国应对气候变化的实践，实际上已经凸显了气候变化议题的社会复杂性。尽管从自然科学的角度或许可以清晰地揭示气候变化现象的客观存在及其对人类和地球系统可能存在的真实影响，但是，这只是揭示了气候变化的一个面相。如果强调气候变化是由人类原因导致的以及人类社会必须采取行动应对气候变化，那么就必须关注气候变化的社会复杂性，也就是关注那些导致气候变化以及应对气候变化的复杂社会主体、社会动力和社会过程。在此意义上，气候变化还具有社会属性，表现为一种社会事实，需要社会科学（特别是社会学）的深入研究。迄今为止，应该说社会科学对于气候变化的研究还有很大的不足，因此妨碍了人们对气候变化的深入理解和有效应对。

我们在前文中已经提到，中国社会学社区中很少有人关注并研究气候变化，类似的现象在国际社会学社区中也存在（Dunlap & Brulle, 2015）。就应对气候变化所需要的政治创新而言，安东尼·吉登斯教授在其出版的一本著作中就指出，"我们还没有气候变化的政治"（Giddens，2009）。实际上，在很大程度上，我们面临的不仅仅是政治创新不足，经济、社会和文化体系的创新都有不足，尽管目前这种创新正在不同国家、不同地区以不平衡的形式发生着。大体上说，我们基本上还是在"用旧瓶装新酒"，试图在既有的社会体系中处理气候变化这种新的全球性议题。很明显，这种做法越来越捉襟见肘，顾此失彼。为了更加有效地应对气候变化，我们需要更加深入和务实的社会科学研究，以便发现那种超越保守与激进的实实在在的社会体系创新之路。

观察并分析应对气候变化的社会实践，可以让我们进一步检视影响社会系统运行的生物物理因素，这些因素早就为人所知，并且在现代社会学诞生之前有着广泛的影响。但是，现代社会学排斥了生物决定论和地理环境决定论，片面强调了文化与社会因素对于社会运行以及社会系统中人的行为的重要性，这种理论倾向已经被认为是人类中心主义的（Catton & Dunlap，1978）。当我们观察到在气候变化的影响下，人的观念、态度和行为正在发生变化，社会冲突的类型和社会不公正水平正在发生变化，社会的政治、经济体系正在发生变革，技术创新以及驱动这种创新的制度设计越来越多时，我们恐怕很难说生物物理因素与现代社会的运行没有关联，因此也就没有理由在社会运行分析中忽略生物物理因素。

中国自主推进社会体系的整体变革，通过切实的制度建设创造一种新的社会文明形态——生态文明，因应日趋严峻的环境危机和气候变化，在一些方面取得进展的同时也遭遇着一些重要挑战。这样一种社会实践或许可以为我们探索新型现代性的可能性提供一个鲜活的案例。旧式现代性日益加剧人与自然、人与社会、人与人之间的紧张关系，表现出明显的不可持续性。如果任由其发展，终将进一步加剧人类社会所面临的困境。而对旧式现代性的完全否定，不仅是不现实的，或许也是错误的，我们必须以生活实践的延续为中心，探索出新的文明发展道路。中国的实践或许可以告诉我们：为应对气候变化，国家的角色应该如何定位？政治共识如何形成？如何将应对气候变化整合进经济发展？如何倡导并巩固新的社会价值？如果中国的实践继续取得重大进展，那将给我们社会的未来带来新的希望。

当然，应对气候变化的实践也为大量社会学的经验研究带来了新的机会，创造了新的空间。首先，社会学可以更好地描述气候变化的社会面相。社会学可以不去探究（事实上也非常困难）气候变化的自然面相，但是社会学的方法可以告诉我们在我们的社会中谁在说、如何说以及为什么说"气候变化"，社会学可以直观地揭示社会对气候变化的认知和行动的非均衡性，并且可以借用其所熟悉的关于权力、利益和价值的各种理论以及对于社会结构、社会过程、社会实践分析的方法，解释这种非均衡性存在的原因。

其次，社会学可以更加具体地分析"人类"以及人类社会的复杂过程，从而更加全面地揭示气候变化所造成的社会、经济、政治、文化影响的复杂性、多样性，特别是这种影响的差异性分配及其所造成的社会不公正和社会冲突等后果。

再次，由于以上两个方面的原因，社会学可以很好地贡献于气候治理，提供更为丰富的气候治理的替代选择，发展更为细致的气候治理评估，促进气候治理体制、结构、政策、机制和实践的不断完善。

最终，气候变化的出现以及应对气候变化的复杂性又一次提醒社会学者必须始终保持对其研究对象的反思性、批判性和建设性，同时也包括了对社会学者自身的反思与批判。现代性的发展往往带来未预期的后果，唯有保持清醒的反思性和批判性，才能不断修正我们对社会运行和发展的认知，才能揭开一些未加说明的研究与实践预设，才能丰富社会行动的选择性。如同有的研究者已经指出的：采用社会学的批判视角"可以揭露意识形态眼罩的想当然性质,并且为那些可能导致创新的和更加有效的应对气候变化战略的各种替代观点,打开知识空间"(Dunlap & Brulle,2015:17)。作为社会学者,我们既是现代社会进程的参与者也是社会学习者,既是社会建设者也是社会批判者。

在本章即将结束时,我们想简要地提到在东西方各自流传的一个故事或者传说。在中国,一直流传着大禹治水的故事,据说发生在公元前2000多年。面对滔滔不息的洪水,鲧以堵法、禹以疏法都体现了直面问题并解决问题的勇气,尤其是大禹,他带领人民采用疏导的办法,控制住了洪水的危害,增强了社会的适应能力,并因此成为杰出的领导人。在西方的圣经中,同样也有关于大洪水的记载,也是发生在公元前2000多年,但是诺亚凭借神的启示而建造了巨大方舟,成功逃避了洪水。这样两个故事放在一起,非常有趣,反映出了面对灾难的不同智慧和不同应对方式。其中,中国的故事强调了勇敢面对、因势利导和积极适应的智慧。我们今天面对诸如气候变化之类的灾难,逃之避之可以是一种选择,但是也许更需要勇敢面对、积极适应。人类需要挑战自己,并变革自身。

第 15 章　环境政策制定过程的变化

　　改革开放以来，社会主义市场经济的发展在很大程度上改变了中国"国家与社会"关系的格局，公民结社权利的范围及社会组织参与公共事务的空间不断扩大，各个领域与政府的互动形态也发生了急剧、深刻的变化。近些年来，越来越多的公众以及民间环保组织针对一些紧迫的环境问题和政府已经或即将出台的政策中存在的环境侵害或隐含的环境风险，公开向政府以及相关部门进行呼吁、申诉、抗议，以此参与相关环境政策的制定和调整过程，这体现了中国社会绿色转型的一个重要趋向。本章以中国雾霾治理政策的制定过程为例，对公众与政府之间互动关系的特征和影响进行探索性研究。

一、雾霾问题：一种空气，两种声音

近些年来，全国多次出现大范围雾霾过程。中国气象局发布的 2013 年《中国气候公报》显示，2013 年中国中东部地区平均雾日数 16 天，较常年偏少 8 天，为 1961 年以来最少；平均霾日数 36 天，较常年偏多 27 天，为 1961 年以来最多。①

严格来说，"雾霾"并不是一个科学概念。目前国内科学界更常采用的是"霾"或"灰霾"的说法，而"雾霾"主要指由雾和霾共同造成的水平能见度降低的空气普遍混浊现象，被公众统称为"雾霾天气"，是空气污染严重的表现之一。由此，雾霾治理仍然属于大气污染防治范畴。

1973 年，中国政府颁布了《工业"三废"排放试行标准》，暂定了 13 类有害物质的排放标准，标志着大气污染防治被提上中国政府议事日程。40 多年来，中国政府主要通过加强法制建设与科技攻关并进的方式开展大气污染防治（郝吉明，2013）。在法制建设方面，除了《工业"三废"排放试行标准》（1973 年），中央政府及环保部门还陆续颁布了《环境空气质量标准》（1982 年）、《关于防治煤烟型污染技术政策的规定》（1984 年）、《中华人民共和国大气污染防治法》（2000 年）、《中华人民共和国清洁生产促进法》（2002 年）等一系列的政策法规，为我国空气污染防治提供了法制保障，初步形成了煤烟型大气污染管理的法律体系。与此同时，中国科学院系统、高等院校系统、国务院各部门系统和环境保护管理系统四大环境科学研究体系也逐渐形成（《改革开放中的中国环境保护事业 30 年》编委会，2010）。环境科学研究中大气污染防治方面的一些重大课题被列入国家科学发展"七五""八五""九五""十五"计划之中。这些环境科学研究的开展不仅为大气污染防治提供了切实的技术保障，还推动了相应的政策制定、法规完善和标准出台。

在制度保障及技术支撑下，中国大气污染防治取得了显著成绩，尤其是近 10 年以来，全国环境空气质量大幅改善，并保持总体稳定的态势。根

---

① 中国气象局发布 2013 年《中国气候公报》．(2014 - 01 - 14)［2019 - 07 - 22］. http：//www.cma.gov.cn/2011xwzx/2011xqxxw/2011xqxyw/201401/t20140114_236245.html.

据环保部网站《中国环境状况公报》的统计数据，2003 年至 2012 年，在每年中国地级行政区划单位及以上城市的空气质量等级监测中，空气质量达到或优于二级（达标）的比例从最低的 38.6%（2004 年）上升到 91.4%（2012 年）；三级空气质量比例从最高的 41.2%（2004 年）下降到 7.1%（2012 年）；劣三级（超标）空气质量比例从最高的 26.8%（2003 年）下降到 1.2%（2011 年）。我国空气质量级别变化趋势呈现良性发展（见图 15-1）。

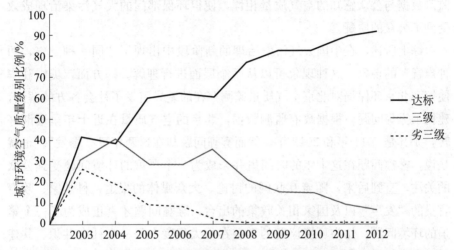

图 15-1　2003—2012 年全国地级及以上城市环境空气质量等级比例变化

资料来源：根据 2003—2012 年国家环境保护总局/环保部发布的《中国环境状况公报》整理。

但是，随着雾霾天气的频繁出现，公众对大气污染治理"渐入佳境"的趋势纷纷表示质疑。2010 年 11 月，美国驻华使馆通过其推特（Twitter）账号"BeijingAir"发布了北京市空气质量指数超过 500 的结果，并配文"Crazy bad"（糟糕透顶），一些中国网民戏称这一结果为"爆表"。但由于当时 Twitter 的中国用户不多，其发布的信息影响还有限。到 2011 年 10 月 22 日晚，中国地产企业家潘石屹在其实名认证的新浪微博上发布了一条内容为"妈呀！有毒害！"的微博，配图为数据来源于美国驻华使馆的北京空气质量定时播报软件截图。截图显示：当日北京市 $PM_{2.5}$ 细颗粒物浓度为 408，空气质量指数为 439，评级为"有毒害"。彼时微博已有广泛使用，潘石屹发布的信息当日就获得了数千人的转发，由此 $PM_{2.5}$ 这个词在网上迅速流传。后来随着传统媒体的跟进，形成了线上、线下同步传播的局面。通过媒体传播，$PM_{2.5}$ 以及雾霾迅速成为公众热议的社会议题。

从内容分析上看，公众关注点主要有五类：一是"北京空气质量数据差距争议"；二是关于雾霾天气的报道；三是关于雾霾危害的报道；四是政府发布治理雾霾的信息；五是普及雾霾防护知识。其中"北京空气质量数据差距争议"引起网友的激烈讨论，除了美国驻华使馆公布的北京空气质量"爆表"数据外，大部分市民在感官上也觉得空气质量很糟糕，然而当时北京市环保局公布的空气质量报告却显示北京空气仅是轻度污染。政府监测数据与公众感知的空气质量相悖，使得环保部门的大气污染治理成效受到了公众的质疑。

综上所述，在中国大气污染治理的新阶段中出现了"同一种空气，两种声音"的现象。这种现象可以从两个层面进行理解。一方面，美国驻华使馆和北京环保局对北京空气质量监测存在的差异引发了社会各方的解读，建构了雾霾问题。根据政府监测数据，北京的空气质量在近十年里逐渐好转，尤其是 2011 年和 2012 年，然而雾霾问题却在这两年里"爆发"。也就是说，雾霾问题在这十年的时间里并未成为一个严重的环境问题受到公众的关注，直到后来，随着互联网的讨论，大众媒体的报道，科学家、政府官员的"发声"以及国家相关政策的出台，雾霾问题才真正成为了一个紧迫的环境问题。作为环境议题的雾霾在很大程度上是一个社会共识、共建的过程和结果。另一方面，空气质量的客观监测与主观感受的不一致表明了政府与公众之间在空气质量判定上存在着一定的张力。这里除了反映政府监测指标、监测方式与治理重点滞后于环境问题的演变外，同时也凸显了公众随着生活水平的提高而对更高环境质量的强烈需求，公众环境意识的觉醒、大众传媒的发展更是直接加速了公众直接表达意愿和参与环境治理的进程。

二、雾霾治理：推力与拉力的结合

就雾霾治理而言，从表面上看，公众参与直接影响了雾霾治理政策的制定进程。但是，深入分析表明，雾霾治理政策的制定是公众参与和政府主导双重力量共同作用的结果，在一定程度上表现出了推力与拉力的结合。

（一）公众参与对雾霾议题演进的推动力

首先，公众参与促进雾霾议题从科学议题转向公众议题。如同其他环境问题一样，雾霾问题也经历了科学研究、公众关注和政策反应的社会过程，也相应地存在学术议题、公众议题和政策议题三种形态。雾霾进入科学界视野，作为科学研究的对象和学术议题，大概始于 20 世纪 80 年代，彼时中国已陆续开展了富有开拓性的大气气溶胶研究。2003 年至 2007 年，政府开始设计建设珠三角城市群、京津冀城市群、长三角城市群以及辽宁中部城市群大气成分观测站网（吴兑，2012）。但一直以来，雾霾作为一个科学议题，很少为公众所了解。在 2011 年 $PM_{2.5}$ 引发争议之后，雾霾议题从科学议题迅速地转化成公众议题，形成了强大的舆论压力。

根据百度搜索引擎提供的 2011 年 1 月 1 日至 2014 年 4 月 30 日期间百度用户对"$PM_{2.5}$"一词的每周搜索频率（见图 15－2）可以了解到，在 2011 年 10 月之前，$PM_{2.5}$ 的平均每周搜索次数非常少（接近于 0）；但在同年 10 月的"$PM_{2.5}$ 风波"之后，相关搜索次数迅速增长，在 2013 年秋出现最高峰值。

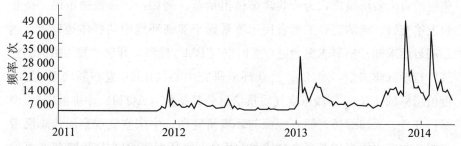

图 15－2　$PM_{2.5}$ 一词的每周百度搜索频率（2011 年 1 月 1 日—2014 年 4 月 30 日）

其次，雾霾议题成为公众议题之后强化了公众对雾霾现象的认知和了解。我们 2013 年 3 月在北京市进行的一项电话访谈调查①数据显示，在对雾霾的关注和认知方面，有 76.6％的受访者认为北京地区雾霾现象严重（其中认为很严重的受访者占 54.6％），只有 10.4％的受访者认为不严重或不太严重，其余 13.0％的受访者表示说不上严不严重；在公众应对雾霾的

---

① 本次电话访谈调查得到了中国人民大学中国调查与数据中心和王卫东博士给予的大力支持。调查利用的抽样框为工信部提供的全国手机号段数据库，在机主登记为北京市范围内的所有移动电话按号段（前三位号码）随机抽取了 600 个有效号码，并完成了对其中 308 个号码的有效访问（应答率为 51.3％）。由于电话访谈固有的高拒访率及样本特殊性（如青少年和老年群体可能因为不常使用手机而被较少覆盖），加上本次调查设计的样本规模不大，因而数据的代表性具有一定局限，但是对于进一步的深入研究应该具有很大的参考价值。

行为倾向方面，有 63.0％的受访者赞成在雾霾治理方面公众个人也应该承担责任（其中明确表示很赞成的受访者比例为 27.6％），表示不赞成和不太赞成的受访者占 23.7％，其余 13.3％的受访者表示说不上赞不赞成；在公众对雾霾治理政策的期待和支持方面，有 29.9％的受访者对政府在雾霾监测预报和防治方面的信息公开工作给予了积极评价，但其中认为做得很好的受访者只占 4.6％，认为做得很不好和不太好的受访者占 35.1％，其余 35.0％的受访者表示说不上好不好。整体而言，大多数公众对雾霾严重性的判断有接近一致的意见，意识到了自己应当承担相关责任，同时对政府的政策应对满意度不高。

再次，公众对雾霾问题的关注逐步有了更加明确的政策指向。这种政策指向表现在两个方面：一是向政府举报，期待政府解决。2014 年上半年环保部受理的群众举报案件中，涉及大气污染问题的案件占到受理案件总数的 80.2％，较之 2013 年上半年的 71.8％有大幅上升。[①] 二是采取各种探索性的自力救济措施，为公共政策做出示范。例如：一些普通市民、企业自发给交警、清洁工、工地农民工等暴露于雾霾环境中的群体送口罩；达尔问自然求知社招募志愿者进行室内空气 $PM_{2.5}$ 检测，开展“我为祖国测空气”行动（焦玉洁，2012）；公众环境研究中心（IPE）发布新增 $PM_{2.5}$ 浓度值指标的《2012 年城市空气质量信息公开指数（AQTI）评价报告》；而绿行齐鲁、天津绿领、磐石能源与环境研究所、中国空气观察河北志愿者小组、北京水源保护基金会自然大学基金五家环保组织则从 2013 年 8 月份起，采用数据分析、实地走访、信息公开申请等方式，对北京、天津、山东、河北的 12 个城市的控煤情况进行了调研，共同发起了“好空气保卫侠”行动，形成了强大的“公众监管”民间行动网络（朱艳，2014）。另外，石家庄市民李贵欣以石家庄 $PM_{2.5}$ 年均值超标 3.4 倍侵犯公民生命权与健康权为由，于 2014 年 2 月 20 日起诉石家庄市环境保护局并要求赔偿，该事件成为全国首例公民因空气污染向政府部门提起损害赔偿请求的环境诉讼案（张淑宁，2014）。

在一定意义上说，社会舆论和公众参与的压力促使政府反省空气质量

---

① 环境保护部“12369”环保举报热线 2014 年 1—6 月群众举报案件处理情况．（2014 - 07 - 22）［2019 - 07 - 22］. http://www.mee.gov.cn/gkml/sthjbgw/qt/201407/t20140722_280408. htm.

监测指标和监测方式，开始推出更加积极的雾霾治理政策。2011 年 11 月
16 日至 12 月 5 日，环保部第二次就《环境空气质量标准》向公众征求意
见。2012 年 2 月，环保部正式发布新增 $PM_{2.5}$ 空气质量检测指标的《环境
空气质量标准》，并在京津冀、长三角、珠三角等重点地区提前实施，北
京、广州、上海等多个城市陆续开始公开发布 $PM_{2.5}$ 的监测数据。从 2013
年 1 月 1 日起，中国环境监测总站门户网站开始统一发布 74 个城市 496 个
监测点的 $PM_{2.5}$ 实时监测数据。

（二）政府改进环境治理对雾霾治理政策出台的拉动力

客观地说，大气污染防治一直是中国政府环保工作的重点之一。中国
政府在 1987 年就制定了《中华人民共和国大气污染防治法》，在 1995 年对
其作了修改，并在 2000 年再次做出修订，不断完善其内容。2000 年修订后
的法律条文从 1987 年的四十一条增加到六十六条，包括了总则，大气污染
防治的监督管理，防治燃煤产生的大气污染，防治机动车船排放污染，防
治废气、尘和恶臭污染以及法律责任和附则等内容。

从大气污染防治法律的执行效果看，虽然由于能源消耗和经济总量的
持续快速增长，中国工业 SO_2 排放量总体仍然呈波动上升趋势，但是在区
域之间已经开始出现较大差异，工业 SO_2 的整体排放强度持续降低（李名
升等，2010）。同时，也有研究表明，就雾霾问题严重的北京地区而言，从
2000 年到 2007 年，大气环境中主要污染物 SO_2、NO_2、PM_{10} 均呈现明显下
降趋势，其中 SO_2 下降最明显。如果不考虑新的监测指标，北京的大气环
境质量实际上呈现出明显的好转趋势（韩昀峰等，2009）。

就雾霾防治而言，北京、上海和广州等特大城市在大型赛事的推动下，
也已经较早开展 $PM_{2.5}$ 的监测和治理工作。2007 年，为确保北京奥运会期
间空气质量良好，北京与周边省区市通力合作，针对空气质量呈现大范围
区域相互影响的特点，共同制定了《第 29 届奥运会北京空气质量保障措
施》，并于同年 10 月经国务院批准后实施。这实际上已经是具有区域联动
性质的大气污染治理行动。从 2008 年开始，中国环保部建设了三个大气背
景站，在广东、江苏两省和上海、天津、重庆、广州、深圳、南京六个大
城市进行"灰霾影响环境空气质量监测试点方案"建设，建成了 16 个灰霾
监测站（吴兑，2012）。2010 年 11 月，环保部已经开始就新修订的《环境

空气质量标准》向全社会第一次征求意见，并首次给出了PM$_{2.5}$参考限值。2011年6月，《城市环境空气质量评价办法（试行）》试点监测工作在全国26个城市低调开展，试点城市被要求按照监测能力尽可能监测，其中包含PM$_{2.5}$；同年9月，环保部发布了《环境空气PM$_{10}$和PM$_{2.5}$的测定重量法》，对环境空气中PM$_{2.5}$的测量方法进行了正式规定。正如原北京市环保局副局长在回应雾霾问题时所说："从PM$_{10}$到PM$_{2.5}$，原来政府就想干，现在公众想知道，只是公众参与的特点不是按照你的时间表进行，所以你得顺势而为。"（汪韬，2012）

在雾霾问题从科学议题转成公众议题之后，政府在已有工作的基础上较快地作出了回应，加快了政策设计和发布实施的进程。例如：2012年5月，环保部印发了《空气质量新标准第一阶段监测实施方案》；2012年9月，国务院批复了《重点区域大气污染防治应急方案（试行）》；2013年9月，国务院发布了《大气污染防治行动计划》（"国十条"）；2013年10月，北京市政府发布了《北京市空气重污染日应急方案（暂行）》。截至2014年1月7日，环保部与全国31个省（区、市）都签署了《大气污染防治目标责任书》。2014年1月22日，北京市人大还审议通过了《北京市大气污染防治条例》，标志着雾霾治理已有专项地方性法律保障。

从另外一种意义上说，公众参与的推力之所以能够形成、显现并得以发挥作用，也受到了中国政府改进环境治理方式、鼓励公众参与的影响。进入21世纪以来，中国政府在公众参与环境保护方面的制度安排日趋完善，特别是在环境信息公开方面的强制性规定，使得公众获得和传播环境信息具有了合法性依据，由此保障了公众议题的形成。例如，《中华人民共和国环境影响评价法》从2003年9月1日起施行，《环境影响评价公众参与暂行办法》从2006年3月18日起施行，《环境信访办法》从2006年7月1日起施行，《环境信息公开办法（试行）》也从2008年5月1日起施行。民间组织"自然之友"采取的向北京市环保局申请公开北京市雾霾空气形成的原因、污染源比例，通过媒体平台向环保部递交雾霾治理建议书等行动（汪韬，2012），可以说都是受益于已有的制度资源和社会空间。

综上所述，在中国雾霾治理政策形成的过程中，政府与公众之间的有效互动发挥着关键作用。一方面，政府自身一直在积极推进环境治理的改善，探索新的环境政策；另一方面，公众的积极参与也对政府决策发挥了重要的推动作用，加快了政策制定和颁布实施的进程。如果采用时间轴的记录方式，我们可以更清楚地看到雾霾治理政策发展过程中公众和政府互动的脉络（见图 15-3）。

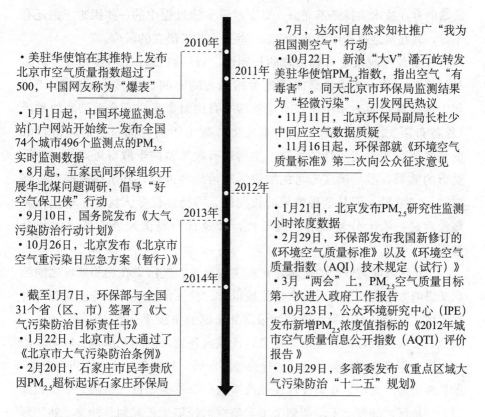

图 15-3　雾霾治理政策发展中公众与政府互动的过程（2010—2014 年）

三、雾霾治理政策的应急性与风险

前文分析表明，在雾霾治理政策的制定实施过程中，公众参与发挥了重要的积极作用：一是改变了政策制定过程的特性，使得政策制定从相对封闭的政府内部过程转变为相对开放的社会参与过程；二是增加了政策制定的主体，使得政策制定从专家、官员的互动发展为专家、官员、民间组织和公众等多主体之间的互动；三是加快了政策制定和实施的进程，缩短了政策出台周期，提高了政策制定效率。政府原计划在 2016 年全面实施新的《环境空气质量标准》在社会舆论的推动下明显提前执行就是一个很好的例证。

但是，在公众参与影响下加快出台的雾霾治理政策具有应急性特征，政策的专业技术支持还不充分，对于政策实施过程中的一些困难考虑还有不足，其在实施过程中可能面临着一些显在或者潜在的风险。

一是现行政策对雾霾治理的长期性、艰巨性预计还不够充分。就国外的经验来看，雾霾治理需要耗费相当长的时间。洛杉矶雾霾在1943年大规模爆发时，该市市长承诺在四个月内对雾霾进行全面彻底的整治（雅各布斯、凯莉，2014），但事实上，数十年的时间过去后，洛杉矶的空气质量才有实质性的好转。中国现有政策偏向于取得短期的、立竿见影的效果，虽然确实有可能加快雾霾治理的进程，甚至在短期内能够取得一定效果，但是这种效果的长期性、可持续性令人忧虑。毕竟，雾霾治理是一项十分复杂的系统工程，涉及社会经济发展的各方面和全过程。

二是区域联防联治的落实存在现实困难。大气污染在相邻地域之间的联动影响方面表现显著，在京津冀城市群、长三角城市群和珠三角城市群等区域，部分城市可吸入颗粒物浓度外来源的贡献率达到16％至26％[①]；因此，要取得较好的雾霾治理效果，区域内各地区的相互协调、联防联治很关键。但是如何协调各地区的社会经济发展、打破各地区"一亩三分地"的思维定势，无论是政策设计还是政策执行都将面临巨大挑战。中国长期存在的地区之间发展不均衡刺激了竞争性的经济增长和利益冲突，妨碍环境保护共识和一致行动的达成，这在很大程度上已经成为一种痼疾（洪大用，2012）。

三是环境保护理念转变中产业结构调整升级难度很大。如果不进一步优化产业结构，无论采取多么严厉的污染治理措施，都不太可能遏制住经济总量扩张和大量消费带来的污染总量的增加。相对发达国家而言，中国的产业结构转型升级的机会和空间明显受到压缩，面临着更大的产业结构升级困难，西方的成功经验难以简单复制。另外，中国城镇化进程仍在快速推进。2013年中国的城镇人口比例达到53.73％。《国家新型城镇化规划

[①] 重点区域大气污染防治"十二五"规划．（2012 - 12 - 05）［2019 - 07 - 22］. http：// www. gov. cn/zwgk/2012 - 12/05/content _ 2283152. htm.

（2014—2020 年）》提出，到 2020 年，中国城镇化率要达到 60％左右。① 在可预见的未来，中国城市规模仍将持续扩大，城镇人口仍将大幅增加。快速城镇化对资源环境的影响是多方面的（洪大用，2014），例如施工扬尘、建材生产、城镇化生活消费习惯等都意味着节能减排的任务相当艰巨。在此基础上，雾霾治理无疑面临着艰巨的挑战。

四是开展广泛的社会动员任重道远。雾霾防治实际上需要"群防群治"，治理雾霾不仅是政府的责任，也是企业和公民的责任。从目前情况看，普通公众对雾霾问题的抱怨很多，对政府治理不力的批评很多，对雾霾治理的预期很高，但治理雾霾真的涉及自身生活方式和消费观念的调整时，公众又有很强的抗拒心理。在我们针对北京公众的电话访谈调查中，明确表示了解《北京市大气污染防治条例》的受访者仅占 12.0％（其中明确表示很了解的受访者只占 1.0％），而近八成（77.0％）的受访者表示不了解这一针对雾霾防治的新政策，此外还有 11.0％的受访者对此表示说不上了不了解。在被问及是否赞成政府为了解决雾霾问题而增加税收或者提高消费品价格时，仅有 20.5％的受访者表示赞成（其中表示很赞成的占 10.7％），而明确表示不赞成或不太赞成的受访者比例高达 60.7％，此外还有 18.8％的受访者表示说不上赞不赞成。由此可见，公众对政府政策的了解并不充分，通过增加个人经济负担来促进雾霾治理的意愿也不足。考虑到目前中国在整体上仍然属于发展中国家，广大公众对于继续提高生活水平的愿望还很迫切，自觉承担环境保护责任的心理准备、知识准备和物质准备都还不足，要实现有效的"群防群治"确实面临困难。

四、总结与讨论

上述分析表明，就雾霾治理政策的制定和实施来看，公众参与已经成为推动中国环境政策制定的重要力量，中国环境政策的制定模式正在发生变化——朝着更加开放的方向发展。在共同应对环境问题时，政府已经更加明确地注意到了对公众要求的回应，公众参与和政府决策之间正在形成

---

① 国家新型城镇化规划（2014—2020 年）.（2014 - 03 - 16）[2019 - 07 - 22].http：//www. gov. cn/xinwen/2014 - 03/16/content _ 2639841. htm.

有效的互动关系。

但是，在现阶段的公众与政府的互动过程中，互动双方都还存在着一定的局限性。一方面，公众自身对环境问题的专业知识的了解比较有限，容易忽视环境问题本身及其背后长期累积的复杂因素，对环境问题的解决表现出了简单化、情绪化的倾向，过于急躁，理性思考不足，而且过多地指责政府同时又依赖政府，自我行动的意愿与能力还有很大不足，特别是在新媒体时代，公众情绪的宣泄会制造出强大的舆论场，给政府施加很大的压力。另一方面，政府对于原有决策模式和沟通渠道还存在着路径依赖，因应公众参与扩大的新形势还很不足。特别是政府还不能熟练地使用与公众沟通的新方法、新技巧，往往对公众的诉求回应迟缓、方式不当、内容不足。而当公众参与形成强大舆论压力时，一些官员又容易在政治正确和维持稳定的压力下仓促出台政策回应或者作出简单化的承诺。需要指出的是，公众与政府的局限性，既各有自身的原因，也有体制性、观念性的原因，而且与社会经济发展的特定阶段和环境政策发展的特定阶段密切相关，在很大程度上具有客观必然性，因此迈向成熟的公众与政府互动需要一定的实践和时间。

政府与公众互动在实践中还存在着局限性，由此加剧了环境政策制定过程的复杂性，并容易导致设计不完备、实施有风险的环境政策出台。如上所述，当前雾霾治理政策虽然已经渐成体系，但是对雾霾治理的艰巨性和长期性估计不足，在实施过程中还面临着有效社会动员、转变产业结构和实现区域联防联治等风险。因此，未来应该注重更加合理的体制、机制建设，更加有效地整合公众和政府两个方面的力量，使得公众与政府之间的互动更加常规化、制度化、理性化，以便更加有效率地发挥公众和政府在环境保护方面的合力，促进嵌入社会经济各方面和全过程的具有长期效用的复合型环境政策，从而促进更好的环境治理，努力建设美丽中国。

第16章　迈向复合型环境治理

近年来，在建设生态文明的背景下，中国环境治理模式发生重大转型，这种转型正在催生着绿色社会的物质基础、制度基础和价值基础。本章着重分析环境治理转型的内涵。

在党和政府文件中，"生态文明"是中共十七大报告首先提出的。党的十八大提出要把生态文明建设放在突出地位，融入经济建设、政治建设、文化建设、社会建设各方面和全过程，努力建设美丽中国，实现中华民族永续发展。十八届三中全会从若干方面提出了加快生态文明制度建设，建立系统完整的生态文明制度体系。2015年，中国生态文明制度建设明显地进入了快速的、实质性的推进阶段。继1月1日正式实施"史上最严"的新环保法之后，4月25日，中共中央、国务院正式出台《关于加快推进生态文明建设的意见》；7月13日，环境保护部发布《环境保护公众参与办法》；8月9日，中共中央办公厅、国务院办公厅印发的《党政领导干部生态环境损害责任追究办法（试行）》正式施行；9月11日，中共中央政治局通过《生态文明体制改革总体方案》。年底召开的十八届五中全会继续强调坚持绿色发展理念，将生态文明建设纳入"十三五"规划，强调以提高环境质量为核心，实行最严格的环境保护制度，到2020年达到生态环境质量总体改善的目标。

生态文明的提出和建设实践，直接针对中国日趋严峻的环境状况，强调坚持绿色可持续发展，坚持节约资源和保护环境的基本国策，坚定走生产发展、生活富裕、生态良好的文明发展道路，加快建设资源节约型、环境友好型社会，形成节约资源和保护环境的空间格局、产业结构、生产方式、生活方式，达致人与自然和谐发展现代化建设新格局。可以说，生态文明是中国共产党和政府在汲取人类文明的优秀成果、总结中外工业化城市化进程的经验和教训、着眼人类未来可持续福利的基础上而作出的自主的、科学的选择，代表了人类文明的发展方向，必将进一步丰富中国特色社会主义建设的内涵。历史地看，在中央持续地、切实地推进生态文明建设的条件下，中国环境治理正在出现新趋势、新特点，已经迈入了复合型环境治理的新阶段，在环境认知更加清晰、环境政策设计更加完善的基础上，环境治理日趋彰显中国特色。

一、中国环境认知日渐清晰

环境认知是环境治理的前提。直接而言，环境认知是人们对环境状况的了解和认识。但是，实际上环境认知并不局限于此，它至少包括了五个方面的基本内涵：一是对直接环境状况的认知，包括环境发生了什么变化，有着什么样的环境后果及社会经济后果，环境变化的趋势是什么等；二是对待环境变化的态度，包括对环境变化是否有着严重后果的判断，环境状况变化是否应该得到关注以及何时、采用什么方式进行应对等；三是对于环境治理策略的选择意向，包括应用技术手段还是重视制度变革，是采用行政管制、市场刺激、社会监督还是依靠自愿约束等；四是对环境治理的社会经济影响的判断，包括是加剧社会经济负担还是促进社会经济转型等；五是对待人类社会与自然环境关系的整体态度，包括是挑战自然还是尊重自然、顺应自然、保护自然等方面。

应该说，中国环境认知日渐清晰的过程是符合环境认知发展规律的，因为这种认知受到人们对以下三大规律认识的影响：一是环境系统自身的运行规律，包括环境系统中要素的缺失或者添加究竟会产生什么形式的、什么程度的、什么向度的影响，环境系统自身承受变化的阈限和能力又是如何。二是环境系统与社会系统互动的规律，包括环境系统对社会系统的支撑形式、范围和能力等，以及社会系统影响环境的形式、范围和程度等，也包括环境与社会互动的长期趋势。三是社会运行规律，包括社会系统的构成、各子系统之间的关联状态和互动关系，以及各子系统内部各要素之间的关联状态和互动关系等。人们对这些规律的认识是一个逐步深入、不断完善的过程，不可能一蹴而就。

如果从1972年中国政府参加第一次联合国人类环境会议算起，中国现代环境治理已有40多年的历程。回顾这段历程，我们可以看到，随着环境科学研究和社会经济发展实践的不断深入，中国共产党和政府对环境的认知与判断日渐清晰完整，大致呈现了以下六个方面的转变趋势。

一是从回避环境问题到直面环境问题。在中国环境治理的最初阶段，政府内部对于社会主义条件下是否存在环境问题尚有激烈的争论，即便是1983 年环境保护被确定为基本国策，但是在实际工作中得到重视的过程还是非常缓慢的。从 1990 年开始，国家环保局才连续发布《中国环境状况公报》，公布我国环境变化的相关信息，该公报现在已经成为人们认识和把握中国环境状况变化的重要窗口。

二是从对局部环境威胁的认识转向对整体环境威胁的认识。随着对环境变化趋势的认识和把握，我们由最初局限于对工业"三废"的关注已经拓展到对整体环境风险的认知，充分意识到了资源约束趋紧、环境污染严重、生态系统退化的严峻形势，认识到加强环境治理是关系人民福祉、关乎民族未来的长远大计。正如习近平总书记所说："生态兴则文明兴，生态衰则文明衰"（习近平，2003）。

三是从实际上的边发展边治理甚至先发展后治理转向优先环境治理。在 20 世纪 90 年代以前，尽管我们通过加强环境管理取得了一定的环境保护效果，但是并没有扭转环境状况整体恶化的趋势，经济优先论、经济决定论在事实上制约了环境治理进程。21 世纪以来，特别是十八大以来，党和政府已经明确了坚持节约优先、保护优先、自然恢复为主的方针，强调从源头上扭转生态环境恶化趋势。2015 年初实施的新环保法，其立法目的也已由过去的表述"为保护和改善生活环境与生态环境，防治污染和其他公害，保障人体健康，促进社会主义现代化建设的发展"调整为"为保护和改善环境，防治污染和其他公害，保障公众健康，推进生态文明建设，促进经济社会可持续发展"[①]。

四是从一般性的环境治理倡导和规划转向切实、持续、具体的环境治理制度建设。1979 年 9 月，《中华人民共和国环境保护法（试行）》颁布，第一次从法律上要求各部门和各级政府在制定国民经济和社会发展计划时必须统筹考虑环境保护。但是，"六五"和"七五"期间，环境保护都没有系统、全面地被纳入国民经济和社会发展计划，环保工作的可操作性受到

---

① 中华人民共和国环境保护法自 2015 年 1 月 1 日起施行．（2014 - 04 - 25）［2019 - 07 - 22］. http：//www.gov.cn/xinwen/2014 - 04/25/content_2666328.htm.

很大影响。进入 20 世纪 90 年代，在 1992 年正式编制全国环境保护年度工作计划的基础上，从"九五"开始政府才正式将环境保护规划纳入国民经济和社会发展总体规划中。21 世纪以来，环境治理更加重视制度建设。特别是十八届三中全会系统阐述了制度建设的目标，提出实行最严格的源头保护制度、损害赔偿制度、责任追究制度，完善环境治理和生态修复制度，用制度保护生态环境。中共中央关于"十三五"规划的建议则进一步将绿色发展作为发展的重要维度和引领纳入规划之中，而不仅仅是作为发展的一项具体内容。

五是从将环境治理看作经济发展的负担转向利用环境治理的机遇促进经济转型升级。在环境治理的早期，资金短缺是一个重要因素，将有限的财政资源投入环境治理被认为有碍经济发展、增加财政负担。国家拿不出钱来只好通过加强管理环节，通过改进企业管理来提高环境效益。随着对环境与社会互动关系认识的日益深化，我们已经认识到环境治理将创造新的发展机遇，推动经济转型升级，"绿水青山就是金山银山"[1] 的观念日益深入人心。山青水绿既能让人记得住乡愁，又可以成为人民生活质量的增长点和展现我国良好形象的发力点。

六是从直接挑战环境的扩张性发展转向适应环境约束的反思性、内涵型发展。在环境治理早期，经济增长处于外延扩张的粗放型阶段，简单的环境资源化被认为是现代经济增长的必由之路，由此造成的环境污染和破坏被看成是经济发展的必然产物，是现代技术发展和工业化、城镇化的必要之恶。进一步加快技术开发和经济发展是有助于解决环境问题的，经济增长的"极限"不存在。但是，实践表明这种认识是相当危险和错误的。从 20 世纪 90 年代中期开始，我们意识到要推动经济增长方式转变。21 世纪以来，特别是十八大以来，这种认识更加清晰和坚定，尊重自然规律、发展循环经济，推动社会变革和绿色发展，使发展建立在资源能支撑、环境能容纳、生态受保护的基础上已经成为必须坚守的新的共识。

从面向公众的问卷调查数据看，对中国环境认知日渐清晰的趋势也是非常明显的，环境议题已经成为公众和媒体非常熟悉并高度关注的重要议

---

① 2005 年 8 月，时任浙江省委书记的习近平同志在浙江安吉余村考察时提出的科学论断。"绿水青山就是金山银山"在浙江的探索和实践．（2015－02－28）［2019－07－28］.http：//news. xinhuanet. com/fortune/2015－02/28/c _ 1114474192. htm.

题之一。洪大用在 1995 年曾经参与组织全民环境意识调查，调查数据表明有 23.6％的被访者连环境保护的概念都说"不知道"。16.5％的人认为自己的环保知识"非常少"，66.9％的人认为"较少"，16.1％的人认为"较多"，只有 0.5％的人认为自己有"很多"的环保知识。与此同时，大部分城乡居民对有关环境保护的政策法规缺乏了解。认为自己"很了解"和"了解一些"的人只占 31.8％，其中认为"很了解"的人仅占 0.5％；认为自己"只是听说过"的人占 42％；根本没有听说过有关环保政策法规的人占到了 26.2％。但是，洪大用参与设计的 2010 年中国综合社会调查的数据则表明，70％的受访者已经意识到中国面临的环境问题"非常严重"和"比较严重"。65.7％的受访者表示对环境问题"非常关心"和"比较关心"，表示"完全不关心"的只占 3.1％（洪大用，2014）。

二、中国环境政策日益完善

环境政策是实施环境治理的重要工具，通常是由政府经由法定程序制定并发布实施的，体现着政策制定者对环境的认知。随着我们对环境系统自身运行规律、环境系统与社会系统互动规律和社会运行规律认识的逐步深化，我们对环境状况及其治理的认识也日益清晰。我国环境政策相应地也在发展演变中日益完善，一个更加科学合理的环境政策体系正在形成，我国正在迈向复合型环境治理的新时代，即面向整体环境的、依托整体环境的、为了整体环境的综合治理和社会变革时代。具体而言，这样一种治理转型大致体现在以下七个方面。

一是对环境政策的目标有了更加科学的认识和界定，从偏重单个环境要素和单一环境功能的管理日益转向针对整体性的环境系统和复合型环境功能的管理，更加强调以改善环境质量为核心、实现生态环境质量总体改善。比如说，以往监测水污染主要采用的指标是化学需氧量、氨氮排放总量等，监测空气污染的指标主要是可吸入颗粒物（PM_{10} 或者 $PM_{2.5}$ 等等）、二氧化硫、氮氧化物等。对于水污染的防治，环保部门实际上也只是监管企业污水处理和城市污水处理厂运行，无法涉及其他水体功能的管理。十八届三中全会、五中全会和中央《关于加快推进生态文明建设的意见》则已明确提出要落实整个国土空间的用途管制，建立空间规划体系，划定生产、生活、生态空间开发管制界限，同时利用卫星遥感等技术手段，对自然资源和生态环境开展全天候监测，健全覆盖所有资源环境要素的监测网络体系，对资源环境承载能力进行整体监测预警。相关文件强调要以保障人体健康为核心、以改善环境质量为目标、以防控环境风险为基线，严格监管所有污染物排放，实行企事业单位污染物排放总量控制制度，实施山水林田湖统筹的生态保护和修复工程。

二是将环境政策的约束对象从主要针对直接污染主体扩展到约束所有的关联主体，特别是从注重督企到督企、督政并重。比如说，以前的环境政策主要关注直接污染者和破坏者，强调谁污染、谁付费，谁开发、谁保护，要求建设项目执行"三同时"（防治污染项目和主体工程同时设计、同时施工、同时投产）制度，等等。这些政策在促进环境治理过程中确实发挥了重要作用，也是今后在特定的环境治理领域仍将继续坚持和完善的政策。但是，在推进生态文明建设的过程中，所有社会主体，包括生产者和消费者、破坏者和受益者，企事业单位、公众和政府，都在不同方面、不同程度上负有环境责任，都需要接受环境政策的约束和规制。十八届三中全会就已指出，要加快自然资源及其产品价格改革，全面反映市场供求、资源稀缺程度、生态环境损害成本和修复效益；逐步将资源税扩展到占用各种自然生态空间；完善对重点生态功能区的生态补偿机制，推动地区间建立横向生态补偿制度；探索编制自然资源资产负债表，对领导干部实行自然资源资产离任审计；等等。

三是在环境政策工具方面从主要依靠行政管制逐步扩展为综合运用法律、经济、技术、社会、行政等方面的多种手段。事实上，2006年召开的第六次全国环境保护大会就提出了环保工作要实现"三个转变"①，其中的一个重要转变就是强调环境政策工具的组合。2015年初实施的新环保法对此予以了规范和强调。在中共中央、国务院《关于加快推进生态文明建设的意见》中所提到的"健全生态文明制度体系"，实际上包括了健全法律法规、完善标准体系、健全自然资源资产产权制度和用途管制制度、完善生

---

① 一是从重经济增长轻环境保护转变为保护环境与经济增长并重，在保护环境中求发展；二是从环境保护滞后于经济发展转变为环境保护和经济发展同步，努力做到不欠新账，多还旧账，改变先污染后治理、边治理边破坏的状况；三是从主要用行政办法保护环境转变为综合运用法律、经济、技术和必要的行政办法解决环境问题，自觉遵循经济规律和自然规律，提高环境保护工作水平。

态环境监管制度、严守资源环境生态红线、完善经济政策（特别是健全价格、财税、金融等政策，激励、引导各类主体积极投身生态文明建设）、推行市场化机制、健全生态保护补偿机制、健全政绩考核制度、完善责任追究制度等多项更为全面的内容。

四是在环境政策的创新主体方面从主要依赖政府逐步走向政府、市场和社会的协同创新。十八届三中全会明确提出要发展环保市场，推行节能量、碳排放权、排污权、水权交易制度，建立吸引社会资本投入生态环境保护的市场化机制，推行环境污染第三方治理。2015 年初实施的新环保法第六条规定"一切单位和个人都有保护环境的义务"。其中，地方各级人民政府应当对本行政区域的环境质量负责；企业事业单位和其他生产经营者应当防止、减少环境污染和生态破坏，对所造成的损害依法承担责任；公民应当增强环境保护意识，采取低碳、节俭的生活方式，自觉履行环境保护义务。第九条还规定"各级人民政府应当加强环境保护宣传和普及工作，鼓励基层群众性自治组织、社会组织、环境保护志愿者开展环境保护法律法规和环境保护知识的宣传，营造保护环境的良好风气。教育行政部门、学校应当将环境保护知识纳入学校教育内容，培养学生的环境保护意识。新闻媒体应当开展环境保护法律法规和环境保护知识的宣传，对环境违法行为进行舆论监督"[1]。此外还专门规定了信息公开和公众参与的有关条款。

五是在环境政策基本取向方面有着从扩大和改进供给向更加严格的需求管理转变的趋势。在以往环境治理的实际工作中，可以说还是存在着一些不够科学的政策取向，假定环境资源是可以无限供给的，至少是可以通过技术进步和制度建设不断改进和扩大供给的，这样一种政策取向在降低环境风险紧迫程度的同时实际上是在持续扩大环境风险。随着对环境治理规律认识的深化，环境政策的新取向更加强调尊重自然、顺应自然、保护自然的生态文明理念，更加强调科学合理地管理人类社会需求。十八大报告就提出"要按照人口资源环境相均衡、经济社会生态效益相统一的原则，控制开发强度，调整空间结构，促进生产空间集约高效、生活空间宜居适度、生态空间山清水秀，给自然留下更多修复空

---

① 中华人民共和国环境保护法自 2015 年 1 月 1 日起施行．（2014 - 04 - 25）［2019 - 07 - 22］． http：//www.gov.cn/xinwen/2014 - 04/25/content_2666328.htm.

间，给农业留下更多良田，给子孙后代留下天蓝、地绿、水净的美好家园"①。中共中央、国务院《关于加快推进生态文明建设的意见》也强调"树立底线思维，设定并严守资源消耗上限、环境质量底线、生态保护红线，将各类开发活动限制在资源环境承载能力之内。合理设定资源消耗'天花板'，加强能源、水、土地等战略性资源管控，强化能源消耗强度控制，做好能源消费总量管理"②。

六是在政策关联性方面有着从实际分割走向高度整合的趋势。在以前的环境治理实践中，环境政策与其他社会经济政策之间实际上有着相对分割的倾向，环境保护在一些时候成了环境保护部门的自说自话。即便是针对具体的污染治理，往往也是牵涉多个行政部门，各部门政策缺乏协调和统筹，大大影响了环境治理效率。比如说，在水污染防治方面，表面看起来环保部门是主要责任者，但实际上关联到住建委、城管、农业、水利、发改委、规划、国土资源、卫生、渔业以及水资源保护机构和政府其他公用事业部门，远远不止是"九龙治水"的局面。为了促进环境政策的进一步关联和整合，十八大明确提出要把生态文明建设放在突出地位，融入经济建设、政治建设、文化建设、社会建设各方面和全过程，这实际上强调了为促进环境治理要推动系统性、整体性、协同性的社会变革。十八届三中全会进一步明确了一些制度建设的方向，比如说：健全国家自然资源资产管理体制，统一行使全民所有自然资源资产所有者职责；完善自然资源监管体制，统一行使所有国土空间用途管制职责；建立陆海统筹的生态系统保护修复和污染防治区域联动机制等。中共中央、国务院《关于加快推进生态文明建设的意见》更加强调了"建立以保障人体健康为核心、以改善环境质量为目标、以防控环境风险为基线的环境管理体系，健全跨区域污染防治协调机制"③。

七是在环境政策执行问责方面有从侧重强调环保部门问责到加强党委政府整体问责的趋势。十八届三中全会提出要对领导干部实行自然资源资

---

① 坚定不移沿着中国特色社会主义道路前进，为全面建成小康社会而奋斗：胡锦涛在中国共产党第十八次全国代表大会上的报告（全文）. （2012 - 11 - 18）［2019 - 07 - 22］. http：//politics. people. com. cn/n/2012/1118/c1001 - 19612670. html.

② 中共中央、国务院关于加快推进生态文明建设的意见. （2015 - 04 - 25）［2019 - 07 - 22］. http：//www. scio. gov. cn/xwfbh/xwbfbh/yg/2/Document/1436286/1436286. htm.

③ 中共中央、国务院关于加快推进生态文明建设的意见. （2015 - 04 - 25）［2019 - 07 - 22］. http：//www. scio. gov. cn/xwfbh/xwbfbh/yg/2/Document/1436286/1436286. htm.

产离任审计，建立生态环境损害责任终身追究制。2015 年初施行的新环保
法对地方各级人民政府、县级以上人民政府环境保护主管部门和其他负有
环境保护监督管理职责的部门的问责事项作出了详细规定。2015 年 8 月施
行的《党政领导干部生态环境损害责任追究办法（试行）》明确指出适用于
县级以上地方各级党委和政府及其有关工作部门的领导成员，中央和国家
机关有关工作部门领导成员以及上列工作部门的有关机构领导人员。该办
法强调了地方各级党委和政府对本地区生态环境和资源保护负总责，党委
和政府主要领导成员承担主要责任，其他有关领导成员在职责范围内承担
相应责任。① 由此环境政策执行问责实际上已经演化成对党委和政府执政能
力的问责，环境治理体系和治理能力的现代化已经被看成是国家治理体系
和治理能力现代化的重要组成部分，事关中国特色社会主义制度的完善和
发展，事关中国社会朝向绿色现代化的整体转型。

三、环境治理道路日趋彰显中国特色

随着对环境认知的日渐清晰和环境政策制定与执行的日益完善，我
国坚持绿色发展、建设生态文明的步伐更加坚定。在此背景下循序推进
的复合型环境治理，有望大大提升我国的环境治理能力，缩短环境治理
攻坚克难的时间跨度，加快环境质量的改善进程，从而走出具有中国特
色的环境治理道路。环境治理道路的中国特色是由我国环境问题、基本
国情、体制基础和国际环境等因素决定的，是一个逐步实践、日趋彰显
的过程。

第一，中国环境治理之路是应对复合型环境挑战之路。当下中国，高
速发展所造成的环境问题复合效应日趋明显，环境治理难度加大。由于后
发优势的影响，后发展国家的工业化进程在时间上被高度压缩。例如，英
国、美国完成工业化分别花了 200 年、135 年，而日本、韩国仅分别花费
65 年、33 年（洪大用，2013）。在中国，还要加上我们特定发展模式的积
极推动作用，所以我们长期保持了很高的发展速度。在此背景下，复合型

---

① 《党政领导干部生态环境损害责任追究办法（试行）》印发 . （2015 - 08 - 17）［2019 - 07 - 22］.
http：//news. xinhuanet. com/2015 - 08/17/c_1116282540. htm.

环境挑战首先表现在空间上的普遍性。可以说，从天空到地上、从地上到地下、从陆地到海洋、从中心城市到偏远农村，都面临着环境挑战。不仅如此，复合型环境挑战还表现在时间上的叠加性。也就是说，在快速的大规模的工业化过程中，各种性质的环境问题集中爆发，交互叠加。当前，中国面临着前工业化时期、工业化时期以及后工业化时期的各种环境问题，这样一种形势显然比发达国家分阶段出现各种环境问题要严峻得多。此外，复合型环境挑战也还表现在环境诉求的多样性，这种多样性诉求还因各地区、各部门、各行业以及各个人群的差异而强化。最终，复合型环境挑战也表现在国内环境压力与全球环境压力复合并存，从而压缩了我们应对环境问题的时间和空间。为了应对这种史无前例的复合型环境挑战，我们可以借鉴的环境治理模式是极其有限的，我们的实践本身就是一种创造，因而必然是具有中国特色的。

第二，中国环境治理之路是发展中大国的突围之路。改革开放以来中国经济发展取得了举世瞩目的成绩，在减缓贫困、提高人民生活水平方面的成就尤其突出。到 2014 年末，中国 GDP 总量位居世界第二。但是，人口多是我们的基本国情。按照 2014 年末中国总人口 136 782 万人（不包括港澳台地区）计算，我国人均 GDP 约为 7 485 美元（约合人民币46 531 元），仍然落后于很多国家，仅为美国的 13.7%，与美国相差至少50 年，在全世界排名还是在 90 名左右。所以说，我国仍然是一个发展中国家，落后的生产力与人民群众日益增长的物质文化需求之间的矛盾依然是我国社会的一个基本矛盾。不仅如此，我国作为发展中大国还具有底子薄、资源环境禀赋差和发展不平衡等特点，从而大大增加了环境治理的难度。比如说我国人均耕地、淡水、森林仅占世界平均水平的 32%、27.4% 和 12.8%，矿产资源人均占有量只有世界平均水平的 1/2，煤炭、石油和天然气的人均占有量仅为世界平均水平的 67%、5.4% 和 7.5%，而单位产出的能源资源消耗水平则明显高于世界平均水平。我国石油、铁矿石等进口量和对外依存度不断提高，其中石油对外依存度已从 21 世纪初的 32% 上升至 2012 年的 57%（洪大用，2013）。而且，由于环境系统自身的运行极其复杂，长期累积的复合性的环境破坏以及对环境治理的长期欠账，已经使得一些地区的环境状况在短期内难以修复，甚至不可逆转。而地区之间、城乡之间长期不均衡的发展，不仅有着弱化环境治理共识的消极影响、加大了环境治理难度，还在事实上创造了环境压力在区域间转移的可能和机会，并且不断诱发新的问题。由此，中国在发展中阶段就要大力推进积极有效的复合型环境治理，是具有空前挑战和难度的。不走这条路不行，走出来了就是中国特色之路。

第三，中国环境治理之路是在社会主义公有制基础上的前进之路。社会主义的价值取向和制度基础为有效的环境治理提供了本质上的可能性。社会主义的本质是解放生产力，发展生产力，消灭剥削，消除两极分化，最终实现共同富裕。它坚持"以人为本"，着眼于人类整体的和长远的利益，以全体社会成员的全面自由发展为目标，追求整个社会关系的和谐。它以生产资料的公有制作为基础的制度结构，努力控制那种为了资本集团一己之私利的"生产"和"发展"。相对地，资本主义的价值取向和制度安排恰恰是造成全球生态环境危机的重要根源，因为它的本质是无限追求资本集团之私利，总是着眼于少数人的眼前利益，总是制造着不断扩大的贫富差距，由此内在地制造着社会分割、社会紧张和社会冲突，从而不可能真正地凝聚社会共识以推动环境治理，并且不可避免地以各种变化了的形式在实质上持续加剧生态环境危机，比如说伴随着全球化进程的生态殖民主义就是一种新的形式。但是，当前中国仍然处在社会主义初级阶段，这样一个阶段既为改进环境治理提供了重要的制度前提，也使之面临巨大挑战。中国特色的环境治理之路就是不断改革和发展社会主义制度，最大限度地发挥制度本身的优越性，在不断解放生产力、发展生产力并抑制资本主义式的种种弊端、抵御资本主义在全球范围内的威胁和压力的基础上，持续地改善环境质量之路，这条道路与西方资本主义条件下的环境治理之路有着本质的不同。

第四，中国环境治理之路是为了人民群众的根本利益而特别强调充分发挥"关键少数"作用之路。中国社会主义体制的一大优势是集中力量办大事。在办大事的过程中，政府的导向、协调、组织和监督作用十分重要，各级政府的领导干部尤其重要。方向明确了，目标确定了，关键因素就在干部。2015 年 2 月 2 日，在省部级主要领导干部学习贯彻十八届四中全会精神全面推进依法治国专题研讨班开班式上，习近平总书记强调，各级领导干部在推进依法治国方面肩负着重要责任，全面依法治国必须抓住领导干部这个"关键少数"。这一重大判断同样适用于推进中国环境治理。相比于广大党员和人民群众，领导干部虽是"少数"，但身处关键岗位、关键领域、关键环节，只有领导干部自身头脑清醒、意志坚定、素质过硬、工作过硬，我们的环境治理才会有效推进。或许正是基于这种认识，中央制定并下发了《党政领导干部生态环境损害责任追究办法（试行）》，强化党政领导干部生态环境和资源保护职责，对地方党委和政府主要领导成员、有关领导成员和政府有关工作部门领导成员的问责情形进行了详细规定，要求党委及其组织部门在地方党政领导班子成员选拔任用工作中，应当按规定将资源消耗、环境保护、生态效益等情况作为考核评价的重要内容，对在生态环境和资源方面造成严重破坏负有责任的干部不得提拔使用或者转任重要职务。同时，该办法还要求参照有关规定执行乡（镇、街道）党政领导成员的生态环境损害责任追究。这样一条强调领导责任的、自上而下的改进环境治理之路并不排斥坚持人民主体地位，充分调动广大人民群众的积极性、主动性和创造性，但是更加适合中国基本国情，与西方国家环境治理道路有着明显的区别。

第五，中国环境治理之路是一条自我调整、自我消化、自我创新之路。在加强环境保护日渐成为全球发展基本理念、国际范围内的环境保护压力日渐加大的背景下，我国环境治理已经不能重复西方之路，几乎没有空间和机会通过环境污染和资源压力的国际转移来改进国内的环境治理。更重要的是，中国承受过西方发达国家的污染转移和环境挤压，自身深受其害。"己所不欲，勿施于人"，乃是中国古训。作为一个负责任的发展中大国，中国推进环境治理只能依靠内部消化。中国自主适应、把握和引领经济发展新常态，提出创新发展新理念，注重实现经济增长动力转换、经济发展方式转换和新旧发展模式转换，正是走中国特色环境治理之路的切实举措。在大力推进生态文明建设的进程中，我国将会大力推进环境保护的技术创新、组织创新、制度创新和观念创新，切实提高经济发展的资源环境效益，大力发展环保产业，加强和改进需求管理，形成节约资源和保护环境的空间格局、产业结构、生产方式、生活方式，从而创造性地走出人与自然和谐发展的新道路。

总而言之，由于各种主观、客观因素的制约，中国正在探索和实践的环境治理道路必然是具有中国特色的。十八届五中全会明确提出创新、协调、绿色、开放、共享五大发展理念，为继续探索中国环境治理道路提供了更加明确具体的理论指导。只要所有社会主体齐心协力，认真按照中央的部署，始终把实现好、维护好、发展好最广大人民的根本利益作为发展的根本目的，把增进人民福祉、促进人的全面发展作为发展的根本出发点和落脚点，切实加快推进生态文明建设，我们就可以预期中国特色的环境治理之路将会越走越宽广，并为全球环境治理做出重要贡献。

第 17 章　公众评价政府环保的因素模型

　　前文已经提及，公众参与环境保护是中国迈向绿色社会的一个重要标志。公众参与环境保护表现在很多方面，其中一个方面就是对政府环保工作的监督和评价。中国多年经济快速发展而引发的环境问题涵盖了日常生产和生活的各个方面，不仅带来经济损失，而且导致社会冲突和公众健康的损失。面对这些严峻的挑战，中国政府日益从单一依靠行政命令自上而下的管理方式转向加强环境立法、寻求公众参与和监督的现代治理方式。公众对政府环境保护工作的评价成为政府绩效评估中的重要内容，其中政府及其组成部门是绩效评估的客体，公众则是绩效评估的主体。从公众参与绩效评估的程度来看，一是公民团体或第三部门自发启动、自主实施，对政府绩效进行独立的评价；二是公民参与由政府部门发起并组织实施的绩效评估活动（周志忍，2008）。从中国现状来看，这两类的评估活动都在实践中得到了应用，其中由中国人民大学组织的中国综合社会调查（CGSS）分别在 2003 年和 2010 年调查了公众对中央和地方政府的环保工作的主观评估。本章主要探讨公众对中央政府环保工作评价的影响因素模型，试图为各级地方政府的环保工作影响因素的评估提供一个分析框架。

一、影响政府环保工作评价的因素及其假设

本章关注公众对政府环保工作主观评价的影响因素，特别是除了个体社会特征之外的影响因素。当前的文献中更多的是从不同学科视角强调个体的社会人口经济特征对评价态度的影响。例如，经济学家关注的是个体收入、就业状况、家庭财富的积累对政府工作评价的影响（Kinder & Kiewiet，1979），社会学家则可能关注教育水平、社会地位、政治倾向、性别对政府相关政策评价的影响（Dietz *et al.*，2007），社会心理学则从公众的信任水平、对风险的认知来考察对政府工作评价的影响（Cin，2012）。本章采取多维的、综合的视角来考察影响政府环保工作评价的因素。

第一层次是个体的社会人口经济特征变量。国内外的研究都表明，个体的社会人口经济特征对政府的公共政策意见有着一定的影响，对政府环保工作的评价就是属于政府的公共政策意见的一种。早先的社会思想家，例如霍布斯就认为，人类的主要动机就是自利（霍布斯，1985）。尽管有很多学者对这一观点持批评态度，但是不少理论就是根据这一推论衍生出来的，例如理性选择理论和社会交换理论。公众对政府有着比较正面的评价在于他们认识到政府能满足他们对公共和私人产品的需求，有能力处理经济、社会、政治风险，例如通货膨胀、失业、外交危机。如果政府没有能力满足他们的各种需求，那么他们对政府就会有着比较负面的评价。

一系列国内外的研究表明个体的社会人口经济特征和他们对政府环境政策的评价有着密切的相关关系，但是能用社会人口经济特征来解释总的方差所占比例都比较小。例如，有学者就指出，年龄、性别、政治倾向对政府的环境政策态度有着显著的相关关系（Konisky *et al.*，2008）。国内现有的经验研究已经表明，公众对政府环保工作的评价和他们自身的社会属性有着密切的关系，但是在对中央政府和地方政府环保工作的评价上，同一社会群体的评价不尽相同。例如，收入低的群体对中央政府的环保工作评价高，但是对地方政府环保工作的评价低（卢春天等，2014）。尽管个体的社会人口经济特征对政府环保工作的评价有影响，但是他们的社会心理变量对政府环保工作评价的影响更大。

第二层次的影响来自公众的社会心理变量。首先考察对政府信任水平

的影响。信任是良好社会秩序的基础，是一个社会复杂系统的简化（卢曼，2005：10-11）。同理，政府信任是一种公民与政府的互动关系，指公众对于政府权威机构和组织的行为的一种评估，其标准是公众的期望是否得到很好的实现（Mishler & Rose，1997）。政府信任水平高，说明公众对政府的各项期待得到了很好的实现，反之，说明公众对政府的工作不满意或者不认可。从国外的研究表明，公众对政府绩效的评价或者政策的支持和他们对政府的信任水平有着密切的关系（Chanley，2002；Chanley et al.，2000）。因此提出假设1：公众对中央政府信任水平越高，他们对中央政府环保工作的评价就有可能越高。

其次是环境关心水平的影响。尽管国内外对环境关心测量还存在着一些争议（Dunlap & Jones，2002；洪大用，2006；卢春天、洪大用，2011），但是毋庸置疑，环境关心水平与环境友好行为在统计学上有着一定的正相关关系。当公众的环境关心水平提升后，除了更乐意从事环境友好行为，他们对优良的环境这一公共物品会更加期待。有理由认为，公众对政府作为环境监督、管理、治理的主体会提出更严格的环境治理要求。即使在客观环境没有恶化的情况下，公众因为环境关心水平的提高，也会认为政府没有履行环境保护的责任，因而对政府环保工作的评价就降低。因此提出假设2：公众环境关心水平越高，他们对中央政府环保责任的期待就越高，因而对中央政府的环保工作评价就有可能越低。

最后是公众对环境问题严重性的感知的影响。对环境问题是否严重的判断很大程度上取决于公众的认知或感知。有些环境问题客观地对人类的生活或者生产有着重要的影响，但是如果公众没有感知到这些问题的存在，他们就有可能忽视其带来的风险。反之，如果公众从不同的渠道感知到环境问题及其危害的存在，他们就会认为政府有必要采取措施减少环境风险给公众带来的危害，所以有充分的理由认为，当公众对环境问题严重性的感知比较高的时候，他们有可能认为政府没有履行环境保护的责任，因而对政府的环保评价较低。因此提出假设3：公众对环境问题严重性感知得分越高，他们对中央政府环保工作的评价就越低。

第三层次的影响来自宏观社会背景变量。宏观的经济增长和环境污染有着复杂的关系，最为出名的莫过于环境库兹涅茨曲线（environment Kuznets curve，EKC）。该曲线最早由美国学者格罗斯曼与克鲁格曼

(Grossman & Krueger，1991）提出，他们通过对 42 个国家的相关数据进行分析，发现部分环境污染物（烟尘、二氧化硫等）排放量与经济增长之间的关系类似于反映收入分配和经济增长的库兹涅茨曲线一样，也呈现倒 U 形曲线关系。即在经济发展初期，经济的增长会加剧环境污染，但是一旦经济增长突破某一特定"转折点"，随着继续增长反而有利于环境质量的改善。这一假说提出后，引起了学者们的广泛重视，许多相关经验研究由此展开，主要检验各种环境污染物与经济增长之间是否符合倒 U 形的 EKC 关系。假设这一曲线存在，那么拐点处于何种位置？

国内外学者的实证研究更多地从经济学的视角来考察环境污染与经济增长的关系，发现它们具有多种表现形态，单调递减、U 形、倒 U 形、N 形和倒 N 形五种关系，这主要取决于地区和污染指标的选取（张成等，2012）。无论是哪种表现形态，决定了它们之间的关系是否是双赢和双输的拐点取决于规模效应、技术效应与结构效应。从经济增长和环境污染双赢的视角看，可以推断随着经济发展使得收入提高，从而更加注重环保并且投入更多资源。一方面，这使得环境的质量在客观上有所好转。另一方面，公众对良好环境的需求越来越大。当公众对良好环境的需求与政府所能提供的优良环境这一公共产品相匹配时，公众对政府环保工作会采取更乐观的评价；当公众对良好环境的需求远超政府所能提供的优良产品时，公众对政府环保工作的评价可能远不如他们对政府经济工作的评价。从双输的结果看，经济发展会伴随着环境破坏，环境的破坏使得经济的增长不可持续，这就使得公众对政府的各项工作（包括经济和环保）更趋于负面评价。基于中国经济经过 30 多年的快速发展已经由低收入国家跃升至中等收入国家，但是中央政府对环境治理的要求还远低于公众对环境的期盼，因此在宏观层次上提出假设 4：所在地区的富裕程度越高，公众对中央政府环保工作的评价就越低。

个体的态度是在一定社会背景中形成的。以往对个人态度的研究更多的是关注个体层次的变量对态度的影响，忽视了个人态度的形成总是根植于一定的社会互动情境中，离不开所处的社会宏观层次的变量的影响。同样，对政府环保工作的评价不仅与所在地区的社会经济发展水平而且和污染程度有着一定的关系。英格尔哈特（Inglerhart，1995）通过研究发现，在特定国家中公众对环境保护的支持既来自客观的物质环境也来自主观的后物质主义价值观。这里的客观物质环境主要是当地的污染程度。更深一步思考,可以假定所在地方的污染程度必然影响公众的环保支持,进而也会影响公众对中央政府环保工作的评价,由此自然而然引申出假设5:所在地区的污染程度越高,公众对中央政府环保工作的评价就越低。

综上所述,尽管影响公众对政府环保工作评价的因素是多层次、多维度的,但是本章更多关注的是社会心理和客观社会情境变量的影响。通过对中国综合社会调查的分析,试图从多层次探索影响公众对中央政府环保工作主观评价的因素。更准确地说,就是关注公众的社会心理变量(对中央政府信任水平、对环境问题的感知、环境关心水平)和经济发展、工业污染程度对公众对政府环保工作评价的影响,并且试图了解公众对中央政府环保工作的主观评价在 2003 年和 2010 年之间的变化。

二、数据和方法

本章采用的数据结合了个人层次和省级层次的数据。个人层次的数据主要是中国综合社会调查(CGSS2010)数据,采用多阶分层概率抽样设计,其调查点覆盖了中国 31 个省级行政区划单位(不包括港澳台地区)。随后在进行比较分析的时候再增加了 CGSS2003 数据,2003 年问卷中有关环境部分的有效样本数是 5 073 个。

CGSS2010 除了核心模块外,同时包含了国际社会调查合作组织(ISSP)环境模块、国际社会调查合作组织宗教模块以及东亚社会调查(EASS)健康模块。对于这三个模块,调查者通过随机数来决定受访者回答哪一个模块。这样,被调查者回答每一个模块的概率是相等的,这三个模块形成的三个子样本也具有同样良好的全国代表性,同时也具有同样水平的抽样精度。其中环境模块的样本数是 3 716 个。对缺失值,我们采用两种处理方法。对于一些重要连续变量的占比例较大的缺失值,例如收入、教育、环境关心水平,采取均值替代的方法,而分类变量中,由于缺失值占样本比例很小,不到 1%,直接把这些缺失值删除后再进行分析,最后得到的样本数是 3 663 个。

省级层次的数据来自 2010 年中国城市统计年鉴,包括 30 个省级行政单位的宏观经济发展和环境污染指标(不含港澳台地区;由于来自西藏的样本数只有 2 人，西藏也没有被纳入总的分析）。从 CGSS 抽样过程来看，分层整群抽样有可能产生集群效应，这就违反了普通最小二乘回归方法所假定的每个个体是相互独立的假设。同时考虑到嵌入式的数据结构和中国地区的经济发展水平和污染量排放不一，在这里采用的是多层次分析模型检验个体层次和省级层次对政府环保工作主观评价的影响。

（一）个人层次变量

因变量在问卷中设置如下："在解决中国国内环境问题方面，您认为近五年来，中央政府做得怎么样？"对这个问题的回答分别为：1，片面注重经济发展，忽视了环境保护工作；2，重视不够，环境投入不足；3，虽尽了努力，但效果不佳；4，尽了很大的努力，有一定成效；5，取得了很大的成绩；8，无法选择。−1，拒绝回答；−2，不知道；−3，不适用。由于回答−1、−2、−3 的比例很低，不到 1.5%，为了方便比较，将回答−1、−2、−3 的比例合并到"无法选择"中。对回答为 1、2、3、4、5 的分别赋值为 1、2、3、4、5，分数越高表明被调查者对政府的评价越高。其中为了能把"无法选择"回答项目纳入分析，假定他们持比较中性的态度，赋值为 3。必须指出的是，这里的因变量是有着 5 个类别的定序变量，为了解释的方便，在模型中操作为连续变量。

个体层次的社会人口经济特征变量包括年龄、性别、受教育程度、居住地类型、收入水平、政治面貌和宗教信仰。年龄是连续变量。性别编码中男性为 1，女性为 0。受教育程度方面，没有受任何教育赋值为 0，小学和私塾赋值为 6，初中赋值为 9，高中、中专赋值为 12，大专赋值为 14，本科赋值为 16，研究生及以上赋值为 19。居住地类型中城市为 1，农村为 0。收入水平是个人上一年总收入，为连续变量。政治面貌为二分变量，中共党员为 1，非中共党员为 0。宗教信仰为二分变量，有宗教信仰的为 1，无宗教信仰的为 0。

个体层次的社会心理变量包括：对中央政府的信任水平、环境关心水平、对环境问题严重性感知。对中央政府的信任水平这个问题的回答分别如下：1，完全不可信；2，比较不可信；3，居于可信与不可信之间；4，比较可信；5，完全可信。对这五个回答选项，分别赋值为 1、2、3、4、5。分值越高表明被调查者对中央政府的信任度越高。它们的缺失值分别占总样本数的 0.5% 和 0.6%，我们分别用均值去替代。

环境关心水平，对于该表在中国的适用情况，国内的学者有了比较充分的讨论，认为中国版本 NEP 量表（CNEP）包括 10 个项目的测量效果更好（肖晨阳、洪大用，2007），也就是选取其中的第 1、3、5、7、8、9、10、11、13 和 15 个项目。基于 CGSS2010 数据，洪大用等（2014）对这一量表进行了再分析，结果认为，中国版本的 NEP 量表更加适合实际情况。本章采用中国版本的 NEP 量表（共 10 项）（洪大用等，2014）。对每项问题的回答分别为：1，完全不同意；2，比较不同意；3，无所谓同意不同意；4，比较同意；5，完全同意；8，无法选择。其中项目 1、3、5、7、9、11、13、15 属于正向问题，8、10 属于反向问题，"无法选择" 并入 "无所谓同意不同意"。对正向问题，从 "完全不同意" 到 "完全同意" 分别赋值为 1、2、3、4、5。对负向问题，从 "完全不同意" 到 "完全同意" 分别赋值为 5、4、3、2、1。为了分析的简洁，通过对 CNEP 做信度分析，得到克朗巴哈系数为 0.77，可以认为这个量表有着较高的信度，通过对这 10 个项目的加总得到环境关心水平得分，范围从 10 到 50。

从心理学的 "刺激-反应" 的视角出发，对政府环保工作评价的 "反应" 和公众对环保状况的感知这一 "刺激" 因素也是紧密联系在一起的。在 CGSS2010 的问卷中，询问了受访者对整个环境状况的判断："根据您自己的判断，整体上看，您觉得中国面临的环境问题是否严重？" 对该问题的回答分别有 6 项：1，非常严重；2，比较严重；3，既严重也不严重；4，不太严重；5，根本不严重；8，无法选择。为了分析的一致，把 "无法选择" 归到选项 3。在问卷中 18 人 "拒绝回答，不知道和不适用" 作为缺失值，没有纳入数据分析中。为了研究的方便，对这一变量进行了反向编码，得到的结果为：5，非常严重；4，比较严重；3，既严重也不严重；2，不太严重；1，根本不严重。

（二）省级层次变量

省级层次变量分别有 4 个：对于经济发展采用两个指标，第一个为各省的人均 GDP（万元），第二个为各省的 GDP 增长速度；对于工业污染也包括两个指标，第一个为二氧化硫排放量，包括工业二氧化硫和生活二氧化硫排放量，第二个是烟尘排放量，包括工业烟尘和生活烟尘排放量的总和。选择这两个指标主要是借鉴了格罗斯曼与克鲁格曼 1991 年提出的空气污染指标，另外一个原因是这两个指标都是大气污染物的重要来源。鉴于当前的中国能源结构主要还是依靠煤和石油，它们燃烧时会生成二氧化硫，而烟尘属于颗粒状污染物，和日常的生产、生活密切相关。按粒径大小，烟尘又可分为降尘和飘尘。钢铁、有色金属冶炼，火力发电，水泥和石油化工企业的生产过程，车辆和飞机的排气，以及垃圾焚烧、采暖锅炉和家庭炉灶排出烟气等，都是烟尘污染的主要来源，其中以燃料燃烧排出的数量最大。关于各类变量的描述见表 17-1。

表 17-1　　　　　　　　　　变量描述

变量名称	均值	标准差	样本数	变量描述
对中央政府环保工作的评价	3.16	1.01	3 663	连续变量
社会人口经济特征变量				
年龄	47.31	15.74	3 663	连续变量
受教育程度	8.87	4.46	3 663	连续变量
收入（万元）	1.91	5.65	3 663	连续变量
性别	0.47	0.49	3 663	男性＝1，女性＝0
政治面貌	0.13	0.34	3 663	中共党员＝1，其他＝0
宗教信仰	0.12	0.32	3 663	有宗教信仰＝1，其他＝0
居住地	0.64	0.48	3 663	城市＝1，农村＝0
社会心理变量				
对中央政府的信任水平	4.37	0.79	3 663	连续变量
环境关心水平	37.02	5.48	3 663	连续变量
对环境问题严重性感知	3.78	0.93	3 663	连续变量
省级层次变量				
GDP 增长速度	13.47	1.82	30	连续变量
人均 GDP（万元）	3.35	1.81	30	连续变量
二氧化硫排放量（万吨）	73.79	42.06	30	连续变量
烟尘排放量（万吨）	28.25	17.67	30	连续变量

(三) 模型设定

为了验证上述假设，在接下来的分析中，我们采取了如下的分析步骤。首先是零模型，也叫单因素方差分析模型，就是在个人层次和地区层次都没有解释变量。模型可以见如下公式 1：

$$层次 1 个人层次：Y_{ij} = \beta_{0j} + r_{ij} \qquad r_{ij} \sim (0, \sigma^2) \tag{1}$$

$$层次 2 省级层次：\beta_{0j} = \gamma_{00} + u_{0j} \qquad u_{0j} \sim (0, \tau_{00}) \tag{2}$$

其中 Y_{ij} 是对成员 i 在 j 省对中央政府环保工作评价的得分，β_{0j} 是在 j 省的对政府环保工作评价的平均得分，r_{ij} 是残差，服从均值为 0、方差为 σ^2 的正态分布，σ^2 代表了在同一省份环保评价的变异程度。γ_{00} 是总的对政府环保工作评价的得分，u_{0j} 服从均值为 0、方差为 τ_{00} 的正态分布，τ_{00} 代表了对政府环保评价在不同省份之间得分的变异程度。这个模型的目的就是要分解总的方差在个体层次和地区层次分别是多少，而且还可以计算组内的相关系数（intra-class correlation coefficient，ICC）。ICC 可以被定义为 $\tau_{00} / (\tau_{00} + \sigma^2)$，这个系数高表明了组间变化多，反之就说明组内变化可以解释的总方差高。

在接下来的模型中，与假设相关的变量被分别加入模型中。在模型 2 中，加入社会人口经济特征变量，这个模型主要是检验社会人口经济特征变量对政府环保工作评价的影响。在模型 3 中，加入社会心理变量，即对中央政府的信任水平、环境关心水平和对环境问题严重性感知，主要是验证前三个假设。在最后的模型 4 中，加入省级层次的变量人均 GDP 和 GDP 增长速度、二氧化硫排放量和烟尘排放量，目的是评估省级层次变量对中央政府环保工作评价的影响，检验后两个假设。

本章使用随机截距模型，其中模型的截距就是省级层次对政府环保工作评价的平均得分。在随机截距模型里面，每组的差别是根据因变量的平均值来变化的。随机截距是唯一的组效应，个人层次的每个回归系数在这些模型里面是固定的。因为数据分析使用的软件是 HLM 软件，这一软件预设了运用完全最大似然法去估计各个参数的值。因为在自变量中存在不同的测量水平，为了便于比较，我们对所有的自变量进行了标准化处理。最后得到的模型结果见表 17 - 2。

表 17 - 2　　　　　公众对中央政府环保工作评价的多层分析

模型	模型 1	模型 2	模型 3	模型 4
固定效应	系数 （标准误）	系数 （标准误）	系数 （标准误）	系数 （标准误）
截距	3.24*** (0.057)	3.24*** (0.057)	3.24*** (0.057)	3.24*** (0.057)
个人层次变量				
年龄		0.066*** (0.014)	0.031** (0.013)	0.031** (0.013)
受教育程度		−0.116*** (0.022)	−0.066*** (0.021)	−0.066*** (0.021)
收入（万元）		−0.027 (0.019)	−0.022 (0.015)	−0.022 (0.015)
性别（男性＝1）		0.053*** (0.018)	0.05*** (0.018)	0.05*** (0.018)
政治面貌		0.031* (0.017)	0.034** (0.017)	0.034** (0.017)
宗教信仰		−0.006 (0.014)	−0.001 (0.014)	−0.001 (0.014)
居住地		−0.038 (0.027)	−0.005 (0.026)	−0.005 (0.026)
对中央政府的信任水平			0.164*** (0.018)	0.164*** (0.018)
环境关心水平			−0.081*** (0.028)	−0.081*** (0.028)
对环境问题严重性感知			−0.091*** (0.023)	−0.091*** (0.023)
省级层次变量				
GDP 增长速度				−0.01 (0.059)
人均 GDP（万元）				−0.133** (0.057)
二氧化硫排放量（万吨）				0.077 (0.067)
烟尘排放量（万吨）				−0.183*** (0.057)
随机效应	方差成分 (χ^2)	方差成分 (χ^2)	方差成分 (χ^2)	方差成分 (χ^2)

续前表

模型	模型 1	模型 2	模型 3	模型 4
省级政府环保工作评价平均得分	0.089 *** (252.79)	0.089 *** (260.58)	0.081 *** (272.73)	0.074 *** (182.91)
层一效应	0.98	0.954	0.913	0.914

* $p<0.1$, ** $p<0.05$, *** $p<0.01$。

个人层次模型：

$$Y_{ij} = \beta_{0j} + \beta_{1j}(X_1) + \beta_{2j}(X_2) + \beta_{3j}(X_3) + \beta_{4j}(X_4) + \beta_{5j}(X_5) + \beta_{6j}(X_6) + \beta_{7j}(X_7) + \beta_{8j}(X_8) + \beta_{9j}(X_9) + \beta_{10j}(X_{10}) + r_{ij}$$

(3)

省级层次模型：

$$\beta_{0j} = \gamma_{00} + \gamma_{01}(W_1) + \gamma_{02}(W_2) + \gamma_{03}(W_3) + \gamma_{04}(W_4) + \mu_{0j} \quad (4)$$
$$\beta_{qj} = \gamma_{q0}, q=1,2,\cdots,10 \quad (5)$$

在模型中，个人层次变量包括 X_1（年龄）、X_2（受教育程度）、X_3（收入）、X_4（性别）、X_5（政治面貌）、X_6（宗教信仰）、X_7（居住地）、X_8（对中央政府的信任水平）、X_9（环境关心水平）、X_{10}（对环境问题严重性感知）。省级层次变量包括 W_1（GDP 增长速度）、W_2（人均 GDP）、W_3（二氧化硫排放量）、W_4（烟尘排放量）。

三、模型结果

表 17-2 的模型 1 显示了两层的完全无条件模型，从模型结果可知总的方差有多少是分别可以被个人层次和地区层次解释的。我们可以看到对层一效应的方差点估计是 0.98，远远大于层二的方差点估计（0.089）。通过计算组内相关系数（ICC）的值为 0.08，也就是说人均对中央政府环保工作评价的方差的 8.6% 是属于不同省份之间的差异。进一步分析可以发现，层二的方差估计其实就是对各个省份在人均主观评价得分的方差进行分析，如果各个省份的人均主观评价得分没有显著的差别，那么对层二方差的卡方统计检验应该是不显著的，然而数据的结果表明对层二方差的检验是显著的，卡方值为 252.79，自由度为 29。这也表明了不同省份之间在对中央政府环保工作评价得分上可以从个人层次和地区经济及环境水平等特征方面来解释。

模型2中，所有的个人层次变量都加入分析后发现，年龄、受教育程度、性别和政治面貌对中央政府环保工作评价的得分有着显著的相关关系。其中，年龄越大的人，对中央政府的环保工作评价越高。和女性相比，男性对政府环保工作评价的得分也更高。另外，政治面貌对政府环保工作的评价也有着显著的影响，考虑到党员和非党员在政治忠诚度上的差别，也就不难理解党员对政府环保工作的积极评价要更高一些。此外，模型2的结果表明，人均年收入水平、是否有着宗教信仰和居住地类型对政府环保工作的评价没有显著的影响。从标准化回归系数的比较来看，在个人层次上，对政府环保工作影响最大的是受教育程度，受教育程度越高的人对政府环保工作评价越低。

模型3中，加入了社会心理变量：对中央政府的信任水平、环境关心水平以及对环境问题严重性感知。个人层次的方差分别从0.98到0.953，省级层次的方差基本保持不变。这一变化表明，社会心理变量在模型中对个人层次的方差有着一定的解释作用。从对中央政府的信任水平与对政府环保工作的主观评价得分来看，它们之间有着显著的正相关关系，这说明了公众对政府的信任水平越高，他们对中央政府环保工作的评价就越高，假设1得到了数据支持。环境关心水平和对环境问题严重性感知的标准化回归系数分别为-0.081和-0.091，这表明环境关心水平越高，公众对中央政府的环保要求就越高，对中央政府的环保工作评价就可能越低，假设2获得了支持。同样，公众感觉到的环境问题越严重，他们对政府的环保工作就越不满意，认为政府的环保工作没有做好，假设3也得到了数据证实。从上述三个社会心理变量的标准化回归系数可以看出，对中央政府的信任水平的影响最大。从方差被解释的比例来看，当我们加入社会心理变量的时候，个人层次的方差从0.089减少到0.081，相当于有9.0%的个人层次的方差能够被社会心理变量解释。

模型4中，加入了两个经济发展指标即GDP增长速度和人均GDP（万元）和两个所在地区工业污染指标即二氧化硫排放量和烟尘排放量。表17-2显示，当控制了个人层次的变量后，人均GDP越高的地区与对中央政府环保工作的评价呈现显著的负相关，这表明了公众在满足一定物质需求后，他们对良好的环境有着更迫切的要求。可以说越富裕的地区，公众对良好环境的要求就越迫切，对政府的环保工作评价就越为严格，假设4

得到验证。但是必须指出，GDP 的增长速度和对中央政府环保工作的评价却没有显著的相关关系，而且 GDP 的增长速度也和人均 GDP 水平没有显著的相关关系。这说明，经济增长速度不必然促使政府的环保绩效评价得到提升。在对良好环境需求超过物质需求的时候，政府一味追求 GDP 的增长速度，反而使得公众认为政府忽视环保工作。

从工业废气污染指标来看，烟尘排放量越高的地区，对中央政府环保工作的评价就越低，而二氧化硫排放量和对中央政府环保工作的评价没有统计上的相关关系。烟尘和二氧化硫排放的一个显著区别是烟尘的排放更容易被公众观察到，因为烟尘的主要成分就是燃料的灰尘颗粒物、未燃尽（炭黑）颗粒物、其他颗粒物质等，这些颗粒物多数能够为肉眼所见，而且近年来雾霾和细颗粒物 $PM_{2.5}$ 迅速进入公众视野，使得公众对这一环境问题高度关注。相比之下，二氧化硫是一种无色有刺激性气味的气体，大量排入大气中会形成酸雨，尽管对公众健康危害也很大，但是远不如公众对导致雾霾的各类颗粒物的关注。可以说，公众关注的可见空气污染越多，越使得公众感觉到政府环保工作的不足，因此假设 5 得到了部分证实。可以认为，公众更容易观察到的空气污染越是严重，公众对中央政府环保工作的评价就越低。从方差被解释的比例来看，当我们加入地区变量的时候，地区层次的方差从0.081 减少到 0.074，相当于有 8.6% 的方差能够被地区层次的变量解释。

四、总结与讨论

必须认识到，CGSS2010 的数据只是表明公众在这一时点上对中央政府环保工作的主观评价，通过回溯 CGSS2003 的数据，使得我们更进一步了解公众在 8 年中对中央政府环保工作评价的历时性变化。由于 2003 年 CGSS 环境数据只调查了城市居民，因此在历时性对比分析中也只限于城市（见表 17-3）。

表 17-3   对中央政府环保工作的评价不同时点对比   单位：%

对中央政府的环境保护工作的看法	2003 年	2010 年
回答选项	城市（1）	城市（2）
1. 片面注重经济发展，忽视了环境保护工作	3.55	8.51
2. 重视不够，环保投入不足	11.89	17.09
3. 虽尽了努力，但效果不佳	29.37	39.79

续前表

对中央政府的环境保护工作的看法	2003 年	2010 年
4. 尽了很大努力，有一定成效	40.76	27.56
5. 取得了很大的成绩	10.33	7.05

　　从 2003 年和 2010 年的数据可以看到城市居民对中央政府环保工作的消极和中性评价（项目 1、2、3）的比例从 2003 年到 2010 呈上升的趋势，而积极的评价（项目 4 和项目 5）在这 8 年中呈下降的趋势。尽管存在着不同的组织或者个人要为环境问题负责，但是不可否认的是，公众对政府的环保责任寄予非常大的希望。CGSS2010 数据显示，49％的受访者认为政府需要为环境恶化负责；相比之下，只有 6.6％的人认为个人要为环境承担责任。必须认识到公众对中央政府环保工作的正面评价呈现下降趋势，其中的原因是复杂的、多层次的。

　　首先，在个体社会人口经济特征上，分析显示，公众收入水平的高低和他们对政府环保工作的评价没有明显的相关关系。但是，年轻的一代对政府环保工作更是趋于消极评价，受教育程度更高的人，由于信息来源更广，对政府的环保工作评价也持更为审慎的态度。从性别上看，男性比女性对政府的环保工作给予更高的评价，这究竟是因为他们各自的社会化过程的不同抑或其他原因，还有待于进一步深究。女性在社会化过程中被鼓励更富有同情心并扩展到对自然的保护性态度，因而对政府环保工作的评价更趋于保守，而男性的社会化导向更多是养家糊口的重任，使得他们更多考虑经济增长和资源的开发利用。从政治面貌来看，党员对政府环保工作的评价要比非党员更高，这也从侧面反映了政治忠诚度在政府各种绩效评价工作中是一个不可忽视的因素。

　　其次，必须看到，回归分析中社会心理变量对政府环保工作的评价都有着显著的影响。随着公众受教育水平的提升和大众媒体的普及，公众的环境关心水平也得到了提升，使得公众对良好环境的需求更加迫切，对政府的各项环保努力会以更加严格的眼光加以审视。此外，由于经济发展而导致的环境的客观变化是否能够获得公众的感知也是决定公众评价态度的一个重要因素。从环境建构主义的视角出发，公众感知环境问题的严重性通过两个途径，一个是大众媒体对环境议题的报道和传播，另外一个是公众亲历的感觉。通过这两个途径形成的对环境问题严重性的感知自然而然会影响他们对政府环保工作的评价。

对比 2003 年和 2010 年的 CGSS 城市数据表明，城市居民对环境问题严重性的感知上，在"根本不严重""不太严重""比较严重"的项目回答比例上差别不是特别大，但是在"既严重也不严重"项中比例从 2003 年的 24.74%减少到 2010 年的 14.06%。在"非常严重"的项目上，2003 年比例为 17.31%，到了 2010 年这一比例达到了 24.38%。可以说和 2003 年相比，2010 年有更多的公众感知到中国的环境问题"非常严重"。这也从侧面反映了公众对政府环保工作评价的变化，也有可能是客观环境逐步好转，但是他们对环境问题的严重性感知没有得到提升。

另外，还有一个重要的因素就是对政府环保工作的评价与公众对政府的信任度密切相关。公众对政府的信任水平越高，对政府环保工作的评价越高。公众对政府环保工作消极评价的比例增多与其对政府信任度下降可能有着一定的关系。

最后，从地区宏观的经济指标来看，经济富裕程度和公众对政府环保工作评价有着显著的负相关关系，而 GDP 的增长速度和公众对政府的环保评价没有显著的相关关系。这也暗示，当前中国发展应该调整以追求 GDP 增长速度为导向的发展模式，从而转到以生态文明建设为目标的主轴上来。必须看到，尽管经济发展促进了地区富裕程度，但是也使得公众对政府的环保工作评价采取更为严格的态度，这也从侧面反映了随着生活水平的提高公众强化了对良好的、优质的自然环境的追求。

在可预见的未来，随着公众的富裕程度提升，政府面临的环境保护工作的压力会增大，主要有两个原因：一是公众环境关心水平的提升，对政府的环保监管角色赋予更大的希望，另一个是经济自身发展带来的更多能源和资源消耗。从工业污染指标来看，可见的、直观的工业污染物的排放量越多，公众对政府环保工作的评价越低。相反，一些不易察觉的工业污染，尽管排放总量也达到了一定的程度，但是却不容易为公众所感知。这两者的对比也表明了公众对政府环保工作的评价并不是全面的、综合的，更多的是基于他们自身的感知、需求。

综上所述，通过对影响公众对中央政府环保工作的评价的多层因素分析，我们可以认为公众对政府环保工作的评价不仅基于他们的主观感受，同时也与地区的富裕程度、环境污染等客观存在密切相关。在主观感受上，本章从公众的环境关心水平、公众对环境问题严重性感知和公众对中央政府的信任水平来考察公众对政府环保工作的评价。对比分析可以看到，过去 8 年中公众对环境问题严重性感知得到了进一步增强。另外一个不可忽视的因素就是公众对中央政府的信任水平，这些因素共同促进了公众对政府环保工作的评价，究竟这三者之间的关系如何，是否存在公众信任水平的中介效应还需要进一步研究。

从客观的经济指标来看，GDP 的增长速度并不能增强公众对政府环保工作的认同感，以 GDP 增长速度为中心的发展模式到了必须调整的时候。再者，从马斯洛的需求层次理论出发，公众的富裕程度会促使公众对环境保护有着更高的要求，但是人均收入的增多也意味着政府能够在环境治理上获得更多的财政支持。研究还表明，环境的客观污染水平和公众对政府环保工作的评价密切相关。必须指出的是，公众对政府环保工作的评价更多的是基于自身可见、可感知的环境污染。

公众对政府环保工作评价的过程是作为社会行动者的个体层次特征和其所置身的宏观社会经济背景共同作用的过程。这就要求国家环保政策的制定及其执行者不仅要关切社会个体的环保需求和感受，同时要着力于改善这些需求和感受所处的社会环境。本章通过构建多层次、主客观相结合的模型来考察公众对政府环保工作评价的各类影响因素，并且希望这一分析结果能为政府环境政策的制定和执行提供一些借鉴。

第18章　中国现代环保主义

　　绿色意识形态的形成是社会绿色化的又一个重要标志。当代中国，无论民间还是政府，对于环境问题的关心和讨论都在与日俱增，环境保护的重要性也早已不言而喻。以"环境问题""环境保护"为主题的相关报道频繁见诸国内报刊、电视、网络和影视作品之中，提示我们以保护生态自然环境为基本诉求的现代环境保护主义（modern environmentalism，简称"现代环保主义"）思潮正在中国社会蔚然兴起，在思想文化领域内唤醒了越来越多的人对环境问题的关注并反思人类自身行为对生态系统的消极影响，对当前中国的生态文明建设和环境治理实践具有重要的指导意义。基于社会学中的意识形态理论，本章尝试系统梳理现代环保主义及其自20世纪70年代以来在中国的发展历程，并对当代中国现代环保主义成长的动力机制和实践制约因素进行分析。

一、作为意识形态的现代环保主义

　　虽然"环保主义"常见于目前的学术研究中，但却鲜有研究者对之进行过认真反思，以至于我们很难找到与之相关的明确学术定义。根据维基百科的词条解释，环保主义是指"对保护或者改善自然环境的一种倡导性观点或主张（尤其体现为以控制环境污染为诉求的政治、社会运动）"，其具体目标还包括控制人口增长、保护自然资源、限制现代技术的负面影响以及向环境友好型政治经济组织形式转型。① 美国生态学家马左蒂（Mazzotti，2001）将环保主义界定为"基于自然环境应该要被保护之共识的一种思维方式和一场政治实践运动"，从地方层次到国家乃至全球层次的环保活动实践都是环保主义多样化形式的彰显。马左蒂还指出，环保主义者的主张可以分为以下三类：一是健康性主张，即阻止环境污染对人类身体的毒害；二是经济性主张，即保护有价值的自然资源可持续利用；三是美学性主张，即寻求更适宜人类居住生活的地方场所。

　　从以上两种关于环保主义的概念阐述中，可以概括出环保主义如下三个特征：其一，环保主义面向的是社会系统中的自然环境要素，指向具体的生态环境问题；其二，环保主义具有鲜明的价值取向，即人类应当保护生态和自然环境；其三，环保主义的诸多主张与西方社会长期盛行的以"人类征服/支配自然"为核心的人类中心主义、物质主义等其他社会思潮在立场上存在根本区别，甚至直接对立。综合来看，我们对环保主义界定如下：环保主义是一种关注环境与人类社会之间关系的、明确以保护生态自然环境为取向的一组相互关联的思想观念和价值信念。进一步，我们将环保主义区分为传统环保主义和现代环保主义。

　　从历史源流来看，环保主义的相关理念最早可以追溯到 18 世纪欧美社会精英阶层中的"阿卡狄亚"田园主义（Arcadianism），发轫于 19 世纪末20 世纪初美国社会的资源保护主义（conservationism）也被视作环保主义的前身（沃斯特，1999）。前者旨在追求一种人与自然和谐共处的生活方式，后者主张有节制地开发和利用自然资源。应当说，在中国传统文化中，

---

　　①　参见维基百科"environmentalism"词条（http：//en. wikipedia. org/wiki/Environmentalism）。

亦有与环保主义理念相契合的社会思想，如"天人合一""敬天畏神"等思想都主张顺应自然规律和颂扬人与自然的和谐共生关系。需要指出的是，以上这些国内外早期社会思想在历史上主要局限于少数知识分子和精英阶层，对于广大社会民众影响十分有限，因而也并未引起社会行动层面的显著改变。尽管如此，以上这些社会思想大体上符合我们对环保主义的界定，因此可以被看作传统环保主义。

20世纪五六十年代，伴随工业化和城市化进程的快速推进，西方国家环境污染问题的集中爆发成为现代环保主义产生的直接动因。1962年，美国女性生物学家蕾切尔·卡逊（Rachel Carson）的著作《寂静的春天》问世，该书对杀虫剂带来的环境污染和进一步的生态系统退化表达了深深的忧思，并对与之利害攸关的经济生产部门进行了猛烈抨击，在美国乃至全球社会引起强烈反响（卡逊，2014）。此书是首部以环境保护为主题的著作，也被公认为一部开启了全世界现代环境保护事业的著作。此后，环境议题开始进入公众视野，公众开始在一种新的意义上关注并思考环境与社会之间的关系。其后十年，环保主义蓬勃发展，并在欧美社会引起了此起彼伏的环境保护运动。1970年，首届"地球日"（Earth Day）活动在美国举办。据估计，美国各地有超过2 000万民众参加了相关的游行示威和演讲会。这一事件也被研究者们认为是现代环保主义开始广泛流行起来的标志（Dunlap & Mertig，1992）。

现代环保主义的出现与流行实际上是一场关于全社会观念层面和信仰体系的革命，本质上是一种不同于传统环保主义和以往其他意识形态的新型意识形态。所谓意识形态，是指"一组相互联系且相对稳定的价值信念"（刘少杰，2012），是个体认识客观世界和反思个人自身的参照价值标准（俞吾金，2009）。一方面，如前所述，现代环保主义的终极价值是人与自然环境和谐，是一种明确以环境保护作为其价值取向的观念和思维方式。另一方面，现代环保主义是在生态环境不断退化的历史条件下产生的，在当今世界环境问题依然十分严峻的现实情况下，其已经发展成为全球不同国家政府和民众普遍信守的一种理念，具有坚实稳定的社会基础。据此，可以说现代环保主义基本上符合一种意识形态应当具有的特征，它直面现代社会中工业化、城市化伴生的生态危机，倡导以集体性和社会性的环保行动来重塑和改变人类社会与环境之间的关系（Harper，2012）。现代环保主义在其内容和影响方面都超越了传统环保主义，并且日益成为一种制度性的、支配性的新型意识形态。

现代环保主义具有多样的表现形式。意识形态既体现为概念化、逻辑化的理论形式，也以表象化、象征化的感性形式存在（刘少杰，2015）。作为一种意识形态，现代环保主义也兼具理论形式和感性形式。现代环保主义的理论形式是指关于环境保护的系统化、理论化的思想观点，具体又可以分为两种：一种是自然科学家和社会科学家们通过具体的科学研究确立的关于环境问题产生原因、影响和解决机制的具体理论学说，例如生态学中测算一个国家和地区环境承载能力的"生态足迹理论"以及环境社会学中论述未来环境治理趋势的"生态现代化理论"；另一种可以体现为以体系化、制度化形式确立的，旨在实现环境保护的政治思想体系，例如大多数国家和地区经济社会发展战略中的"可持续发展"理念以及中国政府近年来提出的"生态文明建设"纲领。除了理论形式之外，现代环保主义也经常以感性形式存在，即人们在日常生活实践中形成的环境信仰体系。现代环保主义的感性形式既可以体现为环境运动中的环保诉求和公众对环境问题的关注、认知等，也可以包括一些地区关于环境保护的、朴素的"地方性知识"。

依据信守主体的不同，意识形态可以被划分为总体意识形态、群体意识形态和个体意识形态三种不同的层次（刘少杰，2011）。同样，现代环保主义也具有以下三种层次：第一，全球和国家层次的环保主义；第二，群体和地方层次的现代环保主义，也可以叫民间环保主义，一般体现为以环保为宗旨的社会组织、环境运动和公众的环境关心；第三，个体层次的现代环保主义，可以理解为个人的环境关心状况和环保倾向。全球或国家层次的现代环保主义往往体现为关于环境保护的制度纲领、价值体系或指导思想，其具有整体性、抽象性和稳定性的特征。相较之下，民间和个体层次的现代环保主义具有局部性、具体性和流变性的特征。

二、中国现代环保主义的发展阶段

现代环保主义成长于二战后的美国社会，但几乎同一时期很快就在世界范围内遍地开花。新中国成立后至 20 世纪 70 年代以前，由于先后奉行

"联苏反美""遏苏反美"的外交政策，作为一种西方社会意识形态的现代环保主义并未顺势传入中国。彼时，以征服自然、战胜自然为表征的其他意识形态在中国政府和民间社会中都占据主导地位，"人定胜天""改天换地""与天斗、与地斗，其乐无穷""社会主义没有污染"等口号曾在中国社会广为流传。1972 年，第一届联合国人类环境会议在斯德哥尔摩召开，来自全球 133 个国家和地区的 1 300 多名代表出席了这次会议，中国政府也派代表团出席了此次会议，并在会议文件上签字，承诺要与各方合作来共同解决环境问题。如果以这一事件作为中国现代环保事业的开端，现代环保主义在中国的传播已经走过 40 多年的历史，大体上经历了以下四个阶段。

（一）初始阶段（1972—1978 年）

1972 年，中国派代表团出席了联合国人类环境会议，这也是中国恢复联合国席位后参加的第一次大型国际会议。次年 8 月，中国政府就召开了第一次全国环境保护会议，各地方和有关部委负责人、工厂代表、科学界人士共 300 多人参加了会议。此次会议首次对中国环境问题做出了"存在且部分突出"的判断，确立了中国环境保护的 32 字方针，并通过了《关于保护和改善环境的若干规定》。会议之后，国务院立即成立了环境保护领导小组，在其后的数年里对中国一些地区的环境污染问题进行了监测评估和重点治理。

现代环保主义在传入中国之初，就得到了中国政府的"礼遇"。但是，同时期环保主义在其他一些国家民间社会的"燎原之势"却并未在中国显现。在这一阶段，受当时中国社会"以阶级斗争为纲"的路线以及极左思潮的影响，加上当时国内客观环境问题的严重性还不凸显，现代环保主义的社会反响十分有限。与政府制度层面的茁壮发展相脱节的是，这一时期现代环保主义在中国民间并未同样获得接纳，甚至遭遇到其他意识形态的"冷遇"。例如：1978 年 11 月 11 日的《光明日报》提出了"让我们为一切领域的打虎英雄发出衷心赞美"的口号；1978 年 11 月 19 日，中央人民广播电台 3 次广播如何捕捉大熊猫的节目（洪大用，2001）。尽管如此，需要辩证看待的是，也正是在这一时期，环境问题开始真正走入中国公众的视野，公众的环境保护意识开始逐渐萌芽。

（二）制度化阶段（1979—1992 年）

1979 年是一个标志性年份。这一年，《中华人民共和国环境保护法（试行）》首次颁布，标志着中国环境保护开始迈上法制轨道。1982 年，中国政府成立了环保局，后来逐步发展为生态环境部。1989 年，修订后的《中华人民共和国环境保护法》由全国人大审议通过并正式施行。也正是在这一时期，中国政府陆续出台了《中华人民共和国海洋环境保护法》(1982)、《中华人民共和国水污染防治法》(1984)、《中华人民共和国森林法》(1984)、《中华人民共和国草原法》(1985)、《中华人民共和国大气污染防治法》(1987)、《中华人民共和国野生动物保护法》(1988)、《中华人民共和国水土保持法》(1991)、《中国环境与发展十大对策》(1992) 等一系列环境和生态资源保护的法律、政策和法规，并将环境保护确定为基本国策，还确立了走可持续发展道路的国家战略。总的来说，这一时期国家层次的现代环保主义得到了迅速的成长和壮大。

与此同时，民间现代环保主义也取得了一定的发展，但存在着发展滞后和发展不均衡的问题。1990 年 5 月 15 日，国家环保局利用中央人民广播电台午间节目《调查与回声》栏目就环境污染问题对全国听众询问了意见，共收到全国 1 600 多名听众的回复，结果表明：认为当时我国的环境污染与生态破坏"严重"和"非常严重"的听众比例达到了 99%，94.8% 的听众表示"担心"环境污染对个人健康的危害（郗小林、徐庆华，1998）。这至少可以说明，现代环保主义在全国范围内已经开始为部分"有识之士"所认同。但次年在全国城市范围内实施的"中国城市居民环境意识调查"却表明，当时的城市公众更多的是关注生活环境，而并未认识到生态环境与个人的密切联系，且文化程度低的受访者更多地表现出对环境问题的漠视（生活质量课题组，1991）。此外，1985 年之前民间环保组织在中国并不存在，截至 1992 年全国也只有 2 家民间环保组织（Yang，2005）。不难看出，这一时期现代环保主义在中国民间社会的发展势头相对没有其在国家层面那样强劲，较前一阶段虽然有了质的提高并取得了一些成就，但进展相对缓慢。

（三）实践阶段（1993—2002 年）

1993 年，既是中国明确提出建立社会主义市场经济体制后的第一年，也是中国回应《21世纪议程》将环境教育确立为基础教育中的常设科目的一年,环境教育自此成为了国民通识教育中的重要环节。在这一时期,国家层次的现代环保主义仍然在有序地经历着制度化的建构过程,前期确立的环保制度和环保工作方案也开始在这一时期全面实施。1993年,全国人大设立"环境与资源委员会",全国政协也相应设立了"环境与人口委员会",各级政府也纷纷响应成立了环保部门来应对地方日趋严峻的生态环境趋势。1996年至2000年"九五"期间,中国政府确定了污染治理工作的重点——集中力量解决危及人民生活、危害身体健康、严重影响景观、制约经济社会发展的环境问题,其中重点关注河流治理,以及大气主要污染物的控制,同时对主要城市污染进行控制,并在环境问题较为突出的地区推行了"33211"生态环境保护工程[①]。

特别引人注目的是,在这一时期,现代环保主义在中国民间社会和公众中得到了更为广泛的普及。首先,伴随经济的高速增长,城市地区的工业污染问题越来越突出,并不断向乡村地区蔓延,人们越来越能够直观感受到环境问题的危害。其次,一些重大的环境事件引起了全社会对环境问题的高度关注,例如1994年淮河下游的特大污染事故、1998年长江中下游的特大洪涝灾害,中国公众的环境意识水平在此过程中不断提高。与此同时,中国民间环保组织数量在这一时期也在攀升,截至2002年全国共有71家以环境保护为主题的民间组织(Yang,2005)。此外,从2003年全国城市范围内的环境意识调查(CGSS2003)结果来看,虽然公众环境意识整体上仍然存在明显的物质主义倾向和浅层性的问题,但却已经基本能够认识到自然环境对人类社会的重要性,也有相当比例的受访者在日常生活中积极践行环保行为(洪大用,2005)。以上这些说明,中国民间层次的现代环保主义在此期间得到了长足发展。

(四)升华阶段(2003年至今)

2003年以来,现代环保主义在中国的发展开始进入一个全新阶段,并被进一步地全面整合为中国主流意识形态的重要组成部分。2003年,"以人为本""全面、协调、可持续""促进经济社会和人的全面发展"的科学

---

① "33211"生态环保工程中的数字分别代表三河(海河、淮河、辽河)、三湖(太湖、滇池、巢湖)、两控区(氧化硫污染控制区和酸雨控制区)、一海(渤海)和一市(北京市)。

发展观被正式提出，并于中共十七大被写进党章。2005 年，中国政府又相继提出建立环境友好型社会和资源节约型社会。2007 年，中共十七大报告将"建设生态文明"作为中国实现全面小康社会奋斗目标的新要求之一，并明确提出到 2020 年要基本形成节约能源资源和保护生态环境的产业结构、增长方式、消费模式。2012 年召开的中共十八大进一步提出要更加自觉地贯彻落实科学发展观，把生态文明建设放在突出地位，融入经济建设、政治建设、文化建设、社会建设各方面和全过程，努力建设美丽中国，实现中华民族永续发展。生态文明建设的提出和建设实践，是中国政府结合中国历史和现实情况，针对日趋紧缩的资源环境形势做出的重要探索，标志着现代环保主义发展已经进入崭新阶段，并有了更加丰富的内涵。

与此同时，民间层次的现代环保主义蓬勃发展，最突出的体现是全国各地此起彼伏的环境群体性事件。从 2003 年"云南怒江大坝反建运动"到 2007 年"厦门反 PX 运动"，再到近年来的"什邡反钼铜运动""宁波反 PX 运动""番禺反垃圾焚烧厂建设"等，虽然环境保护并不是这些运动的唯一主张，但是却在某些侧面反映了现代环保主义在民间的强大号召力和广阔市场，经由媒体报道之后对于现代环保主义更广泛的社会传播也有着重要意义。国家层次的现代环保主义相应地开始主动探索公众环境参与机制，放宽对民间环保组织发展的限制，积极谋取与民间现代环保主义对话的机会。2003 年，《中华人民共和国环境影响评价法》正式实施，鼓励有关单位、专家和公众以适当方式参与环境影响评价；其后，随着《环境影响评价公众参与暂行办法》(2006)、《环境信息公开办法（试行）》(2007) 的陆续出台以及新环保法的修订 (2014)，民间层次环保主义表达的制度途径越来越多。

回顾现代环保主义在中国四十多年的发展历程，不难发现，这是一个由国家发挥主导作用的意识形态建构过程。换言之，现代环保主义在中国的各个发展阶段都离不开国家对这种新型意识形态的主动接纳、有序推进、积极实践和不断丰富。在这一过程中，现代环保主义首先在国家层次取得了长足发展，并最终被整合进入中国特色社会主义主流意识形态之中；而且，在新时期，民间层次的现代环保主义也在不断发展壮大，并将继续与国家层次的环保主义一同引领和支持新时期中国的社会变革和生态环境治理。

三、中国现代环保主义成长的驱动因素

现代环保主义在当代中国社会的兴起并不是偶然的。从意识形态变迁的角度来看，一种新的社会思潮在某一社会的兴起，可以说是社会制度变迁和社会结构转型在特定社会实践领域的结果。具体来说，现代环保主义在中国的发展壮大过程应是受以下因素共同驱动的。

（一）环境状况恶化与经济社会发展之间的冲突，是现代环保主义能够被政府意识形态接纳并实现制度化、主流化的根本原因

现代环保主义之所以没能在诞生之初传入中国，既与中华人民共和国成立后社会主义主流意识形态下对欧美资本主义国家奉行的外交政策有关，也和当时国内环境问题还不凸显有关。改革开放以来，中国经济社会建设取得了举世瞩目的成就，广大人民群众的物质生活水平得到了很大的改善。但是，随着工业化和城镇化建设的不断推进，生态环境所负载的压力越来越大（曲格平，2013）。与此同时，以面源污染为表征的农村环境状况恶化问题也日趋严重（洪大用、马芳馨，2004；张玉林，2015）。

客观地说，随着 21 世纪以来环保投入的不断加大，我国当前的生态环境危机在一些方面有所缓解，但整体上仍然不容乐观。近年来，全国大规模集中爆发的"雾霾"问题便是对经济社会快速发展中"负效应"的最好例证。据研究估算，仅 2013 年 1 月的雾霾事件，造成的全国交通和健康的直接经济损失保守估计就已经达到约 230 亿元（穆泉、张世秋，2013）。由此可见，严峻的生态环境问题已经明显制约了经济社会的可持续发展。

如果说现代环保主义在传入中国之初其重要性可能还未被充分认识到，那么自 20 世纪 90 年代起到现在，随着生态环境状况的不断恶化日益危及经济社会发展和广大人民群众健康，中国政府对这种新型意识形态的认同程度在不断加深，由此为现代环保主义在中国政府意识形态中的主流化提供了契机。在当前我国经济社会快速发展的大背景下，可以预见，为了实现生态与经济社会的协调发展，现代环保主义与政府意识形态的结合将更加紧密，其内涵将更加丰富，制度化程度将进一步提高。

（二）环境教育的普及，使得现代环保主义在中国民间社会得以迅速壮大

从社会学的视角来看，学校是个体社会化的重要场所，学校教育是个体学习特定社会思想观念和态度的最重要的环节之一。因此，学校教育对意识形态被个体习得以及在更大社会范围内的流行具有决定性的作用。现代环保主义在中国民间社会的迅速壮大，也与我国环境教育的普及是分不开的。1973 年第一次全国环境保护会议召开之后，不少高等院校相继筹办了环境保护专业；1979 年通过的《中华人民共和国环境保护法（试行）》对环境教育进行了明确规定；1980 年制定的《环境教育发展规划（草案）》被纳入了国家教育计划之中；1990 年国家教育委员会明确提出将环境教育安排在高中学生选修课和课外活动中进行；1993 年环境教育的内容被纳入义务教育阶段的教学资料之中，环境教育成为基础教育中的常设科目（洪大用等，2012）。四十多年的环境教育历史其社会影响是深远的，造就了一代现代环保主义"新人"。

在表 18-1 中，我们利用 2013 年中国综合社会调查数据（CGSS2013）对不同年代出生的受访者的环境关心情况、环境知识水平和实施环保行为的情况进行了比较。不难发现，新一代人整体上要比老一代人更加关心环境问题，环境知识水平更高，也更加积极践行环境保护行为。可见，现代环保主义在当今中国的年轻人群体中更为流行。我们在一项近期研究中对此进行了更加详细的考察。研究发现，这种代际差别突出体现在 20 世纪 70 年代前后出生的两代人之间，而是否在正式的教育过程中经历过环境教育，可以在很大程度上解释这种差异（洪大用，2015）。综合来看，在公众层面，环境教育的普及对于引起更大社会范围内对环境问题的关注、宣传环境保护知识、凝聚环境行动具有深远影响，是现代环保主义在中国民间社会得以流行的建构机制之一。

表 18-1　　　　不同代际公众的环境关心、环境知识和环保行为差异
（CGSS2013，n=11 438）

	关注"环境问题"的比例（%）	环境知识均分（满分 10 分）	环保行为均分（满分 30 分）
20 世纪 50 年代以前出生	10.1	3.48	14.40
"50 后"	13.4	4.11	14.87

续前表

	关注"环境问题"的比例（%）	环境知识均分（满分10分）	环保行为均分（满分30分）
"60后"	15.0	4.45	15.02
"70后"	17.9	5.27	15.52
"80后"	17.8	5.82	15.91
"90后"	21.8	6.64	16.04

注：(1)"关注'环境问题'的比例"变量根据 CGSS2010 调查中 B10 题建构，这里统计的是将环境问题列为前三位优先解决的社会问题的公众比例；(2)"环境知识均分"变量根据 CGSS2010 调查中 B25 题的十项目环境知识量表各项累加建构，每项答对计 1 分，否则计 0 分；(3)"环保行为均分"变量根据 CGSS2010 调查中 B22 题的十项目环境行为量表各项累加建构，选择"从不""偶尔"和"经常"分别计 1 分、2 分和 3 分。

（三）大众传媒的发展与创新，为中国现代环保主义的传播带来了诸多机遇与挑战

现代环保主义传播的另一种社会机制为大众传媒。面对文化生活日趋传媒化特别是影像化，英国社会学家约翰·汤普森（John Thompson）直言，影视媒体与网络技术的迅速发展引起了文化信息传播的形象化或象征化，这不仅改变了意识形态的传播形式和传播途径，而且引发了当代人类社会生活的深刻转型（汤普森，2012）。互联网、数码技术和影视技术等现代通信媒体和传播工具的迅速发展和广泛应用，对于环保主义在中国以及全球范围内的传播具有深远的影响。

具体来说，大众传媒促进中国现代环保主义传播主要是通过以下三种方式实现的。第一，通过生动的影像，更容易唤醒公众对自然环境的美学体验以及对人与自然和谐共处的追求。例如，中国中央电视台（CCTV）的《人与自然》栏目，自 1994 年开播以来，以"讴歌生命，关注环境"为主旨，栏目内容定位为"介绍动植物和自然知识以及探索人与自然之间的相互影响、相互作用，探讨社会、经济、生态协调发展和可持续性发展的有效途径"，在全国电视观众群内积累了广泛的收视基础。第二，环境问题能够以更加直观、可视的形式呈现在公众面前，进一步建构公众对相关问题的认知。一方面，环境问题的危害可以真实地被影像记录下来呈现在人们面前，引发人们的关注，如近年来的一些"雾霾摄影"。另一方面，对于一些具有整体性、抽象性、全球性特点的环境问题（如臭氧层空洞、全球气候变化问题），影像媒体通过生动的图像和影音技术，即使在受众缺场的

情况下，也可以使得受众直观地感受到这些问题的真实性和严峻性，引发他们对相应问题的关注。2014 年，全球多家门户网站和平面媒体刊载的"枯瘦如柴的北极熊"照片，在全社会引起对可能的"凶手"——全球气候变化问题的关注和讨论。第三，大众传媒为环保主义者（environmentalist）提供了宣扬环保理念以及与其他意识形态同等对话的平台，在此过程中将会进一步提高现代环保主义的社会影响力。

（四）公众环境意识的觉醒，为现代环保主义在中国社会的发展助力

从不同时点的全国性调查结果来看，中国公众的环境意识一直在稳定增长。1995 年中华环保基金会的全民环境意识调查结果表明，当时中国公众的环境意识平均得分只有 44.13 分（满分 100 分。最低分和最高分分别为 2 分和 87 分，标准差 12.86），总体水平偏低，属于不及格。此次调查还表明，当问及"您知道什么是环境保护吗"，有 23.6％的人回答"不知道"；16.5％的人认为自己的环保知识"非常少"，认为"较少"和"较多"的人分别占 66.9％和 16.1％，只有 0.5％的人认为自己有"很多"的环保知识。在 CGSS2003 和 CGSS2010 调查项目中，我们采用了同样的国际上比较流行的环境意识量表（邓拉普等人提出的 NEP 量表）测量公众环境意识水平。数据分析表明，无论是总体水平还是单就城市居民而言，CGSS2010 所反映出的公众环境意识水平都比 CGSS2003 所反映的要高。CGSS2003 只做了城市范围的抽样调查，测得被访者整体环境意识水平在及格（60 分）以上，平均得分为 61.24 分（满分 100 分。最低分和最高分分别是 13.33 分和 100 分，标准差为 12.07）。而 CGSS2010 所测得的城市居民环境意识水平是 70.7 分（标准差为 9.7），比 2003 年高出 9 分以上。就整体而言，CGSS2010 所测量的城乡公众环境意识水平是 68.7 分（标准差是 9.6 分），其中农村居民得分为 65.3 分（标准差为 8.31），两者也都比 2003 年所测得的城市居民环境意识水平要高（洪大用，2014）。如果再考虑到这些年来公众环境信访、维权事件和环保组织数量的持续增加，以及各种公众参与环境保护政策活动、媒体环境新闻报道频率的大幅增多，有充分理由相信中国公众的环境意识水平在持续增长，他们将越来越关注环境状况和环境保护。

公众环境意识的觉醒，体现为一个社会中关心环境问题、认识到环境

保护重要性的人越来越多，本身就是现代环保主义得到很好发展的一种表现。另外，公众对环境问题关注的增加也进一步推动了现代环保主义的发展，是现代环保主义能够被中国政府整合进意识形态的重要推动因素。应当看到，现代环保主义的制度化正是中国政府对广大人民群众关于环境质量日益增长的需求的一种正面回应。

（五）环保主义的全球化，为中国现代环保主义的发展创造了必要条件

现代环保主义是一种全球性现象。这么说主要有三点依据。其一，环境问题越来越呈现全球性特征。这是因为地球环境系统极其复杂、彼此相关、自成一体、不分国界，加上全球经济社会联系日趋紧密，局部的地区性的环境问题最终总是会以这样那样的方式造成全球性的影响，全球气候变化、臭氧层空洞等环境问题便是环境问题全球性的最好例证。其二，当前全球环保社区内国际合作与日俱增。一方面，由于环境问题的全球性，其解决自然也需要各个国家和地区密切合作、共同努力，在此基础上才有了各国政府近年来共同召开的一系列国际性环保会议（如气候变化大会），中国政府从第一届国际环保会议开始就积极参加各类国际会议和回应会议决定；另一方面，民间层次上各国的环保合作也越来越紧密，突出体现在国际性环保组织数量的增加，如绿色和平、世界自然基金会等具有影响力的国际环保组织自 20 世纪 90 年代中期起也分别在中国建立办事处或联络处。其三，在世界范围内，环境关心都成为了一种普遍现象。全球性社会调查结果表明，自 20 世纪 90 年代起，环境关心就已不再局限于发达国家，发展中国家对环境问题也呈现出相似的关心水平（Dunlap & Mertig，1997；洪大用、范叶超，2013）。

现代环保主义在全球范围内流行，既为中国现代环保主义的发展创造了良好的外部条件，也在很大程度上促进了中国与国际上其他国家的环保主义对话，在此基础上不断丰富其内涵。

四、中国现代环保主义实践的趋向与制约

一种意识形态在不同的时空范围内由于所依赖的社会情境发生了变迁，

其影响程度也会有所变化。在美国，现代环保主义在经历了长达半个多世纪的发展之后渐显疲态。整体上说，现代环保主义在包括美国在内的很多国家并未取得特别成功，一是因为生态环境问题仍未得到妥善解决，二是因为其在政策领域的影响力仍然十分有限（Harper，2012）。美国新闻记者舍伦伯格（Schellenberger）和诺德豪斯（Nordhaus）于 2004 年撰写了一篇名为《环保主义的死亡》的会议文章，断言现代环保主义在当今社会已经失去了生命力，这曾在美国社会各界引起较大反响。文章分析认为，在长达数十载的动员和巨大投入后，环境运动并未显现太多成果；在美国，环境运动只代表特殊的利益群体，以一种技术官僚（technocratic）的精英语言来发声，未能发展出一种寻求改革的公共视野或策略，最重要的是与美国主流社会价值严重脱节了。[①] 虽然这一批评因为过于苛刻而招致诸多批评（Brulle & Jenkins，2006），但却提醒我们关注和思考现代环保主义在中国的发展趋向和影响程度问题。

自 20 世纪 70 年代以来，中国现代环境保护事业的发展取得了举世瞩目的成就。如前所述，在国家制度层面，中国环境保护的法律、政策和法规体系逐步建立并日趋完善，环境教育成为目前不同阶段国民教育的重要组成部分，环境保护以基本国策的形式被确立下来。在社会发展层面，原先以自然资源消耗为主的粗放型经济增长方式的弊端日益凸显，可持续发展、科学发展观、低碳经济等绿色发展理念逐渐成为发展的共识和新趋向。民间环保组织经历了一个从无到有、自少渐多的发展壮大过程，截至 2017年底，全国注册生态环境类社会团体和民办非企业单位数量达到 0.6 万个和 501 个。[②] 与此同时，不同时点全国性调查的动态结果表明，中国公众的环境意识和环境知识水平在过去几十年间也在一直稳定增长（洪大用，2014）。以上种种迹象说明，现代环保主义已经成为当代中国一股新兴的社会力量，与其他国家现代环保主义的社会影响力相比，其在当代中国的发展势头更为强劲，正在引领中国社会发生深刻变革。

尽管现代环保主义在当代中国已经发展成为主流意识形态的重要组成

---

①　The Death of Environmentalism.（2015 - 01 - 13）［2019 - 07 - 22］. http：//site. iugaza. edu. ps/tissa/files/2010/02/The _ Death _ of _ Environmentalism. pdf.

②　民政部 . 2017 年社会服务发展统计公报 .（2018 - 08 - 02）［2019 - 07 - 22］. http：//www. mca. gov. cn/article/sj/tjgb/2017/201708021607. pdf.

部分，但是其在指导社会实践过程中仍然面临着以下一些制约因素。

第一，中国现代环保主义与主流意识形态其他内容和其他意识形态之间仍然存在着一定的紧张甚至对立。现代环保主义已经被制度化为中国主流意识形态的重要组成部分，但二者的结合仍然存在一些紧张的方面。当前，我国仍然处于社会主义初级阶段，中心任务仍然是解放和发展生产力以不断满足人民群众日益增长的物质文化需求。大体上，中国仍处于工业化、城镇化的中期阶段，中国政府动员型的、高速度的、高投入的、没有充分考虑环境成本的发展模式还在延续，客观上决定了经济社会发展与环境保护之间的矛盾在短期内难以得到缓解。对于政府而言，往往面临着如何平衡二者关系的两难选择，主流化后的现代环保主义仍然面临着被主流意识形态中其他内容边缘化的危险。而且，作为当今中国主流意识形态之重要内容的现代环保主义，仍然面临着其他意识形态的质疑。有人将环保主义描述为一种威胁当代中国意识形态安全的帝国主义国家阴谋；也有人将环保主义定性为一种消极的社会思潮，宣扬发展环保主义会阻碍社会进步的观点。尽管以上反环保主义的观点只代表社会上非主流的声音，甚至可能只是个体层次的个别意识形态，但仍然考验着作为主流意识形态的环保主义对这些社会思潮的整合能力。

第二，中国现代环保主义实践在制度化方面仍然存在一些不足。当前中国现代环保主义的制度化程度整体较高，但仍然存在一些制度化不足的问题，突出表现在环境行政执法、环境公众参与和生态补偿三个方面。首先是环境行政执法不严的问题。应当说，我国的环境政策、法律和法规已经十分丰富，但却长期缺乏有效的贯彻执行。结果是，现代环保主义与具体的环保实践往往呈现脱节的状态。其次是缺乏切实有效的环境公众参与机制。建立有效的环境公众参与机制，对于促进政府和民间两种层次环保主义的对话与融合具有重要意义。21世纪以来全国各地环境群体性事件此起彼伏，在一定程度上也反映了中国民间层次的环保主义需要有效的制度化渠道来发声的迫切愿望。最后，生态补偿机制亟待建立和完善。生态补偿制度的建立可以弥补长期以来我国以环境污染防治为主的环境政策体系中的结构性缺位，直接与国家重要生态功能区、流域和矿产资源开发等领域的生态环境保护问题相匹配。此外，现代环保主义在实践层面的最终目的是要鼓励更多的人参与到环境保护的过程中来。国际经验表明，作为一种正向的环保激励机制，建立和实行生态补偿机制对筹集环保资金、提高公众环保积极性、促进社会公平等方面具有非常重要的意义。

第三，中国现代环保主义实践还存在成本较高的问题。一是经济成本问题。在国家发展层面，虽然经济发展与环境保护并不必然对立，但选择现代环保主义的发展理念，考虑经济发展的环境成本，也意味着要转变当前粗放型的经济增长方式，在短期内势必造成经济增长速度的放缓和更多的环保支出；在个人生活层面，当公众因为信守现代环保主义而选择绿色的生活方式时，也可能会面临生活成本增加的问题。二是时间成本问题。环境问题的产生是人类活动长期累积影响的过程，其解决也很少可以一蹴而就，从历史和国际经验来看，往往需要长达几十年甚至几代人的共同努力。就此而言，虽然越来越多的人开始信守现代环保主义，但中国环境问题并不能因此在短期内就得到根本解决，注定是一个长期而复杂的社会进程。三是社会成本问题。环境问题的解决需要社会系统的变革来推动，除了经济增长方式的转变，还包括环保基础科学研究的加强、环保制度的创新和环保社会动员等，因此也会带来相应的社会成本。

第 19 章　绿色社会的兴起

　　前述各种分析表明，在环境问题演变和环境治理发展的背景下，当代中国社会建设的一个重要趋势就是迈向绿色社会。本章试图分析我国改革开放以来的社会建设是如何纳入环境因素并逐步迈向一个绿色社会的。这里的绿色社会，指的是人类在认识社会与环境相互作用关系的基础上，自觉推进社会变革以谋求社会与环境相协调的一种社会过程和状态。这是当代中国社会建设的重要方面，甚至是具有弥散性、渗透性影响的重要内涵。

　　事实上，自从人类诞生之日起，人与环境的关系就具有对立与统一的两面性。一方面，从环境中获取资源是人类得以生存和发展的基本条件，人类的生产与生活活动总是产生一定的环境影响，体现为环境的消耗、衰退乃至破坏；另一方面，过度的资源攫取和环境破坏最终将影响人类自身的生存与发展。因此，在生产力发展的不同阶段，在不同的社会制度背景下，基于生产生活实践中对人类与环境关系的认识，人类都会以特定的方式将环境因素纳入社会建设的诸种行动之中，努力谋求人类社会与环境相协调。在此意义上，社会建设从来就具有环境之维，所不同的只是其历史的阶段性、差异性。这种阶段性、差异性一方面体现为人类社会发展不同阶段对环境状况及其影响的认知，另一方面则体现为环境因素纳入社会建设行动的广度、深度和强度。

一、社会建设：从开发环境到保护环境

如果说保障和改善民生是社会建设的重点，那么改革开放之初社会建设的首要任务就是消除贫困，提高人民生活水平。1978 年，中国人均 GDP 只有 385 元，世界排名非常靠后。按照现行贫困标准回溯，当时 97.5% 的农村人口处在贫困状态，缺衣少食。在此情况下，更大规模、更快速度、更有效率地将环境中的资源转化为商品与服务，脱贫致富，自然是当务之急，由此开发利用环境是主要的一种社会行动取向。

1986 年出版的《富饶的贫困》一书（王小强、白南风，1986），在当时很有影响。该书讨论的是西部地区为什么落后于东部地区以及西部地区摆脱贫困的路径，其核心观点就是要提升人的素质，推动社会基础结构变革，重新看待环境资源以及转变资源开发利用方式。作者指出，西部地区有着令人震惊的富饶资源，人们"在干什么成什么的资源基础上，干什么不成什么"（王小强、白南风，1986：40），原因就在于"传统的社会-经济结构和商品生产素质低下的人，无法有效地开发和利用各种资源，创造更多的社会财富；而资源开发、利用水平及人的素质的低下，又牢牢拖住了社会基础结构步履蹒跚的腿。这就是幼稚社会系统及其贫困恶性循环"（王小强、白南风，1986：92）。作者认为农牧业是西部地区贫困落后的渊薮，"在人类生产与自然资源的关系上，现代生产方式，表现为对自然资源多层次的立体开发和多次利用"（王小强、白南风，1986：217 - 218）。因此要转变人的观念，革新生产生活方式，按照商品经济规律开发利用环境资源以摆脱贫困。此书虽然是讨论西部地区的，但在很大程度上也可以看作是讨论中国发展的。其在人与环境资源关系上的看法，在改革开放初期具有一定的代表性。

的确，市场化、工业化、城镇化等大大改变了人们对资源的开发利用，促进了经济发展，提升了人民生活水平。中国改革开放以来反贫困和经济增长的成就是全民受益、举世瞩目的。但是，我们也观察到，随着改革开放的不断深化，保护和改善环境的声音日益强过对环境资源的简单开发和利用。在提出环境保护是基本国策（1983 年）和可持续发展战略（1995年）的基础上，2005 年 3 月中共中央在人口资源环境工作座谈会上提出要建设环境友好型社会。当年 10 月召开的中共十六届五中全会进一步明确

"建设资源节约型、环境友好型社会"的目标。2007 年，中共十七大提出"建设生态文明"。2012 年，中共十八大提出，人与自然是生命共同体，人类必须尊重自然、顺应自然、保护自然。人类只有遵循自然规律才能有效防止在开发利用自然上走弯路，必须坚持节约优先、保护优先、自然恢复为主的方针，形成节约资源和保护环境的空间格局、产业结构、生产方式、生活方式，还自然以宁静、和谐、美丽。要把生态文明建设放在突出地位，融入经济建设、政治建设、文化建设、社会建设各方面和全过程，努力建设美丽中国，实现中华民族永续发展。2017 年的中共十九大则明确将污染防治作为全面建成小康社会期间要坚决打好的三大攻坚战之一。

特别是习近平总书记一系列关于环境保护的重要论述，非常形象而又深刻地阐述了社会建设进程中的环境保护内涵。例如，"生态环境没有替代品，用之不觉，失之难存"，"生态兴则文明兴，生态衰则文明衰"，"像保护眼睛一样保护生态环境，像对待生命一样对待生态环境"，"保护生态环境就是保护生产力，改善生态环境就是发展生产力"，"绿水青山就是金山银山"[①]。在以习近平同志为核心的党中央的领导下，十八大以来我国加快推进生态文明顶层设计和制度体系建设，注重用最严格制度最严密法治保护生态环境，加快制度创新，强化制度执行，开展了一系列根本性、开创性、长远性工作，生态环境治理走上了标本兼治的快速路，正在发生历史性、转折性、全局性变化。由此，环境因素在新的意义上被结合进社会建设进程中，并推动着社会自身的深刻转变。

二、推动社会转变的主要内生动力

如果说我国环境保护事业的起步在一定程度上受到国际环保浪潮的影响，那么，我们今天持续深入地推进环境保护，加强生态文明建设，更多的则是回应国内发展需要的自觉努力。尤其是相对于世界上最发达国家在环境保护方面的种种倒退和由此掀起的国际性环保逆流，我国社会的绿化更是凸显了其独立性和自主性，并不是随波逐流，受制于外力。那么，推

① 邢宇皓. 生态兴则文明兴：十八大以来以习近平同志为核心的党中央推动生态文明建设述评.(2017‐06‐19)[2019‐07‐22]. http//www.qstheory.cn/zoology/2017‐06/19/c_1121167567.htm.

动我国社会绿色转变的内生动力是什么呢？这里有全方位、多层次、多类型的力量。择其要者而言，至少有以下五个方面。

　　一是发展与环境的矛盾日益尖锐，环境质量面临严重威胁。在数十年的传统型高速增长之后，我们对生态环境的欠账已经太多，成为明显的短板。2012 年，我国经济总量约占全球 11.5%，却消耗了全球 21.3% 的能源、45% 的钢、43% 的铜、54% 的水泥，排放的二氧化硫、氮氧化物总量居世界第一（董峻等，2017）。1985 年我国废水排放量为 341.542 亿吨，此后一路攀升，到 2016 年达到 711.095 4 亿吨。在二氧化硫排放方面，1985 年是 1 325 万吨，后来持续攀升到 2006 年 2 588.8 万吨的峰值，之后才逐步下降，到 2016 年仍有 1 102.864 3 万吨（见图 19 - 1）。

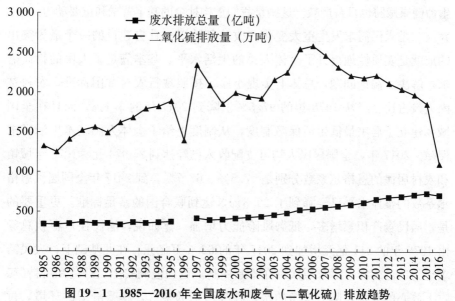

图 19 - 1　1985—2016 年全国废水和废气（二氧化硫）排放趋势
　　资料来源：废水数据 1996 年缺失，其他年份数据来源于 1985—1989 年《中国统计年鉴》，1990—1994 年《中国环境状况公报》，1995 年《全国环境统计公报》，1997—1998 年《中国环境状况公报》，1999—2015 年《全国环境统计公报》，以及国家统计局网站公布的 2016 年数据（http://data. stats. gov. cn/easyquery. htm? cn＝C01），其中，1990—1995 年数据不含乡镇工业。二氧化硫数据来源于 1985—1989 年《中国统计年鉴》，1990—1994 年《中国环境状况公报》，1995—2015 年《全国环境统计公报》，以及国家统计局网站公布的 2016 年数据（http://data. stats. gov. cn/easyquery. htm? cn＝C01），其中 1990—1996 年数据不含乡镇工业，1996 年为"工业二氧化硫排放量"。

　　按照生态环境部发布的 2017 年《中国生态环境状况公报》，全国 338 个地级及以上城市中，只有 99 个城市环境空气质量达标，占全部城市数的

29.3％；另外 239 个城市环境空气质量不达标，占 70.7％。在全国 112 个重要湖泊（水库）中，Ⅰ类水质的湖泊（水库）6 个，占 5.4％；Ⅱ类 27 个，占 24.1％；Ⅲ类 37 个，占 33.0％；Ⅳ类 22 个，占 19.6％；Ⅴ类 8 个，占 7.1％；劣Ⅴ类 12 个，占 10.7％。在地下水水质监测中，水质为优良级、良好级、较好级、较差级和极差级的监测点分别占 8.8％、23.1％、1.5％、51.8％和 14.8％。事实上，不仅是空气污染、水污染依然严峻，还有固体废弃物、土壤等其他形式的严重污染；不仅是环境污染严重，而且生态破坏也堪忧，在全国 2 591 个县域中，生态环境质量为"优"和"良"的县域面积只占国土面积的 42.0％，"一般"的县域占 24.5％，"较差"和"差"的县域占 33.5％；不仅是环境质量衰退，而且环境质量衰退导致的食品药品安全和生命健康威胁也日益严峻。这些是我们重构社会的基本背景和重要动力。

二是人民需求发生重大变化。改革开放以来社会建设的一个最为突出的成就是实质性地提升了全体人民的生活水平，基本满足了人民的物质需求，解决了温饱问题，总体上实现小康。按照现行农村贫困标准，农村贫困人口占比已经从 1978 年的 97.5％下降到 2017 年的 3.1％，而且在全国城乡建立了居民最低生活保障制度，从制度上给予全体人民基本生活需求保障。2017 年，全国居民人均可支配收入已经达到 25 974 元。1978 年城镇和农村居民的恩格尔系数分别是 57.5％、67.7％，到 2017 年全国居民恩格尔系数的整体水平已经降到了 29.3％，达到联合国的富足标准。更重要的是，居民资产积累增多，抵御风险能力增强。比如说，居民住户存款总额由 1978 年的 211 亿元增加到 2017 年的 62.6 万亿元。在此基础上，人民需求更为广泛多样，需求层次也在不断提高，更加强调安全、舒适和可持续。吃上放心的食物，喝上干净的水，呼吸清洁的空气，享受舒适的环境，过上可持续的生活，成为日渐扩大的基本需求。由此，公众对环境质量也日益关注，环境议题已经成为公众和媒体非常熟悉的重要议题之一。洪大用在 1995 年曾经参与组织全民环境意识调查，调查数据表明有 23.6％的被访者连环境保护的概念都说"不知道"。16.5％的人认为自己的环保知识"非常少"，66.9％的人认为"较少"，16.1％的人认为"较多"，只有 0.5％的人认为自己有"很多"的环保知识。与此同时，大部分城乡居民对有关环境保护的政策法规缺乏了解。认为自己"很了解"或"了解一些"的人只占 31.8％，其中认为"很了解"的人仅占 0.5％；认为自己"只是听说过"

的人占到了 42%；根本没有听说过有关环保政策法规的人占到 26.2%。但是，洪大用参与设计的 2010 年中国综合社会调查的数据则表明，70% 的受访者已经意识到中国面临的环境问题"非常严重"或"比较严重"。65.7% 的受访者表示对环境问题"非常关心"或"比较关心"，表示"完全不关心"的只占 3.1%（洪大用，2014）。

三是因环境损害（风险）而引发的社会紧张与冲突日渐明显。缓和社会关系，化解社会冲突，是社会建设的重要内涵。在社会转型期，劳动纠纷、征地拆迁、社会保障等曾经是引发社会矛盾和冲突的主要原因。随着人们生活水平提高和环境权益意识觉醒，实际的环境损害以及可能存在的环境风险也成为加剧社会矛盾和冲突的重要原因，推动社会的绿色转变成为促进社会和谐的内在需要。从国家公布的数据看，一段时间内，因环境污染上访的人次和批次都呈现增加趋势。1987 年，因环境污染上访有 77 673 人次，2000 年则已达到 139 424 人次。2001—2011 年找不到统计数据，到 2015 年仍有 104 323 人次（见图 19-2）。有些上访是人数较多的成批上访，1996 年上访是 47 714 批次，2005 年达到 88 237 批次。2001—2011 年找不到数据，2015 年仍有 48 010 批次。这当中可能有统计口径变化的原因，实际上访批次也许不止如此。

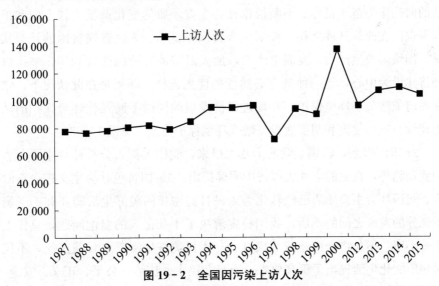

图 19-2　全国因污染上访人次

资料来源：1987—1996 年《中国统计年鉴》。1997—2000 年和 2012—2015 年《全国环境统计公报》。

21 世纪以来，一些重大环境群体性事件的参与人数动辄成千上万，影响广泛，引人注目。比如说，2007 年福建厦门 PX 事件，2009 年湖南浏阳镉污染事件、陕西凤翔"血铅"事件、广东番禺垃圾焚烧发电厂建设事件，2011 年辽宁大连 PX 事件，2012 年天津 PC 项目事件、江苏启东日本王子纸业集团事件、四川什邡宏达钼铜有限公司事件，等等。这些事件有些在项目环评阶段就引发了抗议冲突，如江苏启东事件，有些在项目建设期间引发了冲突，也有些项目建成运营之后引发了冲突，包括大连 PX 事件等。有研究表明，从 2003 年到 2012 年这十年间，经媒体披露的较大规模的环境群体性事件有 230 起，在数量上明显呈逐年上升态势，2011 年达到 58 起（张萍、杨祖婵，2015）。这种情形也从环保部门领导的言论中得到证实，并与其他形式冲突的下降形成对照。据报道，原环境保护部部长周生贤曾经指出，"在中国信访总量、集体上访量、非正常上访量、群体性事件发生量实现下降的情况下，环境信访和群体事件却以每年 30% 以上的速度上升"[①]。

四是党和政府工作重心调整与主动作为。中国特色社会主义制度是我国的根本制度，中国特色社会主义最本质的特征是中国共产党领导，党坚持人民主体地位，践行全心全意为人民服务的根本宗旨，把人民对美好生活的向往作为奋斗目标，不断根据社会主要矛盾的变化调整工作方向和工作重点。在改革开放之初，面对生产力水平低下、人民普遍贫困的社会状况，加快解放生产力、发展生产力，加大对资源环境的开发利用，坚持以经济建设为中心，是一种具有必然性的优先选择。即使是在此情况下，党和政府依然关心环境保护，在促进经济发展的同时不断强化环境保护的队伍建设、机构建设和制度建设，增强环境保护力量（见图 19 - 3）。

21 世纪以来，特别是党的十八大以来，党中央深入分析社会主要矛盾的变化趋势，在党的十九大报告中明确指出："中国特色社会主义进入新时代，我国社会主要矛盾已经转化为人民日益增长的美好生活需要和不平衡不充分的发展之间的矛盾。我国稳定解决了十几亿人的温饱问题，总体上实现小康，不久将全面建成小康社会，人民美好生活需要日益广泛，不仅对物质文化生活提出了更高要求，而且在民主、法治、公平、正义、安全、

---

① 中国崛起需跨"环保门"，环保群体事件代价沉重．（2009 - 08 - 28）[2019 - 07 - 22]．http：//news. sohu. com/20090828/n266295203. shtml.

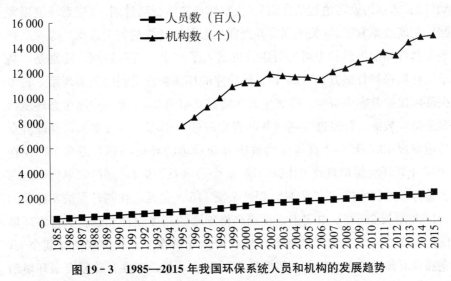

图 19 - 3　1985—2015 年我国环保系统人员和机构的发展趋势

资料来源：1985—1996 年《中国统计年鉴》；1995—2015 年《全国环境统计公报》；1996—2015 年《全国环境统计年鉴》。

环境等方面的要求日益增长。同时，我国社会生产力水平总体上显著提高，社会生产能力在很多方面进入世界前列，更加突出的问题是发展不平衡不充分，这已经成为满足人民日益增长的美好生活需要的主要制约因素。"[1]

　　正是基于对社会经济发展整体形势的判断和对社会主要矛盾变化的认识，党和政府从人民整体利益和长远利益出发，更进一步强调了要实现高质量发展，统筹推进"五位一体"总体布局，精心布局环境保护攻坚战。中共十八届三中全会指出必须建立系统完整的生态文明制度体系，实行最严格的源头保护制度、损害赔偿制度、责任追究制度，完善环境治理和生态修复制度，用制度保护生态环境。2015 年以来，中国生态文明制度建设明显地进入了快速的、实质性的推进阶段。继 2015 年 1 月正式实施"史上最严"的新环保法之后，《关于加快推进生态文明建设的意见》《环境保护公众参与办法》《环境保护督察方案（试行）》《党政领导干部生态环境损害责任追究办法（试行）》《生态文明体制改革总体方案》《关于省以下环保机构监测监察执法垂直管理制度改革试点工作的指导意见》《大气污染防治行

---

　　① 习近平 . 决胜全面建成小康社会，夺取新时代中国特色社会主义伟大胜利：在中国共产党第十九次全国代表大会上的报告 . (2017 - 10 - 27) [2019 - 07 - 22]. http：// www. xinhuanet. com/2017 - 10/27/c _ 1121867529. htm.

动计划》《水污染防治行动计划》《土壤污染防治行动计划》《生态环境损害赔偿制度改革方案》《关于划定并严守生态保护红线的若干意见》等一系列重要文件相继出台，生态文明建设也纳入了"十三五"规划。特别是，基于《环境保护督察方案（试行）》而建立的环保督察机制已经实现第一轮中央环境保护督察全覆盖。按照生态环境部发布的 2017 年《中国生态环境状况公报》数据，督察进驻期间共问责党政领导干部 1.8 万多人，受理群众环境举报 13.5 万件，直接推动解决群众身边的环境问题 8 万多个。仅在 2017 年，环境保护督政工作就约谈 30 个市（县、区）、部门和单位，全国实施行政处罚案件 23.3 万件，罚款金额 115.8 亿元，比新环保法实施前的 2014 年增长 265%。事实上，日趋严格细密的制度设计和制度执行将环境保护的压力从中央传导到地方，从政府传导到企业，从国家传导到个人，党和政府掀起的督政督企、传导压力的绿色风暴，正在开辟复合型环境治理的中国道路（洪大用，2016）。对始终以人民利益为中心的党和政府而言，这种主动调整和作为具有内在的必然性。

五是企业在环境衰退、人民消费偏好变化和政府的管制与治理投入中发现了新的盈利机会，表现出越来越明显的绿色行为倾向，新产业、新业态、新模式、新产品等加速发展，在满足社会新需要的同时也推动着社会转变。改革开放以来，我国环境保护投入逐渐增加，1999 年占 GDP 的比例首次超过 1%，"十二五"期间占到了 3.5%，直接推动了环保产业的快速发展。2000 年环保产业年产值 1 080 亿元，到 2010 年已经达到了 11 000 亿元。[①]

除了环保产业之外，在其他各类企业中，以开发矿产资源为主、为社会提供矿产品以及初级产品的资源型企业具有重要地位，但同时也在生产过程中具有严重的环境影响。2013 年我国资源型企业工业固体废弃物产生量、工业废水排放总量、工业废气排放量分别占到工业排放总量的 97.1%、77.7% 和 92.4%。但是，近期有研究表明，资源型企业的绿色行为表现已经日益明显，虽然还有一些方面的不足。例如，调查中 84.5% 的资源型企业将环境保护纳入了企业目标体系，注重企业环保形象的有 80.4%，定期开展员工环境意识和环境管理技能培训的有 70.3%，员工能积极参加企业

---

① 十三五环保产业年增速或超 20%，总投资达 17 万亿．(2015 - 11 - 02) [2019 - 07 - 22]. http://finance.sina.com.cn/china/20151102/222723655477.shtml.

环境管理实践活动的有 69.4%，在生产设计时考虑了节能降耗和循环利用等问题的有 83.5%，选择生产材料时优先考虑可再生易回收材料的有 77.6%，在生产过程中建立了物料、废物循环系统的有 79.4%，采用环境友好生产工艺的有 80.8%（谢雄标等，2015）。这些迹象表明，企业基于逐利理性的绿化行为也有可能成为推动社会转变的内生动力。

三、绿色社会建设的成效与未来

绿色社会建设的成效是多方面的，环境影响是其中一个主要方面。基于环境保护的角度，生态环境部负责人用了五个"前所未有"来形容党的十八大以来旨在改善环境质量的深刻社会变化：思想认识程度之深前所未有、污染治理力度之大前所未有、制度出台频度之密前所未有、监管执法尺度之严前所未有、环境质量改善速度之快前所未有。[①]

的确，有关资料表明党的十八大之后的五年里，环境保护和生态文明建设确实取得了阶段性的突出成效。例如：我国森林覆盖率持续提高，从 2012 年的 21.38% 上升至 2016 年的 22.3%；全国 338 个地级及以上城市可吸入颗粒物（PM_{10}）平均浓度比 2013 年下降 22.7%；京津冀、长三角、珠三角区域细颗粒物（$PM_{2.5}$）平均浓度比 2013 年分别下降 39.6%、34.3%、27.7%；"水十条"实施以来，全国地表水 I 至 III 类断面比例从 6% 提升至 67.8%，劣 V 类断面比例从 9.7% 下降至 8.6%。[②] 2017 年《中国生态环境状况公报》是这样总结的："全国大气和水环境质量进一步改善，土壤环境风险有所遏制，生态系统格局总体稳定，核与辐射安全有效保障，人民群众切实感受到生态环境质量的积极变化。"

从节能减排方面看，2008 年之后中国 GDP 的增速明显快于能源消耗总量的增速。再往前回溯，自改革开放以来，中国万元 GDP 的能源消耗量持续下降（见图 14-2）。按照国家统计局发布的数据测算，到 2016 年已降至 0.588 吨标准煤。在"十二五"规划实施期间，我国碳强度累计下降了

---

① 中央环保督察威力大：2016 到 2017 年两年内完成了对全国 31 省份的全覆盖 . （2017 - 11 - 07）[2019 - 07 - 22]. http：//www. xinhuanet. com/2017 - 11/07/c _ 1121916536. htm.

② 中央环保督察威力大：2016 到 2017 年两年内完成了对全国 31 省份的全覆盖 . （2017 - 11 - 07）[2019 - 07 - 22]. http：//www. xinhuanet. com/2017 - 11/07/c _ 1121916536. htm.

20%，超额完成了"十二五"规划确定的17%的目标任务。[①] 前文图 19 - 1 也显示，在二氧化硫排放方面，2006 年达到峰值后有着持续、加速下降的趋势。

如果说绿色社会建设产生了一些显著的环境改善效果，那么我们对此应有两个基本态度：一是要充分认识到绿色社会建设方向的正确性，风雨无阻、坚定不移地推动社会的绿色转变，继续致力于实现人与自然的和谐共生，提供更多优质生态产品以满足人民日益增长的优美生态环境需要；二是要保持科学冷静，要有不断的反思精神，充分认识到目前环境改善效果的突击性、阶段性、局部性，充分认识到绿色社会建设的局部性、过程性、阶段性和复杂性。如果没有全面深入持续的绿色社会建设，目前环境改善的效果就是不可持续的，人与自然的和谐共生也是难以企及或者难以有效保持的。

为什么这么说？建设绿色社会无疑是形势所逼、规律所在、民生所需，但这是一个艰难的长期过程。我们认为至少有以下几个方面的理由：第一，相对于环境系统自身的演变而言，人类的干预和影响仍然是有限的。一些环境问题很复杂，既有人为原因，也有自然原因，还有人与自然交互作用的原因。比如说，我们努力治理空气污染，但是仍然难以深刻影响气候变化和地球环境系统长周期的复杂的演变规律，而这些往往是加剧空气污染或者抑制空气污染治理效果的重要因素。可以说，我们目前对地球乃至宇宙系统运行演变规律的认识还是很有限的，我们很难陶醉于自己对自然的"胜利"，需要更自觉地尊重自然、顺应自然、保护自然，遵循自然规律。第二，相对于可视性强、具有流动性的和有明确污染致因的空气污染、水污染等而言，一些可视性不强、易固化而又致因复杂的污染往往容易被忽视，由于其不断的累积性、极端的复杂性和滞后的社会影响等，这类污染也更难治理，比如说土壤污染、基因污染、生物多样性损失等等。事实上，这类污染可能对人的健康和社会持续具有更深层次、更为全面的威胁，而我们目前在这些方面的应对还很薄弱。第三，在社会转变方面，目前的工作重点是转变行政体系、行政行为和调整空间格局、产业结构、生产方式等，这是非常艰难的工作，尤其是持续转变是需要考虑其所面临的客观挑

---

① 新闻办介绍中国应对气候变化的政策与行动 2016 年度报告有关情况．（2016 - 11 - 01）[2019 - 07 - 22]. http：//www. gov. cn/xinwen/2016 - 11/01/content _ 5127079. htm.

战的。但是，相对于此，调整生活方式、引导大众行为、凝聚全社会的共识，才是更为艰难、更不易迅速取得成效的事情，我们目前在这方面的努力还有不足，有效措施还很有限。第四，相对于制度建设而言，制度的执行是更为复杂、更为艰难的，尤其是制度内化为社会成员自觉的行为习惯是一个长期的、复杂的过程，其中甚至还会有扭曲、冲突与反复，这是我们需要特别关注的，也是可以充分汲取社会学、心理学等社会科学智慧的重要方面。我们需要更多关注人们日常生活实践的绿化，以日常生活实践为中心，以绿化生活为目标，更加细致地再造日常生活基础设施、重构日常生活机会与空间、设置方便有效的日常生活引导，以推动深层次的、本质性的绿色社会建设。否则，社会表面的变革将会出于深层的原因而延滞、失灵甚至颠覆。第五，虽然我国社会主要矛盾发生变化，但是我们仍处于并将长期处于社会主义初级阶段的基本国情没有变，我国是世界最大发展中国家的国际地位没有变。因此，发展与环境的矛盾仍然具有长期性，我们仍然需要平衡发展与环保，在推动环境保护中实现更高质量的发展。特别是，考虑到我国发展的不平衡性，城乡之间、地区之间、群体之间的发展差距比较大，社会价值多样化，所以绿色社会建设过程中也将面临比较突出的环境公平问题。正视并妥善处理好环境公平问题，将会增加绿色社会建设的内生动力；而忽视和处理不好这个问题，将会损害绿色共识并加大绿色社会建设的内在阻力。

因此，当前中国的绿色社会建设只能说是曙光初现，未来任重道远。真正的绿色社会，不仅需要形成广泛的具有支配性的绿色共识、科学全面系统细密的制度安排，而且要有严谨有效常规化的制度执行实践，开发适宜的技术手段和传播知识信息，有广泛的活跃的绿色社会组织和绿色社会活动，有公众日常生活实践的系统性重构与再造。在一个全球化时代，区域性的绿色社会建设也必将受到外部社会环境的影响，需要与外部社会开展有效互动与协调。在当前的发展态势下，最终的绿色社会必然是全球性的，需要全球社会协调一致的深刻变革，需要全世界人民切实敬畏自然，珍爱我们身处其中的人类命运共同体。

附录

　　收入附录的是我们在研究中检验和发展的两个创新性量表，即中国版环境关心量表（CNEP）和中国版环境知识量表（CEKS），它们是进一步开展相关研究的重要工具。

附录 1 中国版环境关心量表

20世纪60年代，"环境"作为社会议题被提上西方国家政策议程。其后，许多民意调查和社会科学研究开始关注公众的环境关心，即人们"意识到并支持解决涉及生态环境的问题的程度或者为解决这类问题而做出贡献的意愿"（Dunlap & Jones, 2002：485）。1978年，邓拉普和范李尔（Dunlap & Van Liere, 1978）正式提出了测量环境关心的NEP量表（简称"1978版量表"）；2000年，邓拉普等人（Dunlap et al., 2000）又推出了量表的修订版（简称"2000版量表"）。① 30多年以来，NEP量表已发展成为全球范围内最为广泛使用的环境关心测量工具（Dunlap, 2008；Freudenburg, 2008）。

2003年，洪大用在2003年中国综合社会调查（CGSS2003）中引入2000版量表，并基于该次调查数据对其适用性情况进行了全面考察（洪大用，2006；肖晨阳、洪大用，2007），指出2000版量表总体上具有可接受的信度和效度水平，与此同时也存在一些突出问题，例如量表的内部一致性不强、预测效度偏低，且部分项目的α系数、分辨力系数和因子负载低于可接受的统计标准，量表的单一维度也未得到数据的有效支持。为了确保中国公众环境关心测量的精确性，我们提出了改造2000版量表的初步设想，即选取其中的第1、3、5、7、8、9、10、11、13和15项，建构一个包括10个测量项目的"中国版NEP量表"（简称"2007版量表"）。初步分析表明，该量表是单一维度的，相较于2000版量表具有更好的信度与效度

---

① NEP是英语"new environmental/ecological paradigm"的缩写，NEP量表可以翻译作"新环境范式量表"或"新生态范式量表"，分别指代1978年提出的和2000年修订后的两个NEP量表。两个量表有八个测量项目重叠或相似，但前者测量项目共有12个，后者增加至15个。关于NEP量表的提出与修订过程，有兴趣的读者可以参阅文章《环境关心的测量：NEP量表在中国的应用评估》（洪大用，2006）。

水平（肖晨阳、洪大用，2007；Xiao & Hong，2010；Xiao *et al.*，2013）。

但是，对 2007 版量表进行检验的数据基础是有局限的。CGSS2003 囿于有限的人力物力，只在全国城镇地区实施，并未包括乡村样本。同时，由于合作方的困难，2003 年的调查在广东省、吉林省、黑龙江省和湖北省的部分样本城市未能付诸实施，使得实际完成的样本较设计样本少了 902人。因此，不仅 2000 版量表需要经过中国农村地区调查的再检验，2007 版量表也需要利用更具有代表性的数据作进一步的检验和分析。CGSS2010覆盖了城乡，包括了与 CGSS2003 相同的一些调查项目，为我们进一步的检验分析提供了比较理想的数据基础。本研究在进一步总结有关 NEP 量表研究的基础上，利用 CGSS2010 数据对 2000 版量表和 2007 版量表继续进行科学评估，试图提出可以在中国城乡居民环境关心的经验研究中广泛应用的中国版 NEP 量表，即 CNEP 量表。

一、NEP 量表及其在环境关心测量中的应用

迄今为止，NEP 量表及其不同版本在全球四十多个国家和地区的数百项研究中得到过应用（Hawcroft & Milfont，2010）。我们于 2018 年 11 月24 日利用美国科学信息研究所 Web of Science 网站的社会科学引文索引（SSCI）检索，发现提出 1978 版量表的论文共被引用 1 207 次，提出 2000版量表的论文共被引用 1 666 次；同日，使用 Google Scholar 搜索引擎检索显示，引用前后两版量表的研究数量分别为 3 457 和 4 517。[①] 这说明了环境关心测量的重要性以及关于 NEP 量表研究成果的丰富性、全球性。不过，各种研究的结论并不完全一致，很多研究者基于各自的学科视角或调查发现指出了 NEP 量表及其不同版本在应用时存在的种种问题。

（一）国外学者围绕 NEP 量表及其应用的有关争论

首先，是关于量表的内容效度问题。拉隆达和杰克逊（Lalonde & Jackson，2002）通过互联网实施了一项国际调查，来自 23 个国家的 238 名

---

① Web of Science 引文检索只包括 SSCI 期刊论文的引用情况（http://apps.webofknowl-edge.com/），Google Scholar 还收录了会议论文和专著的引用情况（http://scholar.google.com/）。

受访者被要求填答原版量表并对量表项目进行评论，以评估 1978 版量表的内容效度。基于调查结果，他们认为，自 1978 版量表提出后的二三十年里，环境问题的性质、严重程度和波及范围都发生了巨大变化，而原版量表大多数项目的措辞已经过时，不能准确测量公众环境态度的新动向。伦德马克（Lundmark，2007）基于环境伦理学的视角也指出，2000 版量表的理论基础并不牢靠，从量表的项目陈述很难将生态中心主义取向和人类中心主义取向区别开来，在这个意义上来说，其所测量的只是一种粗浅的生态价值观。

其次，是关于量表的维度问题。在量表的提出者看来，1978 版量表是一个内部一致性较好的、单一维度的量表（Dunlap & Van Liere，1978）。2000 版量表测量了环境关心五个相互关联的面向①（分别是自然平衡、人类中心主义、人类例外主义、生态环境危机和增长极限），似乎暗示修订后的量表具有五个维度。但是，邓拉普等人基于统计检验结果却认为，2000 版量表仍然是具有较优内部一致性的单维量表（Dunlap et al.，2000）。NEP 量表的单维结构为一些学者所接受，在实际运用中也是将量表所有项目得分累加得出一个单独的分数，而不是将量表项目拆分为子量表使用的（例如，Shin，2001；Steg et al.，2005；Slimak & Dietz，2006）。但是也有研究者认为，无论是 1978 版还是 2000 版，量表的单维性都值得怀疑。基于经验调查结果，研究者认为 1978 版量表存在二维结构（Scott & Willits，1994；Gooch，1995；Bechtel et al.，1999）、三维结构（Albrecht et al.，1982；Edgell & Nowell，1989；Kuhn & Jackson，1989；Noe & Snow，1990）、四维结构（Roberts & Bacon，1997；Furman，1998）甚至五维结构（Geller & Lasley，1985），2000 版量表也被一些研究者证明具有多维结构（Grendstad，1999；Erdogan，2009；Amburgey & Thoman，2012）。

再次，是关于 NEP 量表对环境保护行为的预测能力问题。虽然有研究发现 1978 版量表的分值与环保行为之间高度相关（Tarrant & Cordell，1997），但更多的研究则表明，经 NEP 量表测出的环境关心水平较高的受访者中，大多数却缺乏参与保护环境的行为或环保意愿不强（例如，Scott & Willits，1994；Corral-Verdugo & Armendáriz，2000；Cordano et al.，

---

①　邓拉普等人在此使用面向（facets）这个概念，是为了描述一种新生态世界观的不同概念原理，并基于这些面向发展出相关的量表测量项目。

2003)。在邓拉普等人提出和修订 NEP 量表的研究中，1978 版量表和 2000 版量表分值与个人环保行为之间的相关系数分别是 0.24（Dunlap & Van Liere，1978）和 0.30（Dunlap et al.，2000），也可以说是只存在低度相关关系。

最后，是关于量表在美国之外的国家与地区中应用时的效能问题。如前所述，目前 NEP 量表已经成为世界范围内最为广泛使用的测量公众环境关心的工具（Hawcroft & Milfont，2010）。一些研究证明了 NEP 量表在非西方和非工业发达国家同样具有较好的测量效果（Pierce et al.，1987；Adeola，1996）。但是，另外一些研究则对 NEP 量表在其他国家移植的可能性进行了质疑。例如，古奇（Gooch，1995）在东欧转型国家拉脱维亚和爱沙尼亚的调查发现，1978 版量表的克朗巴哈 α 信度系数（Cronbach's Alpha）分别只有 0.35 和 0.52，显示量表的信度不高。再如，舒尔茨和泽勒尼（Schultz & Zelezny，1998）的一项跨国比较研究表明，1978 版量表的分值与美国、西班牙和墨西哥公众的环保行为呈现显著的正相关关系，但在尼加拉瓜、秘鲁的调查却发现二者并不显著相关，由此证明量表在一些国家可能失去了预测效度。据此有学者认为，NEP 量表所测量的"新生态价值观"（即一般性的环境关心）可能只适用于北美社会，并不能准确测量其他文化背景、经济发展水平和意识形态社会公众的环境关心水平（Chatterjee，2008）。

2008 年，为了纪念 NEP 量表问世 30 周年，量表的主要作者邓拉普发表了一篇名为《NEP 量表：从边缘到全球普及》的文章，对三十年来 NEP 量表的提出、修订过程及目前应用情况进行了系统的回顾，并围绕以上几个争议问题逐一进行了回应（Dunlap，2008）。

其一，针对 NEP 量表的"过时"问题，邓拉普承认 1978 版量表确有不足，但是因为 NEP 量表测量的是关于人与环境关系的一般性看法，特别是新修订的 2000 版量表为了适应环境问题的变化已经结合一些批评意见调整了量表的项目内容和措辞，从而有效避免了内容效度下降的问题（Dunlap，2008）。尽管如此，仍然有学者对 2000 版量表的内容效度存在质疑。

其二，针对 NEP 量表的维度问题，邓拉普认为，从信念体系（belief

system)① 的视角来看，公众的环境信念体系会因为其所处的不同文化背景和阶层差异而存在不同的组合方式，NEP 量表的潜在多维性正是不同群体看待人与环境关系方式有所不同的真实反映（Dunlap，2008）。信念体系视角的引入，使得原本关于 NEP 量表的维度争论从分散走向了统一。在近期的一项研究中，肖晨阳、邓拉普和洪大用使用 CGSS2003 数据对中国城市居民环境关心的本质与社会基础进行了深入的分析，指出与在北美的相关发现一样，中国公众中也存在一个相对连贯的环境信念体系（Xiao et al.，2013）。

其三，针对 NEP 量表不能有效预测环境行为的问题，邓拉普指出，态度与行为之间的落差和不一致源于使用广义的态度去预测具体的行为，因此不能奢求 NEP 量表成为预测具体环境行为的强力工具，并建议引入其他变量来提高对环境行为的预测力（Dunlap，2008）。在斯特恩（Stern，2000）的价值-观念-规范（value-belief-norm，VBN）模型中，他尝试将1978 版量表部分项目整合为影响环境行为的几种心理性构念中的一种，从而有效提高了对个人环保行为的预测力。

其四，针对 NEP 量表的推广应用问题，邓拉普认为，量表在美国以外国家和地区的应用虽然效能一般会有所降低，但大多仍在可接受的统计标准以内，因此 NEP 量表具有很强的全球推广价值乃至可以用来做国际比较研究（Dunlap，2008）。霍克罗夫特和米尔方特（Hawcroft & Milfont，2010）通过对 36 个国家 139 项研究中 NEP 量表的使用形式进行元分析，发现不同版本的 NEP 量表在各国应用的克朗巴哈 α 系数平均为 0.68（标准误为 0.11），但仍有研究反映量表在一些国家应用时内部一致性较差。

从我们所掌握的国外文献来看，可以说 NEP 量表在形式上仍然存在一定的改进空间。尽管很多研究仍然采用了两版量表之一的全部项目（Albrecht et al.，1982；Caron，1989；Geller & Lasley，1985；Noe & Snow，1990；Kanagy & Willits，1993；Schultz & Stone，1994；Scott & Willits，1994；Rideout et al.，2005；Lee，2008），但也有相当一部分研究在使用量

---

① 英文 "belief system"，是西方社会科学研究中一个比较常见的分析概念，可以理解为一系列相互支持、紧密联系的看法组成的认知图式，直译过来应该是"信仰体系"，但这种译法过于西化且很容易与宗教信仰等狭义层面的"信仰"相混淆。本研究采用了"信念体系"的译法，希望可以最大限度地反映出 "belief system" 原概念中"由相互约束和有机相关的一系列观点、态度组成的构型"（Converse，1964）之含义。

表时进行了或多或少的改进，改进的方向包括对一些项目进行删除（Geller & Lasley，1985；Pierce *et al*.，1987；Noe & Snow，1990；Gooch，1995；Cordano *et al*.，2003）、引入一些新的测量项目（La Trobe & Acott，2000）以及调整部分项目的措辞（例如，Evans *et al*.，2007）等。霍克罗夫特和米尔方特的研究发现，已有应用 NEP 量表的经验研究中，超过 40% 的研究只使用了新旧量表中的 5 至 10 个项目（Hawcroft & Milfont，2010）。除了 2000 版量表外，邓拉普本人在其他研究中也曾尝试提出过 NEP 量表的精简版和儿童版。1981 年，邓拉普在与美国大陆集团合作一项以环境为主题的大型社会调查时，因为合作方缩减量表长度的要求，曾将 1978 版量表精简为 6 项[①]（Dunlap，2008），精简版的量表被一些研究者发现仍然具有很高的测量精确性并被引用（Pierce *et al*.，1987；Knight，2008）。2006 年，邓拉普也曾与他人合作提出了一个儿童版的 NEP 量表，该量表只保留了 2000 版量表中的 10 个项目，并对一些项目重新进行措辞以适应 10～12 岁儿童调查对象的特点（Manoli *et al*.，2006）。

因此，出于提高测量精确性、切合研究主题、适应调查对象、节约调查时间等多种需要，对 NEP 量表进行项目构成、内容措辞等方面的改进应该说是一种合理的做法。但是，对于如何改造 NEP 量表的项目构成而又不损害测量工具的精确性，目前还没有统一的结论。有研究者从 2000 版量表的五个面向中各选择一正一负陈述的两个项目，组成了一个十项目的精简版量表，其内部一致性甚至较 15 项的更好（Milfont & Duckitt，2004）。也有学者将 1978 版和 2000 版量表重合和相近的 8 个项目组成一个新量表，并证明了这个量表具有更好的信度和效度（La Trobe & Acott，2000；Cordano *et al*.，2003）。更为常见的做法是，研究者根据因子分析的结果，将共同负载在某一因子上的项目挑选出来组成新的量表（Hawcroft & Milfont，2010）。但无论如何，测量工具的明确维度以及良好的信度效度水平，应当成为对 NEP 量表进行改造的首要参考标准。

（二）NEP 量表在中国的应用与评估

NEP 量表引入中国内地的时间较晚。20 世纪 90 年代末，香港学者钟

---

① 分别是 1978 版量表的第 2、4、5、6、9 和 11 项。

珊珊和潘智生（Chung & Poon，1999，2001）以及卢永鸿和梁世荣（Lo & Leung，2000）曾将 1978 版量表译为中文并运用在广东省的一些社会调查之中。2003 年，洪大用将 2000 版量表引入中国综合社会调查之后，越来越多的内地学者开始使用 2000 版量表来研究中国公众的环境关心与行为（罗艳菊等，2009；段红霞，2009；冯麟茜，2010；王玲、付少平，2011；常跟应等，2011；周志家，2011），但在量表项目的取舍方面却存在很大分歧：有的采用了量表全部项目，有的只采用了部分项目，有的还引入了新的项目。这种状况说明国内学者在环境关心的测量工具方面还没有达成共识，由此导致经验研究之间的可比性仍然不强，不利于学术对话和知识积累。因此也就有了进一步探讨更为科学的环境关心测量工具的必要性，这也是附录 1 写作的一个重要背景。

基于 2003 年中国综合社会调查（城市部分）数据，洪大用（2006）指出，2000 版量表的第 4 项和第 14 项的分辨力系数低、内部一致性系数以及探索性因子分析中对主轴因子负载都低于可接受标准，而删除这两项后量表信度水平和内部一致性都会有明显的改善。因此，洪大用提出在中国应用 2000 版量表时有必要删除其第 4 项和第 14 项，只保留剩下的 13 个项目。进一步，在与肖晨阳的合作研究中，洪大用对 2000 版量表的维度进行了重点检验，发现 CGSS2003 数据既不能支持量表的五维度假设也不能支持量表的单一维度假设。根据项目的因子负载情况，肖晨阳等人再次建议可以采用 2000 版量表中的 8 个正向措辞的测量项目加上第 8 项和第 10 项，建构一个包含 10 个项目的单一维度的"中国版 NEP 量表"（见附表 1 - 7，肖晨阳、洪大用，2007）。

在洪大用和肖晨阳的研究之后，一些学者也对 2000 版量表在中国的应用情况进行过类似的评估。吴建平等（2012）基于对 278 名大学生和 11 620名城市居民的问卷调查结果，发现 2000 版量表在中国应用时具有较好的信度与效度，量表项目明显对半区分为 NEP（新环境范式）和 HEP（人类里外范式）两个维度。[①] 刘静等（Liu et al.，2010）于 2008 年通过对重庆缙云山国家级自然保护区 112 名农民、政府官员、商人和游客的一份调查发现，2000 版量表各测量项目的 R_{i} 值在 0.12～0.36，α 值在 0.53～

---

① 根据该文所呈现出来的结果，我们倾向于认为，其所发现的 NEP/HEP 两个维度可能是由于量表项目内容的陈述方向引起的统计"假象"。

0.58，量表的内部一致性并不理想。王玲和付少平（2011）在陕北乡村的调查结果则表明，2000版量表在乡村地区的应用情况并不理想，在删除第1、2、4、6、7、8、9、11、14项后，由其余6个项目（分别是第3、5、10、12、13和15项）构成的农村版NEP量表则具有更好的信度和效度。吴灵琼（Wu，2012）使用2000版量表在深圳三所小学进行了两轮调查后，在不改变原意的前提下对直译成中文的2000版量表的部分项目重新措辞以更适应中国儿童的特点。根据第三轮针对10～12岁中国小学生的调查结果，量表的α系数为0.65，删除R_{i-t}值较低的第1、7、13项，α系数提高到0.66。以上研究在表明2000版量表在中国具有一定应用价值的同时，也存在一定的局限。考虑到这些研究的数据基础大多具有明显的缺陷，利用更加权威更有代表性的数据进行深入检验就显得更有必要。

二、基于CGSS2010数据检验NEP量表的优势与策略

中国综合社会调查是由中国人民大学联合有关单位实施的连续性抽样调查，具有很强的权威性。2010年度调查中包含了比较完整的环境模块，其中很多内容与2003年度调查完全一致，调查对象包含了城市居民和农村居民。此次调查获得的数据为我们进一步检验2007版量表是否是一个具有较好适用性的中国版NEP量表提供了很好的基础。

（一）数据说明

中国综合社会调查（CGSS）第二期（2010—2019）的抽样设计采用多阶分层概率抽样设计，其调查范围覆盖了中国31个省级行政区划单位（不含港澳台地区），调查对象为16周岁及以上的居民，问卷的完成方式以面对面访谈为主。与CGSS2003相比，CGSS2010在乡村地区进行样本的随机收集，因此研究结论可以进行全国城乡层次的推广。在CGSS2010的问卷中，环境模块为选答模块，所有受访者通过随机数均有三分之一的概率回答此模块，因此也具有全国层次的代表性。CGSS2010最终的有效样本量为11 785个，应答率为71.32%，其中环境模块的样本量为3 716个。

CGSS2010调查沿用了CGSS2003问卷中的2000版量表（量表项目参见附表1-1）。为确保研究数据的可靠性，根据被访者对2000版量表的回

答情况，我们对样本进行了筛选。首先，将所有 15 个项目均回答"不确定/无法选择"的样本剔除；其次，对于缺省情况在 15 项中超过 5 项的样本予以删除。最终，确定进入数据分析的有效样本为 3 480 个。其中，城市居民所占比例为 65.1%，乡村居民占 34.9%；男性和女性的比例分别为47.6%和 52.4%；年龄在 25 岁以下、25～34 岁、35～54 岁以及 55 岁及以上者所占的比例分别为 9.1%、16.0%、44.3%和 30.6%；文化程度为小学及以下、初中、高中和高中以上比例分别为 32.2%、29.7%、20.8%和 17.3%。

　　在数据分析中，由于量表中第 1、3、5、7、9、11、13、15 项是正向问题，所以被访者回答"非常同意""比较同意""说不清/不确定""不太同意""很不同意"，被赋分值依次为 5、4、3、2、1；而量表中第 2、4、6、8、10、12、14 项是负向问题，被访者回答"非常同意""比较同意""说不清/不确定""不太同意""很不同意"，则被依次赋值为 1、2、3、4、5 分。对于不回答的项目则以该项目的均值进行填补。在 CGSS2010 中，被访者对 2000 版量表的回答情况见附表 1-1。

附表 1-1　　2000 版量表在中国的调查结果（CGSS2010）

2000 版量表的 NEP 项目	总样本 (N=3 480)		城市样本 (n=2 264)		乡村样本 (n=1 216)		分辨力系数
	平均值	标准差	平均值	标准差	平均值	标准差	
1. 目前的人口总量正在接近地球能够承受的极限	3.59	0.96	3.66	0.96	3.45	0.95	0.90
2. 人是最重要的，可以为了满足自身的需要而改变自然环境	3.17	1.19	3.28	1.21	2.98	1.13	1.46
3. 人类对于自然的破坏常常导致灾难性后果	3.94	0.89	4.04	0.86	3.75	0.91	0.97
4. 由于人类的智慧，地球环境状况的改善是完全可能的	2.38	0.98	2.38	1.01	2.36	0.94	0.37
5. 目前人类正在滥用和破坏环境	3.85	0.98	3.96	0.92	3.65	1.06	1.12
6. 只要我们知道如何开发，地球上的自然资源是很充足的	2.92	1.17	3.01	1.21	2.75	1.09	1.21
7. 动植物与人类有着一样的生存权	4.07	0.90	4.15	0.86	3.93	0.95	0.94

续前表

2000 版量表的 NEP 项目	总样本 ($N=3\ 480$)		城市样本 ($n=2\ 264$)		乡村样本 ($n=1\ 216$)		分辨力 系数
	平均值	标准差	平均值	标准差	平均值	标准差	
8. 自然界的自我平衡能力足够强，完全可以应付现代工业社会的冲击	3.40	1.04	3.53	1.06	3.16	0.97	1.44
9. 人类尽管有着特殊能力，但是仍然受自然规律的支配	3.93	0.90	4.02	0.89	3.75	0.90	0.93
10. 所谓人类正在面临"环境危机"，是一种过分夸大的说法	3.40	1.03	3.53	1.03	3.17	0.98	1.33
11. 地球就像宇宙飞船，只有很有限的空间和资源	3.74	0.98	3.86	0.97	3.51	0.98	1.22
12. 人类生来就是主人，是要统治自然界的其他部分的	3.33	1.16	3.45	1.17	3.11	1.10	1.55
13. 自然界的平衡是很脆弱的，很容易被打乱	3.76	0.95	3.87	0.94	3.56	0.94	1.13
14. 人类终将知道更多的自然规律，从而有能力控制自然	2.80	1.10	2.83	1.15	2.74	1.01	0.79
15. 如果一切按照目前的样子继续，我们很快将遭受严重的环境灾难	3.69	1.02	3.81	1.01	3.46	1.00	1.31

我们首先对量表中所有项目的分辨力进行了检验（见附表 1-1）。分析结果显示，量表的多数项目具有可接受的分辨力，适合作为测量项目。但第 4 项的分辨力系数相对偏低，只有 0.37，说明根据该项可能难以区分中国公众对于"人类例外主义"态度的不同程度。

（二）2007 版量表的检验策略

在接下来的分析中，我们将采用一种反向逐步检验的策略来检验 2007 版量表作为最佳结构的中国版 NEP 量表在项目构成与测量精度方面的合理性。即根据 2000 版量表在中国应用时初步的维度检验结果，在采取删除量表项目的改造方式下，间接验证 2007 版量表是不是中国版 NEP 量表的最佳保留项目；如果被证实，则进一步将 2007 版量表的信度与效度进行全面评估，以验证 2007 版量表是否具有良好的信度与效度水平。其中，第一步被证伪则表明最佳结构的中国版 NEP 量表可能存在与 2007 版量表不同的其他项目构成形式,第二步被证伪则表明还需要采取其他方向的改造(如重新措辞、加入新的测量项等)。只有两步检验都被证实,才能证明 2007 版量表确实可以作为最佳结构的中国版 NEP 量表。具体分析技术和步骤如下:

第一步,使用验证性因子分析法(confirmatory factor analysis,CFA)对 2000 版量表的维度进行检验,以确定量表的最佳项目构成。传统的探索性因子分析方法(exploratory factor analysis,EFA)在检验量表的维度时存在很多缺陷:因为完全依赖数据分析的结果,缺乏必要的理论指导,其正交预设可能会掩盖因子之间的真实关系,很容易导致将并不相关的不同因子误以为不同的维度。相比之下,CFA 不仅可以检验已有的理论维度模型和控制测量项目的误差相关,还可以检验不同维度因子间的相关性。因此,越来越多的学者(例如,Nooney et al.,2003;Amburgey & Thoman,2012)开始应用 CFA 的方法来研究不同版本 NEP 量表的维度问题,既可以有效避免 EFA 分析方法过程中的盲目性,也提高了数据结果的可靠性。根据 CFA 的结果,我们使用 CGSS2010 数据重新检验 2000 版量表的潜在维度,对影响量表明确维度的项目予以确认,并与 2007 版量表检验结果进行比较。同时,通过对量表维度和各个项目因子负载的检查,可以检验量表的信度。第二步,在第一步的检验基础上,使用相关统计指标对 2007 版量表的效度进行全面评估,以了解这一改造后的测量工具其精确性是否受影响。第三步,进行必要的总结,概括中国版 NEP 量表并讨论进一步的研究方向。

三、2007 版量表是否具有最佳项目构成

一个量表是单一维度还是多维度,关乎我们对该量表分数意义的理解。举例来说,如果 NEP 量表是单维结构,那么项目总和分数较低则表示受访者的环境关心水平整体较低;反之,如果量表是多维结构,那么仅从较低的项目总和分数将无法判断受访者究竟是环境关心水平整体较低还是只在部分维度上得分较低,这种情况下往往需要将每个维度的分数单独加权。也正因如此,NEP 量表的维度一直是学者们重点研究的问题。接下来,我们将使用 CGSS2010 数据检验 2000 与 2007 两版量表的维度。

（一）2000 版量表维度的再检验

结合最新数据，我们拟沿用肖晨阳和洪大用（2007）文章中的五维模型和单维模型（见附图 1-1），采用 CFA 的方法对 2000 版量表的维度进行检验。由附图 1-1 可知，模型 A 是用来检验 2000 版量表五维假设的一个高阶 CFA 模型：NEP 量表的 15 个观测项目每三个为一组分别负载在自然平衡、人类中心主义、人类例外主义、生态危机和增长极限五个第一阶的潜因子上，而量表所测量的环境关心（椭圆中的 NEP）是第二阶的潜性因子，总辖五个一阶因子。模型 B 是检验 2000 版量表单维假设的 CFA 模型，相较于模型 A，其最大的不同在于撤掉了五个一阶因子，将 15 个观测项目直接负载于量表所测量的环境关心（椭圆中的 NEP）上。e1 至 e15 分别表示 2000 版表 15 个观测项目可能存在的测量误差，模型 A 中的 z1 至 z5 表示五个一阶因子的测量误差。需要特别说明的是，以上两个模型都允许测量项目之间的误差相关，但因数量太多而版面有限未在图上标出。

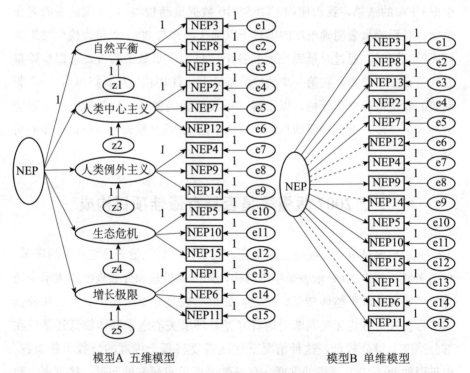

模型A　五维模型　　　　　　　模型B　单维模型

附图 1-1　NEP 量表的维度检验模型

对于模型 A 和 B 的统计估计，产生了大量的数据结果（见附表 1-2）。我们首先关注的是两个理论假设模型的数据拟合情况。从附表 1-2 来看，在依照模型修正指数（MI）逐步牺牲了一定的模型自由度后，两个模型都达到了饱和，各项模型拟合度指标都达到了可接受标准。尽管两个理论模型的数据拟合情况都较好，但就此还无法判断模型是否达标以及哪个模型更好，需要结合因子负载情况来进一步认定。

附表 1-2　2000 版量表五维模型和单维模型的 CFA 检验结果（CGSS2010）

	模型 A					模型 B
	自然平衡	人类中心主义	人类例外主义	生态危机	增长极限	
二阶负载	1.039	1.004	−0.836	0.921	0.899	—
一阶负载						—
NEP3	0.552	—	—	—	—	0.548
NEP8	0.323	—	—	—	—	0.325
NEP13	0.560	—	—	—	—	0.564
NEP2	—	0.193	—	—	—	0.193
NEP7	—	0.485	—	—	—	0.524
NEP12	—	0.270	—	—	—	0.261
NEP4	—	—	0.170	—	—	−0.150
NEP9	—	—	−0.575	—	—	0.506
NEP14	—	—	0.028	—	—	−0.023
NEP5	—	—	—	0.522	—	0.460
NEP10	—	—	—	0.402	—	0.384
NEP15	—	—	—	0.649	—	0.628
NEP1	—	—	—	—	0.392	0.351
NEP6	—	—	—	—	0.120	0.107
NEP11	—	—	—	—	0.564	0.513

模型拟合情况
模型 A：CMIN/df=47.663/42，p=0.253，GFI=0.998，NFI=0.995；
模型 B：CMIN/df=49.625/46，p=0.331，GFI=0.998，NFI=0.994。

附表 1-2 给出了模型估计的标准化因子负载。如前所述，在数据分析之前我们已经对 2000 版量表中的 7 个负向陈述的项目进行反向赋值。所以从理论上来说，无论是一阶因子负载还是二阶因子负载，其标准化因子负载都不可能大于 1 或小于 0。模型 A 中，二阶因子负载中有三个因子出现了违背统计理论值的情况，自然平衡、人类中心主义对环境关心的因子负载大于 1，这直接导致了模型 A 的结果被判定为不可用（not admissible）。同时，人类例外主义以及一阶因子负载中 NEP9 对人类例外主义的因子负载都小于 0，这在理论上无法解读。模型 B 中，NEP4 和 NEP14 的因子负载都小于 0，这也不符合我们的理论假设。撇开这些超出理论值的项目，如果以 0.3 作为因子负载标准的话，模型 A 和模型 B 中还存在很多量表测量项目因子负载过低的情况（例如，NEP6 在五维模型和单维模型中因子负载都很低）。综合来看，尽管模型 A 和模型 B 具有较好的模型拟合度，我们依然将验证五维假设的模型 A 判定为不达标，而模型 B 的结果则表明经验数据不支持单维假设。至此，2000 版量表的五维假设和单维假设在 CGSS2003 数据之外，又一次没有得到有效支持。

CGSS2010 数据分析表明，2000 版量表的 15 个测量项目既不能以单维结构组合在一起，也没有沿袭量表提出时所依据的五个面向形成五个确定的维度。结合 CGSS2003 的分析结果（洪大用，2006；肖晨阳、洪大用，2007），我们似乎更有把握地得出结论：2000 版量表在中国应用时既不是五维的也不是单维的，其经验维度与既有理论维度存在明显的不一致。这一结果再次提示我们，在中国应用 2000 版量表时，不加检验地将量表的所有项目加和（假设量表是单维的）或者依据量表五个理论面向来单独加和（假设量表是五维的），都可能会降低研究结论的精确性。

如前所述，尽管 NEP 量表的单维结构在一些西方研究中得到证实，但是更多研究则报告了量表的多维特征，这在美国之外不同文化背景、经济发展阶段及意识形态的其他国家和地区调查中得到了比较充分的证明（例如，Bechtel *et al.*，1999；Bechtel *et al.*，2006；Bostrom *et al.*，2006）。从信念体系的视角来看，不同研究中报告 NEP 量表存在差异维度结构，其实揭示的是不同样本群体看待人与环境关系的方式存在差异（Dunlap，2008）。从单维模型的 CFA 的结果来看，中国公众的环境信念体系与美国等西方公众具有相似性。首先，生态危机和自然平衡所辖共六个项目的因子负载都很高，这说明中国公众在看待"生态环境正在不断被破坏"和

"自然平衡很脆弱"等问题的方式上与其他国家公众一致；其次，有三分之二的项目（10 个）因子负载都达到了可接受的统计标准，表明东西方公众在看待人与自然环境关系的方式上正在趋同。这些也间接验证了 2000 版量表在中国应用的可能性。但是，CFA 结果中存在的一系列问题，也提醒我们应该看到中国公众在看待人与环境关系的方式上目前存在一种特殊的信念体系。要想观察和描述这种特殊结构，则需要有与之相适应的、更为准确的测量工具。

（二）2007 版量表项目构成的再检验

在目前缺乏其他理论指导的情况下，要对 2000 版量表进行改造只能在五维和单维的结构下进行。从附表 1-2 五维假设的一阶因子负载和单维假设的因子负载来判断，模型 A 和模型 B 中因子负载异常或较低的具有相同的五个项目，分别是 NEP2、NEP4、NEP6、NEP12 和 NEP14[①]，这一发现与 CGSS2003 的结果相同。如果剔除掉这五个项目，2000 版量表五维假设中的人类中心主义和人类例外主义因子将分别只剩下一个测量项目，五维假设也就不再成立；而单维假设中，剩下的 10 个项目正好与 2007 版量表的全部项目相吻合。这表明，2007 版量表的项目结构再次得到了 CGSS2010 数据的有效支持，并且可以作为单一维度的测量工具。需要特别指出的是，CGSS2003 和 CGSS2010 是两个不同时间段的独立样本，因此高度一致的结果强有力地支持了我们对 2007 版量表的判断，即这个量表具有符合中国情况的最佳项目构成。

在上述模型 B 的基础上，我们对肖晨阳和洪大用（2007）提出的 2007 版量表进行了单一维度的检验：剔除模型 B 中虚线箭头指向的 5 个不属于 2007 版量表的测量项目，分总样本、城市样本和乡村样本对其余 10 个项目关于同一因子（椭圆中的 NEP）的负载情况进行估计（见附图 1-1）。模型估计的结果见附表 1-3。

---

① 五维假设中 NEP9 的因子负载也是异常值。但我们认为，NEP9 在单维假设中因子负载达到了可接受标准，五维假设中因子负载的绝对值也大于 0.3 的标准，因此其方向的异常扭转主要是由于同属"人类例外主义"因子的 NEP4 和 NEP14 造成的。

附表 1 - 3　　　2007 版量表单维模型的 CFA 检验结果（CGSS2010）

	模型 B1 总样本 （N=3 840）	模型 B2 城市样本 （n=2 264）	模型 B3 乡村样本 （n=1 216）
NEP1	0.379	0.346	0.340
NEP3	0.552	0.540	0.520
NEP5	0.463	0.512	0.349
NEP7	0.518	0.549	0.369
NEP8	0.325	0.356	0.175
NEP9	0.493	0.483	0.352
NEP10	0.384	0.407	0.259
NEP11	0.526	0.528	0.421
NEP13	0.561	0.528	0.615
NEP15	0.605	0.639	0.567

模型拟合情况

模型 B1：CMIN/df=25.484/22，p=0.275，GFI=0.999，NFI=0.995；

模型 B2：CMIN/df=14.843/22，p=0.869，GFI=0.999，NFI=0.996；

模型 B3：CMIN/df=22.460/26，p=0.663，GFI=0.996，NFI=0.983。

从附表 1 - 3 模型拟合指标来看，模型 B1～B3 都具有较好的模型拟合度。模型 B1 和 B2 的因子负载值全都达到可接受的统计标准，这说明单一维度的 2007 版量表是一个不错的测量工具。使用乡村样本估计的模型 B3 结果表明，2007 版量表中有两个项目的因子负载低于 0.3 的统计标准，分别是 2000 版量表中的 NEP8 和 NEP10。这说明，2007 版量表在中国乡村应用时的经验维度与理论的单一维度还是存在一定的分歧。

进一步比较还可以发现，NEP8 和 NEP10 在模型 B1 和模型 B2 中的因子负载虽然达到了可接受标准，但较其他项目也存在偏低的情况。那么，有没有可能是这两个项目单独构成一个维度，从而对量表的单维性形成挑战呢？目前，尚无经验研究表明 NEP8 和 NEP10 可以作为 2000 版量表的一个维度，也缺乏相关的理论依据。NEP8 和 NEP10 分别属于"自然平衡"和"生态危机"两个面向，而这两个面向的所有项目都被 2007 版量表保留了下来，即使假设 2007 版量表是多维的，在理论上这两个项目更可能从属于原来两个面向形成不同维度。一个可能的解释是，NEP8 和 NEP10 的措辞方向影响了 2007 版量表的单维检验结果。2007 版量表 10 个项目中 8 个是正向措辞，只有 NEP8 和 NEP10 是负向措辞，不同的措辞方向很可能会导致量表形成两个维度的"假象"，而这种维度本身并不存在理论意

义。为了验证这一猜想，我们依据 2007 版量表各项目的措辞方向建立了
"双维"模型 C 来重新估计数据（附图 1-2）。

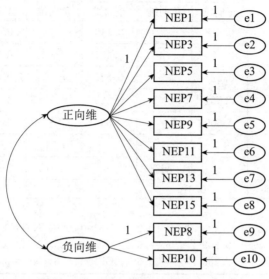

附图 1-2　2007 版量表"双维"模型

　　附表 1-4 是附图 1-2 模型的数据估计结果。从模型 C1～C3 的拟合指
标来看，"双维"模型对三种样本数据都能够较好地拟合。三个模型中，正
向维和负向维的相关系数在 0.43～0.62，说明 NEP8 和 NEP10 组成的负向
维与所有正向项目所组成的正向维高度相关。比较模型 C1～C3 和模型
B1～B3 的因子负载值变化，可以发现在"双维"模型中，2007 版量表的
所有正向项目都维持了单维模型中可接受的因子负载，而 NEP8 和 NEP10
的因子负载都有了很大的提升。特别是模型 C3 的结果表明，2007 版量表
的"双维"模型较单维模型能够更好地拟合乡村样本数据，至少各项的因
子负载都达到可接受的统计标准。

附表 1-4　2007 版量表"双维"模型的 CFA 检验结果（CGSS2010）

	模型 C1 总样本（N=3 840）		模型 C2 城市样本（n=2 264）		模型 C3 乡村样本（n=1 216）	
	正向维	负向维	正向维	负向维	正向维	负向维
NEP1	0.379	—	0.358	—	0.340	—
NEP3	0.552	—	0.540	—	0.520	—
NEP5	0.463	—	0.520	—	0.349	—

续前表

	模型 C1 总样本（N=3 840）		模型 C2 城市样本（n=2 264）		模型 C3 乡村样本（n=1 216）	
	正向维	负向维	正向维	负向维	正向维	负向维
NEP7	0.518	—	0.548	—	0.369	
NEP9	0.493	—	0.481	—	0.352	—
NEP11	0.526	—	0.527	—	0.421	
NEP13	0.561	—	0.525	—	0.615	
NEP15	0.605	—	0.637	—	0.567	
NEP8	—	0.527	—	0.540	—	0.411
NEP10	—	0.623	—	0.618	—	0.567
正向维↔负向维	0.616		0.657		0.426	

模型拟合情况

模型 C1：CMIN/df=25.483/22，p=0.275，GFI=0.999，NFI=0.995；

模型 C2：CMIN/df=19.599/23，p=0.666，GFI=1.000，NFI=0.995；

模型 C3：CMIN/df=22.460/26，p=0.663，GFI=0.996，NFI=0.983。

　　需要特别说明的是，"双维"模型得到数据的有效支持，只能证明措辞方向确实会影响 2007 版量表的单维结构以及为什么反向措辞的 NEP8 和 NEP10 因子负载较低，并不能据此就认为量表实际上具有两个维度。这首先是因为缺乏相关理论支持。再者，CGSS2010 城市样本和总样本的模型检验结果同样非常支持 2007 版量表的单维假设。从信念体系视角出发，可能合理的解释是，乡村样本在回答量表时很明显受到了 NEP8 和 NEP10 项目措辞方向的干扰，将这两项与其他正向项目所测量的环境关心概念视为存在显著差异（实际上只是措辞方向的差异），而城市居民样本和以城市居民为主的总样本也受到了影响但相对较小。尽管 2007 版量表在乡村样本中的单维假设没有得到有效支持，但亦未被完全否定。我们依然有理由相信，在统一项目措辞方向之后，2007 版量表在乡村地区的应用也会形成明确的单一维度。总之，在确保量表明确的单一维度的前提下，2007 版量表确实具有可以应用于中国各种环境关心测量的最佳项目构成。

四、2007 版量表的测量精确性分析

　　2007 版量表只保留了 2000 版量表的 15 个项目中的 10 个，那么这种改

造会不会降低 2000 版量表的精确性呢？我们对 2007 版量表进行信度、内容效度、建构效度与预测效度的分析。首先，以上的 CFA 检验结果很清楚地显示 2007 版量表有明确的单一维度，而且量表各项目的因子负载都达标，因此有很好的信度。其次，我们认为 CNEP 量表具有良好的内容效度。第一，CNEP 量表基于 2000 版 NEP 量表，正如邓拉普指出，这一版的NEP 考虑了 1978 版 NEP 内容和措辞上的不足，有效提高了内容效度。第二，CNEP 量表中保留了 2000 版 NEP 量表三分之二的（10 个）项目，更重要的是，所有 2000 版的五个理论面向都在 CNEP 量表中有至少一个项目。这使得 CNEP 量表具有良好的概念域（conceptual space）覆盖面。这避免了为片面追求量表的内在一致性而过度删除原版项目，从而导致五个理论面向不能都得到体现，危及量表的内容效度。下面，我们使用CGSS2010 数据对 CNEP 量表的建构效度与预测效度水平进行详细分析。在进行效度检验之前，我们首先根据 CFA 结果的因子负载权重，加权累加了 CNEP 量表的 10 个项目的得分，得出了环境关心总得分。为了检验CNEP 量表的建构效度，我们选用了年龄和教育两个指标。既有国内外研究一致表明，年龄越小的人、受教育水平越高的人其环境关心水平也相应越高（Van Liere & Dunlap，1980；Jones & Dunlap，1992；洪大用等，2012）。我们利用受访者的出生年份计算得出年龄变量，并用受教育年限来表示受访者的受教育水平。从附表 1-5 总样本的相关分析结果来看，年龄与 CNEP 量表呈现显著的负相关关系，受教育年限与 CNEP 量表为显著的正相关关系，这与既有研究结论相一致。分城乡样本的比较结果，进一步证实了 2007 版量表的建构效度在城乡地区都较好。

附表 1-5　　　　　　　　　　**2007 版量表的构建效度分析**

	总样本 （N＝3 480）	城市样本 （n＝2 264）	乡村样本 （n＝1 216）
CNEP↔年龄	−0.188*	−0.183*	−0.175*
CNEP↔教育	0.382*	0.328*	0.265*

* $p \leqslant 0.05$。

为了检验 2007 版量表的预测效度，我们使用了四个效标，分别为对中国环境状况的认知、环境污染危害评价、环境贡献意愿和个人环保行为。其中，"对中国环境状况的认知"来自 CGSS2010 环境模块问卷中的问题："根据您自己的判断，整体上看，您觉得中国面临的环境问题是否严重？"

设计的选项有"非常严重""比较严重""既严重也不严重""不太严重""根本不严重",选择相应的回答被依次赋值为5、4、3、2、1,缺失值用均值填补。分值越高,表示受访者认为中国的环境问题越严重。

"环境污染危害评价"由问卷中的四个问题构成:(1)"您认为汽车尾气造成的空气污染对环境危害程度是?"(2)"您认为工业排放废气造成的空气污染对环境的危害程度是?"(3)"您认为农业生产中使用的农药和化肥对环境的危害程度是?"(4)"您认为中国的江、河、湖泊的污染对环境的危害程度是?"选择"对环境极其有害""非常有害""有些危害""不是很有害""完全没有危害"被依次赋值为5、4、3、2、1。"环境贡献意愿"由三个测量项目组成:(1)"您在多大程度上愿意支付更高的价格?"(2)"您在多大程度上愿意缴纳更高的税?"(3)"您在多大程度上愿意降低生活水平?"选择"非常愿意""比较愿意""既非愿意也非不愿意""不太愿意""非常不愿意"被依次赋值为5、4、3、2、1。"个人环保行为"由三个测量项目组成:(1)"您经常会特意为了保护环境而减少居家的油、气、电等能源或燃料的消耗量吗?"(2)"您经常会特意为了环境保护而节约用水或对水进行再利用吗?"(3)"您经常会特意为了环境保护而不去购买某些产品吗?"选择"总是""经常""有时""从不"被依次赋值为4、3、2、1。对基于多个测量项目建构的"环境污染危害评价""环境贡献意愿"和"个人环保行为"三个变量进行CFA检验的结果表明,各变量测量项目的因子负载范围为0.537~0.890。根据CFA结果的因子负载权重,我们分别计算出了以上三个变量的分值。[①] 然后我们分别对这四个变量以年龄、教育和CNEP为自变量做多元回归分析。附表1-6列出了分析结果。

从附表1-6总样本分析的结果可以看出,2007版量表的总分值与"对中国环境状况的认知""环境污染危害评价""环保贡献意愿""环境保护行为"都有显著的正回归系数,标准化系数分别为0.277、0.238、0.123和0.246,这一结果与相关研究发现一致。同时需要指出的是,CNEP的标准化系数比年龄和教育的相应系数都要高,而且在所有四个回归分析中其系数都具有统计显著性。分城乡样本的结果也与以上发现完全一致。这更加有力地证明了2007版量表具有不错而且稳定的预测效度。

---

① 各变量的分值越高,分别表示受访者对环境污染危害评价的程度越高、环境保护的贡献意愿越强及在日常生活中践行环保行为的频率越高。

附表 1-6　　　　　　　四个校标的多元回归分析结果

自变量	对中国环境状况的认知	环境污染危害评价	环境贡献意愿	个人环保行为
	回归系数	回归系数	回归系数	回归系数
总样本(N=3 480)				
CNEP	0.873(0.277)*	0.365(0.238)*	0.327(0.123)*	0.508(0.246)*
年龄	−0.004(−0.059)*	0.001(0.028)	0.002(0.030)	0.006(0.133)*
教育	0.037(0.170)*	0.019(0.180)*	0.015(0.081)*	0.028(0.195)*
修正 R^2	0.154	0.113	0.026	0.119
城市样本(n=2 264)				
CNEP	0.738(0.252)*	0.332(0.222)*	0.256(0.097)*	0.473(0.233)*
年龄	−0.004(−0.062)*	0.001(0.040)	0.003(0.062)*	0.007(0.178)*
教育	0.030(0.139)*	0.015(0.134)*	0.018(0.093)*	0.017(0.113)*
修正 R^2	0.117	0.079	0.020	0.086
乡村样本(n=1 216)				
CNEP	1.064(0.290)*	0.381(0.229)*	0.479(0.160)*	0.443(0.212)*
年龄	−0.006(−0.085)*	−0.001(−0.031)	−0.002(−0.030)	−0.001(−0.028)
教育	0.030(0.111)*	0.015(0.121)*	0.009(0.042)	0.016(0.104)*
修正 R^2	0.134	0.086	0.032	0.070

* $p \leq 0.05$；括号里是标准化回归系数。

五、结论与建议

基于 CGSS2010 数据，本研究再次讨论了中国公众环境关心测量工具的建构问题，并对 2007 版量表进行了更为细致的检验和分析。其中，维度检验的结果表明，基于 CGSS2003 数据建构的 2007 版量表再次得到了 CGSS2010 数据的支持，可以说被证实具有最佳的项目构成；进一步分析结果表明，2007 版量表具有良好的信度以及内容、建构和预测效度。因此，我们倾向于认为 2007 版量表可以当作中国版 NEP 量表使用，其具有明确的单一维度结构和较好的信效度水平。为了将中国版 NEP 量表与其他版本 NEP 量表区别开来，我们将之命名为 CNEP 量表（见附表 1-7），仍然沿用 2000 版量表五分李克特量表的选项设置。

附表 1-7　　　　　　　中国版环境关心量表（CNEP 量表）

项目编码	项目陈述
CNEP1	目前的人口总量正在接近地球能够承受的极限
CNEP2	人类对于自然的破坏常常导致灾难性后果
CNEP3	目前人类正在滥用和破坏环境
CNEP4	动植物与人类有着一样的生存权
CNEP5	自然界的自我平衡能力足够强，完全可以应付现代工业社会的冲击
CNEP6	人类尽管有着特殊能力，但是仍然受自然规律的支配
CNEP7	所谓人类正在面临"环境危机"，是一种过分夸大的说法
CNEP8	地球就像宇宙飞船，只有很有限的空间和资源
CNEP9	自然界的平衡是很脆弱的，很容易被打乱
CNEP10	如果一切按照目前的样子继续，我们很快将遭受严重的环境灾难

我们认为，建构并推广使用 CNEP 量表较之直接应用 2000 版量表或者随意改造此量表，都具有更为重要的意义。第一，两次 CGSS 数据都表明，在中国直接照搬 2000 版量表其应用情况并不理想，对量表的改造势在必行。第二，由于不同国家的文化背景不同、社会经济发展阶段不同、资源环境状况也存在着差异，公众的环境认知可能存在着差异化的信念体系，所以开发出更加适切的测量工具也是必要的。第三，虽然目前国内有着对 NEP 量表的不同改造，但是缺乏严格、权威的数据检验，因此其改造结果的科学性不足。第四，我们提出的 CNEP 量表在 NEP 量表的五个面向中都至少保留了 1 个项目，虽然在项目陈述的方向性方面有些失衡（因为项目的措辞方向已经明显干扰到量表的单一结构），但却仍然保持了很好的内容效度，可以用来全面准确地测量公众环境关心水平。第五，我们提出的 CNEP 量表只有 10 个项目，在问卷调查中具有节约调查时间的明显优势。第六，我们提出的 CNEP 量表经过了严格的、权威的数据检验，目前应该是最具有科学性的，可以推广使用。随着中国环境问题日益引发整个社会的关注并持续进入政策议程，国内学者针对公众环境关心的研究也越来越多。使用统一的测量工具有助于促进学术对话，有利于知识积累，也有利于实际政策的制定和完善。

需要指出的是，任何一种测量工具都不是完美无缺的，CNEP 量表也依然有着需要继续完善的地方。特别是 CFA 分析的结果显示，CNEP 量表单一维度可能会受到项目措辞方向的影响。因此，在未来问卷调查中应用 CNEP 量表时（特别是调查对象包含乡村居民样本时），可以在不改变内容原意的基础上，尝试将上述附表 1-7 中反向措辞的 CNEP5 和 CNEP7 改为正向陈述，以确保量表的单维性。进一步而言，由于截面数据的局限，本研究只是在对 2000 版量表项目进行取舍的基础上建构 CNEP 量表，后续研究可以考虑在调查实施前对 2000 版量表中被剔除的其他 5 个项目进行更加合理的重新措辞，也可以考虑引入一些新的测量项目，以便进一步提高量表的信度与效度。当然，在经验研究中，还可以根据不同研究对象的特点，考虑建构 CNEP 量表的儿童版、农民版等。

　　针对 CNEP 量表测量结果的分析而言，我们在本研究中提到了环境关心的信念体系视角，这是值得引起关注的。的确，不同的人处在不同的文化背景和阶层结构中，其关于人与环境关系的认识存在着不同的内容组合方式。NEP 量表在中国的应用以及 CNEP 量表的提出表明，中美两国公众环境信念体系确实存在差异，但也有着趋同的现象。中国城乡比较分析也发现了类似的差异与趋同并存的现象。如何解释不同国家和地区公众环境信念体系的差异与趋同，是一个具有挑战性的研究课题，对深化环境关心的经验研究和促进理论创新都具有重要意义，这是我们进一步努力的方向。

附录 2　中国版环境知识量表

"知识就是力量。"随着环境科学技术的不断发展，科学界关于环境系统、社会系统以及人类社会与环境之间关系的知识在不断累积，这在理论上大大增强了人类协调社会与环境关系的能力。但是，知识只有被普及并被人们切实掌握后，才有可能形成真实的力量。因此，关注并研究公众的环境知识水平就成为一项有意义的课题，尤其是在公众参与环境保护被广为关注和重视的背景下。[1]

在一定程度上可以说，一个社会中公众所掌握的环境知识水平，直接影响着其环境保护工作能否顺利推进。一方面，很多研究成果表明，环境知识可以显著影响公众对环境问题的关注和对环境保护的支持（即环境关心），甚至有研究发现环境知识比环境关心对环境友好行为具有更强和更加稳定的预测力（彭远春，2015；洪大用、肖晨阳，2007；Stern，2000）。可以说，公众的环境关心和行动在很大程度上取决于他们所具备的环境知识。另一方面，必要的环境知识是公众参与环境治理的前提。研究表明，公众对环境知识一直存在不同层次的社会理解，对于这种"知识分层"的忽视是日常生活领域许多"技术官僚式"（technocratic）社会变革失败的重要原因（Miller，2004；Spaargaren，2003；Wynne，1992）。如果我们承认政策干预和技术创新在当前环境治理中扮演重要角色，那么公众对环境知识的必要理解则具有"赋能"作用，决定了一项新的环境政策或技术能在多广泛的社会层面获得接纳和支持。

与此同时，准确测量的公众环境知识水平还可以作为评估环境教育成效的重要指标。在过去半个世纪里，环境教育在全球范围内的普及无疑是

---

① 例如，中国环境保护部在 2015 年 7 月 13 日发布了《环境保护公众参与办法》，自 2015 年 9 月 1 日起施行。

人类社会应对环境问题最重要的制度变革之一。自 20 世纪 60 年代环境问题浮出水面后，国际社会迅速行动起来，共同寻找环境问题的解决方案。在诸多方案中，环境教育被委以重任。无论是从《斯德哥尔摩宣言》(1972)、《第比利斯宣言》(1977)、《21 世纪议程》(1992) 等一系列国际环境会议文件的内容构成来看，还是从各国政府的响应结果来看（如中国政府 1994 年制定的《中国 21 世纪议程》），将环境教育引入正式教育制度是各国环境政策制定者们普遍达成的一种共识，政策制定者期许借助这样一种制度安排能够有效动员公众参与环保事务。在近期一项研究中，辛特对涉及环境教育评估的 64 项研究进行再分析后发现，近一半研究（46%）将环境知识作为反映环境教育成效的最重要指标（Zint，2013）。在我国环境教育评估研究目前还未正式展开且实证评估研究尤为缺乏的背景下，开展公众环境知识研究对于总结我国四十多年的环境教育这一宏大社会进程的得失以及探索未来环境教育政策的改革方向具有重要意义。

回顾既往的相关研究，我们注意到研究者对环境知识重要性的认识确实在增进。但相较环境关心和环境行为研究而言，环境知识研究居于"附庸地位"的状况一直未有根本改变。以环境社会学的定量研究为例，我们在文献梳理过程中的一点重要感性认识是，研究者们一般只将环境知识作为环境关心和环境行为的预测变量（甚至将其简化为环境关心的一个维度），以环境知识为因变量的专门研究还十分鲜见。有鉴于此，本研究在前期有关中国公众环境关心研究（洪大用等，2014；洪大用，2006）的基础上，尝试评估洪大用设计并曾在两次全国性调查中使用过的一个本土环境知识量表，探索其作为中国公众环境知识测量工具的可行性，以期为深化环境知识领域的定量研究、提升环境知识研究的地位做出基础性贡献。

一、环境知识测量研究述评

按照我们的理解，公众的环境知识，即他们对环境问题、环境科学技术和环境治理的一般性认知状况。根据我们掌握的文献，有关环境知识的测量最早可以回溯到 20 世纪 70 年代初国外环境社会科学界的一些定量研究。40 多年来，尽管这一领域的研究成果一直在增加，诸多环境知识量表也被相继不断提出，但却一直未能形成一个具有广泛学术影响力的测量工具。

在众多测量工具中，马隆尼和沃德（Malonely & Ward，1973）提出的生态学量表（ecological scale）较早涉及了环境知识的系统测量。该量表共包括130个测量项目（由三位具有心理学博士学位的专家从500个项目中挑选出来），涵盖了环境行动意愿、环境友好行为、环境关心和环境知识四个方面内容，依次由口头承诺（verbal commitment）、实际承诺（actual commitment）、情感（affect）和知识（knowledge）四个子量表组成。其中，知识子量表共包括24个项目，以单项选择题形式在总量表的最后呈现，测量的是一些具体的生态议题知识（如询问锡、铁、铝、铜和钢中哪种材料通常需要最久时间分解）。数据结果表明，该量表具有较好的建构效度，但整体来看受访者具有的环境知识较少。其后不久，马隆尼等人又对原生态学量表进行了精简，剔除了局限于一时一地的一些测量项目，最终知识子量表保留了15个测量项目。精简后的量表仍然具有较好的建构效度，且内部一致性明显提高。但量表开发者也发现，精简前后的知识子量表与其他子量表之间的相关性一直不显著，说明该量表存在一定的预测效度问题（Maloney et al.，1975）。也有研究者基于在其他人群对该量表的应用情况发现，该量表的内部一致性并不稳定，甚至有时远远低于可接受的标准（Benton Jr.，1994）。综合来看，尽管马隆尼等人提出的环境知识量表具有开创性意义，但该量表的实际测量质量却不太理想，因此不适合做更大范围的直接推广。

继马隆尼等人之后，国外研究者们进一步探索环境知识的其他测量方式。大体上，这些测量工具的提出遵照了以下三种不同路径：一是对马隆尼等人提出的环境知识量表进行不同程度的修订；二是针对具体环境议题或特定研究区域的环境知识进行测量；三是基于对环境知识的概念操作化发展出相应的测量项目。

首先，在马隆尼等人提出的环境知识量表基础上，一些研究出于不同研究目的相继开展了量表的修订工作。德国学者莎因和霍尔泽（Schahn & Holzer，1990）认为，马隆尼等人的环境知识量表测量的是一种"抽象知识"（abstract knowledge），其对行动的影响相对较小。为此，他们在原量表的基础上新增了28个项目，用以测量日常生活领域与环境议题相关的一些具体知识（例如询问受访者如何节约用水），结果发现新引入的测量项目可以更加有效地预测环境态度和行动。利明等人（Leeming *et al.*，1995）对马隆尼等人的量表项目重新措辞，并引入了一些新的测量项目，建构了一个包括 30 个项目的儿童版环境知识量表。检验结果发现，儿童版的环境知识量表具有较好的信度和效度水平，且在受到较少环境教育的低年级儿童群体中的应用情况要比高年级差。该儿童版环境知识量表在其他学者的研究中也都呈现出较好的测量质量（Duerden & Witt，2010；Alp *et al.*，2006）。

其次，一些研究对某一（些）具体的环境议题或所在研究区域涉及的环境知识进行了测量。亚库里等人（Arcury *et al.*，1987）曾设计了一个包括 12 个项目的围绕酸雨问题的环境知识量表，分别测量受访者对酸雨成因和后果的了解程度，测量结果发现该量表具有良好的内部一致性。类似地，一些研究者分别详细考察了受访者对森林保护（Hwang *et al.*，2000）、垃圾处理（Grodzinska-Jurczak *et al.*，2003）、汽车环境影响后果（Flamm，2009）等的了解程度。此外，还有一些研究基于所选研究区域的环境问题和生态环境状况设计了相应的环境知识测量项目。例如，亚库里和约翰逊（Arcury & Johnson，1987）曾在美国肯塔基州实施了一次随机电话调查，调查中询问了受访者对该州垃圾处理、水污染、水文和油田勘探情况的了解程度，以测量地方性的环境知识。蒂卡等人（Tikka *et al.*，2000）在一项问卷调查中详细考察了芬兰学生对芬兰境内核反应堆数量、鸟类迁徙情况和珍稀物种名称等带有明显地域特色环境知识的知晓情况。

最后，一些研究在澄清环境知识概念和维度的基础上给出了环境知识的其他测量方案。欧斯特曼和帕克（Ostman & Parker，1987）将环境知识界定为"个体能够识别和准确描述出现在大众媒体中具体环境话题的能力"。他们在调查中询问受访者是否听说过酸雨、DDT、"爱河运动事件"、EDB 以及二噁英等彼时环境报道中出现的一些概念，以此测量公众的环境知识水平。加姆保和瑞兹奇（Gambro & Switzky，1994）认为环境知识是个体"理解社会对生态影响的能力"。为测量这一能力，他们在调查中询问受访者是否了解工厂排放的二氧化硫、造纸厂产生的硫酸废料等人类活动后果对生态环境的负面影响。此外，一些研究进一步拓展了环境知识这一概念的潜在维度，代表性研究如下：拉姆齐和里克逊（Ramsey & Rickson，1976）认为环境知识应包括生态知识（对环境问题成因和后果的了解）和交易成本知识（环境治理所需花费的成本）两个维度；波尔施格和德扬（Boerschig & De Young，1993）指出，环境知识应当包括环境议题知识、应对环境问题的行动策略知识和行动技巧知识三个维度；詹森将环境知识划分为环境问题的影响、环境问题的成因、环境行动的策略以及预期环境与人类关系四个维度（Jensen，2002）。在此基础上，以上研究者们依据不同维度发展出相应的环境知识测量项目。

从国外学界环境知识测量的研究中，大体上可以获得如下三点启示：第一，在考察公众环境知识时，除了一些抽象的生态学知识外，还应兼顾一些与日常生活领域相关的环境议题知识；第二，环境知识测量应当具有一定的实践性，需要与具体的环境议题有机结合起来，最好能够体现研究区域目前面临的一些突出环境问题；第三，环境知识的概念具有多维性，对于一般性环境知识（general environmental knowledge）的测量应当尽可能全面。

中国以环境为主题的代表性问卷调查起步相对较晚，其中，涉及环境知识系统测量的研究最早可以追溯20世纪90年代中后期。1995年在全国七个城市实施的"全民环境意识调查"曾经试图测量公众环境知识，包括了"对'环境保护'这一概念的知晓程度""对有关环保政策法规的了解程度"以及"对若干环境问题的了解程度"三大方面的内容（洪大用，1998）。整体上看，这一早期的环境知识测量具有覆盖面较好的概念域，是一次较为成功的尝试。但从时效性来看，该量表的一些项目表述如今已不合时宜。例如，在当代中国，"环境保护"已经成为一种家喻户晓、无须单独测量的常识概念。而且，量表开发者当时并未对量表做出科学的检验和分析。

21世纪以来，国内有关环境知识测量的研究有较快增长。与环境关心的测量不一样，在这些研究中绝大多数研究者放弃使用国外已有的测量工具来考察中国公众的环境知识，更倾向于建构环境知识的本土性测量项目。我们认为，这些努力虽然体现了各自研究的需要，但在一定程度上也彰显了国内学者们这样一种研究抱负——试图破除以西方研究为中心的"边陲思维"，这种本土化努力是值得肯定的。但是，这些首创的环境知识测量工具却大多存在以下两个突出问题。其一，一些研究发展出的测量项目设计过于简单，未能有效覆盖环境知识的概念域，存在突出的内容效度问题（田万慧、陈润羊，2013；贺爱忠等，2012；沈昊婧等，2010；胡荣，2007；任莉颖，2002）。其二，一些研究的环境知识测量往往带有强烈的地域烙印，又或者只适用于该项研究的主题，因此存在可推广性的问题（栗晓红，2011；宋言奇，2010）。鉴于此，在当代中国，如要开展全国层次的公众环境知识研究，还需进一步探寻更加有效的测量工具。

在先前针对中国公众环境关心与行为的一些研究中，我们曾多次使用一个由 10 个测量项目组成的环境知识量表，且数据结果初步表明该量表具有一定的测量质量（王玉君、韩东临，2016；范叶超、洪大用，2015；洪大用、肖晨阳，2007）。接下来，结合使用了该量表的两次全国性调查数据，本研究拟进一步考察将它作为中国公众环境知识测量基础工具的可行性。为了将该量表与其他同类型量表加以区分，对应中国版环境关心量表（CNEP 量表），我们将该量表命名为"中国版环境知识量表"（CEKS 量表）。

二、中国版环境知识量表的应用

（一）设计中国版环境知识量表

2003 年，由中国人民大学社会学系主持并联合其他学术单位共同实施的中国综合社会调查（CGSS）项目正式启动，这是中国有据可查最早的全国代表性抽样调查之一。在李路路教授的支持下，洪大用承担了此次调查环境模块（B 卷）的主要设计工作。调查中，环境模块共涉及新生态范式（2000 版 NEP 量表）、环境议题关心、环境贡献意愿、后物质主义价值观、环境行为等一系列内容的测量。为了解公众在环境保护方面的基本知识，洪大用在环境模块的结束部分还设计了 10 个环境知识测量项目（见附表 2-1）。为确保调查质量，量表采用正反交互措辞，其中奇数项为错误表述，偶数项为正确表述。该量表的项目设计主要有以下四点考虑：一是要反映当前环境科学界的一些共识和环境监测技术标准；二是要体现当代中国一些较为突出的环境问题（如大气污染、水污染、土壤污染和生态破坏等）；三是与公众日常生活密切相关；四是比较容易为公众所了解。受访者被要求依次理解每项陈述，并作出"正确""错误"或"不确定"的相应判断。

附表 2-1   中国版环境知识量表的项目构成

	内容
项目 1	汽车尾气对人体健康不会造成威胁
项目 2	过量使用化肥农药会导致环境破坏
项目 3	含磷洗衣粉的使用不会造成水污染
项目 4	含氟冰箱的氟排放会成为破坏大气臭氧层的因素
项目 5	酸雨的产生与烧煤没有关系
项目 6	物种之间相互依存，一个物种的消失会产生连锁反应
项目 7	空气质量报告中，三级空气质量意味着比一级空气质量好
项目 8	单一品种的树林更容易导致病虫害
项目 9	水体污染报告中，Ⅴ（5）类水质意味着要比Ⅰ（1）类水质好
项目 10	大气中二氧化碳成分的增加会成为气候变暖的因素

在量表设计过程中，洪大用曾就量表的项目构成与北京大学社会学系刘世定教授、中国人民大学社会学系李路路教授等一些专家商榷，以确保测量的内容效度。目前来看，该量表的最终项目构成基本实现了这一目标。这么说的初步依据主要有三点：其一，这十个项目中既涉及抽象的生态学知识（如项目 6 和 8），也包括一些与公众日常生活息息相关的环境议题知识（如项目 1 和 3）；其二，量表涉及的环境议题具有多样化的特点，包括大气污染、水污染、土壤污染、臭氧层破坏、酸雨、生物多样性损失、生态破坏和气候变化等，既体现了当代中国社会一些十分突出的环境问题（如项目 1 和 7 考察的大气污染问题，项目 3 和 9 考察的水污染问题），也观照了一些全球性的环境议题（如项目 4 测量的臭氧层破坏问题和项目 10 测量的气候变化问题）。另需指出的是，这些测量项目也充分考虑到我国城乡环境属性差异，既包括典型的城市环境问题（如项目 1 考察的在城镇地区更为突出的汽车尾气污染问题），也兼顾了农村地区面临的突出环境问题（如项目 2 考察的农业生产的负面环境后果）。其三，这十个项目基本覆盖了研究述评部分环境知识的不同维度，包括环境问题的成因（如项目 4）、后果（如项目 1）和作为环境保护工作基础及环境信息公开重要内容的环境监测技术标准（项目 7 和 9）等，较好地测量了前文界定的环境知识概念。因此，我们初步认为以上环境知识量表具有良好的内容效度，适用于测量中国公众对环境问题、环境科学技术和环境治理的一般性理解，具有检验和推广的价值。

（二）应用量表的相关调查数据

中国版环境知识量表在两次全国性调查中得以应用，形成了 2003 和 2010 两个年度的 CGSS 调查数据的一部分。CGSS2003 调查采用多阶段分层概率抽样设计，调查地区覆盖了中国 22 个省和 3 个直辖市。囿于当时的客观条件，此次调查只在城镇地区实施。调查的执行形式为入户访谈，调查对象为 16 周岁及以上居民。此次调查的问卷分为 A 卷和 B 卷两个部分，其中，中国版环境知识量表位于 B 卷的结尾部分。A 卷的有效调查人数是 5 894，问卷有效率为 98.6%。B 部分的调查由于一些技术原因未能在少数地区实施，但因为样本缺失比例相对较小，因此对统计推论的影响不大。B 卷的有效城镇居民样本数是 5 073 人，其中男性占 48.2%，女性占 51.8%，受访者平均年龄在 43.5 岁，平均受教育水平为高中。

本研究使用的另一个数据来自 CGSS2010 调查。CGSS2010 虽较前几次调查更新了抽样框，但仍然采用多阶分层概率抽样设计，其调查区域覆盖了中国 31 个省级行政区域单位（不包括港澳台地区）；与 CGSS2003 相比，此次调查不仅包括城镇居民样本，还增加了乡村样本。调查采用入户访谈形式进行，调查对象为 16 周岁及以上居民。同样，CGSS2010 调查问卷中环境模块的结尾纳入了中国版环境知识量表。此次调查中，环境模块为选答模块，较核心模块每位受访者都依照 1/3 的概率被决定是否回答这一模块，因此同样具有良好的全国代表性。CGSS2010 的最终有效样本量为 11 785 个，应答率为 71.3%，环境模块的最终样本量是 3 716 个。有效样本中，城镇受访者占 64.3%，乡村受访者占 35.7%，男性和女性分别占 47.3% 和 52.7%，受访者平均年龄在为 47.3 岁，平均受教育水平为初中。

我们依据受访者对中国版环境知识量表的回答情况进一步筛选了样本，将存在缺失值的样本予以删除，最终确定进入分析的 CGSS2003、CGSS2010 的样本量分别为 5 048 个和 3 616 个，其中 2010 年的城乡样本量分别为 2 320 个和 1 296 个。需要特别指出的是，因为两次调查数据分别在不同时点收集，使得本研究可以通过纵向比较考察量表测量质量的稳定性。我们将所有受访者对环境知识量表各项实际判断正确的赋值为 1，实际判断错误或选择"不知道"的赋值为 0。利用两个 CGSS 数据集，接下来我们拟检验中国版环境知识量表的实际应用情况，大体上将分为两部分：一是考察量表的内部一致性；二是对量表的建构效度和预测效度进行检验。考虑到中国城乡一系列客观属性的差异，我们基于 CGSS2010 数据的检验将分为城镇样本、乡村样本和总样本三个部分来执行。

三、中国版环境知识量表的检验

（一）内部一致性检验

我们提出的中国版环境知识量表由多个测量项目组成，因此首先要回答的问题是这一组项目在多大程度上测量的是同一建构，即量表的内部一致性水平。量表的内部一致性较高说明这些测量同一建构的项目得分相似。在诸多衡量内部一致性的指标中，使用最广的为克朗巴哈 alpha 系数（Cronbach's alpha）；一般认为，alpha 系数大于 0.7 表示内部一致性较好（Cortina，1993）。[1] 附表 2-2 报告了中国版环境知识量表的内部一致性情况。

附表 2-2　　　　　中国版环境知识量表的内部一致性检验

		CGSS2003	CGSS2010		
		城镇 （$N=5\,048$）	城镇 （$n=2\,320$）	乡村 （$n=1\,296$）	总样本 （$N=3\,616$）
删除对应项后量表alpha系数	项目 1	0.782	0.792	0.765	0.804
	项目 2	0.784	0.792	0.769	0.805
	项目 3	0.765	0.768	0.753	0.786
	项目 4	0.754	0.762	0.742	0.778
	项目 5	0.757	0.762	0.733	0.777
	项目 6	0.750	0.754	0.733	0.771
	项目 7	0.770	0.777	0.760	0.793
	项目 8	0.768	0.772	0.752	0.790
	项目 9	0.780	0.782	0.766	0.799
	项目 10	0.755	0.763	0.733	0.776
量表 alpha 系数		0.785	0.791	0.771	0.806

---

[1]　因为量表各项的编码结果为二分变量，所以不能使用主成分分析法（principal-components analysis）来评估项目的内部一致性。

由附表 2-2 结果可知：首先，从量表全部项目的 alpha 系数来看，四个样本数据的 alpha 系数均大于可接受标准 0.7；其次，四个样本数据的结果都表明，除了删除 2010 年城镇样本中第 1、2 项量表的 alpha 系数有轻微提高外（如果保留小数点后两位，则这一变化可以忽略不计），删除其他任何一项都会降低量表的 alpha 系数；再次，通过比较 2003 年和 2010 年的城镇样本数据结果，量表的 alpha 系数稳定维持在可接受的标准，甚至有所提高。据此判定，中国版环境知识量表的 10 个项目构成具有稳定的良好内部一致性。在接下来的效度检验中，我们将这 10 个项目的得分累加，从而获得了一个取值范围在 0~10 的新变量——环境知识，得分越高表示环境知识水平越高。

（二）效度检验

1. 建构效度

在既有研究中，研究者们对环境知识的影响因素进行了探索。其中，年龄和教育被多项研究持续证实是两个显著预测变量：年轻人以及受教育程度越高的人被发现具有更多的环境知识（Ostman & Parker，1987；Arcury，1990；Alp *et al*.，2006）。因此，我们使用年龄和教育作为检验环境知识建构效度的两个效标。年龄变量为调查时受访者的实际年龄，以岁为单位；教育变量为受教育年限，根据对调查时受访者的最高受教育程度重新编码获得，"未受过正式教育""小学/私塾""初中""高中/中专/职高/技校""大专""本科""研究生及以上"分别被赋值为 0、6、9、12、15、16、19。附表 2-3 是两次 CGSS 调查年龄、教育与环境知识分别的皮尔逊积距相关系数。

附表 2-3　　年龄、教育与环境知识的皮尔逊积距相关分析

	CGSS2003	CGSS2010		
	城镇 （$N=5\,048$）	城镇 （$n=2\,320$）	乡村 （$n=1\,296$）	总样本 （$N=3\,616$）
年龄↔环境知识	−0.098*	−0.208*	−0.275*	−0.240*
教育↔环境知识	0.463*	0.471*	0.317*	0.497*

* $p \leqslant 0.05$。

从以上相关分析结果可知，在所有样本数据中，年龄、教育两个变量

都与环境知识显著相关，且与预期方向一致。具体来说：年龄与环境知识呈负相关，教育与环境知识成正相关，年轻人和受过更高教育的人相对具有更多的环境知识；从相关系数大小来看，年龄与环境知识属于弱相关，教育与环境知识属于中等相关；通过比较 2003 年和 2010 年的城镇样本数据结果，可以发现年龄与环境知识之间的相关性在八年间有所增强（相关系数绝对值增加了 0.11），教育与环境知识之间的相关关系则较为稳定（相关系数绝对值维持在 0.47 左右）。以上这些结果表明中国版环境知识量表具有较好的建构效度。

2. 预测效度

如前所述，环境知识研究的一项重要意义在于其对公众环境关心和环境友好行为的有效预测，其暗含的理论预期是环境知识的增加会促发更多的环境关心和环境友好行为。因此，本研究将环境关心和环境友好行为作为检验中国版环境知识量表预测效度的两个效标。为了更加详细地考察环境知识的影响，我们还将环境友好行为划分为私域环境行为和公域环境行为两种类型。

环境关心变量的建构使用的是我们之前研究提出的 CNEP 量表（洪大用等，2014）。在对各项测量结果进行赋值时，第 1、2、3、4、6、8、9、10 项是正向陈述，选择"完全不同意""比较不同意""无所谓同意不同意/无法选择""比较同意""完全同意"依次赋值为 1、2、3、4、5 分；第5、7 两项是反向陈述，因此进行逆向赋值。将 10 个测量项目在两次 CGSS调查结果的得分累加，就可以获得取值范围在 10～50 的环境关心变量，该变量是一个连续变量，得分越高表示越具环境关心。

2003 年和 2010 年的 CGSS 调查在环境友好行为的项目测量方面存在差异。CGSS2003 调查问卷设计了一个环境友好行为量表，第 1、2、3、4、6项可以视为对私域环境行为的测量，剩余 5 项测量的是公域环境行为（彭远春，2013）。将各项回答"从不""偶尔""经常"依次赋值为 1、2、3分，并按照前述分类进行累加，从而可以获得私域环境行为和公域环境行为两个变量，得分越高表示越经常实施私（公）域行为。CGSS2010 涉及私域环境行为的测量项目如下：（1）"您经常会特意为了环境保护而减少居家的油、气、电等能源或燃料的消耗量吗？"（2）"您经常会特意为了环境保护而节约用水或对水进行再利用吗？"（3）"您经常会特意为了环境保护而不去购买某些产品吗?"回答"总是""经常""有时""从不"被依次赋值为 4、3、2、1,累加得分从而获得私域环境行为的连续变量,得分越高表示越经常实行私域环保行为。CGSS2010 的公域环境行为测量如下:(1)"在过去 5 年中,您是否就某个环境问题签过请愿书?"(2)"在过去 5 年中,您是否给环保团体捐过钱?"(3)"在过去 5 年中,您是否为某个环境问题参加过抗议或示威游行?"对以上三个题目任意一项回答为"是"编码为 1,三项均为"否"则编码为 0,从而获得一个两分的公域环境行为变量,用以区分是否参与过公域环保行为。

利用 CGSS 调查数据,附表 2-4 估算了环境知识对环境关心和私域环境行为的影响,模型还控制了年龄、教育和环境关心 3 个变量。首先,从显著性水平来看,在全部 8 个模型结果中,环境知识都具有显著的正向影响;其次,从影响规模来看,环境知识对环境关心影响的标准化回归系数(Beta)维持在 0.4 左右(一直是左列一组模型中影响最大的变量),环境知识对私域环境行为影响的标准化回归系数位于 0.15~0.24 之间(2003 年城镇的调查结果显示其影响规模要明显高于环境关心,2010 年调查结果显示二者影响规模相当)。可见,我们所建构的环境知识量表对环境关心和私域环境行为具有稳定的显著预测力。

附表 2-4　环境关心和私域环境行为的多元线性回归结果（CGSS）

	环境关心		私域环境行为	
	Beta	标准误	Beta	标准误
2003 城镇 ($N=5\,048$)				
年龄	0.015	0.005	0.072*	0.002
教育	0.123*	0.022	0.192*	0.009
环境关心	—	—	0.098*	0.006
环境知识	0.438*	0.029	0.237*	0.013
修正后 R^2	0.254		0.171	
2010 城镇 ($n=2\,320$)				
年龄	−0.012	0.007	0.179*	0.003
教育	0.137*	0.029	0.086*	0.013
环境关心	—	—	0.196*	0.009
环境知识	0.371*	0.044	0.146*	0.021
修正后 R^2	0.206		0.112	

续前表

	环境关心		私域环境行为	
	Beta	标准误	Beta	标准误
2010 乡村 （n=1 296）				
年龄	−0.010	0.009	−0.026	0.004
教育	0.141*	0.035	0.070*	0.017
环境关心			0.174*	0.013
环境知识	0.424*	0.050	0.179*	0.026
修正后 R^2	0.239		0.115	
2010 总样本 （N=3 616）				
年龄	0.000	0.006	0.129*	0.003
教育	0.177*	0.021	0.145*	0.010
环境关心			0.203*	0.008
环境知识	0.409*	0.033	0.184*	0.016
修正后 R^2	0.271		0.161	

* $p \leqslant 0.05$；2003 年和 2010 年两次 CGSS 调查对私域环境行为的测量不同。

　　附表 2-5 给出了环境知识对公域环境行为影响的回归模型估计结果。因为两个年度的 CGSS 调查对公域环境知识变量的测量尺度不同（即 2003 年为连续变量，2010 年为二分变量），所以本研究使用多元线性回归模型来估计 2003 年城镇调查数据，而利用二元 logistic 模型来估计 2010 年调查数据，模型估计结果分别为标准化回归系数和几率比（odds ratio）。

附表 2-5　　　　　　　　公域环境行为的回归分析结果

	CGSS2003		CGSS2010					
	城镇 (N=5 048)		城镇 (n=2 320)		乡村 (n=1 296)		总样本 (N=3 616)	
	Beta	标准误	odds ratio	标准误	odds ratio	标准误	odds ratio	标准误
年龄	−0.030*	0.002	0.974*	0.006	0.948*	0.013	0.971*	0.005
教育	0.165*	0.008	1.066*	0.027	0.994	0.051	1.072*	0.023
环境关心	0.008	0.005	0.978	0.015	1.003	0.034	0.986	0.014
环境知识	0.097*	0.012	1.079*	0.040	1.203*	0.088	1.121*	0.037
LR Chi2/df	—		60.76/4*		39.32/4*		117.28/4*	
修正后 R^2	0.057		—		—		—	

* $p \leqslant 0.05$；2003 年和 2010 年两次 CGSS 调查对公域环境行为的测量不同。

　　从附表 2-5 结果可知，环境知识在全部四个模型中都对公域环境行为具有显著影响。具体来说：从 2003 年城镇调查结果可知，在控制其他变量不变的情况下，环境知识对公众实施公域环境行为的频率具有显著正向影响；从 2010 年调查结果来看，三个样本的估计结果都表明，环境知识的增加会提高公众实施公域环境行为的几率。因此，中国版环境知识量表在公众公域环境行为的预测方面同样是有效的。另外值得一提的是，与环境知识稳定的预测力相比，在全部四个模型中环境关心对公域环境行为的影响均不显著。

四、总结与讨论

　　本研究的主要发现可以总结如下：第一，2003 年 CGSS 调查中提出的 10 个环境知识测量项目内容效度良好，适用于测量中国公众对环境问题、环境科学技术和环境治理的一般性认知状况；第二，两次全国性调查数据结果表明，这一组环境知识测量项目内部一致性良好且稳定，可以看作测量同一建构的量表；第三，数据分析还表明，该量表的建构效度和预测效度的检验结果与理论预期一致。综合以上发现，中国版环境知识量表应已被证实具有很好的测量质量，可以作为未来研究中国公众环境知识的基础测量工具。接下来，我们还尝试基于 CGSS 调查结果对中国公众环境知识的时空分布特征做出描述，并对未来量表的应用和改进方向做补充讨论。

（一）中国公众环境知识的时空分布及其政策意义

　　附表 2-6 显示的是 2003 年和 2010 年 CGSS 调查中对中国版环境知识量表各项回答正确的受访者占有效样本的比例（即正确率）。

附表 2-6　　公众对中国版环境知识量表各项的回答情况（正确率）　　　　单位：%

	CGSS2003	CGSS2010		
	城镇 （N＝5 048）	城镇 （n＝2 320）	乡村 （n＝1 296）	总样本 （N＝3 616）
项目 1	84.8	86.5	71.8	81.2
项目 2	84.5	87.6	76.6	83.7

续前表

	CGSS2003	CGSS2010		
	城镇 （N=5 048）	城镇 （n=2 320）	乡村 （n=1 296）	总样本 （N=3 616）
项目3	59.1	69.6	48.6	62.1
项目4	55.9	62.0	33.0	51.6
项目5	34.8	51.2	31.9	44.3
项目6	52.8	61.8	35.3	52.3
项目7	31.3	32.7	14.7	26.2
项目8	49.2	48.8	36.6	44.4
项目9	13.2	19.4	11.1	16.4
项目10	52.6	63.4	34.5	53.1

　　首先，我们要比较的是两个调查年份城镇受访样本的环境知识差异。直观上，从2003年到2010年，除了项目8外，受访者对中国版环境知识量表各项回答的正确率都有不同幅度的提升（见附表2-6）。我们将两个年度CGSS的城镇样本数据合成一个数据集，比较两个年度环境知识量表的总分，整体上看，城镇受访者的环境知识水平在过去八年间还是有显著增长的，平均分从2003年的5.18增长到2010年的5.83（满分10分，t=−9.742 4，df=7 366，p=0.000）。进一步，卡方检验的结果显示：只有第2、3、4、5、6、9、10项的年度差异是显著的，说明中国城镇居民对以上七个环境知识项目的认识呈现出增进趋势；此外，受访者对第1、7、8项的回答时隔七年并无统计显著性差异，也反映城镇居民在这些环境知识项目方面的认识存在"停滞"的情况。其次，我们比较城乡居民的环境知识差异。从附表2-6 CGSS2010调查结果来看，城镇样本在全部10项的回答正确率都要高于乡村样本，卡方检验的结果表明以上差异都具有统计显著性；t检验结果表明，城镇样本的环境知识量表总得分要显著高于乡村样本（相差1.89分，t=20.847 1，df=3 614，p=0.000）。因此可以说，中国城镇居民的环境知识水平整体上要高于乡村居民。

　　以上数据分析结果大致可以描绘出中国公众环境知识的时空分布差异，这对目前我国环境教育效果评估具有积极意义。如果我们将环境知识作为评估环境教育成效的重要指标，那么应当肯定的是环境教育对我国国民环境知识增长的促进作用，中国公众环境知识水平在八年间整体呈上升趋势。

但是，也应看到，这种增长并不是同步的，公众对部分环境知识的理解仍然停留在较浅的层次（如量表项目 9 考察的水体监测标准），或者止步不前（如量表项目 8 考察的生物多样性问题），这些有待加强的环境知识内容应该受到未来环境教育者的关注。此外，环境知识城乡分布的差异也可以揭示环境教育资源目前在我国城乡地区分配不均的问题。考虑到我国乡村地区目前不容乐观的环境形势，我们建议，未来应该适当加强乡村地区的环境教育工作。

（二）中国版环境知识量表的未来应用及修订

本研究分析表明，中国版环境知识量表可以作为环境知识研究的基础工具，有助于促进未来这一领域定量研究的知识积累。关于如何将该量表与相关研究主题结合起来，我们有三点建议。第一，研究者们可以使用该量表探索中国公众的环境关心与行为并发展出相应的理论解释。本研究的数据结果再次印证了环境知识对于环境关心和行为的强解释力。环境知识是通过哪些具体机制影响环境关心与行为的？环境知识对于两者各自不同方面的影响模式是否相同？三者之间的关系如何？这些问题既需要进一步的定量调查和研究来回答，也有待更加深入的理论建构工作。第二，研究者们还可以使用该量表开展以环境知识作为因变量的专门定量研究。本研究已经揭示了公众环境知识水平的历时性差异和城乡差异，事实上环境知识还可能存在其他的社会人口属性差异，这些差异需要更多的调查研究来逐一揭示和解释，在此基础上探讨环境知识差异的社会、文化和心理机制等，以便总结出提升环境共同知识水平的科学规律。第三，该量表还可以应用于未来的环境教育效果评估。我们提出的中国版环境知识量表被两次全国性调查证实具有稳定的良好测量质量，可以与中国版环境关心量表一起作为环境政策制定者和相关研究、工作人员评估环境教育成效的工具。

事实上，任何测量工具都很难做到至善至美。考虑到测量对象的发展变化，未来或许需要对中国版环境知识量表进行适当的补充和完善，以增强其适用性。一方面，根据环境问题和环境科学技术的发展，可适当调整量表的部分测量项目，以反映环境知识的更新和环境问题的变化，或者使量表更加结合特定的环境问题研究；另一方面，考虑到环境社会科学的不断发展，可以考虑进一步丰富环境知识的内涵，增加必要的环境社会科学知识测量项目。此外，如果侧重于环境政策效果评估，也可以考虑适当增加相应的环境政策知识测量项目。总之，环境知识测量是环境知识研究的基础部分，未来还需要更多的定性、定量研究和理论思考，以期不断完善，并推动环境知识经验研究领域的持续深化和有效的知识积累。

参考文献

第 1 章

董洁，李梦茹，孙若丹，等．我国空气质量标准执行现状及与国外标准比较研究．环境与可持续发展，2015（5）：87-92.

范叶超．环境流动：全球化时代的环境社会学议程．社会学评论，2018（1）：56-68.

龚文娟．环境问题之建构机制：认知差异与主张竞争．中国地质大学学报（社会科学版），2011（5）：33-40.

辜胜阻，郑超，方浪．城镇化与工业化高速发展条件下的大气污染治理．理论学刊，2014（6）：42-45，127.

汉尼根．环境社会学：第2版．洪大用，等译．北京：中国人民大学出版社，2009.

贺泓，王新明，王跃思，等．大气灰霾追因与控制．中国科学院院刊，2013（3）：344-352.

洪大用．经济增长、环境保护与生态现代化：以环境社会学为视角．中国社会科学，2012（9）：82-99，207.

洪大用．公众环境意识的成长与局限．绿叶，2014（4）：4-14.

洪大用．环境社会学：事实、理论与价值．思想战线，2017（1）：78-92.

洪大用，范叶超．面对雾霾：怎么看，怎么办．中国科学报，2014-06-06（7）.

纪斌，陈振华．我国的酸雨污染．环境保护，1982（12）：24-27.

姜百臣，李周．农村工业化的环境影响与对策研究．管理世界，1994（5）：192-197.

解淑艳，王瑞斌，郑皓皓．2005—2011年全国酸雨状况分析．环境监控与预警，2012（5）：33-37.

李爱贞，孙成三，綦昇辉．大气环境影响评价导论．北京：海洋出版社，1997.

李锦菊，沈亦钦．中美两国环境空气质量标准比较．环境监测管理与技术，2003（6）：24 - 26.

李小飞，张明军，王圣杰，等．中国空气污染指数变化特征及影响因素分析．环境科学，2012（6）：1936 - 1943.

李毅中．中国工业概况．北京：机械工业出版社，2009.

李周，尹晓青，包晓斌．乡镇企业与环境污染．中国农村观察，1999（3）：3 - 12.

刘克峰，张颖．环境学导论．北京：中国林业出版社，2012.

卢淑华．城市生态环境问题的社会学研究：本溪市的环境污染与居民的区位分布．社会学研究，1994（6）：22 - 40.

钱金平．环境学概论．北京：中国环境科学出版社，2011.

曲格平．中国环境保护发展历程提要．环境科学动态，1988（6）：1 - 8，14.

曲格平．中国环保事业的回顾与展望．中国环境管理干部学院学报，1999（3）：1 - 6.

曲格平，彭近新．环境觉醒：人类环境会议和中国第一次环境保护会议．北京：中国环境科学出版社，2010.

生态环境部大气环境司．全国大气污染防治工作进展及建议．环境保护，2018（19）：11 - 15.

宋国君．论中国污染物排放总量控制和浓度控制．环境保护，2000（6）：11 - 13.

王金南，雷宇，宁淼．改善空气质量的中国模式："大气十条"实施与评价．环境保护，2018（2）：7 - 11.

王俊秀．汽车社会蓝皮书：中国汽车社会发展报告．北京：社会科学文献出版社，2011.

王跃思，姚利，刘子锐，等．京津冀大气霾污染及控制策略思考．中国科学院院刊，2013（3）：353 - 363.

王跃思，张军科，王莉莉，等．京津冀区域大气霾污染研究意义、现状及展望．地球科学进展，2014（3）：388 - 396.

吴兑，吴晓京，李菲，等. 1951—2005 年中国大陆霾的时空变化. 气象学报，2010（5）：680 - 688.

张永安，邬龙. 政策梳理视角下我国大气污染治理特点及政策完善方向探析. 环境保护，2010（5）：48 - 50.

中国工程院，环境保护部. 中国环境宏观战略研究：综合报告卷. 北京：中国环境科学出版社，2011.

中国气象局. 地面气象观测规范. 北京：气象出版社，2003.

中国医学科学院环境卫生监测站. 全球环境监测系统中国五城市大气污染监测报告（讨论稿）. 研究报告，1983.

Bullinger M. Psychological Effects of Air Pollution on Healthy Residents：A Time-Series Approach. Journal of Environmental Psychology，1989，9（2）：103 - 118.

Kelly F J，Fussell J C. Air Pollution and Public Health：Emerging Hazards and Improved Understanding of Risk. Environmental Geochemistry and Health，2015，37（4）：631 - 649.

Pope Ⅲ，Arden C，Burnett R T，et al. Lung Cancer，Cardiopulmonary Mortality，and Long-Term Exposure to Fine Particulate Air Pollution. JAMA，2002，287（9）：1132 - 1141.

Shapiro J. Mao's War against Nature：Politics and the Environment in Revolutionary China. Cambridge：Cambridge University Press，2001.

第 2 章

陈阿江. 水域污染的社会学解释：东村个案研究. 南京师大学报（社会科学版），2000（10）：62 - 69.

陈阿江. 从外源污染到内生污染：太湖流域水环境恶化的社会文化逻辑. 学海，2007（1）：36 - 41.

陈阿江. 文本规范与实践规范的分离：太湖流域工业污染的一个解释框架. 学海，2008a（4）：52 - 59.

陈阿江. 水污染事件中的利益相关者分析. 浙江学刊，2008b（4）：169 -175.

何大伟. 我国的水环境管理：问题与对策. 科技导报，1999（8）：58 - 60.

洪大用．公众环境意识的成长与局限．绿叶，2014（4）：5-14.

江莹．互动与整合：城市水环境污染与治理的社会学研究．南京：东南大学出版社，2007.

任敏．"河长制"：一个中国政府流域治理跨部门协同的样本研究．北京行政学院学报，2015（3）：25-31.

史玉成．流域水环境治理"河长制"模式的规范建构：基于法律和政治系统的双重视角．现代法学，2018（6）：95-109.

汪恕诚．水权管理与节水社会．中国水利，2001（5）：6-8.

许根宏．工业水污染的行动逻辑、社会原因及治理机制．河海大学学报（哲学社会科学版），2017（4）：59-64，91-92.

闫国东，康建成，谢小进，等．中国公众环境意识的变化趋势．中国人口·资源与环境，2010（10）：55-60.

钟玉秀，刘宝勤．对流域水环境管理体制改革的思考．水利发展研究，2008（7）：10-14，31.

周晓虹．国家、市场与社会：秦淮河污染治理的多维动因．社会学研究，2008（1）：143-164，245.

第3章

卡斯帕森 J K，卡斯帕森 R E．风险的社会视野：上：公众、风险沟通及风险的社会放大．童蕴芝，译．北京：中国劳动社会保障出版社，2010.

吉登斯．现代性的后果．田禾，译．南京：译林出版社，2000.

曹作中，高海成，陈军平，等．当前我国生活垃圾处理发展方向探讨．环境保护，2001（1）：13-15，18.

龚文娟．环境风险沟通中的公众参与和系统信任．社会学研究，2016（3）：47-74，243.

建设部．CJJ/T 102—2004 城市生活垃圾分类及其评价．北京：中国建筑工业出版社，2004.

洪大用，龚文娟．环境公正研究的理论与方法述评．中国人民大学学报，2008（6）：70-79.

建设部，国家环境保护总局，科学技术部．城市生活垃圾处理及污染防治技术政策．环境保护，2000（9）：10-11.

刘平，唐鸿寿，王如松．我国城市垃圾焚烧处理技术经济分析．中国人口·资源与环境，2001（2）：23-25.

潘艺．垃圾围困、城市告急：我国垃圾处理面临六大问题．中国环境报，2013-07-25（6）.

屈志云，王敬民，刘涛，等．我国城市生活垃圾处理技术方式的选择．环境卫生工程，2006（3）：58-60.

闻致中．关于对城市垃圾处理及利用问题的探讨．中国人口·资源与环境，1996（3）：78-83.

俞可平．公民参与的几个理论问题．学习时报，2006-12-19（5）.

张春燕．城市垃圾如何分类．中国环境报，2011-08-23（8）.

Arnstein S R. A Ladder of Citizen Participation. Journal of the American Institute of Planners，1969，35（4）：216-224.

Slovic P. Perceived Risk，Trust，and Democracy. Risk Analysis，1993，13（6）：675-682.

第 4 章

马克思，恩格斯．马克思恩格斯全集：第 23 卷．北京：人民出版社，1972.

克拉克，福斯特．二十一世纪的马克思生态学.孙要良，编译．马克思主义与现实（双月刊），2010（3）：127-132.

陈阿江．水域污染的社会学解释：东村个案研究．南京师大学报（社会科学版），2000（1）：62-69.

陈阿江．从外源污染到内生污染：太湖流域水环境恶化的社会文化逻辑．学海，2007（1）：36-41.

耿言虎．三维"断裂"：城郊村落环境问题的社会学阐释：下石村个案研究．中国农业大学学报（社会科学版），2012（1）：73-80.

洪大用．我国城乡二元控制体系与环境问题．中国人民大学学报，2000a（1）：62-66.

洪大用．当代中国社会转型与环境问题：一个初步的分析框架．东南学术，2000b（12）：83-90.

洪大用．社会变迁与环境问题：当代中国环境问题的社会学阐释．北京：首都师范大学出版社，2001.

洪大用，马芳馨．二元社会结构的再生产：中国农村面源污染的社会

学分析 . 社会学研究，2004（4）：1-7.

姜立强，姜立娟 . 农民生产实践与农村环境质量的再生产：以山东省Y村为例 . 中国农村观察，2007（5）：65-72.

李贵宝，尹澄清，周怀东 . 中国"三湖"的水环境问题和防治对策与管理 . 水问题论坛，2001（3）：36-39.

林梅 . 环境政策实施机制研究：一个制度分析框架 . 社会学研究，2003（1）：102-110.

麻国庆 . 环境研究的社会文化观 . 社会学研究，1993（5）：44-49.

王跃生 . 家庭责任制、农户行为与农业中的环境生态问题 . 北京大学学报（哲学社会科学版），1999（3）：43-50.

张玉林 . 正经一体化开发机制与中国农村的环境冲突 . 探索与争鸣，2006（5）：26-28.

第5章

步雪琳 . 环境污染造成年经济损失逾五千亿元 . 中国环境报，2006-09-08（1）.

邓飞 . 内地近百"癌症村"或被牺牲 . 凤凰周刊，2009（11）：2-3.

韩冬梅，金书秦 . 中国农业农村环境保护政策分析 . 经济研究参考，2013（43）：11-18.

洪传春，刘某承，李文华 . 我国化肥投入面源污染控制政策评估 . 干旱区资源与环境，2015（4）：1-6.

洪大用 . 关于中国环境问题和生态文明建设的新思考 . 探索与争鸣，2013（10）：4-10，2.

金书秦 . 农村环境污染溯源、应对和建议：从湖南省农村水污染调查窥探 . 经济研究参考，2013（43）：30-34.

金太军，赵军峰 . 群体性事件发生机理的生态分析 . 山东大学学报（哲学社会科学版），2011（5）：82-87.

乐小芳，栾胜基，万劲波 . 论我国农村环境政策的创新 . 中国环境管理，2003（3）：1-4.

李锦绣，廖文根，陈敏建，等 . 我国水污染经济损失估算 . 中国水利，2003（21）：63-66，5.

李静，李晶瑜 . 中国粮食生产的化肥利用效率及决定因素研究 . 农业现代化研究，2011（5）：565－568.

李扬．污染迁徙的中国路径．中国新闻周刊，2006（4）：28－29.

吕明合．"毒泥"围城．南方周末，2012－02－09（B11）.

吕明合．15位环保局长下河游泳之后不受欢迎的"积极"采访．南方周末，2014－01－09（绿版）.

宋国君．环境政策分析．北京：化学工业出版社，2008.

孙月飞．中国癌症村的地理分布研究．武汉：华中师范大学，2009.

童志锋．历程与特点：社会转型期下的环境抗争研究．甘肃理论学刊，2008（6）：85－90.

童志锋．国家与农民的环境抗争：一个初步分析．浙江树人大学学报，2013（5）：21－53.

童志锋．中国农村水污染防治政策的发展与挑战．南京工业大学学报（社会科学版），2016（1）：89－96.

王庆霞，龚巍巍，张姗姗，等．中国农村环境突发事件现状及原因分析．环境污染与防治，2012（3）：89－94.

席北斗．全面推进农村生态环境建设：新农村建设城乡环保统筹技术与对策．环境保护，2010（19）：11.

谢丹．百亿污泥生意：一半海水，一半火焰．南方周末，2012－02－09（B11）.

张克强，黄治平，王风，等．农村面源污染及其防治措施．农业工程技术（新能源产业），2010（2）：22－27.

张增强．我国水污染经济损失研究．北京：中国水利水电科学研究院，2005.

赵志坚，胡小娟，彭翠婷，等．湖南省化肥投入与粮食产出变化对环境成本的影响分析．生态环境学报，2012（12）：2007－2012.

Lu W，Xie S，Zhou W，et al. Water Pollution and Health Impact in China：A Mini-Review. Open Environmental Sciences，2008，10（2）：1－5.

Wang J. Water Pollution and Water Shortage Problems in China. Journal of Applied Ecology，1989，26（3）：851－857.

Wang M，Webber M，Finlayson B，et al. Rural Industries and Water Pollution in China. Journal of Environmental Management，2008，86（4）：

648 - 659.

第 6 章

陈阿江. 从外源污染到内生污染：太湖流域水环境恶化的社会文化逻辑. 学海，2007，（1）：36 - 41.

崔莲香. 我国农村生态环境问题的成因及其对策研究. 福州：福建师范大学，2007.

傅伯杰，陈利顶，于秀波. 中国生态环境的新特点及其对策. 环境科学，2000（5）：104 - 106.

耿言虎. 农村规模化养殖业污染及其治理困境：基于巢湖流域贝镇生猪养殖的田野调查. 中国矿业大学学报（社会科学版），2017（1）：50 - 59.

耿言虎. 脱嵌式开发：农村环境问题的一个解释框架. 南京农业大学学报（社会科学版），2017（3）：21 - 30，155 - 156.

耿言虎，陈涛. 环保"土政策"：环境法失灵的一个解释. 河海大学学报（哲学社会科学版），2013（1）：34 - 38，90.

贺珍怡，王五一，叶敬忠，等. 环境与健康：跨学科视角. 北京：社会科学文献出版社，2010.

洪大用. 社会变迁与环境问题：当代中国环境问题的社会学阐释. 北京：首都师范大学出版社，2001.

洪大用. 试论环境问题及其社会学的阐释模式. 中国人民大学学报，2002（5）：58 - 62.

洪大用. 中国城市居民的环境意识. 江苏社会科学，2005（1）：127 -132.

洪大用，马芳馨. 二元社会结构的再生产：中国农村面源污染的社会学分析. 社会学研究，2004（4）：1 - 7.

洪大用，等. 中国民间环保力量的成长. 北京：中国人民大学出版社，2007.

贾振邦. 环境与健康. 北京：北京大学出版社，2008.

姜林. 环境政策的综合影响评价模型系统及应用. 环境科学，2006（5）：1035 - 1040.

焦捷. 新农村生态环境保护法制研究. 太原：山西财经大学，2011.

晋海. 城市环境正义的追求与实现. 北京：中国方正出版社，2008.

李宾.城乡二元视角的农村环境政策研究.北京:中国环境科学出版社,2012.

李德超.击碎环保土政策.记者观察,2007 (16):10-17.

李小云,左停,靳乐山,等.环境与贫困:中国实践与国际经验.北京:社会科学文献出版社,2005.

李尧磊.农村生态环境治理中环保与生计的博弈:以华北 A 村为例.广西民族大学学报(哲学社会科学版),2018 (6):37-43.

李挚萍,陈春生,等.农村环境管制与农民环境权保护.北京:北京大学出版社,2009.

梁流涛.农村生态环境时空特征及其演变规律研究.南京:南京农业大学,2009.

刘海林,王志琴,等.从百村调查看农村环境问题.中国改革,2007 (4):70-72.

马娟.生态政策在农村实践的社会学研究.西安:西北农林科技大学,2012.

潘岳.环境保护与社会公平.新华月报,2004 (12):69-73.

郄建荣.中央环保督察揭地方政府花式乱作为,多地政府出台“土政策”为违法企业保驾护航.法制日报,2017-08-01 (6).

曲格平.中国环境保护发展历程提要.环境与可持续发展,1988 (6):1-8,14.

穰敏.安徽清理36项土政策:2008年底前全部建成省市环境监控中心.中国环境报,2008-02-21 (4).

宋国君,金书秦.论城乡环境保护统筹.环境保护,2007 (21):29-31.

苏杨.农村现代化进程中的环境污染问题.宏观经济管理,2006a (2):50-52.

苏杨.中国农村环境污染调查.经济参考报,2006b-01-14 (6).

孙加秀.二元结构背景下城乡环境保护统筹与协调发展研究.成都:西南财经大学,2009.

谭姣.论农村生态环境治理政策过程的公众参与.长沙:湖南师范大学,2012.

万本太.落实“行动计划”着力解决农村5大环境问题.环境保护,

2007（1）：15-17.

王凤．公众参与环保行为机理研究．北京：中国环境科学出版社，2008.

王晓毅．环境压力下的草原社区：内蒙古六个嘎查村的调查．北京：社会科学文献出版社，2009.

温宗国．当代中国的环境政策：形成、特点与趋势．北京：中国环境科学出版社，2010.

郗小林，徐庆华．中国公众环境意识调查．北京：中国环境科学出版社，1988.

夏光．环境政策创新：环境政策的经济分析．北京：中国环境科学出版社，2000.

肖建华，赵运林，傅晓华．走向多中心合作的生态环境治理研究．长沙：湖南人民出版社，2010.

徐晓云．我国农村生态环境保护存在的问题及对策研究．长春：东北师范大学，2004.

荀丽丽，包智明．政府动员型环境政策及其地方实践：关于内蒙古 S 旗生态移民的社会学分析．中国社会科学，2007（5）：114-128，207.

杨妍，孙涛．跨区域环境治理与地方政府合作机制研究．中国行政管理，2009（1）：66-69.

詹宏旭，赵溢鑫．我国区域性环境行政管理机构设置研究．企业家天地·下旬刊，2009（5）：3-5.

张国强．为农村生态环境构筑法律屏障．人民论坛，2019（14）：94-95.

张宏艳，刘平养．农村环境保护和发展的激励机制研究．北京：经济管理出版社，2011.

张健强．生态与环境．北京：化学工业出版社，2009.

张金俊．我国农村环境政策体系的演进与发展走向：基于农村环境治理体系现代化的视角．河南社会科学，2018（6）：97-101.

张晓文．论我国农村环境信息公开制度的构建．农业经济，2010（10）：3-5.

张玉林，顾金土．环境污染背景下的"三农问题"．战略与管理，2003（3）：63-72.

中华环境保护基金会．中国公众环境意识初探．北京：中国环境科学出版社，1998．

钟兴菊．环境关心的地方实践：以大巴山区东溪村退耕还林政策实践过程为例．中国地质大学学报（社会科学版），2014（1）：55-61．

钟兴菊．地方性知识与政策执行成效：环境政策地方实践的双重话语分析．公共管理学报，2017（1）：38-48，155-156．

周成虎，刘海江，欧阳．中国环境污染的区域联防方案．地球信息科学，2008（4）：431-437．

周学志，汤文奎，等．中国农村环境保护．北京：中国环境科学出版社，1996．

周英男，李洁，曲毅．中国现有生态政策存在问题及对策研究．中国人口·资源与环境，2013（S1）：95-98．

朱德明．城乡统筹发展的环境保护对策．经济研究参考，2005（71）：35-36．

朱洪法．环境保护辞典．北京：金盾出版社，2009．

Qin H. The Impacts of Rural-Urban Labor Migration on the Rural Environment in Chongqing Municipality Southwest China: Mediating Roles of Rural Household Livelihoods and Community Development. PhD Thesis of University of Illinois at Urbana-Champaign，2009．

第7章

蔡昉，杨涛．城乡收入差距与制度变革的临界点．中国社会科学，2003（5）：16-25，205．

房莉杰．我国城乡贫困人口医疗保障研究．人口学刊，2007（2）：48-53．

风笑天，张青松．二十年城乡居民生育意愿变迁研究．市场与人口分析，2002（5）：21-31．

高彩云，孟祥燕．提高公众环境意识实证分析．人民论坛，2011（11）：156-157．

高雪德，翟学伟．政府信任的城乡比较．社会学研究，2013（2）：1-27．

龚文娟．约制与建构：环境议题的呈现机制：基于A市市民反建L垃圾焚烧厂的省思．社会，2013（1）：161-194．

汉尼根．环境社会学：第2版．洪大用，等译．北京：中国人民大学出版社，2009.

洪大用，肖晨阳．环境关心的性别差异分析．社会学研究，2007（2）：1-27，242.

洪大用．环境关心的测量：NEP 量表在中国的应用评估．社会，2006（5）：71-92，207.

洪大用．我国城乡二元控制体系与环境问题．中国人民大学学报，2000（1）：62-66.

洪大用．社会变迁与环境问题：当代中国环境问题的社会学阐释．北京：首都师范大学出版社，2001.

景军．认知与自觉：一个西北乡村的环境抗争．中国农业大学学报（社会科学版），2009（4）：5-14.

李晨璐，赵旭东．群体性事件中的原始抵抗：以浙东海村环境抗争事件为例．社会，2012（5）：179-193.

卢春天，洪大用．建构环境关心的测量模型：基于 2003 中国综合社会调查数据．社会，2011（1）：35-52.

陆益龙．户口还起作用吗：户籍制度与社会分层和流动．中国社会科学，2008（1）：149-162，207-208.

麻国庆．草原生态与蒙古族的民间环境知识．内蒙古社会科学（汉文版），2001（1）：52-57.

马戎，郭建如．中国居民在环境意识与环保态度方面的城乡差异．社会科学战线，2000（1）：201-210.

邱皓政，林碧芳．结构方程模型的原理与应用．北京：中国轻工业出版社，2008.

王晓毅．沦为附庸的乡村与环境恶化．学海，2010（2）：60-62.

吴愈晓．中国城乡居民的教育机会不平等及其演变（1978—2008）．中国社会科学，2013（3）：4-21，203.

邢占军．城乡居民主观生活质量比较研究初探．社会，2006（1）：130-141，208-209.

闫国东，康建成，谢小进，等．中国公众环境意识的变化趋势．中国人口·资源与环境，2010（10）：55-60.

英格尔斯．从传统人到现代人：六个发展中国家中的个人变化．顾昕，译．北京：中国人民大学出版社，1992.

张军华．幸福感城乡差异的元分析．社会，2010（2）：144-155.

张文宏，阮丹青．城乡居民的社会支持网．社会学研究，1999（3）：14-19，22-26.

张玉林．当今中国的城市信仰与乡村治理．社会科学，2013（10）：71-75.

张云武．不同规模地区居民的人际信任与社会交往．社会学研究，2009（4）：112-132，244.

赵延东．社会网络与城乡居民的身心健康．社会，2008（5）：1-19，224.

中华环境保护基金会．中国公众环境意识初探．北京：中国环境科学出版社，1998.

钟兴菊．环境关心的地方实践：以大巴山区东溪村退耕还林政策实践过程为例．中国地质大学学报（社会科学版），2014（1）：55-61.

周葵，朱明姣．我国城乡居民的环境意识现状及影响因素分析：都江堰市、合肥市、宁波市、黄石市及相应农村的调查数据．中国人口·资源与环境，2012（专刊）：262-266.

Alm L R，Witt S L. The Rural-Urban Linkage to Environmental Policy Making in the American West：A Focus on Idaho. The Social Science Journal，1997，34（3）：271-284.

Bennett K，McBeth M K. Contemporary Western Rural USA Economic Composition：Potential Implications for Environmental Policy and Research. Environmental Management，1998，22（3）：371-381.

Berenguer J，Corraliza J A，Martín R. Rural-Urban Differences in Environmental Concern，Attitudes，and Actions. European Journal of Psychological Assessment，2005，21（2）：128-138.

Chan K. Market Segmentation of Green Consumers in Hong Kong. Journal of International Consumer Marketing，1999，12（2）：7-24.

Converse P E. The Nature of Belief System in Mass Public//Apter D E. Ideology and Discontent. New York：The Free Press of Glencoe，1964：206-261.

Davidson D J, Freudenburg W R. Gender and Environmental Risk Concerns: A Review and Analysis of Available Research. Environment and Behavior, 1996, 28 (3): 302 - 339.

Dunlap R E, Van Liere K D, Mertig A G, et al. Measuring Endorsement of the New Ecological Paradigm: A Revised NEP Scale. Journal of Social Issues, 2000, 56 (3): 425 - 442.

Dunlap R E. The New Environmental Paradigm Scale: From Marginality to Worldwide Use. The Journal of Environmental Education, 2008, 40 (1): 3 - 18.

Dunlap R E, Van Liere K D. A Proposed Measuring Instrument and Preliminary Results: The New Ecological Paradigm. Journal of Environmental Education, 1978, 9 (1): 10 - 19.

Dunlap R E, Jones R E. Environmental Concern: Conceptual and Measurement Issues//Dunlap R E, Michelson W. Handbook of Environmental Sociology. Westport, CT: Greenwood Press, 2002: 482 - 524.

Freudenburg W R. Rural-Urban Differences in Environmental Concern: A Closer Look. Sociological Inquiry, 1991, 61 (2): 167 - 198.

Gooch G D. Environmental Concern and the Swedish Press: A Case Study of the Effects of Newspaper Reporting, Personal Experience and Social Interaction on the Public's Perception of Environmental Risks. European Journal of Communication, 1996, 11 (1): 107 - 127.

Greenbaum A. Taking Stock of Two Decades of Research on the Social Bases of Environmental Concern//Mehta M D, Ouellet E. Environmental Sociology: Theory and Practice. Ontario: Captus Press, 1995: 125 - 152.

Hayes B C. Gender, Scientific Knowledge, and Attitudes toward the Environment: A Cross-National Analysis. Political Research Quarterly, 2001, 54 (3): 657 - 671.

Huddart-Kennedy E, Beckley T M, McFarlane B L, et al. Rural-Urban Differences in Environmental Concern in Canada. Rural Sociology, 2009, 74 (3): 309 - 329.

Jones R E, Fly J M, Talley J, et al. Green Migration into Rural

America: The New Frontier of Environmentalism? . Society and Natural Resources, 2003, 16 (3): 221 - 238.

Lowe G D, Pinhey T K. Rural-Urban Differences in Support for Environmental Protection. Rural Sociology, 1982, 47 (1): 114 - 128.

Marquart-Pyatt S T. Are There Similar Sources of Environmental Concern? Comparing Industrialized Countries. Social Science Quarterly, 2008, 89 (5): 1312 - 1335.

Mohai P, Twight B W. Age and Environmentalism: An Elaboration of the Buttel Model Using National Survey Evidence. Social Science Quarterly, 1987, 68 (4): 798 - 818.

Paek H, Pan Z. Spreading Global Consumerism: Effects of Mass Media and Advertising on Consumerist Values in China. Mass Communication and Society, 2004, 7 (4): 491 - 515.

Raubenheimer J. An Item Selection Procedure to Maximize Scale Reliability and Validity. South African Journal of Industrial Psychology, 2004, 30 (4): 59 - 64.

Rickson R E, Stabler P J. Community Responses to Non-Point Pollution from Agriculture. Journal of Environmental Management, 1985, 20 (3): 281 - 293.

Stamm K R, Clark F, Eblacas P R. Mass Communication and Public Understanding of Environmental Problems: The Case of Global Warming. Public Understanding of Science, 2000, 9 (3): 219 - 238.

Tremblay Jr K R, Dunlap R E. Rural-Urban Residence and Concern with Environmental Quality: A Replication and Extension. Rural Sociology, 1978, 43 (3): 474 - 591.

Van Liere K D, Dunlap R E. The Social Bases of Environmental Concern: A Review of Hypotheses, Explanations and Empirical Evidence. Public Opinion Quarterly, 1980 (2): 181 - 197.

Van Liere K D, Dunlap R E. Environmental Concern: Does It Make a Difference How It's Measured? . Environment and Behavior, 1981, 44 (2): 181 - 197.

Xiao C，Dunlap R E. Validating a Comprehensive Model of Environmental Concern Cross-Nationally：A US-Canadian Comparison. Social Science Quarterly，2007，44（2）：181-197.

Xiao C，Dunlap R E，Hong D. The Nature and Bases of Environmental Concern among Chinese Citizens. Social Science Quarterly，2013，94（3）：672-690.

Yu X. Is Environment "A City Thing" in China? Rural-Urban Differences in Environmental Attitudes. Journal of Environmental Psychology，2014，38：39-48.

第 8 章

洪大用. 公民环境意识的综合评判及抽样分析. 科技导报，1998（9）：13-16.

洪大用，范叶超，肖晨阳. 检验环境关心量表的中国版（CNEP）：基于 CGSS2010 数据的再分析. 社会学研究，2014（4）：49-72，243.

洪大用，肖晨阳. 环境关心的性别差异分析. 社会学研究，2007（2）：111-135，244.

洪大用，肖晨阳，等. 环境友好的社会基础：中国市民环境关心与行为的实证研究. 北京：中国人民大学出版社，2012.

栗晓红. 社会人口特征与环境关心：基于农村的数据. 中国人口·资源与环境，2011（12）：121-128.

彭远春. 城市居民环境行为的结构制约. 社会学评论，2013（4）：29-41.

曲格平. 中国环境保护四十年回顾及思考：回顾篇. 环境保护，2013（10）：10-17.

任莉颖. 环境保护中的公众参与//杨明. 环境问题与环境意识. 北京：华夏出版社，2002：89-113.

吴建平，訾非，刘贤伟，等. 新生态范式的测量：NEP 量表在中国的修订及应用. 北京林业大学学报（社会科学版），2012（4）：8-13.

Bakvis H，Nevitte N. The Greening of the Canadian Electorate：Environmentalism，Ideology and Partisanship//Boardman R. Canadian Environmental Policy. Toronto：Oxford University Press，1992：144-163.

Buttel F. Age and Environmental Concern: A Multivariate Analysis. Youth & Society, 1979, 10 (3): 237 - 256.

Dunlap R E, Van Liere K D, Merti A G, et al. New Trends in Measuring Environmental Attitudes: Measuring Endorsement of the New Ecological Paradigm: A Revised NEP Scale. Journal of Social Issues, 2000, 56 (3): 425 - 442.

Greenbaum A. Taking Stock of Two Decades of Research on the Social Bases of Environmental Concern//Mehta M D, Ouellet E. Environmental Sociology: Theory and Practice. Ontario: Captus Press, 1995: 125 - 152.

Honnold J A. Age and Environmental Concern: Some Specification of Effects. Journal of Environmental Education, 1984, 16 (1): 4 - 9.

Inglehart R. Public Support for Environmental Protection: Objective Problems and Subjective Values in 43 Societies. Political Science & Politics, 1995, 28 (1): 57 - 72.

Jones R E, Dunlap R. The Social Base of Environmental Concern: Have They Changed over Time? . Rural Sociology, 1992, 57 (1): 28 - 47.

Kanagy C L, Humphrey C R, Firebaugh G. Surging Environmentalism: Changing Public Opinion or Changing Publics? . Social Science Quarterly, 1994, 75 (4): 804 - 819.

Melucci A. The Symbolic Challenge of Contemporary Movements. Social Research, 1985, 52 (4): 789 - 816.

Murphy R. Rationality and Nature: A Sociological Inquiry into a Changing Relationship. Boulder: Westview Press, 1994.

Van Liere K D, Dunlap R. The Social Base of Environmental Concern: A Review of Hypotheses, Explanations and Empirical Evidence. Public Opinion Quarterly, 1980, 44 (2): 181 - 197.

第9章

包智明，陈占江. 中国经验的环境之维：向度及其限度：对中国环境社会学研究的回顾与反思. 社会学研究，2011 (6)：196 - 210，245.

国家统计局住户调查办公室. 中国农村贫困监测报告 2018. 北京：中国统计出版社，2018.

洪大用. 环境关心的测量：NEP 量表在中国的应用评估. 社会，2006 (5)：71 - 92，207.

洪大用. 关于中国环境问题和生态文明建设的新思考. 探索与争鸣，2013 (10)：4 - 10，2.

洪大用，范叶超，肖晨阳. 检验环境关心量表的中国版 (CNEP)：基于 CGSS2010 数据的再分析. 社会学研究，2014 (4)：49 - 72，243.

洪大用，卢春天. 公众环境关心的多层分析. 社会学研究，2011 (6)：154 - 170，244 - 245.

卢春天，齐晓亮. 农民环境抗争与政府治理. 理论探讨，2019 (2)：159 - 165.

张玉林. 环境抗争的中国经验. 学海，2010 (2)：66 - 68.

中华人民共和国国家统计局. 中国统计年鉴：2011. 北京：中国统计出版社，2011.

周志家. 环境保护、群体压力还是利益波及：厦门居民 PX 环境运动参与行为的动机分析. 社会，2011 (1)：1 - 34.

Ahern L. The Role of Media System Development in the Emergence of Postmaterialist Values and Environmental Concern：A Cross-National Analysis. Social Science Quarterly, 2012, 93 (2)：538 - 557.

Best H, Mayerl J. Values, Beliefs, Attitudes：An Empirical Study on the Structure of Environmental Concern and Recycling Participation. Social Science Quarterly, 2013, 94 (3)：691 - 714.

Bollen K A. Structural Equations with Latent Variables. New York：Wiley, 1989.

Brechin S R, Kempton W. Beyond Postmaterialist Values：National versus Individual Explanations of Global Environmentalism. Social Science Quarterly, 1997, 78 (1)：16 - 20.

Brechin S R. Objective Problems, Subjective Values, and Global Environmentalism：Evaluating the Postmaterialist Argument and Challenging a New Explanation. Social Science Quarterly, 1999, 80 (4)：793 - 809.

Brown T A. Confirmatory Factor Analysis for Applied Research. New York：Guildford, 2006.

Cohen M J. Risk Society and Ecological Modernisation Alternative Visions for Post-Industrial Nations. Futures, 1997, 29 (2): 105 - 119.

Dietz T, Dan A, Shwom R. Support for Climate Change Policy: Social Psychological and Social Structural Influences. Rural Sociology, 2007, 72 (2): 185 - 214.

Dinda S. Environmental Kuznets Curve Hypothesis: A Survey. Ecological Economics, 2004, 49 (4): 431 - 455.

Dunlap R E. Trends in Public Opinion toward Environmental Issues: 1965—1990. Society & Natural Resources, 1991, 4 (3): 285 - 312.

Dunlap R E, York R. The Globalization of Environmental Concern and the Limits of the Postmaterialist Values Explanation: Evidence from Four Multinational Surveys. The Sociological Quarterly, 2008, 49 (3): 529 - 563.

Dunlap R E, Jones R E. Environmental Concern: Conceptual and Measurement Issues//Dunlap R E, Michelson W. Handbook of Environmental Sociology. Westport, CT: Greenwood Press, 2002: 482 - 524.

Dunlap R E, Van Liere K D, Mertig A, et al. Measuring Endorsement of the New Ecological Paradigm: A Revised NEP Scale. Journal of Social Issues, 2000, 56 (3): 425 - 442.

Duroy Q M H. Testing the Affluence Hypothesis: A Cross-Cultural Analysis of the Determinants of Environmental Action. The Social Science Journal, 2008, 45 (3): 419 - 439.

Esty D C, Levy M, Srebotnjak T, et al. Environmental Sustainability Index: Benchmarking National Environmental Stewardship. New Haven: Yale Center for Environmental Law & Policy, 2005.

Franzen A, Meyer R. Environmental Attitudes in Cross-National Perspective: A Multilevel Analysis of the ISSP 1993 and 2000. European Sociological Review, 2009, 26 (2): 219 - 234.

Freymeyer R H, Johnson B E. A Cross-Cultural Investigation of Factors Influencing Environmental Actions. Sociological Spectrum, 2010, 30 (2): 184 - 195.

Gelissen J. Explaining Popular Support for Environmental Protection:

A Multilevel Analysis of 50 Nations. Environment and Behavior, 2007, 39 (3): 392 - 415.

Givens J E, Jorgenson A K. The Effects of Affluence, Economic Development, and Environmental Degradation on Environmental Concern: A Multilevel Analysis. Organization & Environment, 2011, 24 (1): 74 - 91.

Greenbaum A. Taking Stock of Two Decades of Research on the Social Bases of Environmental Concern//Mehta M D, Ouellet E. Environmental Sociology: Theory and Practice. Ontario: Captus Press, 1995: 125 - 152.

Haller M, Hadler M. Dispositions to Act in Favor of the Environment: Fatalism and Readiness to Make Sacrifices in a Cross-National Perspective. Sociological Forum, 2008, 23 (2): 281 - 311.

Hayes A F. Beyond Baron and Kenny: Statistical Mediation Analysis in the New Millennium. Communication Monographs, 2009, 76 (4): 408 - 420.

Hunter L M, Strife S, Twine W. Environmental Perceptions of Rural South African Residents: The Complex Nature of Environmental Concern. Society & Natural Resources, 2010, 23 (6): 525 - 541.

Inglehart R. The Silent Revolution: Changing Values and Political Styles among Western Publics. Princeton, NJ: Princeton University Press, 1977.

Inglehart R. Culture Shift in Advanced Industrial Society. Princeton, NJ: Princeton University Press, 1990.

Inglehart R. Public Support for Environmental Protection: Objective Problems and Subjective Values in 43 Societies. Political Science & Politics, 1995, 28 (1): 57 - 72.

Inglehart R. Modernization and Postmodernization: Cultural, Economic, and Political Change in 43 Societies. Princeton, NJ: Princeton University Press, 1997.

Kemmelmeier M, Krol G, Kim Y H. Values, Economics, and Proenvironmental Attitudes in 22 Societies. Cross-Cultural Research, 2002, 36 (3): 256 - 285.

Kidd Q, Lee A. Postmaterialist Values and the Environment: A Critique and Reappraisal. Social Science Quarterly, 1997, 78 (1): 1 - 15.

Knight K W, Messer B L. Environmental Concern in Cross-National Perspective: The Effects of Affluence, Environmental Degradation, and World Society. Social Science Quarterly, 2012, 93 (2): 521 - 537.

Kvaløy B, Finseraas H, Listhaug O. The Publics' Concern for Global Warming: A Cross-National Study of 47 Countries. Journal of Peace Research, 2012, 49 (1): 11 - 22.

Marquart-Pyatt S T. Concern for the Environment among General Publics: A Cross-National Study. Society & Natural Resources, 2007, 20 (10): 883 - 898.

Marquart-Pyatt S T. Are There Similar Sources of Environmental Concern? Comparing Industrialized Countries. Social Science Quarterly, 2008, 89 (5): 1312 - 1335.

Marquart-Pyatt S T. Contextual Influences on Environmental Concerns Cross-Nationally: A Multilevel Investigation. Social Science Research, 2012, 41 (5): 1085 - 1099.

Meyer R, Liebe U. Are the Affluent Prepared to Pay for the Planet? Explaining Willingness to Pay for Public and Quasi-Private Environmental Goods in Switzerland. Population and Environment, 2010, 32 (1): 42 - 65.

Mohai P, Simões S, Brechin S R. Environmental Concerns, Values and Meanings in the Beijing and Detroit Metropolitan Areas. International Sociology, 2010, 25 (6): 778 - 817.

Nawrotzki R J. The Politics of Environmental Concern: A Cross-National Analysis. Organization & Environment, 2012, 25 (3): 286 - 307.

Pampel F C, Hunter L M. Cohort Change, Diffusion, and Support for Environmental Spending in the United States. American Journal of Sociology, 2012, 118 (2): 420 - 448.

Rosenthal E. China Increases Lead as Biggest Carbon Dioxide Emitter. New York Times, 2008 - 06 - 14.

Rubin D B. Multiple Imputation for Nonresponse in Surveys. New York: Wiley, 1987.

Sandvik H. Public Concern over Global Warming Correlates Negatively with National Wealth. Climatic Change, 2008, 90 (3): 333 - 341.

Stern P C, Dietz T, Abel T, et al. A Value-Belief-Norm Theory of Support for Social Movements: The Case of Environmentalism. Human Ecology Review, 1999, 6 (2): 81 - 97.

White M J, Hunter L M. Public Perception of Environmental Issues in a Developing Setting: Environmental Concern in Coastal Ghana. Social Science Quarterly, 2009, 90 (4): 960 - 982.

Xiao C, McCright A M. Environmental Concern and Sociodemographic Variables: A Study of Statistical Models. The Journal of Environmental Education, 2007, 38 (2): 3 - 14.

Zhao X. Personal Values and Environmental Concern in China and the US: The Mediating Role of Informational Media Use. Communication Monographs, 2012, 79 (2): 137 - 159.

第 10 章

龚文娟. 中国城市居民环境友好行为之性别差异分析. 妇女研究论丛, 2008 (6): 11 - 17.

郭庆光. 传播学教程. 2 版. 北京: 中国人民大学出版社, 2011.

国家环境保护总局, 教育部. 全国公众环境意识调查报告. 北京: 中国环境科学出版社, 1999.

洪大用. 我国公众环境保护意识的调查与分析. 中国人口·资源与环境, 1997 (2): 27 - 31.

洪大用. 社会变迁与环境问题: 当代中国环境问题的社会学阐释. 北京: 首都师范大学出版社, 2001.

洪大用. 环境关心的测量: NEP 量表在中国的应用评估. 社会, 2006 (5): 71 - 92, 207.

洪大用, 卢春天. 公众环境关心的多层分析: 基于中国 CGSS2003 的数据应用. 社会学研究, 2011 (6): 154 - 170, 244 - 245.

胡荣. 影响城镇居民环境意识的因素分析. 福建行政学院福建经济管理干部学院学报, 2007 (1): 48 - 53, 98.

马戎, 郭建如. 中国居民在环境意识与环保态度方面的城乡差异. 社会科学战线, 2000 (1): 201 - 210.

彭远春. 我国环境行为研究述评. 社会科学研究, 2011 (1): 104 - 109.

彭远春. 城市居民环境行为研究. 北京: 光明日报出版社, 2013.

宋言奇. 发达地区农民环境意识调查分析: 以苏州市 714 个样本为例. 中国农村经济, 2010 (1): 53 - 62, 73.

肖晨阳, 洪大用. 环境关心量表 (NEP) 在中国应用的再分析. 社会科学辑刊, 2007 (1): 55 - 63.

中国环境文化促进会. 中国公众环保民生指数绿皮书 2005. 绿叶, 2006 (增刊).

周锦, 孙杭生. 江苏省农民的环境意识调查与分析. 中国农村观察, 2009 (3): 47 - 52, 95.

朱启臻. 农民环境意识的问题与对策. 世界环境, 2000 (4): 24 - 26.

Arcury T A, Christianson E H. Environmental Worldview in Response to Environmental Problems: Kentucky 1984 and 1988 Compared. Environment Behavior, 1990, 22 (3): 387 - 407.

Axelrod L J, Lehman D R. Responding to Environmental Concern: What Factors Guide Individual Action? . Journal of Environmental Psychology, 1993, 13 (2): 149 - 159.

Blake J. Overcoming the "Value-Action Gap" in Environmental Policy: Tensions between National Policy and Local Experience. Local Environment, 1999, 4 (3): 257 - 278.

Dunlap R E, Van Liere K D. The "New Environmental Paradigm": A Proposed Instrument and Preliminary Results. Journal of Environmental Education, 1978, 9 (4): 10 - 19.

Dunlap R E, Van Liere K D, Merting A G, et al. Measuring Endorsement of the New Ecological Paradigm: A Revised NEP Scale. Journal of Social Issues, 2000, 56 (3): 425 - 442.

Dunlap R E. Environmental Sociology: A Personal Perspective on Its First Quarter Century. Organization & Environment, 2002, 15 (1): 10 - 29.

Fishbein M, Ajzen I. Belief, Attitude, Intention, and Behavior: An Introduction to Theory and Research. MA: Addison-Wesley, 1975.

Fransson N, Gärling T. Environmental Concern: Conceptual Definitions, Measurement Methods, and Research Findings. Journal of Environmental Psychology, 1999, 19 (4): 369 - 382.

Gamba R J, Oskamp S. Factors Influencing Community Residents' Participation in Commingled Curbside Recycling Programs. Environment and Behavior, 1994, 26 (5): 587 - 612.

Gardner G T, Stern P C. Environmental Problems and Human Behavior. Boston: Allyn and Bacon, 1996.

Hines J M, Hungerford H R, Tomera A N. Analysis and Synthesis of Research on Responsible Environmental Behavior: A Meta-Analysis. The Journal of Environmental Education, 1987, 18 (2): 1 - 8.

Jones R E, Fly J M, Talley J, et al. Green Migration into Rural America: The New Frontier of Environmentalism? . Society and Natural Resources, 2003, 16 (3): 221 - 238.

Kennedy H E, Beckley T M, McFarlane B L, et al. Rural-Urban Differences in Environmental Concern in Canada. Rural Sociology, 2009, 74 (3): 309 - 329.

Tarrant M A, Cordell H K. The Effect of Respondent Characteristics on General Environmental Attitude-Behavior Correspondence. Environment and Behavior, 1997, 29 (5): 618 - 637.

Taylor S, Todd P. An Integrated Model of Waste Management Behavior: A Test of Household Recycling and Composting Intentions. Environment and Behavior, 1995, 27 (5): 603 - 630.

Tremblay K R, Dunlap R E. Rural-Urban Residence and Concern with Environmental Quality: A Replication and Extension. Rural Sociology, 1978, 43 (3): 474 - 491.

Van Liere K D, Dunlap R E. The Social Bases of Environmental Concern: A Review of Hypotheses, Explanations and Empirical Evidence. Public Opinion Quarterly, 1980, 44 (2): 181 - 197.

第 11 章

冯仕政. 沉默的大多数: 差序格局与环境抗争. 中国人民大学学报, 2007 (1): 122 - 132.

高宏霞，杨林，付海东. 中国各省经济增长与环境污染关系的研究与预测：基于环境库兹涅茨曲线的实证分析. 经济学动态，2012（1）：52-57.

龚文娟. 中国城市居民环境友好行为之性别差异分析. 妇女研究论丛，2008（6）：11-17.

洪大用. 经济增长、环境保护与生态现代化：以环境社会学为视角. 中国社会科学，2012（9）：82-99，207.

洪大用，卢春天. 公众环境关心的多层分析：基于中国 CGSS2003 的数据应用. 社会学研究，2011（6）：154-170，244-245.

彭远春. 城市居民环境行为研究. 北京：光明日报出版社，2013.

肖唐镖，孔卫拿. 中国农村民主治理状况的变迁及其影响因素：2002—2011 年全国村社抽样调查数据的实证分析. 经济社会体制比较，2013（1）：164-172.

虞依娜，陈丽丽. 中国环境库兹涅茨曲线研究进展. 生态环境学报，2012（12）：2018-2023.

Barkan S E. Explaining Public Support for the Environmental Movement: A Civic Voluntarism Model. Social Science Quarterly, 2004, 85 (4): 913-937.

Baumol W J, Oates W E, Blackman S A B. Economics, Environmental Policy, and the Quality of Life. Englewood Cliffs, NJ: Prentice-Hall, 1979.

Bickerstaff K, Walker G. Public Understandings of Air Pollution: The "Localisation" of Environmental Risk. Global Environmental Change, 2001, 11 (2): 133-145.

Blocker T J, Eckberg D L. Gender and Environmentalism: Results from the 1993 General Social Survey. Social Science Quarterly, 1997, 78 (4): 841-858.

Brody S D, Peck B M, Highfield W E. Examining Localized Patterns of Air Quality Perception in Texas: A Spatial and Statistical Analysis. Risk Analysis, 2004, 24 (6): 1561-1574.

Dalton R J. The Greening of the Globe? Cross-National Levels of Environmental Group. Environmental Politics, 2005, 14 (4): 441-459.

Dalton R J. Waxing or Waning? The Changing Patterns of Environmental Activism. Environmental Politics, 2015, 24 (4): 530 - 552.

Diekmann A, Franzen A. The Wealth of Nations and Environmental Concern. Environment and Behavior, 1999, 31 (4): 540 - 549.

Dunlap R E, Mertig A G. Global Concern for the Environment: Is Affluence a Prerequisite?. Journal of Social Issues, 1995, 51 (4): 121 - 137.

Dunlap R E, York R. The Globalization of Environmental Concern and the Limits of the Postmaterialist Values Explanation: Evidence from Four Multinational Surveys. The Sociological Quarterly, 2008, 49 (3): 529 - 563.

Franzen A, Meyer R. Environmental Attitudes in Cross-National Perspective: A Multilevel Analysis of the ISSP 1993 and 2000. European Sociological Review, 2009, 26 (2): 219 - 234.

Freymeyer R H, Johnson B E. A Cross-Cultural Investigation of Factors Influencing Environmental Actions. Sociological Spectrum, 2010, 30 (2): 184 - 195.

Gelissen J. Explaining Popular Support for Environmental Protection: A Multilevel Analysis of 50 Nations. Environment and Behavior, 2007, 39 (3): 392 - 415.

Grossman G M, Krueger A B. Economic-Growth and the Environment. Quarterly Journal of Economics, 1995, 110 (2): 353 - 377.

Hadler M, Haller M. Global Activism and Nationally Driven Recycling: The Influence of World Society and National Contexts on Public and Private Environmental Behavior. International Sociology, 2011, 26 (3): 315 - 345.

Hadler M, Haller M. A Shift from Public to Private Environmental Behavior: Findings from Hadler and Haller (2011) Revisited and Extended. International Sociology, 2013, 28 (4): 484 - 489.

Harris P G. Green or Brown? Environmental Attitudes and Governance in Greater China. Nature and Culture, 2008, 3 (2): 151 - 182.

Hunter L M, Hatch A, Johnson A. Cross-National Gender Variation in Environmental Behaviors. Social Science Quarterly, 2004, 85 (3): 677 - 694.

Hyslop N P. Impaired Visibility: The Air Pollution People See. Atmospheric Environment, 2009, 43 (1): 182 - 195.

Inglehart R. Public Support for Environmental-Protection: Objective Problems and Subjective Values in 43 Societies. Political Science & Politics, 1996, 28 (1): 57 - 72.

Marquart-Pyatt S T. Concern for the Environment among General Publics: A Cross-National Study. Society & Natural Resources, 2007, 20 (10): 883 - 898.

Putnam R D. Bowling Alone: The Collapse and Revival of American Community. New York: Touchstone, 2001.

Raudenbush S W, Bryk A S. Hierarchical Linear Models: Applications and Data Analysis Methods. Thousand Oaks: Sage Publications, 2002.

Rice G. Pro-Environmental Behavior in Egypt: Is There a Role for Islamic Environmental Ethics? . Journal of Business Ethics, 2006, 65 (4): 373 - 390.

Smith J, Wiest D. The Uneven Geography of Global Civil Society: National and Global Influences on Transnational Association. Social Forces, 2005, 84 (2): 621 - 652.

Stern P C. Toward a Coherent Theory of Environmentally Significant Behavior. Journal of Social Issues, 2000, 84 (2): 621 - 652.

Tindall D B, Davies S, Mauboules C. Activism and Conservation Behavior in an Environmental Movement: The Contradictory Effects of Gender. Society & Natural Resources, 2003, 16 (10): 909 - 932.

Wiltfang G L, McAdam D. The Costs and Risks of Social Activism: A Study of Sanctuary Movement Activism. Social Forces, 1991, 69 (4): 987 - 1010.

Xiao C, McCright A M. A Test of the Biographical Availability Argument for Gender Differences in Environmental Behaviors. Environment and Behavior, 2014, 46 (2): 241 - 263.

Xiao C, Dunlap R E, Hong D. The Nature and Bases of Environmental Concern among Chinese Citizens. Social Science Quarterly, 2013, 94

（3）：672 - 690.

第 12 章

包智明．关于生态移民的定义、分类及若干问题．中央民族大学学报（哲学社会科学版），2006（1）：27 - 31.

贝克．风险社会．何博文，译．南京：译林出版社，2004.

洪大用，龚文娟．环境公正研究的理论与方法述评．中国人民大学学报，2008（6）：70 - 79.

洪大用．公众环境意识的成长与局限．绿叶，2014（4）：5 - 14.

李强．影响中国城乡流动人口的推力与拉力因素分析．中国社会科学，2003（1）：125 - 136，207.

童玉芬，王莹莹．中国城市人口与雾霾：相互作用机制路径分析．北京社会科学，2014（5）：4 - 10.

尹仑．藏族对气候变化的认知与应对：云南省德钦县果念行政村的考察．思想战线，2011（4）：24 - 28.

湛东升，孟斌，张文忠．北京市居民居住满意度感知与行为意向研究．地理研究，2014（2）：336 - 348.

Bogardi J J, Renaud F G. Migration Dynamics Generated by Environmental Problems. Paper for the 2nd International Symposium on Desertification and Migrations, Almería, 2006.

Brulle R J, Pellow D N. Environmental Justice: Human Health and Environmental Inequalities. Annual Review of Public Health, 2006, 27: 103 -124.

Chambliss D F, Schutt R K. Making Sense of the Social World: Methods of Investigation. CA: Sage Publications, 2013.

Collins A E. Applications of the Disaster Risk Reduction Approach to Migration Influenced by Environmental Change. Environmental Science & Policy, 2013, 27 (S1): 112 - 125.

Dunlap R E. An Enduring Concern. Public Perspective, 2002, 13 (5): 10 - 14.

De Jong G F. Expectations, Gender, and Norms in Migration Decision-Making. Population Studies, 2000, 54 (3): 307 - 319.

Evans G W, Jacobs S V. Air Pollution and Human Behavior. Journal of Social Issues, 1981, 37 (1): 95 - 125.

Evans G W, Jacobs S V, Frager N B. Adaptation to Air Pollution. Journal of Environmental Psychology, 1982, 2 (2): 99 - 108.

Fakiolas R. Socio-Economic Effects of Immigration in Greece. Journal of European Social Policy, 1999, 9 (3): 211 - 229.

Fischer P A, Martin R, Straubhaar T. Should I Stay or Should I Go// Hammar T, Brochmann G, Tamas K, et al. International Migration, Immobility and Development. Berg: Oxford, 1997: 49 - 90.

Fuguitt G V, Zuiches J J. Residential Preferences and Population Distribution. Demography, 1975, 12 (3): 491 - 504.

Goldhaber M K, Houts P S, DiSabella R. Moving after the Crisis a Prospective Study of Three Mile Island Area Population Mobility. Environment and Behavior, 1983, 15 (1): 93 - 120.

Gray C L, Mueller V. Natural Disasters and Population Mobility in Bangladesh. Proceedings of the National Academy of Sciences, 2012, 109 (16): 6000 - 6005.

Hogan T D. Determinants of the Seasonal Migration of the Elderly to Sunbelt States. Research on Aging, 1987, 9 (1): 115 - 133.

Hsieh C, Liu B. The Pursuance of Better Quality of Life: In the Long Run, Better Quality of Social Life Is the Most Important Factor in Migration. American Journal of Economics and Sociology, 1983, 42 (4): 431 - 440.

Hunter L M. The Association between Environmental Risks and Internal Migration Flow. Population and Environment, 1998, 19 (3): 247 - 277.

Hunter L M. Migration and Environmental Hazards. Population and Environment, 2005, 26 (4): 273 - 302.

Hunter L M, Luna J K, Norton R M. Environmental Dimensions of Migration. Annual Review of Sociology, 2015, 41 (1): 377 - 397.

Irwin M, Blanchard T, Tolbert C, et al. Why People Stay: The Impact of Community Context on Nonmigration in the USA. Population, 2004, 59 (5): 567 - 592.

Kiecolt K J, Nigg J M. Mobility and Perceptions of a Hazardous Environment. Environment and Behavior, 1982, 14 (2): 131 – 154.

Konisky D. Public Preferences for Environmental Policy Responsibility. The Journal of Federalism, 2011, 41 (1): 76 – 100.

Lee E S. A Theory of Migration. Demography, 1966, 3 (1): 47 – 57.

Massey D S, Axinn W G, Ghimire D J. Environmental Change and Out-Migration: Evidence from Nepal. Population and Environment, 2010, 32 (2): 109 – 136.

Mileti D S. Human Adjustment to the Risk of Environmental Extremes. Sociology and Social Research, 1980, 64 (3): 327 – 347.

Myers N. Environmental Refugees: An Emergent Security Issue. Paper for the 13th Economic Forum, Organisation for Security and Cooperation in Europe, Prague, 2005.

Petersen W. A General Typology of Migration. American Sociological Review, 1958, 23 (3): 256 – 266.

Portes A, Böröcz J. Contemporary Immigration: Theoretical Perspectives on Its Determinants and Modes of Incorporation. International Migration Review, 1989, 23 (3): 606 – 630.

Reuveny R, Moore W H. Does Environmental Degradation Influence Migration? Emigration to Developed Countries in the Late 1980s and 1990s. Social Science Quarterly, 2009, 90 (3): 461 – 479.

Richmond A H. Reactive Migration: Sociological Perspectives on Refugee Movements. Journal of Refugee Studies, 1993, 6 (1): 7 – 24.

Rishi P, Khuntia G. Urban Environmental Stress and Behavioral Adaptation in Bhopal City of India. Urban Studies Research, 2012, 2012: 1 – 9.

Ritchey P N. Explanations of Migration. Annual Review of Sociology, 1976, 2 (1): 363 – 404.

Russell J A, Lanius U F. Adaptation Level and the Affective Appraisal of Environments. Journal of Environmental Psychology, 1984, 4 (2): 119 – 135.

Sabates-Wheeler R, Taylor T, Natali C. Great Expectations and Reality Checks: The Role of Information in Mediating Migrants' Experience of Return. European Journal of Development Research, 2009, 21 (5): 752-771.

Sandefur G D, Scott W J. A Dynamic Analysis of Migration: An Assessment of the Effects of Age, Family and Career Variables. Demography, 1981, 18 (3): 355.

Speare A. Residential Satisfaction as an Intervening Variable in Residential Mobility. Demography, 1974, 11 (2): 173-188.

Vaughan E. Individual and Cultural Differences in Adaptation to Environmental Risks. American Psychologist, 1993, 48 (6): 673-680.

Wolpert J. Migration as an Adjustment to Environmental Stress. Journal of Social Issues, 1966, 22 (4): 92-102.

Wohlwill J F. Human Adaptation to Levels of Environmental Stimulation. Human Ecology, 1974, 2 (2): 127-147.

第13章

何帆. 应对气候变化: 中国公众怎么看? . 中国统计, 2010 (2): 1-3.

吕亚荣, 陈淑芬. 农民对气候变化的认知及适应性行为分析. 中国农村经济, 2010 (7): 75-86.

孙家驹. 全球关注: 生态环境与可持续发展. 南昌: 江西人民出版社, 2006.

谭智心. 农民对气候变化的认知及认知行为: 山东证据. 重庆社会科学, 2011 (3): 56-61.

尹仑. 藏族对气候变化的认知与应对: 云南省德钦县果念行政村的考察. 思想战线, 2011 (4): 24-28.

周景博, 冯相昭. 适应气候变化的认知与政策评价. 中国人口·资源与环境, 2011 (7): 57-61.

Bord R J, Fisher A, O'Connor R R. Public Perception of Global Warming: United States and International Perspectives. Climate Research, 1998, 11 (1): 75-84.

Boykoff M T. Flogging a Dead Norm? Newspaper Coverage of Anthropogenic Climate Change in the United States and United Kingdom from 2003 to 2006. Area, 2007, 39 (4): 470-481.

Boykoff M T, Boykoff J M. Balance as Bias: Global Warming and the US Prestige Press. Global Environmental Change, 2004, 14 (2): 125 - 136.

Boykoff M T, Roberts J T. Media Coverage of Climate Change: Current Trends, Strengths, Weaknesses. Human Development Report 2007/2008. Human Development Report Office Occasional Paper, 2007.

Brechin S R. Comparative Public Opinion and Knowledge on Global Climatic Change and the Kyoto Protocol: The US versus the World. International Journal of Sociology and Social Policy, 2003, 23 (10): 106 - 134.

Brechin S R. Public Opinion: A Cross-National View//Lever-Tracy C. Routledge Handbook of Climate Change. London: Routledge, 2010: 209 - 239.

Dunlap R. Lay Perceptions of Global Risk: Public Views of Global Warming in Cross-National Context. International Sociology, 1998, 13 (4): 473 - 498.

Inglehart R. Culture Shift in Advanced Industrial Society. New Jersey: Princeton University Press, 1990.

McCright A M, Dunlap R E. Challenge Global Warming as a Social Problem: An Analysis of the Conservative Movement's Counter-Claims. Social Problems, 2000, 47 (4): 499 - 522.

McCright A M. Anti-Reflexivity: The American Conservative Movement's Success in Undermining Climate Science and Policy. Theory, Culture and Society, 2010, 27 (2/3): 100 - 133.

McCright A M. The Politicization of Climate Change and Polarization in the American Public's Views of Global Warming (2001—2010) . The Sociological Quarterly, 2011, 52 (2): 155 - 194.

Scruggs L, Benegal S. Declining Public Concern about Climate Change: Can We Blame the Great Recession? . Global Environment Change, 2012, 22 (2): 505 - 515.

第 14 章

黄乐乐, 任磊, 何薇. 中国公民对全球气候变化的认知及态度. 科普研究, 2016 (3): 45 - 52, 118.

张倩. 牧民应对气候变化的社会脆弱性: 以内蒙古荒漠草原的一个嘎查为例. 社会学研究, 2011 (6): 171 - 195, 245.

Giddens A. The Politics of Climate Change. Cambridge：Polity Press Ltd.，2009.

Dunlap R E，Brulle R J. Climate Change and Society：Sociological Perspectives. New York：Oxford University Press，2015.

Catton Jr W R，Dunlap R E. Environmental Sociology：A New Paradigm. American Sociologist，1978，13（1）：41-49.

第 15 章

《改革开放中的中国环境保护事业 30 年》编委会. 改革开放中的中国环境保护事业 30 年. 北京：中国环境科学出版社，2010.

郝吉明. 穿越风雨　任重道远：大气污染防治 40 年回顾与展望. 环境保护，2013（14）：28-31.

韩昀峰，马明涛，宋凌艳. 北京市近年来大气环境质量变化趋势分析. 环境与可持续发展，2009（6）：4-7.

洪大用. 经济增长、环境保护与生态现代化：以环境社会学为视角. 中国社会科学，2012（9）：82-99，207.

洪大用. 绿色城镇化进程中的资源环境问题研究. 环境保护，2014（7）：19-23.

焦玉洁. "我为祖国测空气"：访达尔问自然求知社发起人冯永锋. 世界环境，2012（1）：28-29.

李名升，于洋，李铭煊，等. 中国工业 SO_2 排放量动态变化分析. 生态环境学报，2010（4）：957-961.

吴兑. 近十年中国灰霾天气研究综述. 环境科学学报，2012（2）：257-269.

汪韬. 南方周末联合六家 NGO 的七大建议. 南方周末，2011-11-24（C14）.

汪韬. 那些关于北京空气的"大实话"：对话北京环保局前副局长杜少中. 南方周末，2012-07-19（C14）.

雅各布斯，凯莉. 洛杉矶雾霾启示录. 曹军骥，译. 上海：上海科学技术出版社，2014.

张淑宁. 告政府是我有一个善良的愿望. 京华时报，2014-02-27（23）.

朱艳. 环保组织联手发布《华北煤问题首轮调研报告》治理雾霾遭遇

"数字游戏". 环境与生活，2014（7）：105.

第 16 章

洪大用. 关于中国环境问题和生态文明建设的新思考. 探索与争鸣，2013（10）：4-10，2.

洪大用. 公众环境意识的成长与局限. 绿叶，2014（4）：4-14.

习近平. 生态兴则文明兴：推进生态建设，打造"绿色浙江". 求是，2003（13）：42-44.

第 17 章

洪大用. 环境关心的测量：NEP 量表在中国的应用评估. 社会，2006（5）：71-92，207.

洪大用. 经济增长、环境保护与生态现代化：以环境社会学为视角. 中国社会科学，2012（9）：82-99，207.

洪大用，范叶超，肖晨阳. 检验环境关心量表的中国版（CNEP）：基于 CGSS2010 数据的再分析. 社会学研究，2014（4）：49-72，243.

霍布斯. 利维坦. 黎思复，黎廷弼，译. 北京：商务印书馆，1985.

卢春天，洪大用. 建构环境关心的测量模型：基于 2003 中国综合社会调查数据. 社会，2011（1）：35-52.

卢春天，洪大用，成功. 对城市居民评价政府环保工作的综合分析：基于 CGSS2003 和 CGSS2010 数据. 理论探索，2014（2）：95-100.

卢曼. 信任：一个社会复杂性的简化机制. 瞿铁鹏，李强，译. 上海：上海人民出版社，2005.

肖晨阳，洪大用. 环境关心量表（NEP）在中国应用的再分析. 社会科学辑刊，2007（1）：55-63.

张成，朱乾龙，于同申. 环境污染和经济增长的关系. 统计研究，2012（1）：59-67.

周志忍. 政府绩效评估中的公民参与：我国的实践历程与前景. 中国行政管理，2008（1）：111-118.

Chanley V A. Trust in Government in the Aftermath of 9/11: Determinants and Consequences. Political Psychology，2002，23（3）：469-483.

Chanley V A, Rudolph T J, Rahn W M. The Origins and Consequences of Public Trust in Government: A Time Series Analysis. The Public Opinion Quarterly, 2000, 64 (3): 239 – 256.

Cin C K. Blaming the Government for Environmental Problems: A Multilevel and Cross-National Analysis of the Relationship between Trust in Government and Local and Global Environmental Concerns. Environment and Behavior, 2012, 45 (8): 971 – 992.

Dietz T, Dan A, Shwom R. Support for Climate Change Policy: Social Psychological and Social Structural Influences. Rural Sociology, 2007, 72 (2): 185 – 214.

Dunlap R E, Jones R E. Environmental Concern: Conceptual and Measurement Issues//Dunlap R E, Michelson W. Handbook of Environmental Sociology. Westport, CT: Greenwood Press, 2002: 482 – 524.

Frank D J, Hironaka A, Schofer E. The Nation-State and the Natural Environment over the Twentieth Century. American Sociological Review, 2000, 65 (1): 97 – 116.

Grossman G M, Krueger A B. Environmental Impacts of a North American Free Trade Agreement. NBER Working Paper No. 3914, 1991.

Inglerhart R. Public Support for the Environmental Protection: Objective Problems and Subjective Values in 43 Societies. PS: Political Science & Politics, 1995, 28 (1): 57 – 72.

Kinder D R, Kiewiet D R. Economic Discontent and Political Behavior: The Role of Personal Grievances and Collective Economic Judgments in Congressional Voting. American Journal of Political Science, 1979, 23 (3): 495 – 527.

Konisky D M, Milyo J, Richardson L E. Environmental Policy Attitudes: Issues, Geographical Scale, and Political Trust. Social Science Quarterly, 2008, 89 (5): 1066 – 1085.

Mishler W, Rose R. Trust, Distrust and Skepticism: Popular Evaluations of Civil and Political Institutions in Post-Communist Societies. The Journal of Politics, 1997, 59 (2): 418 – 451.

Weber M. The Protestant Ethic and the Spirit of Capitalism. New York: Scribner's Son, 1958.

第 18 章

卡逊．寂静的春天．许亮，译．北京：北京理工大学出版社，2014.

沃斯特．自然的经济体系：生态思想史．侯文蕙，译．北京：商务印书馆，1999.

汤普森．意识形态与现代文化．高铦，等译．南京：译林出版社，2012.

洪大用．社会变迁与环境问题．北京：首都师范大学出版社，2001.

洪大用．中国城市居民的环境意识．江苏社会科学，2005（1）：127 - 132.

洪大用．公众环境意识的成长与局限．绿叶，2014（4）：4 - 14.

洪大用，范叶超，邓霞秋，等．中国公众环境关心的年龄差异分析．青年研究，2015（1）：1 - 10，94.

洪大用，范叶超．公众环境风险认知与环保倾向的国际比较及其理论启示．社会科学研究，2013（6）：85 - 93.

洪大用，马芳馨．二元社会结构的再生产：中国农村面源污染的社会学分析．社会学研究，2004（4）：1 - 7.

洪大用，肖晨阳，等．环境友好的社会基础：中国市民环境关心与行为的实证研究．北京：中国人民大学出版社，2012.

刘少杰．意识形态层次类型的生成及其变迁．学术月刊，2011（2）：5 - 12.

刘少杰．当代中国意识形态变迁．北京：中央编译出版社，2012.

刘少杰．意识形态的理论形式与感性形式．江苏社会科学，2015（5）：14 - 20.

穆泉，张世秋．2013 年 1 月中国大面积雾霾事件直接社会经济损失评估．中国环境科学，2013（11）：2087 - 2094.

曲格平．中国环境保护四十年回顾及思考：回顾篇．环境保护，2013（10）：10 - 17.

生活质量课题组．中国城市居民环境意识调查．管理世界，1991（6）：171 - 173.

郗小林，徐庆华．中国公众环境意识调查．北京：中国环境科学出版社，1998.

俞吾金．意识形态论．修订版．北京：人民出版社，2009.

张玉林．农村已成污染"痛中之痛"．环球时报，2015 - 02 - 06（15）.

Brulle R J, Jenkins J C. Spinning Our Way to Sustainability?. Organization & Environment, 2006, 19 (1): 82 – 87.

Dunlap R E, Mertig A G. American Environmentalism: The US Environmental Movement, 1970—1990. Abingdon: Taylor & Francis, 1992.

Dunlap R E, Mertig A G. Global Environmental Concern: An Anomaly for Postmaterialism. Social Science Quarterly, 1997, 78 (1): 24 – 29.

Harper C L. Environmentalism: Ideology and Collective Action//Environment and Society: Human Perspectives on Environmental Issues. 5ed. New York: Routledge, 2012: chap. 8.

Mazzotti F J. Confusing Ecology and Environmentalism. University of Florida Cooperative Extension Service, Institute of Food and Agricultural Sciences, EDIS, 2001.

Yang G B. Environmental NGOs and Institutional Dynamics in China. The China Quarterly, 2005, 13 (2): 113 – 130.

第 19 章

董峻，王立彬，高敬，等．开创生态文明新局面：党的十八大以来以习近平同志为核心的党中央引领生态文明建设纪实．经济日报，2017 – 08 – 03 (6).

洪大用．公众环境意识的成长与局限．绿叶，2014 (4): 4 – 14.

洪大用．复合型环境治理的中国道路．中共中央党校学报，2016 (3): 67 – 73.

谢雄标，吴越，冯忠垒，等．中国资源型企业绿色行为调查研究．中国人口·资源与环境，2015 (6): 5 – 11.

张萍，杨祖婵．近十年来我国环境群体性事件的特征简析．中国地质大学学报（社会科学版），2015 (2): 53 – 61.

王小强，白南风．富饶的贫困：中国落后地区的经济考察．成都：四川人民出版社，1986.

附录 1

常跟应，李曼，席亚红，等．中国公众对"限塑令"态度的影响因素：以兰州市为例．地理科学进展，2011 (2): 179 – 185.

段红霞．跨文化社会价值观和环境风险认知的研究．社会科学，2009

(6)：78 - 85，189.

冯麟茜．基于 NEP 量表的生态旅游动机研究．统计与决策，2010 (16)：50 - 53.

洪大用．环境关心的测量：NEP 量表在中国的应用评估．社会，2006 (5)：71 - 92，207.

洪大用，肖晨阳，等．环境友好的社会基础：中国市民环境关心与行为的实证研究．北京：中国人民大学出版社，2012.

罗艳菊，黄宇，毕华，等．基于环境态度的游客游憩冲击感知差异分析．旅游学刊，2009 (10)：45 - 51.

王玲，付少平．NEP 量表在西部农村的应用评估：以陕北农村为例．广东农业科学，2011 (19)：210 - 212.

吴建平，訾非，刘贤伟，等．新生态范式的测量：NEP 量表在中国的修订及应用．北京林业大学学报（社会科学版）.2012 (4)：8 - 13.

肖晨阳，洪大用．环境关心量表（NEP）在中国应用的再分析．社会科学辑刊，2007 (1)：55 - 63.

周志家．环境保护、群体压力还是利益波及？：厦门居民 PX 环境运动参与行为的动机分析．社会，2011 (1)：1 - 34.

Adeola F O. Environmental Contamination, Public Hygiene, and Human Health Concerns in the Third World: The Case Of Nigerian Environmentalism. Environment and Behavior, 1996, 28 (5)：614 - 646.

Albrecht D, Bultena G, Hoiberg E, et al. Measuring Environmental Concern: The New Environmental Paradigm Scale. The Journal of Environmental Education, 1982, 13 (3)：39 - 43.

Amburgey J W, Thoman D B. Dimensionality of the New Ecological Paradigm Issues of Factor Structure and Measurement. Environment and Behavior, 2012, 44 (2)：235 - 256.

Bechtel R B, Corral-Verdugo V, De Pinheiro J Q. Environmental Belief Systems United States, Brazil, and Mexico. Journal of Cross-Cultural Psychology, 1999, 30 (1)：122 - 128.

Bechtel R B, Corral-Verdugo V, Asai M, et al. A Cross-Cultural Study of Environmental Belief Structures in USA, Japan, Mexico, and Peru. International Journal of Psychology, 2006, 41 (2): 145 – 151.

Bostrom A , Barke R, Mohana R, et al. Environmental Concerns and the New Environmental Paradigm in Bulgaria. The Journal of Environmental Education, 2006, 37 (3): 25 – 40.

Caron J A. Environmental Perspectives of Blacks: Acceptance of the "New Environmental Paradigm" . The Journal of Environmental Education, 1989, 20 (3): 21 – 26.

Chatterjee D P. Oriental Disadvantage versus Occidental Exuberance Appraising Environmental Concern in India: A Case Study in a Local Context. International Sociology , 2008, 23 (1): 5 – 33.

Chung S-S, Poon C-S. The Attitudes of Guangzhou Citizens on Waste Reduction and Environmental Issues. Resources, Conservation and Recycling, 1999, 25 (1): 35 – 59.

Chung S-S, Poon C-S. A Comparison of Waste-Reduction Practices and New Environmental Paradigm of Rural and Urban Chinese Citizens. Journal of Environmental Management, 2001, 62 (1): 3 – 19.

Cordano M, Welcomer S A, Scherer R F. An Analysis of the Predictive Validity of the New Ecological Paradigm Scale. The Journal of Environmental Education, 2003, 34 (3): 22 – 28.

Corral-Verdugo V, Armendáriz L I. The "New Environmental Paradigm" in a Mexican Community. The Journal of Environmental Education, 2000, 31 (3): 25 – 31.

Converse P E. The Nature of Belief System in Mass Public//Apter D E. Ideology and Discontent. New York: The Free Press of Glencoe, 1964: 206 – 261.

Cortina J M. What is Coefficient Alpha? An Examination of Theory and Applications. Journal of Applied Psychology, 1993, 78 (1): 98.

Dunlap R E, Jones R E. Environmental Concern: Conceptual and Measurement Issues//Dunlap R E, Michelson W. Handbook of Environmental Sociology. Westport, CT: Greenwood Press, 2002: 482 – 524.

Dunlap R E, Van Liere K D. A Proposed Measuring Instrument and

Preliminary Results: The "New Environmental Paradigm". Journal of Environmental Education, 1978, 9 (1): 10 - 19.

Dunlap R E, Van Liere K D, Mertig A G, et al. Measuring Endorsement of the New Ecological Paradigm: A Revised NEP Scale. Journal of Social Issues, 2000, 56 (3): 425 - 442.

Dunlap R E. The New Environmental Paradigm Scale: From Marginality to Worldwide Use. The Journal of Environmental Education, 2008, 40 (1): 3 - 18.

Edgell M C R, Nowell D E. The New Environmental Paradigm Scale: Wildlife and Environmental Beliefs in British Columbia. Society & Natural Resources, 1989, 2 (1): 285 - 296.

Erdogan N. Testing the New Ecological Paradigm Scale: Turkish Case. African Journal of Agricultural Research, 2009, 4 (10): 1023 - 1031.

Evans G W, Brauchle G, Haq A, et al. Young Children's Environmental Attitudes and Behaviors. Environment and Behavior, 2007, 39 (5): 635 - 658.

Freudenburg W R. Thirty Years of Scholarship and Science on Environment-Society Relationships. Organization & Environment, 2008, 21 (4): 449 - 459.

Furman A. A Note on Environmental Concern in a Developing Country Results from an Istanbul Survey. Environment and Behavior, 1998, 30 (4): 520 - 534.

Geller J M, Lasley P. The New Environmental Paradigm Scale: A Reexamination. The Journal of Environmental Education, 1985, 17 (1): 9 - 12.

Gooch G D. Environmental Beliefs and Attitudes in Sweden and the Baltic States. Environment and Behavior, 1995, 27 (4): 513 - 539.

Grendstad G. The New Ecological Paradigm Scale: Examination and Scale Analysis. Environmental Politics, 1999, 8 (4): 194 - 205.

Hawcroft L J, Milfont T L. The Use (and Abuse) of the New Environmental Paradigm Scale over the Last 30 Years: A Meta-Analysis. Journal of Environmental Psychology, 2010, 30 (2): 143 - 158.

Jones R E, Dunlap R E. The Social Bases of Environmental Concern:

Have They Changed over Time? . Rural Sociology, 1992, 57 (1): 28 – 47.

Kanagy C L, Willits F K. A "Greening" of Religion? Some Evidence from a Pennsylvania Sample. Social Science Quarterly, 1993, 74 (3): 674 – 683.

Knight A J, "Bats, Snakes and Spiders, Oh My!" How Aesthetic and Negativistic Attitudes, and Other Concepts Predict Support for Species Protection. Journal of Environmental Psychology, 2008, 28 (1): 94 – 103.

Kuhn R G, Jackson E L. Stability of Factor Structures in the Measurement of Public Environmental Attitudes. The Journal of Environmental Education, 1989, 20 (3): 27 – 32.

La Trobe H L, Acott T G. A Modified NEP/DSP Environmental Attitudes Scale. The Journal of Environmental Education, 2000, 32 (1): 12 – 20.

Lalonde R, Jackson E L. The New Environmental Paradigm Scale: Has It Outlived Its Usefulness? . The Journal of Environmental Education, 2002, 33 (4): 28 – 36.

Lee E B. Environmental Attitudes and Information Sources among African American College Students. The Journal of Environmental Education, 2008 (1): 29 – 42.

Liu J, Ouyang Z, Miao H. Environmental Attitudes of Stakeholders and Their Perceptions Regarding Protected Area-Community Conflicts: A Case Study in China. Journal of Environmental Management, 2010, 91 (11): 2254 – 2262.

Lo C W H, Leung S W. Environmental Agency and Public Opinion in Guangzhou: The Limits of a Popular Approach to Environmental Governance. The China Quarterly, 2000, 1 (163): 677 – 704.

Lundmark C. The New Ecological Paradigm Revisited: Anchoring the NEP Scale in Environmental Ethics. Environmental Education Research, 2007, 13 (3): 329 – 347.

Manoli C C, Johnson B, Dunlap R E. Assessing Children's Environmental Worldviews: Modifying and Validating the New Ecological Paradigm Scale for Use with Children. The Journal of Environmental Education,

2007, 38 (4): 3 - 13.

Milfont T L, Duckitt J. The Structure of Environmental Attitudes: A First-and Second-order Confirmatory Factor Analysis. Journal of Environmental Psychology, 2004, 24 (3): 289 - 303.

Noe F P, Snow R. The New Environmental Paradigm and Further Scale Analysis. The Journal of Environmental Education, 1990, 21 (4): 20 - 26.

Nooney J G, Woodrum E, Hoban T J, et al. Environmental Worldview and Behavior Consequences of Dimensionality in a Survey of North Carolinians. Environment and Behavior, 2003, 35 (6): 763 - 783.

Pierce J C, Lovirch Jr N P, Tsurutani T, et al. Environmental Belief Systems among Japanese and American Elites and Publics. Political Behavior, 1987, 9 (2): 139 - 159.

Rideout B E, Hushen K, McGinty D, et al. Endorsement of the New Ecological Paradigm in Systematic and E-mail Samples of College Students. The Journal of Environmental Education, 2005, 36 (2): 15 - 23.

Roberts J A, Bacon D R. Exploring the Subtle Relationships between Environmental Concern and Ecologically Conscious Consumer Behavior. Journal of Business Research, 1997, 40 (1): 79 - 89.

Schultz P W, Stone W F. Authoritarianism and Attitudes toward the Environment. Environment and Behavior, 1994, 26 (1): 25 - 37.

Schultz P W, Zelezny L C. Values and Proenvironmental Behavior: A Five Country Survey. Journal of Cross-Cultural Psychology, 1998, 29 (4): 540 - 558.

Scott D, Willits F K. Environmental Attitudes and Behavior: A Pennsylvania Survey. Environment and Behavior, 1994, 26 (2): 239 - 260.

Shin W S. Reliability and Factor Structure of a Korean Version of the New Environmental Paradigm. Journal of Social Behavior and Personality, 2001, 16 (1): 9 - 18.

Slimak M W, Dietz T. Personal Values, Beliefs, and Ecological Risk Perception. Risk Analysis, 2006, 26 (6): 1689 - 1705.

Steg L, Dreijerink L, Abrahamse W. Factors Influencing the Acceptability of Energy Policies: A Test of VBN Theory. Journal of Environmental Psychology, 2005, 25 (4): 415 - 425.

Stern P C. New Environmental Theories: Toward a Coherent Theory of Environmentally Significant Behavior. Journal of Social Issues, 2000, 56 (3): 407 - 424.

Tarrant M A, Cordell H K. The Effect of Respondent Characteristics on General Environmental Attitude-Behavior Correspondence. Environment and Behavior, 1997, 29 (5): 618 - 637.

Van Liere K D, Dunlap R E. The Social Bases of Environmental Concern: A Review of Hypotheses, Explanations and Empirical Evidence. Public Opinion Quarterly, 1980, 44 (2): 181 - 197.

Wu L. Exploring the New Ecological Paradigm Scale for Gauging Children's Environmental Attitudes in China. The Journal of Environmental Education, 2012, 43 (2): 107 - 120.

Xiao C, Dunlap R E, Hong D. The Nature and Bases of Environmental Concern among Chinese Citizens. Social Science Quarterly, 2013, 94 (3): 672 - 690.

Xiao C, Hong D. Gender Differences in Environmental Behaviors in China. Population and Environment, 2010, 32 (1): 88 - 104.

附录 2

范叶超, 洪大用. 差别暴露、差别职业和差别体验: 中国城乡居民环境关心差异的实证分析. 社会, 2015 (3): 141 - 167.

贺爱忠, 唐宇, 戴志利. 城市居民环保行为的内在机理. 城市问题, 2012 (1): 53 - 60.

洪大用. 公民环境意识的综合评判及抽样分析. 科技导报, 1998 (9): 13 - 16.

洪大用. 环境关心的测量: NEP 量表在中国的应用评估. 社会, 2006 (5): 71 - 92, 207.

洪大用, 范叶超, 肖晨阳. 检验环境关心量表的中国版 (CNEP): 基于 CGSS2010 数据的再分析. 社会学研究, 2014 (4): 49 - 72, 243.

洪大用, 肖晨阳. 环境关心的性别差异分析. 社会学研究, 2007 (2):

111-135，244.

胡荣．影响城镇居民环境意识的因素分析．福建行政学院学报，2007（1）：48-53，98.

栗晓红．社会人口特征与环境关心：基于农村的数据．中国人口·资源与环境，2011（12）：121-128.

彭远春．城市居民环境行为的结构制约．社会学评论，2013（4）：29-41.

彭远春．城市居民环境认知对环境行为的影响分析．中南大学学报（社会科学版），2015（3）：168-174.

任莉颖．环境保护中的公众参与//杨明．环境问题与环境意识．北京：华夏出版社，2002：89-113.

沈昊婧，谢双玉，高悦，等．大学生环境行为调查及其影响因素分析：以武汉地区为例的实证研究．华中师范大学学报（自然科学版），2010（4）：702-707.

宋言奇．发达地区农民环境意识调查分析．中国农村经济，2010（1）：53-62，73.

田万慧，陈润羊．甘肃省农村居民环境意识影响因素分析：基于年龄、性别、文化水平群体的分析．干旱区资源与环境，2013（5）：33-39.

王玉君，韩东临．经济发展、环境污染与公众环保行为：基于中国CGSS2013数据的多层分析．中国人民大学学报，2016（2）：79-92.

Alp E，Ertepinar H，Tekkaya C，et al. A Statistical Analysis of Children's Environmental Knowledge and Attitudes in Turkey. International Research in Geographical and Environmental Education，2006，15（3）：210-223.

Arcury T A，Johnson T P. Public Environmental Knowledge：A Statewide Survey. The Journal of Environmental Education，1987，18（4）：31-37.

Arcury T A，Scollay S J，Johnson T P. Sex Differences in Environmental Concern and Knowledge：The Case of Acid Rain. Sex Roles，1987，16（9/10）：463-472.

Arcury T. Environmental Attitude and Environmental Knowledge. Human Organization，1990，49（4）：300-304.

Benton Jr R. Environmental Knowledge and Attitudes of Faculty：Business versus Arts and Sciences. Journal of Education for Business，1994，70

(1): 12 - 16.

Boerschig S, De Young R. Evaluation of Selected Recycling Curricula: Educating the Green Citizen. The Journal of Environmental Education, 1993, 24 (3): 17 - 22.

Cortina J M. What is Coefficient Alpha? An Examination of Theory and Applications. Journal of Applied Psychology, 1993, 78 (1): 98 -104.

Duerden M D, Witt P A. The Impact of Direct and Indirect Experiences on the Development of Environmental Knowledge, Attitudes, and Behavior. Journal of Environmental Psychology, 2010, 30 (4): 379 - 392.

Flamm B. The Impacts of Environmental Knowledge and Attitudes on Vehicle Ownership and Use. Transportation Research Part D: Transport and Environment, 2009, 14 (4): 272 - 279.

Gambro J S, Switzky H N. A National Survey of Environmental Knowledge in High School Students: Levels of Knowledge and Related Variables. Paper Presented at Annual Meeting of the American Educational Research Association, New Orleans, Louisiana, 1994.

Grodzinska-Jurczak M, Bartosiewicz A, Twardowska A, et al. Evaluating the Impact of a School Waste Education Programme upon Students', Parents' and Teachers' Environmental Knowledge, Attitudes and Behaviour. International Research in Geographical and Environmental Education, 2003, 12 (2): 106 - 122.

Hwang Y H, Kim S I, Jeng J. Examining the Causal Relationships among Selected Antecedents of Responsible Environmental Behavior. The Journal of Environmental Education, 2000, 31 (4): 19 - 25.

Jensen B B. Knowledge, Action and Pro-Environmental Behaviour. Environmental Education Research, 2002, 8 (3): 325 - 334.

Leeming F C, Dwyer W O, Bracken B A. Children's Environmental Attitude and Knowledge Scale: Construction and Validation. The Journal of Environmental Education, 1995, 26 (3): 22 - 31.

Maloney M P, Ward M P, Braucht G N. A Revised Scale for the Measurement of Ecological Attitudes and Knowledge. American Psychologist, 1975, 30 (7): 787.

Maloney M P, Ward M P. Ecology: Let's Hear from the People: An Objective Scale for the Measurement of Ecological Attitudes and Knowledge. American Psychologist, 1973, 28 (7): 583 - 586.

Miller J D. Public Understanding of, and Attitudes toward, Scientific Research: What We Know and What We Need to Know. Public Understanding of Science, 2004, 13 (3): 273 - 294.

Ostman R E, Parker J L. Impact of Education, Age, Newspapers, and Television on Environmental Knowledge, Concerns, and Behaviors. The Journal of Environmental Education, 1987, 19 (1): 3 - 9.

Ramsey C E, Rickson R E. Environmental Knowledge and Attitudes. The Journal of Environmental Education, 1976, 8 (1): 10 - 18.

Schahn J, Holzer E. Studies of Individual Environmental Concern: The Role of Knowledge, Gender, and Background Variables. Environment and Behavior, 1990, 22 (6): 767 - 786.

Spaargaren G. Sustainable Consumption: A Theoretical and Environmental Policy Perspective. Society & Natural Resources, 2003, 16 (8): 687 - 701.

Stern P C. New Environmental Theories: Toward a Coherent Theory of Environmentally Significant Behavior. Journal of Social Issues, 2000, 56 (3): 407 - 424.

Tikka P M, Kuitunen M T, Tynys S M. Effects of Educational Background on Students' Attitudes, Activity Levels, and Knowledge Concerning the Environment. The Journal of Environmental Education, 2000, 31 (3): 12 - 19.

Wynne B. Uncertainty and Environmental Learning: Reconceiving Science and Policy in the Preventive Paradigm. Global Environmental Change, 1992, 2 (2): 111 - 127.

Zint M. Advancing Environmental Education Program Evaluation//Stevenson R B, Brody M, Dillon J, et al. International Handbook of Research on Environmental Education. New York: Routledge, 2013: 298 - 309.

图书在版编目（CIP）数据

迈向绿色社会：当代中国环境治理实践与影响/洪大用等著 . -- 北京：中国人民大学出版社，2020.8
（社会学文库）
ISBN 978-7-300-28328-9

Ⅰ.①迈⋯　Ⅱ.①洪⋯　Ⅲ.①环境综合整治－研究－中国　Ⅳ.①X321.2

中国版本图书馆 CIP 数据核字（2020）第 115712 号

社会学文库
主编　郑杭生
迈向绿色社会
——当代中国环境治理实践与影响
洪大用　范叶超 等　著
Maixiang Lüse Shehui

出版发行	中国人民大学出版社				
社　　址	北京中关村大街 31 号		**邮政编码**	100080	
电　　话	010 - 62511242（总编室）		010 - 62511770（质管部）		
	010 - 82501766（邮购部）		010 - 62514148（门市部）		
	010 - 62515195（发行公司）		010 - 62515275（盗版举报）		
网　　址	http://www.crup.com.cn				
经　　销	新华书店				
印　　刷	北京宏伟双华印刷有限公司				
规　　格	170 mm×240 mm　16 开本		**版　　次**	2020 年 8 月第 1 版	
印　　张	29.75 插页 2		**印　　次**	2020 年 8 月第 1 次印刷	
字　　数	462 000		**定　　价**	98.00 元